同济大学"十四五"规划教材(重点规划教材)

 同济大学本科教材出版基金资助

机械结构设计

(第3版)

张 氢 秦仙蓉 孙远韬 编著

同济大学出版社
TONGJI UNIVERSITY PRESS
·上海·

内 容 提 要

本书是一册针对高等院校机械类专业、少学时、关于机械结构设计方面的教材。本书不但结合了结构力学与金属结构(或者钢结构)设计的相关内容,而且补充了现代金属结构设计已经广泛采用的有限元技术及弹性力学原理。

本书内容综合结构力学、弹性力学和有限元基本原理、金属结构三个领域的知识,适用专业面广,满足34~70学时的教学需要,其中*部分可以根据需要酌情取舍。本书阐述了进行机械结构分析和设计时所必需的基本知识,在分析计算部分综合了机械专业"结构力学"与"弹性力学与有限元法"两门课程的主要内容,在设计部分则主要来自"金属结构"方面的重要知识。

本书考虑机械结构设计重要流程,内容编排上注意理论的连贯性,重点突出,基本理论阐述精炼扼要。强调采用手算和练习加深巩固对基本原理的理解。每章均有小结,以及适量思考题和习题(提供答案)。习题概念清晰、简洁,易于练习且贴近工程应用。

本书可作为高等学校机械类及工程技术类相关专业的教材,对从事机械结构设计工作的工程技术人员也有较高参考价值。

图书在版编目(CIP)数据

机械结构设计 / 张氢,秦仙蓉,孙远韬编著.
3版. -- 上海:同济大学出版社,2024.6. -- ISBN 978-7-5765-0998-4

I. TH122

中国国家版本馆 CIP 数据核字第 2024MY3184 号

同济大学"十四五"规划教材(重点规划教材)
同济大学本科教材出版基金资助

机械结构设计(第3版)

张 氢 秦仙蓉 孙远韬 编 著

责任编辑	宋 立
责任校对	徐逢乔
封面设计	陈益平
出版发行	同济大学出版社　www.tongjipress.com.cn
	(地址:上海市四平路1239号　邮编:200092　电话:021-65985622)
经　销	全国各地新华书店
排　版	南京文脉图文设计制作有限公司
印　刷	常熟市大宏印刷有限公司
开　本	787mm×1092mm　1/16
印　张	24.25
字　数	606 000
版　次	2024年6月第3版
印　次	2024年6月第1次印刷
书　号	ISBN 978-7-5765-0998-4
定　价	98.00元

本书若有印装质量问题,请向本社发行部调换　　版权所有　侵权必究

第 3 版前言

本书适应教学从以"教"为中心向以"学"为中心的转变,面向人才培养的目标达成度要求,围绕培养目标的专业类知识体系和核心课程体系,用较少的学时扼要地阐述机械结构设计重要的概念。本书主要面向高等院校机械设计制造及其自动化、智能制造专业等机械类专业,用较少的学时讲授结构力学、弹性力学、有限元法和金属结构设计基本原理。

复杂的现代大型机械/海洋工程装备,除了原动机、传动机构、工作机构/装置以及电控系统外,还有构成其外形特征的"骨架",也就是金属结构。机械结构则构成了机械的外形,承载自身各部分的重量和外界的作用力。对机械结构的受力及变形进行分析计算,并最终设计出相关承载结构的具体形状尺寸,正是本课程的主要内容。

这首先需要解决构成复杂承载结构的众多构件应该如何组合才能具有承载能力的问题,并引出静定、超静定结构的概念。复杂的结构还需要完成内力计算与变形计算,从而确定其强度与刚度。对于一般的超静定结构,通常采用力法和位移法进行计算。但是对于复杂的任意形状弹性体则需要采用弹性力学相关方法。这种计算还有一个先进的基于现代计算机与数值分析构建的有限元近似方法。本书将结构力学中的位移法与弹性力学、有限元法融为一体,由简入繁地介绍了杆系结构、弹性力学平面问题有限元分析的基本知识。重点以杆单元及梁单元、平面三角形单元为对象,描述了单元分析、单元组集、边界条件以及载荷移置的方法;对单元形函数的构造方法进行了讨论。

完成上述骨架结构的受力与变形计算,最终目的还是设计出能够承受各类载荷的具体结构形式及尺寸。为此根据承载的形式分类,机械结构主要有承受轴向拉压的拉杆/柱结构、承受弯矩的梁以及轴力与弯矩复合承载的构件。作为承载的机械结构,本书首先给出了结构构件的焊接与螺栓连接的设计和计算方法,其次重点说明了两类构件的设计方法,以及强度、刚度、整体稳定性与局部稳定性的验算方法。

本书内容需要的学时数是 34~70 学时,可以根据需要每周安排 2~4 个学时的教学时间。为方便读者在工作中从手算过渡到计算机,更好地解决实际工程问题,每章均有小结,以及适量思考题和习题,习题提供答案以方便快速学习,涉及的章节内容均配有相应的 ANSYS APDL 命令流,供学生手算、计算机验证。此外,本书还随附了以港口门座起重机为典型对象的金属结构课程设计指导书,可以作为本课程的课外大作业。

本书是在多年教学实践基础上总结而成。其前身是卢耀祖、郑惠强、张氢分别于 2004 年 10 月和 2009 年 9 月编写的第 1 版、第 2 版《机械结构设计》教材,并参考了卢耀祖、周中坚于 1997 年 7 月编写的《机械与汽车结构的有限元分析》以及张氢、秦仙蓉、孙远韬于 2018 年 12 月编写的《结构力学与有限元基础》。上述教材经过同济大学多年教学实践,在各自方向上均取得较好效果,在此基础上本书又作了大幅度的修改提高。

机械结构分析主要涉及研究结构的组成特点及其内力与变形、应变与应力计算。其中结构力学部分涉及结构构造分析、结构位移计算、力法和位移法计算超静定结构的基本理论和方法。结合杆系结构的有限元原理与方法的论述,实现了由位移法向结构力学问题的一维有限元法的过渡。在此基础上,将材料力学和结构力学涉及的杆及杆系结构向一般弹性体推广,引入弹性力学的基础理论,最终形成二维有限元的概念。

机械结构的设计部分则主要讲述结构件的焊接与螺栓连接计算、轴向受压和受拉构件、受弯构件的设计及其强度、刚度验算方法,并重点阐述了整体稳定性与局部稳定性概念。为了方便学生完成课外学习以及完成课外大作业,本书针对相关概念提供了基于 ANSYS 的计算过程,并以港口门座起重机为对象给出了相关设计计算流程。

本书的编写分工是:张氢完成第 10～12 章全部内容以及对全书的统稿;秦仙蓉完成第 1～9 章的修订;孙远韬完成附录 A、B。在本书的编写中,研究生张文韬、郦滢澄、何福、贾志敏、许汸等完成了校对、资料收集、制图和算例准备等方面的工作,在此一并表示感谢。

本书可作为高等学校机械类专业少学时的本科教材,也可作为研究生、教师和工程技术人员的参考用书。

由于编者水平有限,书中难免还存在缺点和错误,欢迎广大专家、同行和读者批评指正。

作者

2024 年 5 月

第 2 版前言

本书第 2 版是在第 1 版的基础上，根据 2009 年 6 月 1 日正式实施的《起重机设计规范》（GB/T 3811—2008）进行全面修订而成的。在修订中，保留了原教材的体系与风格，增加了结构力学部分的英文版（附录 A）。为了方便相关人员更多地了解与机械结构设计有关的专业英语，新版特别为每章及其第一、二级标题提供了英文标题，并在附录 B 中集中收录了相关的主要英文词汇。同时，结合教学内容的修订，新增了配合本书内容教学的计算实例，并用新的 ED 版 ANSYS 对上机教材进行了升级。

参加本书编写的有：卢耀祖、郑惠强、张氢、周奇才、陈卫明、秦仙蓉。卢耀祖教授不幸于 2007 年 11 月 30 日病逝，本书第 2 版的出版当是对他的告慰。

在本书的修订中，博士后孙远韬、研究生关霄剑、王立刚、王毅、周豪、何田伟等完成了一定的文本校对、资料收集和算例准备等方面的工作，在此一并表示感谢。

由于编者水平有限，书中难免还存在缺点和错误，欢迎广大专家、同行和读者批评指正。

郑惠强
2009 年 7 月

第1版前言

进入21世纪,面对经济全球化进程明显加快、科技进步日新月异、综合国力竞争日益激烈的新形势,传统的机械专业必须加强改革和改造,拓宽基础,拓宽专业口径,不断更新教学内容、改革课程体系,加强学生实践能力的培养,形成与国家经济、科技和社会发展相适应的课程体系。

结构计算和设计是各种机械开发设计的主要内容之一,它直接关系到机械的性能指标,也是机械设计的成败关键之一。因此机械结构计算和设计的基本知识是机械专业学生必修的专业科目。许多院校一些机械类专业普遍设置了"结构力学"和"金属结构"课程,对提高学生的机械结构设计能力起到了很好的作用。

本书正是为了适应上述要求,综合了机械专业的"结构力学"和"金属结构"的主要内容,并且把机械的结构计算和结构设计两者有机融合在一起而编写的。同时也可作为从事机械结构设计工作的工程技术人员的参考读物。

全书的重点是:在机械结构计算与设计中所必需的基本力学知识与基本承载构件设计原理和基础。基本力学部分包括简要概述的结构构造分析、结构位移计算、力法计算的基本理论,详细叙述的位移法和矩阵位移法(杆系有限单元法)的基础理论和方法;结构设计部分包括载荷计算及其组合、结构连接方法及计算、受弯构件和轴向受力构件的构造原则及设计计算原理。

本书在编写中参考了历年有关的讲义和教材,总结了十多年来"结构力学"和"金属结构"课程的教学实践经验,结合计算机技术的发展,特别注重突出重点,内容精炼,基本理论阐述透彻、严密、连贯。全书内容编排上注意理论与实际结合,学以致用,实例突出实用性,注重提高工程实践能力。各章都有思考题和习题,还有课程设计指导书,有助于自学和加深理解。本书附有"上机实习指导"光盘。详细叙述了如何应用ANSYS程序进行结构有限元分析的入门初步知识,通过六个例题从程序进入、数据输入、计算到结果读取的全过程,逐步叙述,适合初学者阅读。

本书由同济大学卢耀祖、上海应用技术学院郑惠强主编。编写人员有:卢耀祖(第一、三、五章)、郑惠强(第二、十一章)、张氢(第四、六章、上机实习指导)、周奇才(第七章)、郑惠强、陈卫明(第八、九、十章)。主编在统稿过程中对全稿进行了必要的补充和修改。

本书由同济大学伍长振主审。主审对全稿进行了认真的审阅和修改,并且提出了许多建设性的意见。同济大学机械工程学院的研究生吴凤宇、喻艳、聂宝珍、常晓清绘制了本书的大部分插图。在此一并表示衷心感谢。

本教材的出版得到"同济大学教材出版基金"的资助。

由于编者水平有限,经验不足,书中难免有错误和不妥之处,敬请读者给予批评指正,不胜感谢。

编者
2004 年 6 月

目 录

第3版前言
第2版前言
第1版前言

第1章 绪论 (1)
  1.1 机械结构的分类 (2)
  1.2 机械结构分析的内容 (4)
    1.2.1 结构力学和材料力学的研究对象 (4)
    1.2.2 有限元法的研究对象及其应用 (5)
  1.3 机械结构设计的基本要求 (5)
  1.4 机械结构设计的研究方向 (6)
  1.5 本章小结 (7)
  思考题 (7)

第2章 结构设计计算方法 (8)
  2.1 载荷种类及组合 (8)
    2.1.1 载荷种类 (8)
    2.1.2 载荷组合 (9)
  2.2 结构承载能力的设计计算方法 (11)
    2.2.1 许用应力法 (11)
    2.2.2 极限状态法 (12)
  2.3 许用应力 (12)
  2.4 本章小结 (14)
  思考题 (14)

第3章 结构构造分析 (15)
  3.1 机械结构构造分析的目的 (15)
  3.2 结构的几何组成分析 (16)
  3.3 本章小结 (22)
  思考题 (23)
  习题 (23)

第4章 静定结构位移计算 (25)
  4.1 机械结构的计算简图 (25)
  4.2 静定结构的内力计算 (30)

4.2.1 静定梁 (30)
4.2.2 静定平面刚架 (34)
4.2.3 桁架 (35)
4.2.4 组合结构 (38)
4.2.5 静定结构的特性 (39)
4.3 位移计算的单位载荷法 (40)
4.4 在载荷作用下的结构位移计算 (41)
4.5 用图形相乘法计算积分 (43)
4.6 由支座位移引起结构位移 (48)
4.7 本章小结 (49)
思考题 (49)
习题 (50)

第5章 超静定结构求解的力法 (54)

5.1 超静定结构的概念 (54)
5.2 超静定结构力法计算的基本结构 (56)
5.3 力法基本原理及计算 (57)
5.3.1 力法基本原理 (57)
5.3.2 力法典型方程 (59)
5.3.3 内力图的校核 (64)
5.4 力法的计算步骤和超静定结构的特性 (64)
5.4.1 力法的计算步骤及示例 (64)
5.4.2 超静定结构的特性 (71)
5.5 利用对称性求解超静定问题 (71)
5.6 本章小结 (75)
思考题 (75)
习题 (75)

第6章 超静定结构求解的位移法 (78)

6.1 位移法的基本概念 (78)
6.2 等截面直杆的转角位移方程 (80)
6.2.1 杆端位移引起的杆端力 (80)
6.2.2 载荷与杆端力的关系 (83)
6.3 位移法的基本未知量与基本体系 (87)
6.3.1 节点角位移及其确定 (87)
6.3.2 节点线位移及其确定 (88)
6.3.3 位移法的基本体系 (89)
6.4 位移法的典型方程 (90)
6.5 位移法的计算步骤与示例 (92)
6.6 本章小结 (99)
思考题 (99)

习题 ………………………………………………………………………………………… (100)

第7章 有限元法的弹性力学基础 ………………………………………………… (102)
7.1 弹性力学平面问题基本理论 ……………………………………………… (102)
7.1.1 基本假设和基本物理量 ………………………………………… (102)
7.1.2 两类平面问题 …………………………………………………… (105)
7.1.3 平衡微分方程 …………………………………………………… (107)
7.1.4 几何方程 刚体位移 …………………………………………… (109)
7.1.5 物理方程 ………………………………………………………… (111)
7.1.6 边界条件 圣维南原理 ………………………………………… (113)
*7.1.7 平面问题的解法 ………………………………………………… (115)
7.1.8 典型例题 ………………………………………………………… (119)
7.2 弹性力学一维问题——杆的基本力学方程 …………………………… (122)
7.2.1 一维杆件问题的直接求解 ……………………………………… (123)
7.2.2 一维杆件问题的虚功原理求解 ………………………………… (124)
7.2.3 一维杆件问题的虚位移原理求解 ……………………………… (124)
7.3 弹性力学一维问题——梁的基本力学方程 …………………………… (125)
7.3.1 平面梁的基本变量 ……………………………………………… (126)
7.3.2 平面梁的基本方程 ……………………………………………… (126)
7.3.3 简支梁问题的求解方法 ………………………………………… (127)
*7.4 材料破坏的力学准则 …………………………………………………… (130)
7.4.1 最大剪应力准则 ………………………………………………… (131)
7.4.2 最大畸变能准则 ………………………………………………… (131)
7.4.3 最大拉应力准则 ………………………………………………… (132)
7.4.4 Mohr准则 ………………………………………………………… (132)
7.5 本章小结 ………………………………………………………………… (132)
思考题 ……………………………………………………………………………… (132)
习题 ………………………………………………………………………………… (132)

第8章 杆系结构的有限元法 ………………………………………………………… (134)
8.1 杆单元的有限元法 ……………………………………………………… (134)
8.1.1 局部坐标系中的杆单元描述 …………………………………… (134)
8.1.2 杆单元的坐标变换 ……………………………………………… (135)
8.1.3 杆结构分析的算例 ……………………………………………… (137)
8.2 梁单元的有限元法 ……………………………………………………… (141)
8.2.1 局部坐标系中的平面梁单元 …………………………………… (141)
8.2.2 平面梁单元的坐标变换 ………………………………………… (144)
8.2.3 梁结构分析的算例 ……………………………………………… (146)
8.3 本章小结 ………………………………………………………………… (149)
思考题 ……………………………………………………………………………… (149)
习题 ………………………………………………………………………………… (149)

第9章 平面结构的有限元法 (151)

- 9.1 连续体的网格划分 (151)
- 9.2 三角形单元分析 (153)
  - 9.2.1 单元的节点位移矩阵和节点力矩阵 (153)
  - 9.2.2 单元位移模式 (154)
  - 9.2.3 面积坐标 (158)
  - 9.2.4 单元刚度矩阵 (161)
- 9.3 非节点载荷的移置 (165)
  - 9.3.1 计算等效节点载荷的一般公式 (166)
  - 9.3.2 常用载荷的移置 (167)
- 9.4 总刚度方程 (169)
  - 9.4.1 总刚度方程的形成 (169)
  - 9.4.2 总刚度矩阵的形成与特征 (172)
- 9.5 边界条件的处理 (174)
  - 9.5.1 划行划列法 (175)
  - 9.5.2 划0置1法 (175)
  - 9.5.3 乘大数法 (176)
- 9.6 计算结果整理及解题步骤 (178)
- *9.7 平面高次单元 (179)
  - 9.7.1 六节点三角形单元 (179)
  - 9.7.2 四节点矩形单元 (186)
- 9.8 典型例题 (191)
- 9.9 本章小结 (195)
- 思考题 (195)
- 习题 (196)

第10章 结构连接计算 (198)

- 10.1 焊接连接 (198)
  - 10.1.1 焊接接头的型式 (198)
  - 10.1.2 焊缝的种类及构造 (199)
  - 10.1.3 焊缝计算 (201)
- 10.2 螺栓连接 (208)
  - 10.2.1 概述 (208)
  - 10.2.2 螺栓连接的布置 (209)
  - 10.2.3 受剪螺栓连接的计算 (210)
  - 10.2.4 受拉螺栓连接的计算 (217)
  - 10.2.5 同时受拉受剪螺栓连接的计算 (219)
  - 10.2.6 梁的拼接计算 (221)
- 10.3 销轴连接 (223)
  - 10.3.1 销轴计算 (223)

10.3.2　销孔拉板的计算 …………………………………………… (224)
　10.4　本章小结 ……………………………………………………………… (225)
　思考题 ……………………………………………………………………………… (226)
　习题 ………………………………………………………………………………… (226)

第 11 章　受弯构件设计计算 ……………………………………………… (229)
　11.1　梁的类型 ……………………………………………………………… (229)
　11.2　型钢梁的设计 ………………………………………………………… (229)
　11.3　组合梁的截面设计 …………………………………………………… (234)
　11.4　组合梁的强度和刚性 ………………………………………………… (240)
　11.5　组合梁的整体稳定 …………………………………………………… (240)
　11.6　组合梁的局部稳定 …………………………………………………… (244)
　11.7　组合梁的构造设计 …………………………………………………… (255)
　11.8　本章小结 ……………………………………………………………… (267)
　思考题 ……………………………………………………………………………… (267)
　习题 ………………………………………………………………………………… (267)

第 12 章　轴心受力构件设计计算 ………………………………………… (270)
　12.1　轴心受力构件的种类和截面型式 …………………………………… (270)
　12.2　轴心受拉构件的设计 ………………………………………………… (271)
　　12.2.1　强度验算 ………………………………………………………… (271)
　　12.2.2　刚性验算 ………………………………………………………… (272)
　12.3　实腹式轴心受压构件的设计 ………………………………………… (273)
　　12.3.1　整体稳定性 ……………………………………………………… (273)
　　12.3.2　局部稳定性 ……………………………………………………… (281)
　　12.3.3　截面设计 ………………………………………………………… (283)
　12.4　格构式轴心受压构件的设计 ………………………………………… (286)
　　12.4.1　剪切变形对轴心压杆临界应力的影响 ………………………… (286)
　　12.4.2　截面设计 ………………………………………………………… (292)
　　12.4.3　缀材和横膈的设计 ……………………………………………… (294)
　12.5　构件的计算长度 ……………………………………………………… (301)
　　12.5.1　等截面构件的计算长度 ………………………………………… (301)
　　12.5.2　起重机臂架的计算长度 ………………………………………… (303)
　　12.5.3　变截面构件的计算长度 ………………………………………… (305)
　12.6　本章小结 ……………………………………………………………… (309)
　思考题 ……………………………………………………………………………… (309)
　习题 ………………………………………………………………………………… (309)

附录 A　结构电算分析与示例 ……………………………………………… (311)
附录 B　机械结构课程设计指导书 ………………………………………… (350)

第 1 章 绪 论

各种机械结构主要起支承或者传递载荷的作用。由于金属材料具有强度高、重量轻、质量稳定的特点,所以目前绝大部分的机械结构都采用金属材料制作,即以金属材料轧制的型钢(角钢、工字钢、槽钢、钢管等)和钢板等为基本元件,通过焊接、铆接或螺栓连接等方式,按一定的规律连接起来制成基本构件,并连接成能够承受外载荷的结构物。从这个意义上讲,又可将机械结构称为金属结构。金属结构的重量通常占整台机械重量的 60%～70%,有些机械如塔式起重机的金属结构甚至占整机重量的 90%,因此要求结构自重尽量轻,既节约材料,又可提高机械的工作性能。由图 1.1 可见机械结构构成了整台设备的外形。

图 1.1　浮式起重机(左)和港口集装箱岸边桥式起重机(右)

金属结构大多采用钢材(因此土木工程专业称之为"钢结构")。与其他材料制成的结构相比,它具有下列特点:

(1) 强度高、重量轻。钢材比木材、砖石、混凝土等材料的强度高出很多倍,因此当承受的载荷和条件相同时,用钢材制成的结构自重较轻,所需截面较小,运输和装配亦较方便。

(2) 塑性和韧性好。钢材具有良好的塑性,在一般情况下不会因偶然超载或局部超载造成突然断裂破坏,而会事先出现较大的变形预兆,以便人们采取补救措施。钢材还具有良好的韧性,使得结构对经常作用在机械上的动载荷的适应性强,为金属结构的安全使用提供了可靠保证。

(3) 材质均匀。钢材的内部组织均匀,各个方向的物理、力学性能基本相同,很接近各向同性体。在一定的应力范围内,钢材处于理想弹性状态,与结构力学所采用的基本假定较符合,故计算结果准确可靠。

(4) 制造方便,具有良好的装配性。金属结构是由各种通过机械加工制成的型钢和钢板等组成,采用焊接、铆接或螺栓连接等手段连接成基本构件,运至现场装配拼接,故制造简便、施工周期短、效率高。

(5) 密封性好。金属结构如采用焊接方式,易做到紧密不渗漏,密封性好。

(6) 耐腐蚀性差。有些机械,特别是工程机械,经常在泥水和盐雾环境中作业,用钢材制作的金属结构在湿度大或有侵蚀性介质情况下容易产生锈蚀,因而需经常维修和保养,如除锈、涂油漆等。

（7）耐高温性差。钢材具有一定的耐热性，但不耐高温，随着温度的升高，钢材强度会迅速降低，因此对重要的结构必须采取防火措施。

由上述金属结构组成的机械，结构越来越复杂，包括复杂的几何形状、复杂的载荷作用和复杂的支承约束等。这些工程实际问题虽然复杂以至很少甚至没有解析解，但是仍然需要去分析、研究和解决。克服这些困难可以有多种途径，一般可归结为两类：一类是对复杂的问题做简化，提出假设，回避一些难点，最终简化为一个能够解决的问题，这种方法有时是可行的，但是由于太多的简化和假设，通常将导致不准确甚至是错误的解答；另一类可供选择的方法是尽可能保留问题的各种实际情况，尝试寻求近似的数值解，而放弃封闭形式的解析解，这是因为近似数值解也可以满足工程实际的需要，目前已经成为较为现实又非常有效的选择。

结构力学是研究结构的合理形式以及结构在受力状态下内力、变形和稳定性等方面规律的学科，目的是使所设计的结构既安全可靠，又经济合理。

在众多的近似分析方法中，有限元法是运用最为成功、最为广泛的方法。它运用离散概念，把弹性连续体划分为一个由有限个单元组成的集合体，通过单元分析和组合，得到一组联立代数方程组，最后求解得到数值解。

本书针对工程机械与港口机械，首先探讨求解复杂机械结构简化模型的内力及变形的结构力学基本原理，其次在此基础上介绍使用计算机求解复杂结构内力、变形和应力的近似方法——有限元法，最后讲述结构连接计算、受弯构件和轴心受力构件的设计计算方法。

1.1 机械结构的分类

机械结构的类型很多，可以根据结构基本构件的几何特征、连接方式以及外载荷与结构件在空间的相互位置这三种情况来分类。

1. 根据基本构件的几何特征，可分为杆系结构和板结构

由若干杆件按照一定的规律组成几何不变结构，称为杆系结构。其特征是每根杆件的长度远大于宽度和厚度（一般比率大于10），即截面尺寸相对较小。常见的塔式起重机的臂架和塔身（图1.2）、轮胎式起重机的臂架（图1.3）等都是杆系结构。结构力学的主要研究对象以杆系结构为主。

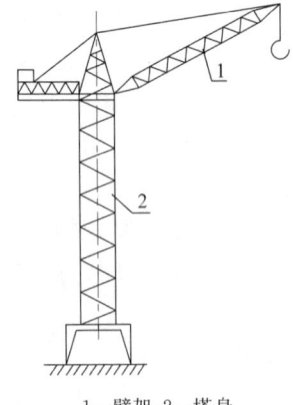

1—臂架；2—塔身
图 1.2 塔式起重机

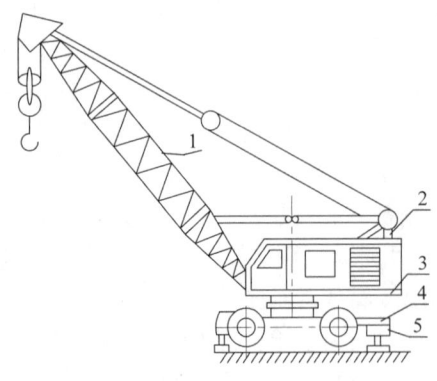

1—臂架；2—人字架；3—转台；4—车架；5—支腿
图 1.3 轮胎式起重机

板结构主要由薄板焊接而成。薄板的厚度远小于其他两个方向上的尺寸,故又称薄壁结构。汽车起重机的箱形伸缩臂架、转台、车架、支腿(图 1.4)以及挖掘机的动臂、斗杆、铲斗(图 1.5)等都可以被视为板结构。

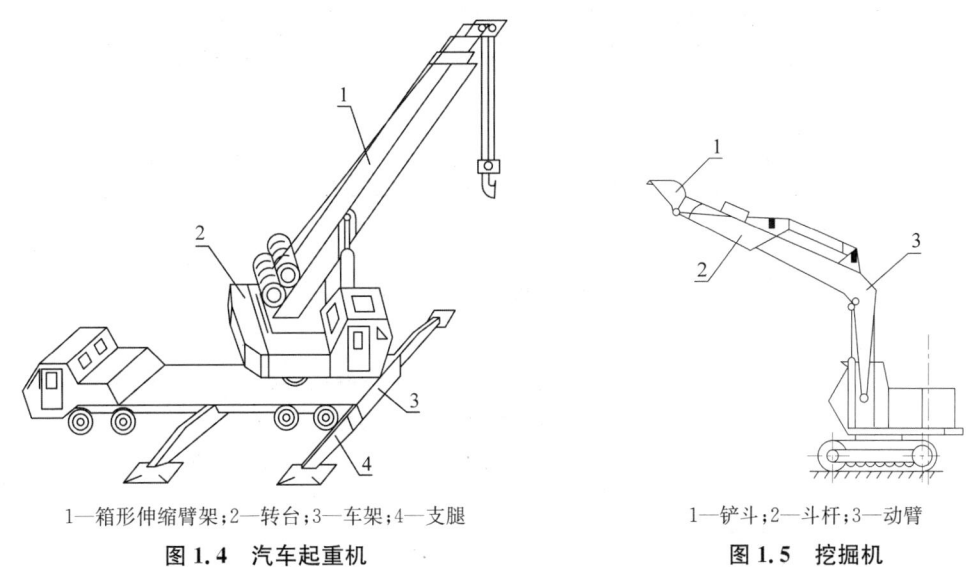

1—箱形伸缩臂架;2—转台;3—车架;4—支腿

图 1.4 汽车起重机

1—铲斗;2—斗杆;3—动臂

图 1.5 挖掘机

2. 根据基本构件之间连接方式的不同,可分为铰接结构、刚接结构和混合结构

铰接结构的所有连接点都假设是理想铰,即不传递弯矩。工程机械金属结构中极少有全铰接结构,如起重机臂架与转台、挖掘机铲斗与斗杆和动臂与转台之间连接。但如果杆系结构中的杆件主要承受轴向力、承受的弯矩相对甚小,或者当节点处的连接状态与铰接连接很相近时(如塔式起重机的臂架、塔身),在设计计算中可将其近似简化为铰接结构处理。

刚接结构也称刚架结构。这种结构的特点是杆件连接处具有较强的刚性。在外载荷作用下,各构件之间的相互夹角不会变化,或变化甚小可忽略不计,连接处的节点往往要承受较大弯矩。龙门起重机的门架(图 1.6)就是刚接结构。

混合结构的特点是在结构既有铰接连接的节点,又有刚接连接的节点。

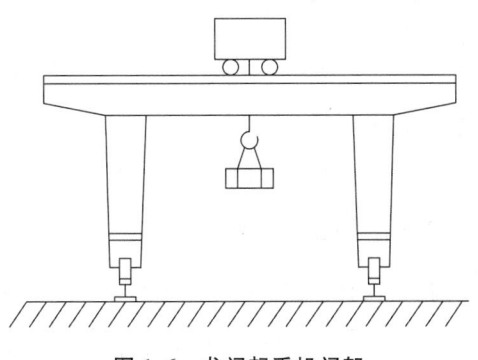

图 1.6 龙门起重机门架

3. 根据外载荷与结构构件在空间的相互位置的不同,可分为平面结构和空间结构

当结构中所承受外载荷的作用线和全部杆件的中心轴线处在同一平面内时,将此结构称

为平面结构。在实际结构中,直接应用平面结构的情况较少,但许多结构通常由平面结构组合而成,故可简化为平面结构来计算。如图 1.7 所示,在塔式起重机水平臂架上小车轮压、结构自重与桁架式臂架的平面共面,因此该臂架可简化为平面结构计算。

当结构杆件的中心轴线不在同一平面,或者结构杆件的中心轴线虽位于同一平面,但外载荷作用线却不在其平面内,这种结构称为空间结构。图 1.8 所示的轮胎式起重机车架即空间结构。

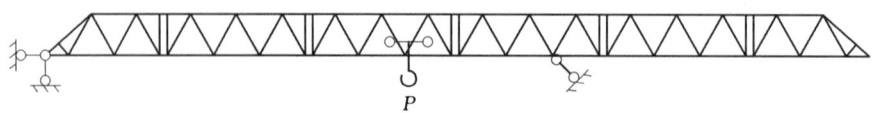

图 1.7　塔式起重机臂架

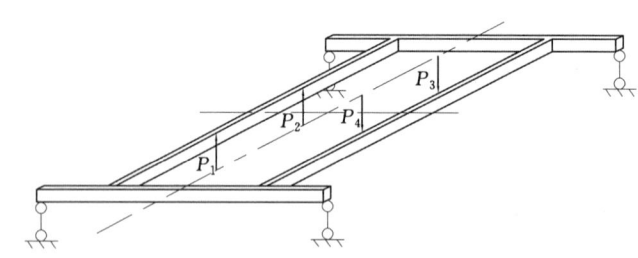

图 1.8　轮胎式起重机车架

上述三种不同的分类方式,表明了工程机械金属结构的各种形式。虽然金属结构形式不同,但它们都是由一些基本受力构件组成。这些基本构件有以下几种:

(1) 受弯构件。如龙门起重机的水平横梁、轮式起重机车架的纵梁和横架等。这些构件的受力特点是仅受弯矩作用。

(2) 轴心受力构件。如汽车起重机人字架的拉、压杆,车架的支腿,动臂塔式起重机的臂架等。其受力特点是构件仅承受通过截面形心的拉力或压力(简称轴心受拉或受压)。

(3) 压弯构件。如小车变幅式塔式起重机的水平臂架、汽车起重机臂架等。这种构件的受力特性是除了受轴心压力外,同时还承受横向弯曲,或者轴力不通过构件截面形心而且有一定偏心距,以致产生偏心弯矩。

1.2　机械结构分析的内容

1.2.1　结构力学和材料力学的研究对象

材料力学是研究工程结构中材料的强度和构件承载力、刚度、稳定性的学科,它的研究对象是变形小的单个简单变形体。结构力学是研究结构的合理形式以及结构在受力状态下内力、变形、动力响应和稳定性方面的规律性学科,它的研究对象是由多个变形小的变形体组成的复杂变形体系。

1.2.2　有限元法的研究对象及其应用

弹性力学的有限元法研究对象是任意形状的弹性体。它最早应用于航空工程领域，现已被推广到机械与汽车、船舶、建筑结构等各种工程技术领域。目前有限元法几乎在所有工程问题上得到发展和应用，并从固体力学领域扩展到流体、电磁、声振动等各学科，成为一个基础稳固并广为接受的工程分析工具。

有限元法是应用离散化的思想，将弹性连续体分割成数目有限的单元，认为相邻单元之间仅在节点处相连并通过节点传力，节点位移是有限元法的基本未知量。这样组成有限个弹性体单元的集合体，引进等效节点力及节点约束条件，由于节点数目有限，就成为具有有限个自由度的有限元计算模型，它替代了原来具有无限多自由度的弹性连续体。

在此基础上，对每一单元根据分块近似的思想，假设一个简单的函数来近似模拟其位移分量的分布规律（位移模式），再通过虚功原理（或变分原理等其他方法）求得每个单元的平衡方程，从而建立了单元节点力与节点位移之间的关系。最后，把所有单元按照节点位移连续和节点力平衡的方式集合起来，就可以得到整个物体的平衡方程组。引入边界约束条件后解此方程可求得节点位移，将求得的节点位移代回单元位移模式可得单元位移，继而计算出各单元应力。

在工程技术领域，根据分析目的，有限元分析的应用可以分成三大类。

一是进行静力分析，即求解不随时间变化的系统平衡问题。如线弹性系统的应力分析，也可应用在静力学、静磁学、稳态热传导和多孔介质中的流体流动等的分析。

二是模态分析和稳定性分析。它是平衡问题的推广，可以确定系统的特征值或临界值，如结构的稳定性分析及线弹性系统固有特性等。

三是进行瞬态分析。可以在时间域求解一些随时间而变的传播问题，如弹性连续体的瞬时动态响应分析（或称动力响应）、流体动力学等。

1.3　机械结构设计的基本要求

各类工程机械大多是一种工作十分繁重的重型机械设备，经常承受变化的动力载荷，且工作环境差，而作为工程机械骨架的金属结构，其设计制造质量的好坏将直接影响整机的技术经济指标和寿命。因此，为了保证机械正常作业，设计金属结构时应满足一些基本要求。

作为工程机械的一个组成部分，金属结构首先必须符合整机设计要求，包括作业空间要求和机构动力学要求，保证机械能够有良好的运动性能。其次，金属结构必须具备足够的承载能力，应有足够的静强度和规定寿命下的疲劳强度以及整体稳定、局部稳定。金属结构还应具有足够的静态刚性和动态刚性，以保证机械能够有良好的工作性能。

金属结构的构造型式与受力情况、制造工艺性有关。应尽量使构造合理、适应结构的受力特点，并有良好的制造工艺性，以方便安装、维修和运输。

工程机械具体形态由结构造型设计来表达。因此，设计金属结构时，应尽量使造型美观、大方。

1.4 机械结构设计的研究方向

工程机械金属结构设计制造的主要研究方向有以下几个。

1. 研究和改进设计理论及计算方法

对于工程机械金属结构的设计和计算,至今我国无专门的设计规范,实际设计中大多参考《起重机设计规范》(GB/T 3811—2008)、《塔式起重机设计规范》(GB/T 13752—2017)和《钢结构设计标准》(GB 50017—2017),采用许用应力计算法。这种方法使用简便,但由于采用单一的安全系数,无法区别反映各构件不同的超载情况,设计出的结构或材料富余或安全程度过低。随着试验技术的不断发展,出现了一些新的计算方法,如建筑结构设计领域采用的以概率理论为基础的极限状态计算法。该方法根据载荷的作用、钢材的性能和结构工作特点,采用不同的分项系数以及安全系数来真实反映结构实际安全度,从而能更合理地使用材料。

金属结构设计领域也在不断应用新的理论和计算方法,如随机疲劳理论、动态设计理论、可靠性理论、断裂力学理论、稳定理论、有限元分析法和最优化设计法等,极大地促进和提高了工程机械金属结构的设计水平。

2. 改进现有的结构形式和开发新颖的结构形式

在保证机械工作性能的条件下,改进现有的结构形式、开发新颖的结构形式,能有效地减轻金属结构的自重、节省材料,从而降低造价,如采用合理的结构截面形式、改善截面几何特性、将厚壁结构改为薄壁结构、应用管结构代替矩形结构等。结合具体机械,创造新颖的结构形式如包容式节点,可得到明显的经济效果。

3. 研究采用新材料

材料对工程机械的性能,特别是对机械的可靠性、寿命和自重的影响较大。研究采用轻金属或高强度结构钢制作金属结构,是减轻结构自重、节省材料的有效途径。用铝合金、碳纤维、玻璃钢制造起重机臂架,自重可减轻 $30\%\sim60\%$。也可用硬质工程塑料制造起重机结构和零件,既明显减轻自重,又节省材料、简化制造工艺。此外,国内外都在研究使用低合金高强度结构钢,使用这种强度高、材质好的钢材,可使金属结构体又轻又耐用。海工平台铝合金桥,用于在高海况下输送人员和物资。由于栈桥需要补偿周期短、高幅度的波浪起伏,必须尽可能减轻重量以保证高的响应频率并降低功率,大型铝合金的栈桥结构是很适合的。

4. 改进制造工艺

除传统的焊接、铆接和螺栓连接外,目前还在研究和应用其他新型的连接方式,如高强度螺栓连接、胶合连接以及装配式结构和标准化冲压构件连接等。选择先进的制造工艺,可以提高生产率、降低制造成本。

5. 金属结构的标准化和系列化

从设计着手,结合制造工艺,将一些易于标准化的构件,如桁架式臂架标准节、起重机车架等,设计成有一定规格的标准部件,经过组装,即可制造成系列化产品。部件的标准化和产品的系列化可大大加快设计和制造过程,且便于计算机辅助设计和制造,为大规模的工业生产创造必要的条件。

1.5 本章小结

机械结构是各种机械装备的骨架,主要起支承或者传递载荷的作用。大型机械的重量甚至超过整机重量的一半,可见机械结构不但决定了机械的承载能力也决定了其外形。

本章首先简述了机械结构的主要形式及其特点。随后介绍了机械结构的分类情况,根据基本构件的几何特征,可分为杆系结构和板结构;根据基本构件之间连接方式的不同,可分为铰接结构、刚接结构和混合结构;根据外载荷与结构构件在空间的相互位置的不同,可分为平面结构和空间结构。根据受力特性区分结构是本书最重要的分类方法,此时机械结构可以分为受弯构件、轴心受力构件和压弯构件。

本章区分了结构力学和材料力学的研究对象,材料力学是研究单个简单弹性体,而结构力学则研究由众多简单弹性体构成的复杂体系;简单介绍了有限元法的基本原理及其在工程中的应用;简述了机械结构设计的基本要求,即机械结构/金属结构除了要满足使用时的强度、刚度、稳定性等功能要求外,还需要满足制造工艺与美学要求等。本章也归纳了机械结构设计的主要研究方向。

思考题

1.1 在结构力学中,机械结构的主要特征是什么?
1.2 结构力学与材料力学有何区别?
1.3 弹性力学的有限元法研究对象是什么?
1.4 有限元分析的应用可以分成哪几种类型?

第 2 章　结构设计计算方法

2.1　载荷种类及组合

　　金属结构是机械的承载构件。根据载荷的性质可划分为自重载荷、工作载荷、惯性载荷、冲击载荷、自然载荷以及其他载荷。根据载荷作用的概率可划分为基本载荷、附加载荷和特殊载荷。并非所有载荷始终作用在结构上，因此，在设计结构时通常根据各类机械的实际工况，将载荷先组合，然后用于结构计算。

2.1.1　载荷种类

　　首先考虑各类性质的载荷，以工程机械为例，常见外载荷有以下几种。
　　1. 自重载荷
　　自重载荷指机械的结构、机构和电气设备等的重力。机械自重及其在各部件的分布在设计之前为未知数。由于结构自重载荷占机械总重量的比例很大，所以自重载荷的正确估计和计算十分重要。通常，可参考类型、参数相近的机械结构进行估算，或者利用一些经验公式（查相应设计手册）来初步确定。有的机械（如起重运输机械）金属结构的自重载荷也可根据类似结构的自重表查阅获取。经过估算或查阅后的自重载荷，在初步设计计算后再做调整。一般要求理论计算值与实际重量误差小于10%，若误差较大则必须对其复算。
　　自重的分布根据结构形式而定。通常，板梁实体结构的自重视为均布载荷，桁架结构的自重可假定为均匀分布作用在桁架的节点上，机械装置及电气设备等的自重视为集中载荷作用在相应部位上。
　　当机械非作业时，自重载荷为静态；当机械作业时，因结构振动自重载荷将产生动载效应。在结构设计时习惯上计入动载系数来考虑，即自重载荷乘上相应的冲击系数以反映自重载荷的动载效应。冲击系数根据各种工程机械作业时振动状况而定，由相应机械设计手册查取。
　　2. 工作载荷
　　机械结构按用途不同而承受的载荷称为工作载荷，是结构主要承受的载荷，如起重机的起升载荷、挖掘机的挖掘阻力和物料重量、装载机的铲装阻力和物料重量等。
　　由于机械工作时都存在较大振动，使结构产生附加的动应力，所以在计算工作载荷时往往应考虑动载效应。比如，起重机械的起升载荷，在起重质量突然离地起升或下降制动时，结构将产生冲击振动，从而增大了起升载荷的静力值。计算时常用一个大于1的动载系数 ϕ_2 乘以起升载荷静值来表示，该动载系数可由理论计算和试验研究获得。
　　3. 惯性载荷和冲击载荷
　　机械的惯性载荷和冲击载荷均属于动力载荷。惯性载荷又称惯性力，通常包括起重机的变幅机构非稳定运动时作变速运动的质量惯性力、回转机构工作时回转质量的法向惯性力和回转机构非稳定运动时回转质量的切向惯性力、机械自身质量等的水平惯性力。冲击载荷是指运行机构沿道路或轨道行驶时,由于道路不平或轨道接头的影响,对结构产生的垂直方向的冲击载荷。

惯性载荷和冲击载荷均计入相应的动力系数,动力系数因机械的不同而不同。

4. 自然载荷

自然载荷是指结构受自然环境因素所造成的载荷,如风、雪、冰、温度变化和地震等载荷。

上述载荷中除风载荷外,其余载荷对于常用工程机械而言,如用户无特殊要求,在结构设计中一般不考虑。风载荷是自然载荷中的重要载荷,这是因为工程机械大多在露天作业,尤其是一些机械(如塔式起重机、岸边集装箱起重机等)甚至高达几十米,受到风载荷影响很大。因此,对于起重机等工程机械必须考虑风载荷的作用。

风载荷大小由风压和受风物体的体型尺寸确定。风压与风速和空气密度有关。风速变化不大的阵风可视为静风压,用于一般起重运输机械设备的结构计算。对于高耸起重机结构,还应计入风压脉动引起的结构风振。

5. 其他载荷

其他载荷包括:结构在运输或安装过程中产生的振动冲击力、捆扎力、吊桩力等特殊载荷;机械偏斜运行时,轨道作用在车轨上的水平侧向力;机械试验时的试验载荷;等等。

2.1.2　载荷组合

上述载荷都是随机变量,对结构的作用也是随机过程。根据这些载荷的不同特点以及载荷出现的频繁程度,一般可分为以下几种:

(1) 基本载荷——始终和经常作用在结构上的载荷,包括自重载荷、工作载荷、惯性载荷和冲击载荷。

(2) 附加载荷——机械在正常工作状态下结构所受到的非经常性作用的载荷,包括工作状态下作用在结构上的最大风载荷、机械运行过程中引起的水平侧向力等。

(3) 特殊载荷——机械处于非工作状态或试验状态下的载荷,包括非工作状态下的最大风载荷、安装载荷、试验载荷、碰撞载荷和温度载荷等。

对于不同的机械,载荷还有其他划分。如起重机械按《起重机设计规范》(GB/T 3811—2008)将作用在起重机上的载荷分为常规载荷、偶然载荷、特殊载荷及其他载荷。

(1) 常规载荷——在起重机正常工作时经常发生的载荷,包括由重力产生的载荷、由驱动机构或制动器的作用使起重机加(减)速运动而产生的载荷及因起重机结构的位移或变形引起的载荷。在防止屈服、防止弹性失稳及在有必要时进行的防疲劳失效等验算中考虑这类载荷,主要包括自重载荷、起升载荷及由垂直运动引起的载荷(自重载荷 P_G、起升载荷 P_Q、自重冲击载荷 $\phi_1 P_G$、起升动载荷 $\phi_2 P_Q$、突然卸载时的动力效应、运行冲击载荷)、变速运动引起的载荷(驱动机构加速引起的载荷、起/制动水平惯性力、回转离心力和回转与变幅运动起/制动时的水平惯性力)、位移和变形引起的载荷等。

(2) 偶然载荷——在起重机正常工作时不经常发生而只是偶然出现的载荷,包括由工作状态中的风、雪、冰、温度等环境变化,及坡道、偏斜运行引起的载荷。在防疲劳失效的计算中通常不考虑这些载荷。

(3) 特殊载荷——在起重机非正常工作时或不工作时的特殊情况下才发生的载荷,包括由起重机试验、受非工作状态风、缓冲器碰撞及起重机(或其一部分)发生倾翻、起重机意外停机、传动机构失效或起重机基础受到外部激励等引起的载荷等。在防疲劳失效的计算中也不考虑这些载荷。

(4) 其他载荷——在某些特定情况下产生的载荷，包括工艺性载荷、作用在起重机的平台或通道上的载荷等。

所有的载荷不可能同时作用于结构上，因此在结构设计时，应根据各种机械的实际工况，将可能同时作用在机械结构上的载荷进行合理组合，然后进行结构计算。各类工程机械的载荷组合是不同的。

通常《起重机设计规范》(GB/T 3811—2008)将上述四类载荷分为三种载荷组合。

载荷组合 A：无风工作情况。仅考虑基本载荷，这一组合是起重机最多有两个机构同时处于非稳定状态。该组合用于对结构进行疲劳计算。它又分成四种载荷组合。

A1——起重机在正常工作状态下无约束地起升地面的物品，没有工作状态风载荷及其他气候影响产生的载荷。

A2——起重机在正常工作状态下，突然卸除部分起升载荷，没有工作状态风载荷及其他气候影响产生的载荷。

A3——起重机在正常工作状态下，物品悬挂在空中，没有工作状态风载荷及其他气候影响产生的载荷。

A4——在正常工作状态下，起重机在不平道路或轨道上运行，没有工作状态风载荷及其他气候影响产生的载荷。

载荷组合 B：有风工作情况。考虑基本载荷和附加载荷同时作用，这一组合是起重机结构正常工作状态下具有可靠的强度和稳定性的重要设计载荷。该组合用于对构件和机构零件进行强度、稳定性和刚度计算。起重机在有风工作情况下的载荷组合有五种。

B1——起重机在正常工作状态下，无约束地起升地面物品，有工作状态风载荷及其他气候影响产生的载荷。

B2——起重机在正常工作状态下，突然卸除部分起升载荷，有工作状态风载荷及其他气候影响产生的载荷。

B3——起重机在正常工作状态下，加速提升已悬挂在空中的物品，有工作状态风载荷及其他气候影响产生的载荷。

B4——在正常工作状态下，起重机在不平道路或轨道上运行，有工作状态风载荷及其他气候影响产生的载荷。

B5——在正常工作状态下，起重机在带坡度的不平的轨道上以恒速偏斜运行，有工作状态风载荷及其他气候影响产生的载荷，无其他机构同时作不稳定运动。

载荷组合 C：受到特殊载荷作用的工作情况或非工作情况。考虑基本载荷和特殊载荷同时作用，或基本、附加与特殊载荷同时作用。产生此类载荷组合时，起重机是处于非作业状态。该组合用于验算露天作业的起重机结构的最大静强度、弹性稳定性和整机倾覆稳定性，以及安全锚定设备的强度。起重机受到特殊载荷情况下的载荷组合有九种。

C1——起重机在正常工作状态下，出现无约束地猛烈提升地面物品的特殊情况，如相当于电动机或发动机无约束地起升在地面上松弛钢丝绳，且当物品在其离地时达到最大起升速度的这种突然猛烈离地起升的情况。

C2——起重机在非工作状态下,有非工作状态风载荷及其他气候影响产生的载荷作用。

C3——动载试验状态下,起重机提升动载试验载荷,与载荷组合 A1 的驱动加速力相组合,并考虑试验状态风载荷。

C4——起重机在带有额定起升载荷的状态下,与出现的缓冲碰撞力相组合。

C5——起重机在带有额定起升载荷的状态下,与出现的倾翻水平力相组合。

C6——起重机在带有额定起升载荷的状态下,与出现的意外停机引起的载荷相组合。

C7——起重机在带有额定起升载荷的状态下,与出现的机构失效引起的载荷相组合。

C8——起重机在带有额定起升载荷的状态下,与由基础外部激励引起的载荷相组合。

C9——起重机在安装、拆卸或运输过程中出现的载荷组合。

最终,载荷组合对结构计算影响的差异体现在承载力验算过程中的不同安全系数。

2.2 结构承载能力的设计计算方法

结构计算的目的是保证结构在载荷作用下,安全可靠地工作,既要符合强度、稳定性、刚度等条件,又要满足经济要求。根据计算中安全系数处理方法的不同,结构的计算方法分为许用应力法和极限状态法两种。

2.2.1 许用应力法

机械结构直接承受变化很大的动载荷和反复载荷,由于结构受到的振动大,一般不考虑钢材的塑性变形,即以钢材弹性阶段为计算依据,结构的极限应力不得超过屈服极限。

结构设计时,考虑到计算载荷大小与实际承受载荷之间、钢材力学性能的取值与材料的实际数值之间、钢材的规格与实际尺寸之间、设计计算的截面尺寸与实际加工尺寸之间以及计算简图的确定与真实结构之间都可能存在一定的差异,为了保证安全,结构的计算必须留有余地,须有一定的安全储备。为此,应在设计中引入安全系数。许用应力法的设计准则是:结构在任一类组合载荷的作用下,所求出的构件或连接件的计算应力 σ 不得大于相应的许用应力 $[\sigma]$。

许用应力 $[\sigma]$ 是构件或连接件的屈服极限 σ_s 与相应的安全系数 K 的商。安全系数包括载荷系数 K_1(反映实际载荷可能超过标准载荷)、材料系数 K_2(反映材料的变异情况)、调整系数 K_3(考虑结构的重要性程度)。计算表达式:

$$\sigma = \frac{\sum N_i}{S} \leqslant [\sigma] \tag{2.1}$$

$$[\sigma] = \frac{\sigma_s}{K} = \frac{\sigma_s}{K_1 \cdot K_2 \cdot K_3} \tag{2.2}$$

式中 $\sum N_i$——在外载荷作用下产生的内力组合;

S——构件的几何特性。

许用应力法采用了单一系数 K 来考虑结构的安全度。由于载荷系数 K_1 对各类载荷都取同一数值,所以无法区分各载荷不同的超载情况。另外,安全系数是用数理统计方法,结合工程实践经验而确定的平均数值,尽管一般都偏于保守,却也难以保证每个构件的安全度。但由于许用应力法简便、可靠,易于掌握,故目前国内外仍广泛采用这种方法进行结构设计计算。

2.2.2 极限状态法

为了更好地反映结构的实际安全度,国外一些国家以及我国制定的《钢结构设计规范》均采用了极限状态计算法,《起重机设计规范》(GB/T 3811—2008)将该方法和许用应力法一起推荐使用。该计算法的设计准则是:结构在任一类包含了载荷系数 K_1 和调整系数 K_3 的组合载荷作用下,所求得的构件或连接件的计算应力 σ 不得大于相应的极限应力。极限应力是构件或连接件的屈服极限 σ_s 与材料系数 K_2 的商。计算表达式:

$$\sigma = \frac{\sum N_i}{S} \leqslant [\sigma] \tag{2.3}$$

$$[\sigma] = \frac{\sigma_s}{K_2} \tag{2.4}$$

式中 $\sum N_i$ ——在考虑了载荷系数和调整系数的外载荷 $K_3 \sum K_{1i} P_i$ 作用下产生的内力组合;

S——构件的几何特性。

由于极限状态法采用分项系数来考虑结构的安全度,将载荷系数和调整系数归入载荷项内,所以不仅适合于几何线性的结构体系,还适用于几何非线性的结构体系。这种计算法显然更真实地反映了结构构件或连接件的实际安全度,从而保证了设计的可靠性。

由此可见,极限状态法与许用应力法的主要区别在于安全系数的采用。前者根据具体结构对所承受的载荷、结构的材料和工作情况分别选取不同的系数,因此必须提供各项系数的数据。但在工程机械设计中,目前还缺乏适用于机械结构的各分项系数的可靠统计数据,因此,我国以及大多数国家至今尚未全面采用极限状态法来设计结构,仍以许用应力法为主。

2.3 许用应力

工程机械金属结构的安全系数和许用应力,是经过大量试验并根据工程实践而确定的。以起重机械为例,在结构设计时,按照三类载荷组合情况分别取用不同的许用应力。

按第 A 类载荷组合对重级和特重级工作类型的结构进行疲劳计算时,取疲劳许用应力,按有关设计手册中计算公式确定。

按第 B 类载荷组合进行结构强度和稳定性计算时,钢材的许用应力根据表 2.1 的尺寸分组后,按表 2.2 取用。这是因为钢材的屈服极限随其厚度增加而降低,在确定许用应力值时需考虑这一特点。

按第 C 类载荷组合进行结构强度和稳定性计算时,可根据具体情况适当提高许多许用应力。

表 2.1　　　　　　　　　　　　钢材分组的尺寸(mm)

组别	钢材的钢号			
	Q215 钢或 Q235 钢			Q345 钢
	棒钢的直径或厚度	型钢和异型钢的厚度	钢板的厚度	钢材的直径或厚度
第1组	≤40	≤15	4~20	≤15
第2组	>40~100	>15~20	>20~40	17~25
第3组		>20	>40~60	26~36

注：① 棒钢包括圆钢、方钢、扁钢和六角钢；型钢包括角钢、工字钢和槽钢。
② 工字钢和槽钢的厚度是指腹板的厚度。

表 2.2　　　　　　　　　　　　钢材的许用应力(MPa)

应力种类	符号	钢材的钢号						
		Q215 钢		Q235 钢		Q345 钢		
		第1组	第$\frac{2}{3}$组	第1组	第$\frac{2}{3}$组	第1组	第2组	第3组
抗拉、抗压和抗弯应力	$[\sigma]$	155	140	170	155	240	230	215
抗剪应力	$[\tau]$	95	85	100	95	145	140	130
端面承压(磨平顶紧)	$[\sigma_{ed}]$	230	210	255	230	360	345	320

注：Q235 钢第 2 组钢材的许用应力应按表中数值增加 5%。

对于起重机金属结构材料的安全系数 n 和许用应力$[\sigma]$，按《起重机设计规范》(GB/T 3811—2008)的规定，结构和连接件材料的拉伸、压缩、弯曲许用应力以及剪切、端面承压许用应力按相应载荷组合而定。

1. 基本许用应力

(1) 对于屈强比较小的材料，即 $\sigma_s/\sigma_b < 0.7$ 的钢材，基本许用应力$[\sigma]$为钢材屈服点 σ_s 除以安全系数 n，见表 2.3。

表 2.3　　　起重机金属结构材料的安全系数 n 和基本许用应力$[\sigma]$

载荷组合	A	B	C
安全系数 n	1.48	1.34	1.22
基本许用应力$[\sigma]/(\text{N}\cdot\text{mm}^{-2})$	$\sigma_s/1.48$	$\sigma_s/1.34$	$\sigma_s/1.22$

注：σ_s 值应根据钢材厚度选取，见表 2.1、表 2.2 或者见 GB/T 700 和 GB/T 1591。

(2) 对于屈强比较大，即 $\sigma_s/\sigma_b \geq 0.7$ 的高强度钢材，需考虑到钢材随着屈服极限 σ_s 与抗拉强度 σ_b 的比值的增大，其屈服后的强度储备相应会减小，脆性破坏的危险性会增大，基本许用应力$[\sigma]$按式(2.4)计算：在确定许用应力时，为了确定材料安全，应按下式确定其许用应力：

$$[\sigma] = \frac{0.5\sigma_s + 0.35\sigma_b}{n} \quad (2.4)$$

式中 σ_s——钢材的屈服强度,当钢材无明显的屈服点时,取 $\sigma_{0.2}$ 为 σ_s($\sigma_{0.2}$ 为钢材标准拉力试验残余应变达 0.2% 时的试验应力),单位为 MPa;

σ_b——钢材的抗拉强度,单位为 MPa;

n——与表 2.3 中载荷组合类别相应的安全系数。

2. 剪切许用应力

剪切许用应力,按式(2.5)计算:

$$[\tau] = \frac{[\sigma]}{\sqrt{3}} \tag{2.5}$$

式中 $[\tau]$——剪切许用应力,单位为 MPa;

$[\sigma]$——与载荷组合类别相应的基本许用应力,单位为 MPa。

3. 端面承压许用应力

端面承压许用应力,按式(2.6)计算:

$$[\sigma_{cd}] = 1.4[\sigma] \tag{2.6}$$

式中 $[\sigma_{cd}]$——端面承压许用应力,单位为 MPa;

$[\sigma]$——与载荷组合类别相应的基本许用应力,单位为 MPa。

2.4 本章小结

金属结构作为机械的承载体,当其用途不同时,所承受的载荷也不同。合理地确定载荷值,正确地进行结构分析与设计,是保证机械结构具有可靠的承载能力和良好的使用性能的重要条件。

本章针对常用的工程机械,按载荷的性质和载荷作用的概率,分别介绍了各种载荷的基本定义和确定原则。根据载荷作用的概率,将载荷分为:基本载荷、附加载荷、特殊载荷。然后以起重机械为例,介绍了常规载荷、偶然载荷、特殊载荷及其他载荷四类起重机工作载荷,并介绍了各类载荷组合的概念。

许用应力法和极限状态法是目前国际上用于金属结构设计的两种主要计算方法,主要区别是计算中对安全系数的选择有所不同。鉴于我国机械结构设计仍以许用应力法为主,本章重点介绍了设计计算方法的安全系数和许用应力的取用。

本章的重点是:了解和掌握作用在工程机械上的计算载荷和载荷组合的概念;了解和掌握两种计算方法的设计准则及其特点,以及安全系数、许用应力的获取。通过分析可知,对于同一种材料采用不同的计算方法,许用应力和极限应力(即许用抗拉、抗压、抗弯强度设计值)是不同的,不能混用。

思考题

2.1 工程机械金属结构上通常作用哪些载荷,其载荷分类有哪些?说明载荷组合有什么作用。

2.2 金属结构的设计计算方法有哪两种?各自的设计准则和特点是什么?

2.3 许用应力如何确定?安全系数中考虑了哪些因素?在设计中可否不考虑安全系数?为什么?

第 3 章　结构构造分析

3.1　机械结构构造分析的目的

本章的主要任务是研究结构的组成规律。先看下面的例子：

图 3.1(a)所示的结构能够承载,而图 3.1(b)所示的结构不能承载。很明显,为了确定结构是否能够承载,必须要对结构进行构造分析。

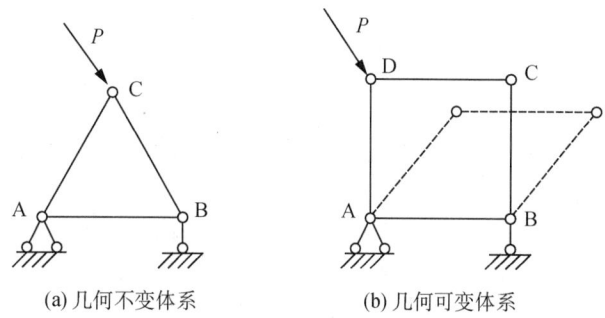

图 3.1　两类不同的结构类型

从机械运动和几何学的角度出发,对机械结构或体系的组成形式进行分析,确定其能否承载,称为机械结构的构造分析。

由于机械结构大部分是由弹性材料制成的,故结构承受载荷以后要产生一定的弹性或弹塑性的变形。这种由于材料应变引起的结构形状的改变量,与结构的原尺寸相比,一般说来是很微小的,并不影响结构的正常使用。因此,在进行机械结构的构造分析时,将忽略构件的弹性变形,而把每一构件都假设为刚性。

杆系结构是由杆件组成的体系,在不计材料应变的条件下,若体系的形状或各杆的相对位置能保持不变,如图 3.1(a)所示,称为几何不变体系或简称为不变体系。如果体系的形状或各杆的相对位置可以改变,如图 3.1(b)所示,则称为几何可变体系或简称为可变体系。

在实际工程中,各种结构都要承受一定的载荷,但可变体系不能完成这样的工作,因此结构必须采用几何不变体系。

要使设计的结构是几何不变的,结构必须具有必要的约束数量,并且约束布置方式要合理。例如,图 3.2(a)和图 3.2(d)所示的体系,由于它们都不具备必要的约束数量,都是可变体系；图 3.2(b)和图 3.2(e)所示的体系,由于它们都具备了必要的约束数量,并且约束的布置方式也都是合理的,所以都是不变体系；图 3.2(c)和图 3.2(f)所示的体系,虽然也都具备了必要的约束数量,但它们的约束布置方式都是不恰当的,因而还是可变体系。其中,图 3.2(c)所示的体系,由于它仅在开始施加载荷的一瞬间发生有较小的变形,过后它就不能再变形了,故又称它为瞬变体系。而图 3.2(a)、图 3.2(d) 和图 3.2(f) 所示的可变体系,由于它们可以产生位移,故有时也称它们为常变体系。

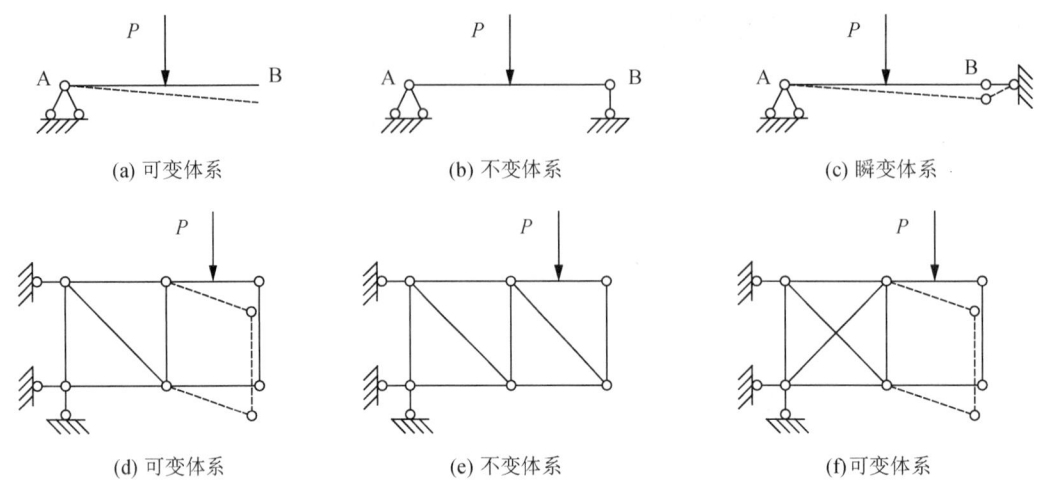

图 3.2　不同的结构体系

为了避免在实际结构中出现几何可变的体系,在结构设计时应当具备几何组成分析的知识、掌握结构的组成规律,这就是进行结构构造分析的主要目的。此外,通过结构构造分析,也可以了解体系中各个部分的相互关系,从而改善和提高结构的受力性能。同时更可以根据结构组成规律有条不紊地计算结构的内力。

3.2　结构的几何组成分析

相同数量的杆件,当布置不同时可能会得到不同的结构,这一结论可通过图 3.3 所示的例题来说明。

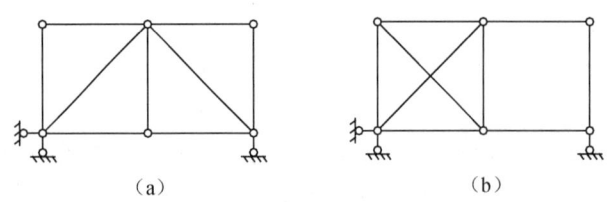

图 3.3　不同布置的结构

图 3.3 中两个结构的杆件数相同,约束方式也相同,但是图 3.3(a) 为几何不变体系,而图 3.3(b) 则为几何可变体系。因此必须研究判别几何不变体系的方法。

判别一个体系是否是几何不变体系,实际上就是判别该体系是否存在刚体运动的自由度。所谓自由度,是指完全确定体系位置所需要的独立坐标的数目。这里的独立坐标是指广义坐标,它既可以是直角坐标,也可以是其他任何可独立变化的几何参数。

在平面内,1 个质点有 2 个自由度,例如,如图 3.4(a) 所示,用 x 和 y 两个独立坐标就可以完全确定平面内 1 个质点 A 的位置。图 3.4(b) 所示的一个几何形状不变的平面刚体,称为刚片。先用 x 和 y 两个独立坐标可以确定该刚片上一点的位置,然后用独立坐标 θ 确定刚片上任意直线段 AB 的倾角，这样就完全确定了刚片在平面内的位置，可见 1 个刚片在平面内有 3 个自由度。

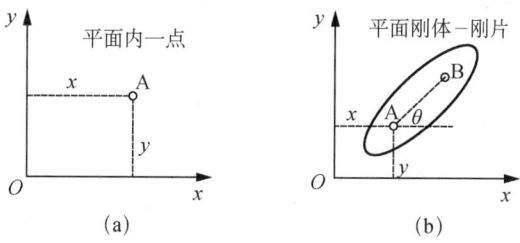

图 3.4　平面质点与刚片的自由度

在平面内，多个刚片之间和刚片与基础之间用链杆联结、铰联结和刚性联结相连，就组成了平面刚片系。这些联结将对体系内各部分之间的位置关系形成了几何学上的限制，这种限制称为几何约束，简称为约束。

采用不同的联结方式，所起到的约束效果也不同。如图 3.5(a)所示，A、B 两点间由一链杆联系，原本 A、B 两个独立动点有 4 个自由度，联结后成为 AB 杆，在平面内只有 3 个自由度；如图 3.5(b)所示，刚片Ⅰ、Ⅱ间由一链杆 BC 联结，原本两个独立刚片有 6 个自由度，联结后由图示 5 个独立坐标 x,y,θ,α,β 确定其位置。由此可知，1 根链杆相当于 1 个约束，可以减少体系 1 个自由度。一般称联结两个节点的链杆为单链杆，联结两个以上节点的链杆为复链杆。图 3.5(c)所示的链杆联结了 4 个节点，原本有 8 个自由度，联结后减少为 3 个自由度，减少了 5 个自由度。以此类推联结了 n 个节点的复链杆将减少体系$(2n-3)$个自由度。需要注意的是复链杆的画法，图 3.5(d)所示结构并不是复链杆而是两个单链杆。

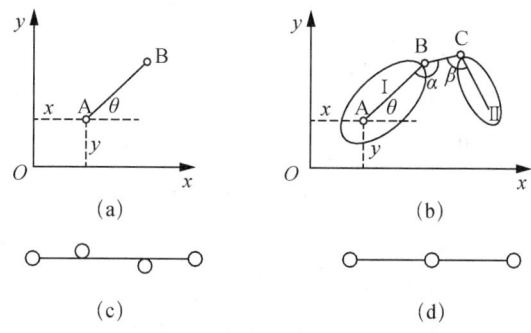

图 3.5　不同联结方式的约束效果

图 3.6(a)所示两个刚片在 B 点用铰联结，原本两个刚片共有 6 个自由度，联结后自由度减为图示的 4 个。由此可知：1 个铰相当于 2 个约束，可以减少体系 2 个自由度。图 3.6(b)所

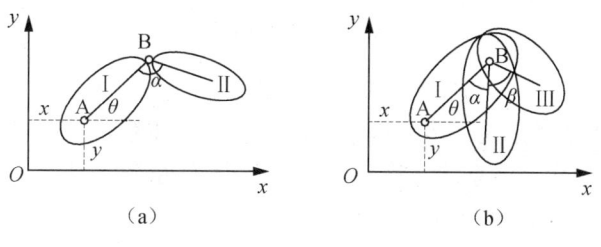

图 3.6　铰接的刚片

示三个刚片用一个铰联结,联结后自由度减为5个,减少了4个自由度。一般称联结两个刚片的铰为单铰,联结两个以上刚片的铰为复铰。图3.6(b)所示的复铰相当于两个单铰。以此类推,从减少自由度的角度来看,联结n个刚片的复铰可以当作$n-1$个单铰,将减少$2(n-1)$个自由度。

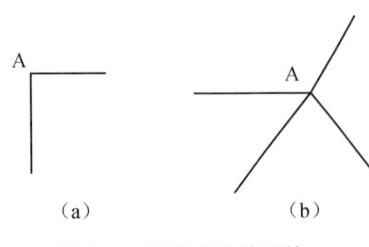

图3.7(a)为平面内两个刚片在A点刚性联结,原本两个刚片共有6个自由度,联结后变成一个刚片,自由度为3个。因此,1个刚节点相当于3个约束,可以减少体系3个自由度。一般称联结两个刚片的刚节点为单刚节点,联结两个以上刚片的刚节点为复刚节点。以此类推,联结n个刚片的复刚节点可以当作$n-1$个单刚节点,将减少$3(n-1)$个自由度,如图3.7(b)所示。

图3.7 刚性联结的刚片

刚片与基础之间的联接点称为支座,结构力学中常见的支座约束形式有以下几种:

(1) 活动铰支座。图3.8(a)所示活动铰支座对刚片起支座方向上的约束,表现为1个方向约束力,可以减少体系1个自由度。

(2) 固定铰支座。图3.8(b)所示固定铰支座对刚片起两个方向上的约束,表现为2个方向约束力,可以减少体系2个自由度。

(3) 定向支座。图3.8(c)所示定向支座将约束刚片不能绕节点转动,只能沿某一方向移动,表现为1个方向约束力和1个约束力偶,可以减少体系2个自由度。

(4) 固定支座。图3.8(d)所示固定支座将约束刚片即不能转动也不能移动,表现为2个方向约束力和1个约束力偶,可以减少体系3个自由度。

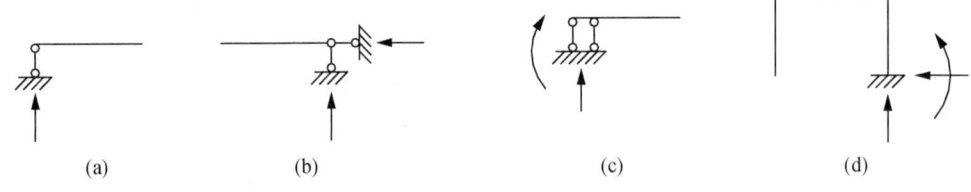

图3.8 四种类型的支座

应当注意的是,并非所有约束都能减少体系的自由度。图3.9(a)所示的体系自由度为0。若再加一个活动铰支座,如图3.9(b)所示,体系自由度仍为0。一般将能使体系成为几何不变而必需的约束称为必要约束;将除必要约束以外的约束称为多余约束。

图3.9 多余约束

体系的自由度等于体系各部分互不相连时的总自由度减去体系中的必要约束数,当体系的自由度等于0时,体系就是几何不变体系。但对于复杂体系,很难直观得到必要约束数,所以引入计算自由度的概念。体系的计算自由度定义为:体系各部分互不相连时的总自由度减去体系的总必要约束数,记为W,对于平面体系其值为:

$$W = 3m - (2h + r) \tag{3.1}$$

式中 m——刚片数;

h——单铰数;

r——单链杆数(含支座链杆)。

体系的计算自由度 W 是很容易得到的,其值可以大于 0,也可以等于 0 或小于 0。当所有约束都是必要约束时,体系的计算自由度就等于体系的自由度;当存在多余约束时,体系的计算自由度就大于体系的自由度。因此计算自由度 $W \leqslant 0$ 是体系几何不变的必要条件,但 $W \leqslant 0$ 并不是充分条件,不能由 $W \leqslant 0$ 推导出体系几何不变;若 $W > 0$,则体系一定几何可变。

例 3.1 试求图 3.10(a)所示平面体系的计算自由度,并分析体系的几何可变性。

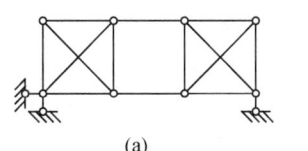
(a)
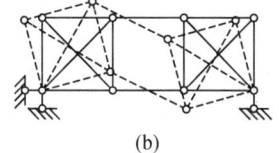
(b)

图 3.10 例 3.1 图

解:将图 3.10(a)视为铰结刚片体系。体系刚片数=14,折算单铰数=$4 \times 2 + 4 \times 3 = 20$,支座链杆数=3,于是有:

$$W = 14 \times 3 - 20 \times 2 - 3 = -1$$

说明该体系满足几何不变的必要条件。

但是左右两个结间分别存在多余约束,而中间结间缺少必要约束,其实体系自由度为 1,体系可发生图 3.10(b)中虚线所示的位移,因此该体系几何可变。

除了通过确定计算自由度判定体系几何可变性外,还可以运用组成几何不变体系的基本规则进行判定。组成平面几何不变体系的基本规则有以下三个。

规则 1.如果三个刚片用不在一直线上的三个单铰两两联结在一起,则组成的体系是内部几何不变的。

如图 3.11 所示,当三个铰 A、B 和 C 不在一直线上时,则 AB、BC 和 CA 三条直线便可组成一个三角形。由于三边长度已定,故所组成的三角形是唯一的。因此,1、2、3 三个刚片的相对位置也就固定了。

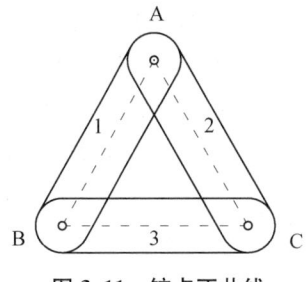

图 3.11 铰点不共线

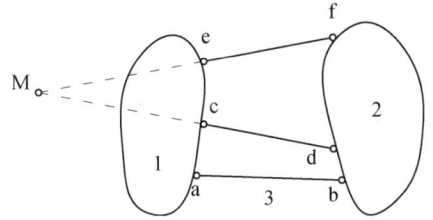

图 3.12 三根不交于一点/不平行的链杆

规则 2.如果两个刚片用不交于一点的或互不平行的三根链杆联结在一起,则组成的体系

是内部几何不变的。

图 3.12 所示两个刚片 1 和 2，由三根链杆 ab,cd 和 ef 相连，组成了内部几何不变体系。因为若把链杆 ab 视为刚片 3，而链杆 cd 和 ef 的作用相当一个铰节点，将刚片 1 和 2 联结在它们延长线得到交点 M，通常称 M 为虚铰。这样，三个刚片被不在一条直线上的三个铰 a,b 和 M 联结在一起，符合规则 1。因此，图 3.12 所示体系是内部几何不变体系。

规则 2 也可表述为**两个刚片用一个铰和不通过该铰的一根链杆联结在一起，则组成的体系是内部几何不变的**。显然，图 3.12 所示两个刚片 1 和 2 可看作由一个铰 M 和链杆 3 联结在一起，这是内部几何不变体系。

规则 3. **如果一个刚片与两根不在一条直线上且交于一点的两根链杆相连，则组成的体系是内部几何不变的**。

图 3.13 所示刚片 1 与相交于一点 A 的两根链杆相连，如将链杆 2 和 3 视为两个刚片，则图 3.13 所示体系是由三个刚片用不在一直线上的三个铰 A,B 和 C 联结在一起，符合规则 1。因此，此体系是内部几何不变体系。同理，再与交于 D 点的 4 和 5 两链杆相联结，则该体系仍是几何不变的。这个过程继续下去，可一直得到内部几何不变体系。

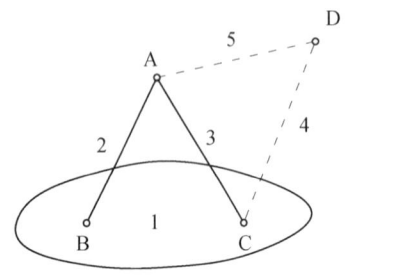

图 3.13 一个刚片两个链杆

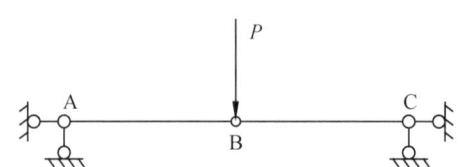

图 3.14 三个共线的铰点

由此可见，规则 2 和规则 3 皆以规则 1 为依据，而规则 1 基于三角形组成的唯一性法则。因此，通常采用三角形基本法则来判断体系的几何可变性。这个法则叙述为：如果用不在一直线上的三个铰联结三个刚片（或杆件），则它们组成的体系是几何不变的。

应用三角形法则判断结构的几何可变性应注意下列两点：①三个铰不允许在一直线上；②三个铰不应交于一点。

当体系的几何组成不满足三角形法则时，则成为几何可变体系。

如果联结刚片的三个铰在一直线上（图 3.14），在铰 B 处即使作用很小的外力 P，则体系将产生微小的运动。然后，三个铰不在一直线上，运动才终止。这种在某一瞬时可以产生微小运动的体系，称为瞬变体系。瞬变体系也是几何可变体系的一种，这种体系不能作为结构使用。因为瞬变体系即使在很小的外力作用下，也会产生很大的内力，从而导致结构的破坏。故瞬变体系也称为危形结构。下面通过图 3.15(a)所示瞬变体系的静力解特征来说明它的危害性。

假定在 B 点加载荷 P 之后，B 点移到 B_1 点，由于体系对称，两杆转动了同一微小角度 α 后继续能维持平衡。如图 3.15(b)所示。

由静力平衡条件：

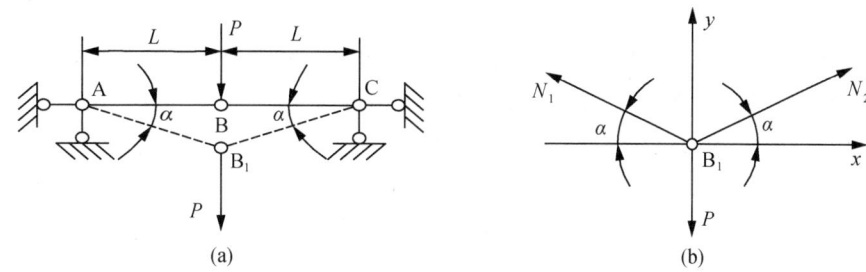

图 3.15 三个共线铰的计算简图

$$\sum X = 0, \quad N_1 = N_2 = N$$
$$\sum Y = 0, \quad 2N\sin\alpha = P \quad (3.2)$$
$$N = \frac{P}{2\sin\alpha}$$

式(3.2)说明,当 α 很小时,内力 N 值很大。为了避免杆件中产生过大的内力,接近于瞬变体系的结构也应避免采用。

例 3.2 图 3.16 为一塔式起重机塔身桁架结构的一部分,试分析其几何构造。

解:对于一个复杂的体系,为了分析其几何构造,可以采用"刚体合成法"来逐步进行。这个方法是先从体系中找出一部分很明显的几何不变体系作为分析的基础,然后逐步将各杆件依次组合上去,以获得几何不变体系。如此逐段进行,若最后所得仍为几何不变体系,则整个体系就是几何不变的;若最后所得不是一个几何不变体系,也易于判别哪一部分是几何可变的。

对于本例所示塔身结构,可将图中带阴影的三角形部分 abc 作为分析的基础。显然三角形 abc 是几何不变的。在此基础上,依次组合 d 点和 e 点,得几何不变体系 adceb,再依次组合 f,g,h 三点,得几何不变体系 adgfheb。最后组合 i 点,所得仍为几何不变体系。因此,最后可判定整个体系是几何不变的,而且没有多余的联系,是静定结构。

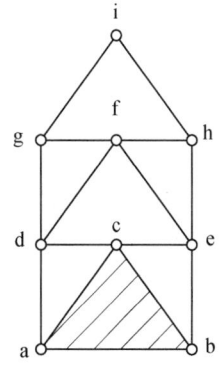

图 3.16 塔式起重机塔身桁架一部分

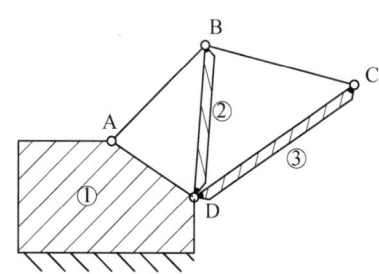

图 3.17 挖掘机的变幅臂架

例 3.3 图 3.17 为一挖机的臂架变幅部分,试分析其几何构造。

解:将机体①、臂架③、撑杆②分别看作为三个刚片。由规则 2 可知:刚片①和②用一链杆 AB 及一铰 D 联结,是几何不变的。然后将此几何不变体系与刚片③用链杆 BC 及铰 D 联结,所得仍为几何不变体系,故整个体系是几何不变的。

例 3.4 试对图 3.18(a)所示体系作几何组成分析。

解：该体系具有四根与基础连接的支杆，故分析其几何组成时，应连同基础一起考虑。首先，划出局部合成刚片，如图 3.18(b)所示。其次，看一下体系中有无附属部分，此体系没有附属部分。所以，下一步便可分析体系的几何组成，看它是否符合几何不变体系的组成规则。为此，不妨先假设局部不变体 ADE 为刚片Ⅰ，然后再从同它有关的联系中，去寻找其他刚片。据此，通过铰 A 和铰 D，就自然地会把局部刚片 BDF 和基础分别当作刚片Ⅱ和刚片Ⅲ。可是根据这样考虑，连接刚片Ⅱ和刚片Ⅲ的只有一根链杆（即支杆 B），而另外却又有三根链杆（即链杆 CE 和 CF 及支杆 C）都未能用上。显然，这种组成方式，与几何不变体系的组成规则是对不上号的，说明分析方法不对，应当重新考虑。

在上述分析中，最初是假设 ADE 为刚片，结果行不通。既然如此，就不要再把 ADE 当作刚片，而将其看作三根链杆。这样改变之后，可先假设局部不变体 BDF 为刚片Ⅰ，如图 3.18(c)所示。由于节点 A 是固定铰支座，故可将其看作为基础的扩大部分。与刚片Ⅰ相连的有一根支杆和三根链杆，其中链杆 DE 和 FC 都与链杆 EC 相连，而链杆 DA 和支杆 B 又都与基础相连。因此，这样就很自然地可把链杆 EC 和基础分别看作为刚片Ⅱ和刚片Ⅲ。最后还可发现，在刚片Ⅱ和刚片Ⅲ之间也有链杆 AE 和支杆 C 相连。这样，三个刚片两两之间，各有两根链杆（或支杆）相连，相应的三个虚铰（Ⅰ-Ⅱ）、（Ⅱ-Ⅲ）和（Ⅰ-Ⅲ），其位置如图 3.18(c)所示。三个铰不在一直线上，符合组成规则一，故为几何不变体系。

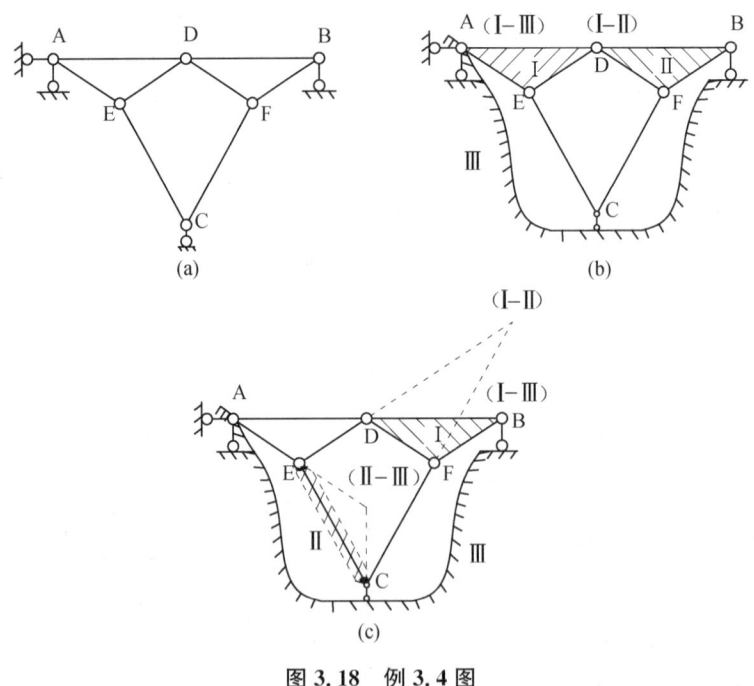

图 3.18 例 3.4 图

3.3 本章小结

对杆系结构，按体系的形状或各杆的相对位置能否保持不变，分为几何不变体系和几何可变体系。在几何可变体系中,仅在开始施加载荷的一瞬间发生有较小的变形,过后就不能再变形的体系称为瞬变体系;可以产生很大的变形的体系称为常变体系。

在进行结构受力分析之前,首先要判定整体体系能否构成一个可以承载的结构。机械结构的构造分析就是从机械运动和几何学的角度出发,对机械结构或体系的组成形式进行分析,判定其能否承载的过程。同时也可以了解体系中各个部分的相互关系,从而改善和提高结构的受力性能。

通过求自由度的方法可以非常快地判定体系是否是几何可变的,但无法判定体系是否是几何不变的。要判定体系的几何不变性可以运用组成平面几何不变体系的三个基本规则。

思考题

3.1 如果已知体系的自由度为零,是否能推导出体系是几何不变的?

3.2 归纳出体系的自由度与几何构造特性之间的关系。

3.3 如果结构分别是几何可变、瞬变、静定和超静定结构,它们是否都能用静力平衡法求出其各部分的内力?

习 题

3.1 试求图示体系的计算自由度。

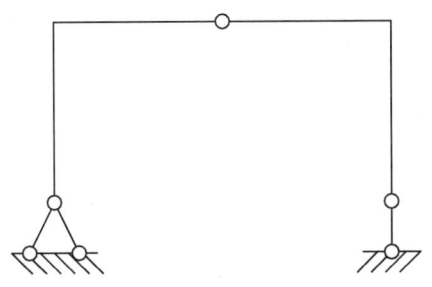

习题 3.1

3.2 试对图示体系作几何构造分析,并指出有无多余约束。

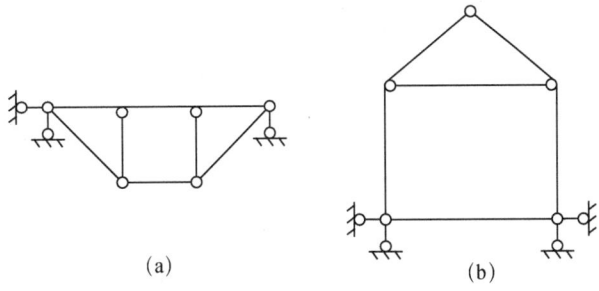

习题 3.2

3.3 图示为某一大型挖掘机臂架简图,试进行几何构造分析。

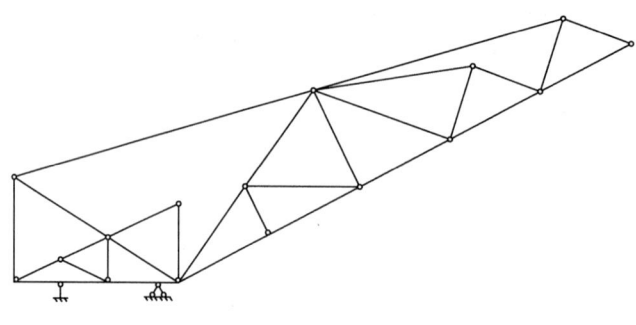

习题 3.3

3.4 对图示塔式起重机结构作几何构造分析。问除去哪些杆件后,仍能保证结构的几何不变性?

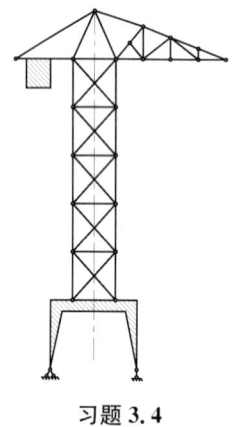

习题 3.4　　　　　　习题 3.5

3.5 对图示体系作几何构造分析。

第 4 章　静定结构位移计算

结构受到载荷作用后会发生变形。结构的变形通常可用结构的位移和应变来描述。结构的位移是指结构上给定点或截面的位置变化,通常可分为线位移和角位移两种。线位移是指结构上给定点产生的位置移动,角位移则是指结构上给定截面产生的位置转动。结构上单个点或截面在指定参考系中的位移通常称为绝对位移。一个点或截面相对于另一个点或截面的位移称为相对位移。

载荷作用(通常称为力因素)是结构产生位移的最主要因素,此外非力因素也能引起结构位移。非力因素引起结构位移主要有以下两种情况:一是由非力因素引起的结构构件形状或尺寸的变化,如温度因素、材料时变因素、制造误差因素等;二是由基础沉降等因素引起的支座位移。

在结构设计时,不仅要保证结构具有足够的强度,而且应当满足一定的刚度要求。通过结构位移计算可以了解结构的变形情况,验算结构的变形条件。在计算超静定结构时,必须考虑结构的变形协调条件,因此静定结构的位移计算也是求解超静定问题的基础。同时,结构的位移计算更是理解动力学、稳定性等更深入问题的基础。

计算结构的位移时必须考虑材料的性质。如无特殊指明,一律把结构当作由线弹性材料组成,即假设结构承受载荷时,其最大应力不超过材料的比例极限。同时,假设结构的变形或位移是微小的,即应用静力平衡条件建立方程时,不计结构变形或位移的影响。符合以上假设的结构体系称为<u>线性变形体系</u>或<u>线弹性体系</u>。线弹性体系具有<u>结构的变形或位移与其作用力成正比例</u>、<u>计算结构的变形或位移可应用叠加原理</u>等。所谓叠加原理是指结构由一组载荷所产生的效果(内力、变形等)等于每一载荷单独作用时所产生的效果的叠加。

4.1　机械结构的计算简图

实际的机械结构一般都很复杂,往往很难完全按照结构的真实情况去分析。因此,对实际结构进行力学分析时,总是需要做出一些简化和假设,略去某些次要因素,保留其主要受力特性,从而使计算切实可行。这种把实际结构适当简化,用作力学分析的结构图形,就称为<u>结构计算简图</u>,或者结构计算模型。

对实际结构进行力学分析,是通过结构计算简图来进行的。结构计算简图的力学分析结果,又是实际结构杆件截面的设计依据。因此,合理选取结构计算简图,是结构设计中非常重要的一项工作,同时也是力学分析时必须首先解决的一个问题。一般说来,选取结构计算简图时,应当符合以下两点原则:

(1) 结构计算简图必须能够反映实际结构的主要受力特性,确保计算结果可靠。
(2) 在满足计算精度要求的条件下,结构计算简图应当尽量简单,以使计算方便可行。

对于机械结构来说,选取结构计算简图所要涉及的内容,主要有结构各部分联系的简化、支座的简化、节点的简化、杆件的简化和载荷的简化等。

1. 结构体系、构件以及构件间联系的简化

严格说来，实际的结构都是空间结构。然而，对于绝大多数空间结构来说，其主要承重结构和力的传递路线，大多是由若干平面组合形成的。由于平面力系的计算要比空间力系简单得多，所以通常尽可能简化为平面结构来计算。

对桁架结构，在计算简图中杆件通常以其轴线来代表，曲率不大的微曲杆件可以用直的轴线或折线段来代替。

结构中各杆件相互之间是通过"节点"相连接的。在实际的机械结构中，节点本身往往很复杂。但是在计算时通常可简化为"铰节点"和"刚节点"两种。铰节点是指连接杆件的节点是光滑无摩擦的理想铰，各杆可绕此铰节点作相对转动，因此铰节点上的弯矩为零。当然无摩擦的理想铰在实际结构中是不存在的。但是当杆件的长细比较大时，可以将桁架结构中的节点简化为理想铰节点，这样可使计算大大简化，而所求得的主要内力（杆件的轴力）基本上符合实际受力情况。由于实际节点与铰节点的差异，发生在节点附近的附加次内力（弯矩）与轴力相比是很小的，在一般情况下可忽略不计。

2. 支座的简化

任何机械结构只有设置或支承在某一基础或其他结构之上，才能承受外载荷并正常、可靠地进行工作。相应的计算模型也必须根据工程实际加上约束，才能保证计算顺利进行，并使计算结果与实际情况相吻合。

支座是用来支承结构并与基础相连的构件或结构。结构所承受的载荷是通过支座传到基础或其他结构上的。在传递力的过程中，支座部分将承受支座反力，同时也阻止结构在支座方向上的位移。

在工程实际中，支座分为刚性支座和弹性支座。

刚性支座又分为以下四类：

(1) **活动铰支座**。其特点是在支承部分有一个铰结构或类似于铰结构的装置，其上部结构可以绕铰点自由转动，而铰结构又可沿一个方向自由移动。如桥式起重机横梁与车轮用轴相接，可以绕轮轴转动，车轮则可以在轨道上自由滚动，见图 4.1(a)。这种支座可以简化为活动铰支座，见图 4.1(b)。它产生垂直方向的支座反力，作用线沿着支座链杆方向。

(2) **固定铰支座**。该支座与活动铰支座的区别在于整个支座不能移动，但是被支承的结构可以绕一固定轴线或铰自由转动，如图 4.2(a)所示，支座简图见图 4.2(b)。支座反作用力通过支座铰点，其大小和方向由作用在结构上的载荷所决定。

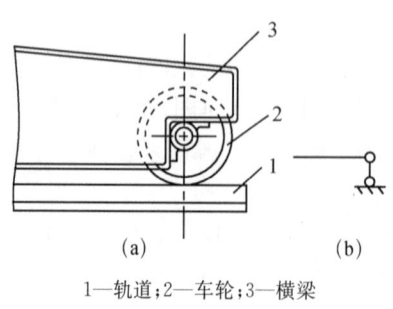

1—轨道；2—车轮；3—横梁

图 4.1　活动铰支座

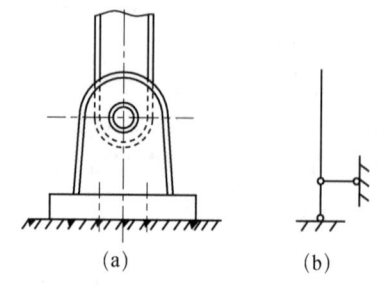

图 4.2　固定铰支座

(3) 固接支座(固定支座)。其特点是当结构用这种支座与基础或其他结构相连接后,结构不能转动或移动。固接支座的实例如图 4.3(a)所示。图中上部结构用焊接方法固接于基础上。支座简图如图 4.3(b)所示。支座反力除具有支反力外,还有支反力矩。

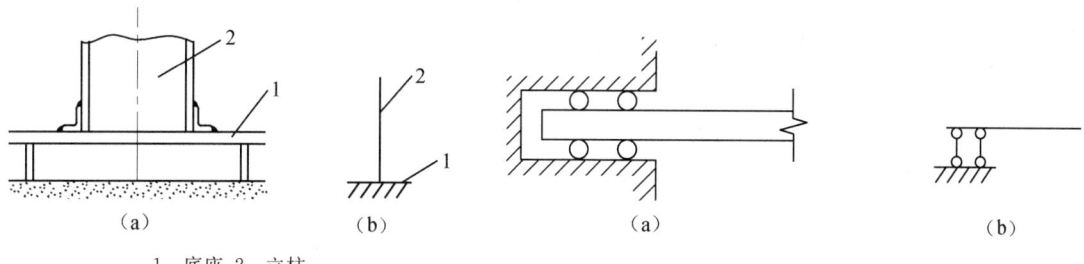

图 4.3 固接支座　　　　　　　图 4.4 滑动支座

(4) 滑动支座(定向支座)。这类支座能限制结构的转动和沿一个方向上的移动,但允许结构在另一方向上有移动的自由度,如图 4.4(a)所示,支座简图见图 4.4(b)。支座反力包括限制竖直方向移动的支反力和限制转动的支反力矩。

对于以上刚性支座的四种基本形式,当支座的位移和支反力不处于同一平面时,将其称为空间支座。

在实际结构中,经常还会遇到支承结构的基础或支座本身在外载荷作用下产生较大的弹性变形,这种情况下的支座称为弹性支座。例如,载重汽车的车架通过悬挂支承在轮胎上。对汽车车架而言,悬挂和轮胎都是弹性支座(图 4.5)。又如,汽车起重机的主臂架是安装在转台上的,转台又通过回转装置与底架相连。臂架系统受载时,支腿和底架都将产生弹性变形。这些变形,对臂架系统而言,犹如支承在弹性支座上(图 4.6)。

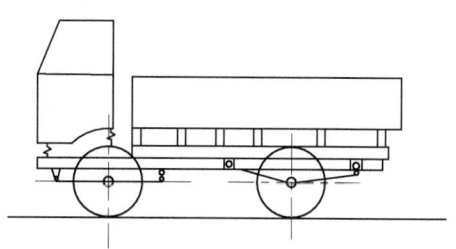

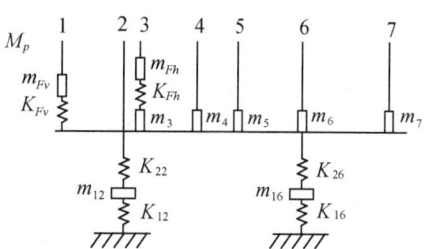

图 4.5 载重汽车支承形式

根据支座反力的不同,弹性支座亦分为弹性线支座和弹性铰支座(图 4.7),分别产生弹性线位移和支反力、弹性角位移和支反力矩。

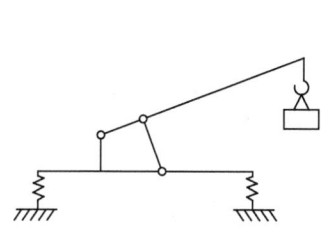 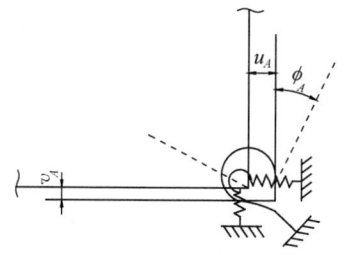

图 4.6 弹性支座　　　　　　图 4.7 弹性铰支座

在机械结构分析中,对结构的位移、形变进行限制,或者在可能产生反力处施加约束。至于选择何种支承或约束,则要根据具体结构形式、计算工况和支承条件作具体分析。

在实际结构中,明显的铰支座形式是不多见的。如附着式塔式起重机塔身底部的支承,是用固定铰支座还是固接支座模拟,需要根据底部的构造及与地基的连接情况来分析决定。如果塔式起重机底部结构刚度很大,又与地基用地脚螺栓相连,则认为在底部能承受弯矩,可以假定为固定端。反之,当底部刚度不大、不能承受弯矩时,可以认为是固定铰支座。

同一空间支座,在分解成平面结构分析时,支座的形式有可能是不一样的。如塔式起重机臂架的根部是通过转轴与塔架相连,见图4.8(a)。在臂架起升平面,由于臂架根部可以绕轴O点转动,不能承受弯矩,可认为是固定铰支座。而在回转平面,由于两铰点作用,可以承受绕垂直轴的弯矩,一般可以作为固定端处理,整个臂架可视为悬臂梁,见图4.8(b)。

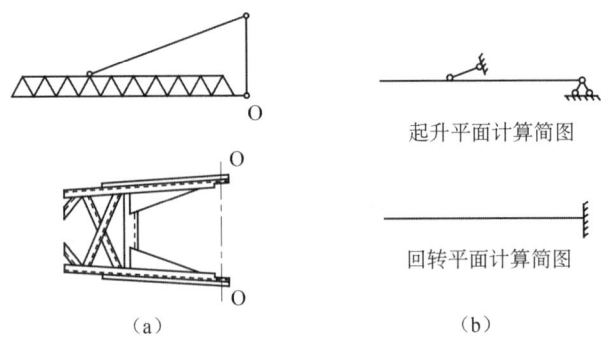

图 4.8 臂架在起升和回转平面的计算简图

即使同一平面的支座,有时针对分析工况不同,也有可能取两种支承形式。如图4.9(a)所示龙门起重机。在分析时,可以取图4.9(b)和图4.9(c)所示的两种支承形式,在实际中都可能出现。但是在两种情况下,结构的内力分布是不一样的。在图4.9(b)情况下,横梁的弯矩较大。在图4.9(c)情况下,支腿的弯矩较大。所以分析时对以上两种情况都应进行计算。

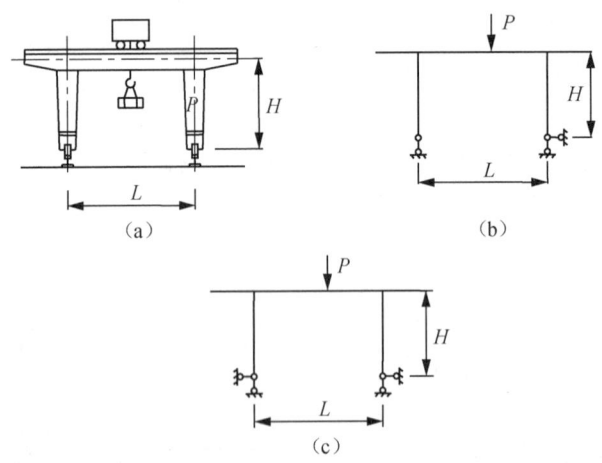

图 4.9 龙门起重机主梁和支腿计算简图

在对结构施加约束时,还应注意分析约束对结构所产生的反力特征。如载重汽车的车架,与前车轮相连的前悬挂采用纵向滑轮式结构的钢板弹簧,见图 4.10(a)。前车轮和钢板弹簧都表现为弹性元件。由于前悬挂的对称性,A 与 B 处所受垂直反力基本相等。在计算车架时,若简单地如图 4.10(b)所示在 A,B 两点加弹性支座,则 A,B 处的垂直反力不可能相等。这时可以如图 4.10(c)所示加约束,即前悬挂(钢板弹簧)用变截面梁来模拟,轮胎则在垂直方向用弹性支座模拟,纵向与横向可以用活动铰支座模拟。

另外,由于在实际结构中,钢板弹簧的前端为固定铰链,后端可在支架内纵向移动,所以在图 4.10(c)中,模拟钢板弹簧的变截面梁在 A,B 两端的转动自由度均应释放,同时在 B 端的轴向位移自由度也应释放。这样处理,才基本可以反映车架前端的支承情况。

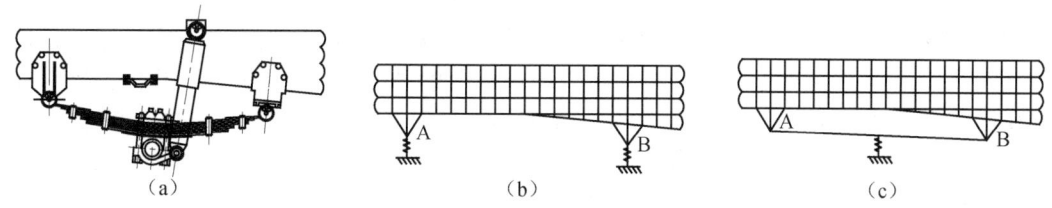

图 4.10 车辆的钢板弹簧及其计算简图

确定支承形式后,一般可以直接沿相应的坐标轴方向施加约束(包括弹性约束)。但是对于与坐标轴不平行的斜支座和弹性斜支座,则不能简单地用坐标轴方向的约束替代,而应用等效杆单元来模拟。

3. 载荷的简化

对机械结构进行分析时,通常根据不同的计算工况确定载荷,它是保证分析计算结果能反映工程结构实际情况的前提。由于计算上的需要,载荷可以按不同的方法分类。根据载荷在结构上的分布情况,可分为以下两类:

(1) 集中载荷。当外载荷作用在结构上的区域很小时,可以认为这种载荷是集中载荷。如龙门起重机的轮压、塔式起重机臂架上变幅小车的轮压和吊重、挖掘机的挖掘阻力等。在载重汽车中,发动机的重量也是以集中载荷的形式作用在车架上的。

(2) 分布载荷。如果作用在结构上的载荷,其位置是连续变化的,即载荷作用在一定面积或一定长度上,称其为分布载荷。当分布载荷的集度是均匀的,则为均布载荷。结构的自重、风载荷、由质量引起的惯性力等,通常都被视作分布载荷。

根据载荷作用是否随时间变化的情况,可以分为以下两类:

(1) 静载荷。当载荷的大小、方向和作用点都不随时间变化时,称为静载荷或固定载荷,如结构自重。

(2) 动载荷。当载荷的大小、方向和作用点随时间变化时,称为动载荷,其中如果仅仅是载荷的作用点随时间而变时,则常称为移动载荷。动载荷作用在结构上一般都有一个过程。比如,起重机吊重的离地起升过程,吊重由地面到离地直到平稳上升,臂架结构将承受十分复杂的动载荷。又如,汽车在正常行驶过程中突然制动,在制动过程中汽车结构也将承受很复杂的动载荷;桥式起重机的起重小车的移动对主梁也是典型的移动载荷。

机械结构承受的动载荷,其大小与变化情况不仅与施加的载荷本身有关,而且与承受载荷的结构刚度有关。在动载荷作用下的结构分析方法完全不同于静载荷作用时的分析方法。结构在动载荷作用下,经常发生振动现象。因此,动载荷作用下的分析比静载荷作用时要复杂得多。

在形成计算模型时,计算载荷组合一定要根据相应规范和标准所规定的计算工况来确定。对同一结构进行分析时,可以有多种计算工况。如对汽车起重机车架进行有限元分析时,载荷位置可以位于正侧方、正后方和在后支腿上方。对这三种工况都应进行计算,因为它们都有可能使车架的应力分布出现最不利情形。

对同一结构进行分析时,针对不同部件的校核又有不同的载荷组合。如龙门起重机,在对主梁进行校核时,应把载荷作用在主梁跨中,此位置使主梁受力最大。而对支腿进行校核时,则应把载荷作用在支腿附近(自然应是小车能够行驶到的位置)。这是两种不同的载荷组合,都应进行计算。

在确定计算载荷时,除根据上述不同工况计算实际载荷组合外,也常用单位载荷作用法。该法是计算出同一工况中不同的载荷在单位值作用时的结果,然后根据实际工况的载荷直接把相应的计算结果加权叠加,从而得出实际工况下的结果。以汽车起重机车架分析为例,首先分别计算在回转中心作用单位垂直力、绕纵轴的单位力矩和绕横轴的单位力矩时的情形,然后计算出臂架在不同位置时的实际垂直力、绕纵轴力矩和绕横轴力矩。根据它们与单位力的权值,把相应点的计算结果加权叠加,即可得到实际位移和应力值。

以上是有关形成计算简图(计算模型)的一些原则。应当指出,一个结构的计算简图并非永远不变。一方面,它将随着人们认识的发展和计算技术的进步,可以不断改进简化要求,从而使计算简图更趋近于结构的实际工作情况;另一方面,也可以因需要不同而异。例如,在结构初步设计时,为了粗略估算杆件的截面,可以选用比较简单的计算简图。在正式设计和校核时,再采用比较复杂更能反映实际情况的计算简图进行精确计算。

4.2 静定结构的内力计算

一般将无多余约束的几何不变体系称为静定结构。因为无多余约束,所以在任何载荷作用下,静定结构的全部反力和内力都可以根据静力平衡原理求得。静定结构也由此得名。

静定结构的种类有很多,包括静定梁、刚架、桁架、组合结构等。本书将结合工程中常见的结构形式,讨论静定结构的内力计算问题。

4.2.1 静定梁

静定梁在工程中有广泛的应用。图 4.11 所示由单根杆件构成、只有一个跨度的静定梁称为单跨梁,其中图 4.11 所示的单跨梁分别为简支梁、悬臂梁和外伸梁。

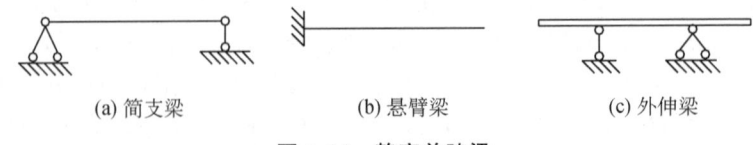

(a) 简支梁　　　　　(b) 悬臂梁　　　　　(c) 外伸梁

图 4.11　静定单跨梁

计算单跨梁的内力的一般步骤为:

(1) 计算支座反力。对整体列静力平衡方程,解方程计算出全部支座反力。

(2) 截面法计算指定截面内力。将指定截面切开,取截面任一侧部分为隔离体,由平衡条件求得内力。

结构力学中规定内力图的纵坐标一般画在垂直于杆件轴线方向。轴力以拉力为正,压力为负;剪力以使微段顺时针方向转动为正,逆时针方向转动为负;绘制轴力图和剪力图时,图形的正号部分可画在杆件的任意一侧,负号部分画在另一侧,并需要在图上注明正负号;绘制弯矩图时,图形画在杆件受拉一侧,不标正负号。

例 4.1 绘制图 4.12(a)所示简支梁的内力图。

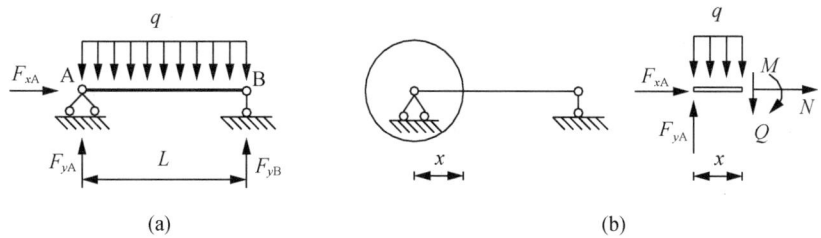

图 4.12 受均布载荷作用的简支梁

解:(1) 列静力平衡方程求支座反力。

$$\sum F_x = F_{xA} = 0$$

$$\sum F_y = F_{yA} + F_{yB} - ql = 0$$

$$\sum M_A = F_{yB} \times l - ql \times \frac{l}{2} = 0$$

易求得
$$F_{yA} = F_{yB} = \frac{1}{2}ql$$

(2) 截面法求内力。

如图 4.12(b)所示,截取离左支座距离 x 处截面的左半部分为分析对象进行静力分析。

由 $\sum F_X = 0$ 得 $N = 0$

由 $\sum F_y = 0$ 得 $F_{yA} - qx - Q = 0$ $Q = F_{yA} - qx = \frac{1}{2}ql - qx$

由 $\sum M = 0$ 得 $F_{yA}x + M - \frac{1}{2}qx^2 = 0$ $M = \frac{1}{2}qx^2 - F_{yA}x = -\frac{1}{2}q(l-x)x$

(3) 画内力图(图 4.13)。

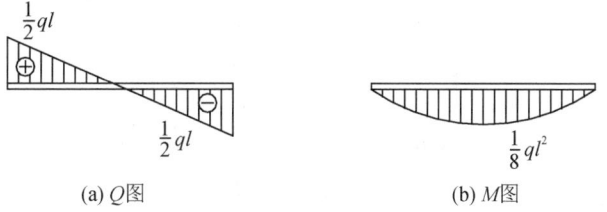

(a) Q 图   (b) M 图

图 4.13 受均布载荷简支梁的内力图

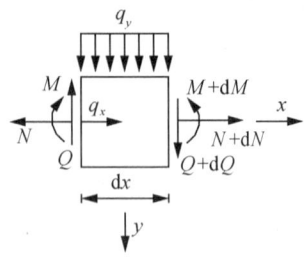

图 4.14 受连续分布载荷
杆件的一个微段

观察例 4.1 中计算求得的剪力 Q 和弯矩 M,可以发现 Q 恰为 M 对 x 的一阶导数。杆件的内力间甚至是内力与载荷间似乎存在着一定的微分关系。下面我们就来研究下杆件内力间和内力与载荷间的关系。

图 4.14 为受连续分布载荷的杆件上截取的一个微段,微段上的分布载荷可以视为均布载荷,在杆件轴线方向和垂直轴线方向的分量分别记为 q_x 和 q_y,N 为轴力。建立静力平衡方程并略去高阶微量,可以导出杆件内力间和内力与载荷间的以下微分关系:

$$\frac{\mathrm{d}N}{\mathrm{d}x}=-q_x \tag{4.1}$$

$$\frac{\mathrm{d}Q}{\mathrm{d}x}=-q_y \tag{4.2}$$

$$\frac{\mathrm{d}M}{\mathrm{d}x}=Q \tag{4.3}$$

由以上微分关系可知:

(1) 当无横向分布载荷时,即 $q_y=0$ 时,杆件剪力为常数,对应的剪力图形为水平线;而弯矩图为斜直线,斜率等于剪力值。

(2) 当杆件承受横向均布载荷时,剪力图为斜直线,而弯矩图为二次抛物线;当杆件承受径向非均布载荷时,剪力图为二次抛物线,而弯矩图为三次抛物线。

(3) 在杆件剪力为零处,弯矩图的切线与杆的轴线平行,此时弯矩有可能取得极值;在无剪力段,杆件的弯矩图为水平线。

(4) 当无轴向载荷,即 $q_x=0$ 时,杆件轴力为常数,轴力图为水平线;当有轴向载荷时,轴力图为斜直线。

(5) 在集中力作用处,对应轴力图、剪力图有突变,突变量等于集中力值;当剪力图突变时,弯矩图有尖点。

(6) 在集中力偶作用处,弯矩图有突变,突变量等于集中力偶值;剪力图没变化。

(7) 在杆件自由端和铰支端,若无外力偶,则该截面弯矩为 0;若有外力偶,则该截面弯矩等于外力偶。

利用以上内力间以及内力与载荷间的微分关系,有时可以直接确定某些分段上内力值,从而快速地绘制内力图形。

例 4.2 绘制图 4.15 所示结构的内力图。

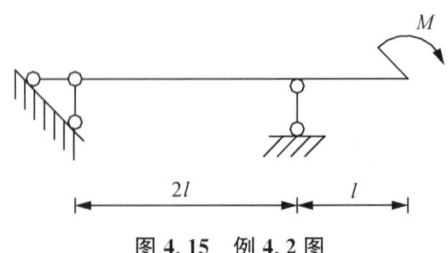

图 4.15 例 4.2 图

解:杆件自由端有外力偶,则弯矩等于外力偶。右端伸出部分无剪力,所以弯矩为常数。左半部无横向载荷,弯矩图为斜直线,并且铰支端无外力偶,弯矩等于 0,所以弯矩图如图 4.16(a)所示。剪力值为弯矩图上的斜率,所以剪力图如图 4.16(b)所示。

图 4.16 例 4.2 的内力图

当梁上承受多个载荷或载荷将杆件分为多个部分时,用截面法画弯矩图需要取多个截面列平衡方程比较麻烦。对于这种类型的题目可以用叠加法进行计算。

叠加法画弯矩图步骤:

(1) 以外力不连续点(集中力、力偶作用点、分布荷载起始点)将整个梁分成若干段,求出各段端点处弯矩,并以虚线相连。

(2) 当某段中无荷载时,将虚线改为实线。

(3) 当某段中有荷载时,以虚线为基线,叠加上相同荷载作用下简支梁弯矩图(竖标相加)。

(4) 最后得到的图形即为实际结构弯矩图。

例 4.3 绘制图 4.17 所示简支梁 AC 段的弯矩图。

解:均布载荷将整个梁分为 AC 和 BC 两个部分,列静力平衡方程易得点 B 处的支反力为 $\frac{1}{8}ql$,并可求出点 C 处的弯矩为 $\frac{1}{16}ql^2$。

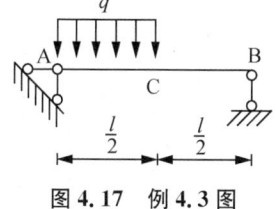

图 4.17 例 4.3 图

如图 4.18(a)所示,AC 段的弯矩图可由图 4.18(b)与图 4.18(c)两种载荷作用下的弯矩图叠加而成。

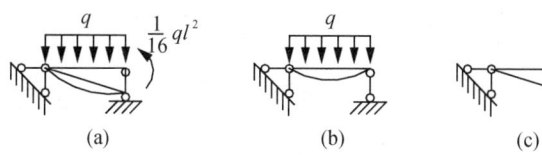

图 4.18 例 4.3 弯矩图

用单跨梁作为基本单元,可以构造出跨越几个相连跨度的静定梁,称为多跨静定梁,如图 4.19 所示。

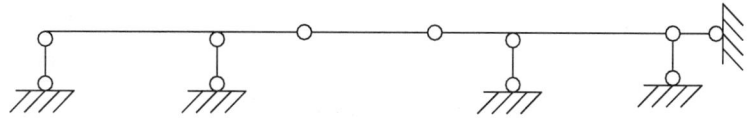

图 4.19 多跨静定梁

对于多跨静定梁,按各杆件与基础的关系,可分为基本部分和附属部分。基本部分是结构中直接与基础组成几何不变体系的部分,能独立承载;附属部分是结构中通过基本部分与基础组成几何不变体系的部分,不能独立承载。对于多跨静定梁的分析,可以先把结构拆成单个杆,先计算附属部分,再计算基本部分。

例 4.4 绘制图 4.20 所示简支梁的内力图。

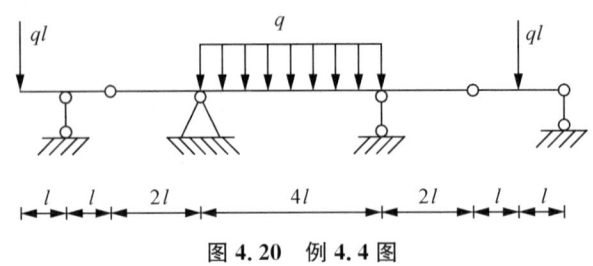

图 4.20 例 4.4 图

解:将结构分为图 4.21(a),(b),(c)所示三个部分。图 4.21(a),(c)为基本部分,通过静力平衡条件很容易就能计算出铰接处的内力。

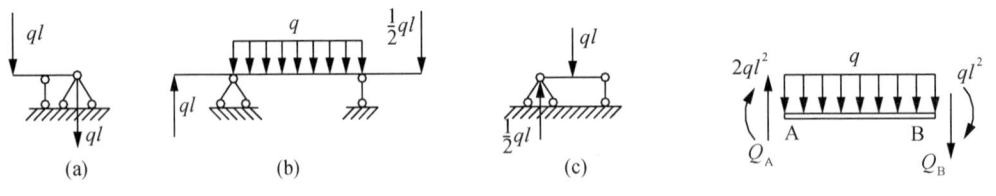

图 4.21 例 4.4 的基本部分和附属部分　　　图 4.22 外伸梁转化的简支梁

有了铰接处的内力,将图 4.21(b)所示的外伸梁转化为简支梁(图 4.22)就能计算基本部分的支座反力。

由 $\sum M_A = 0$ 可得 $Q_B = -11ql/4$

由 $\sum F_Y = 0$ 可得 $Q_A = 5ql/4$

先画出各部分内力图见图 4.23(a),(b),(c),最后叠加为体系内力图见图 4.23(d)。

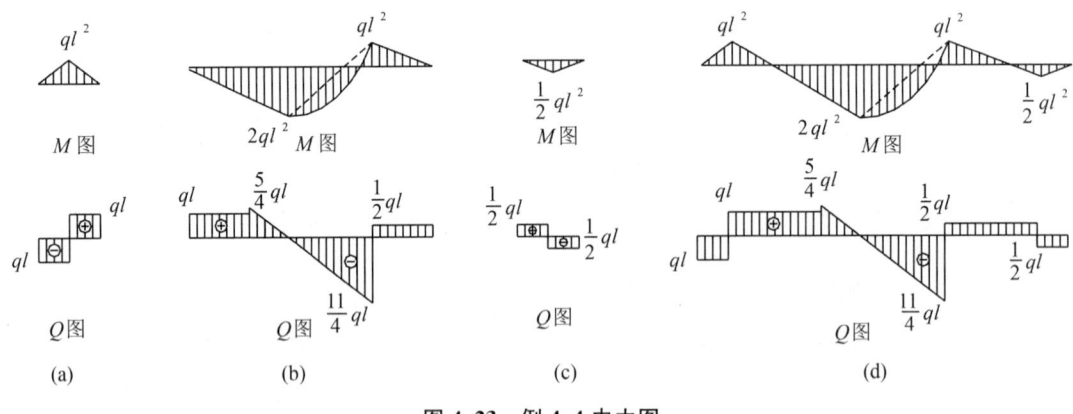

图 4.23 例 4.4 内力图

4.2.2 静定平面刚架

一般将由直杆组成且所有节点或部分节点是刚性联结的结构称为刚架。当刚架的杆件轴线和载荷都处于同一平面且是静定结构时称为静定平面刚架。对静定平面刚架内力分析时可以采用截面法进行计算,步骤一般是先求支座反力和联结各部分的铰或链杆的约束力,再求出刚架截面的内力,最后绘制内力图。

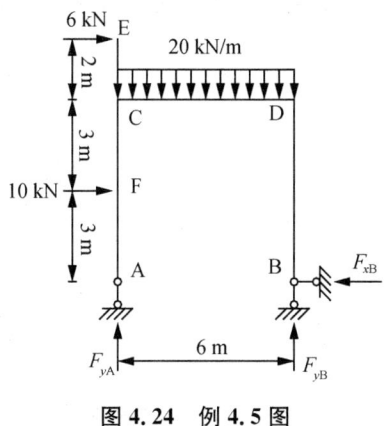

图 4.24 例 4.5 图

例 4.5 绘制图 4.24 所示刚架的内力图。

解：$\sum F_x = 6 + 10 - F_{xB} = 0 \quad F_{xB} = 16 \text{ kN}$

$$\sum M_A = 6 \times 8 + 10 \times 3 + 20 \times 6 \times 3 - F_{yB} \times 6 = 0 \quad F_{yB} = 73 \text{ kN}$$

$$\sum M_B = F_{yA} \times 6 + 6 \times 8 + 10 \times 3 - 20 \times 6 \times 3 = 0 \quad F_{yA} = 47 \text{ kN}$$

得到支座反力后运用截面法就可以计算出各截面内力,最终内力图如图 4.25 所示。

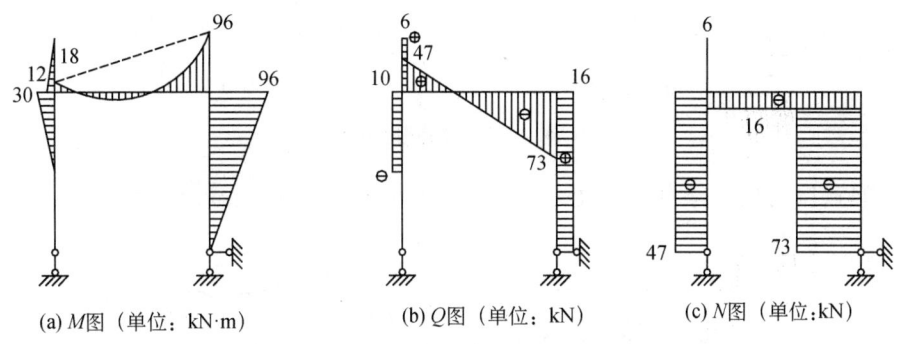

(a) M 图（单位：kN·m）　　(b) Q 图（单位：kN）　　(c) N 图（单位：kN）

图 4.25 例 4.5 内力图

4.2.3 桁架

在实际工程中,**桁架是由若干直杆通过杆件两端的铰联结相连所组成的几何不变体系**,如图 4.26 所示。它与刚架的主要区别在于,**桁架的杆件主要承受轴力,刚架的杆件同时承受弯矩、剪力和轴力**。

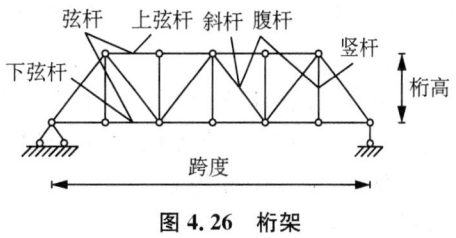

图 4.26 桁架

对桁架分析时,一般认为桁架是理想桁架。所谓理想桁架要满足以下三个基本假设：

(1) 各杆端用光滑的理想铰相联结。
(2) 各杆轴线平直,且在同一平面并通过铰。
(3) 载荷和支反力都作用在节点上,且位于桁架平面内。

理想桁架的杆件只承受轴力,每根杆两端所受的力大小相等,方向相反,称为二力杆。按几何组成,可分以下三类:

(1) 简单桁架。可以在基础或一个铰接三角形上依次加二元体构成的桁架,如图 4.27(a)所示。
(2) 联合桁架。由几片简单桁架按照几何组成规则组成的桁架,如图 4.27(b)所示。
(3) 复杂桁架。不属于前两类的桁架,如图 4.27(c)所示。

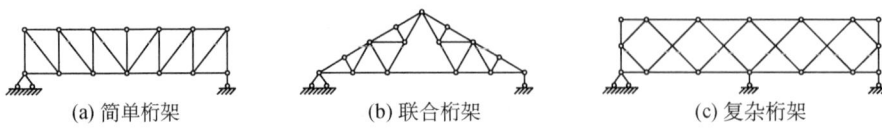

图 4.27 按几何组成分类

按照外形,桁架可分为平行弦桁架、三角形桁架、抛物线桁架和梯形桁架,如图 4.28 所示。

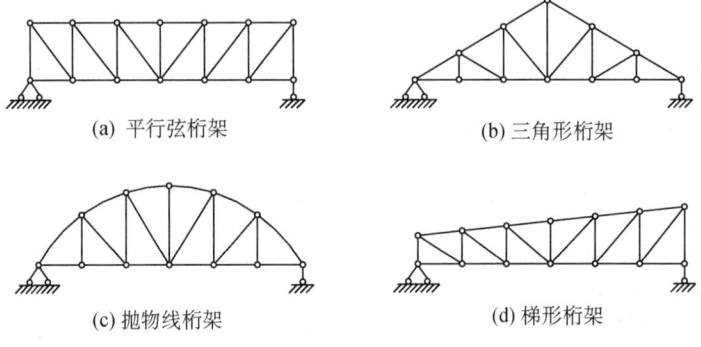

图 4.28 按外形分类

按受力特性,桁架可分为无推力的梁式桁架和有推力的拱式桁架,如图 4.29 所示。

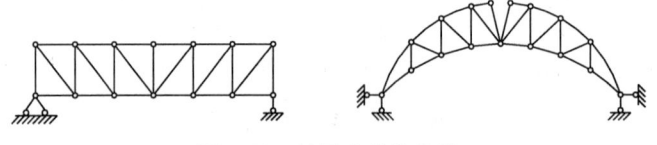

图 4.29 按受力特性分类

在对桁架杆件受力分析时,可以取桁架中一部分作为隔离体,由平衡方程解出各杆轴力。如果隔离体中只有一个节点,则该法称为节点法;如果隔离体中包含两个以上节点,则该法称为截面法。

节点法是截取桁架的一个节点为隔离体计算杆件内力的方法。由于一个节点上的力都通过节点,只有两个平衡方程可用,所以使用节点法时先计算未知力不超过两个的节点。对于简单桁架,由于其几何组成是通过增加二元体来形成的,适合用节点法求解,求解顺序与几何组成的方向相反。

例 4.6 用节点法求图 4.30 所示桁架各杆的轴力,已知 $\sin\alpha = \dfrac{3}{5}$。

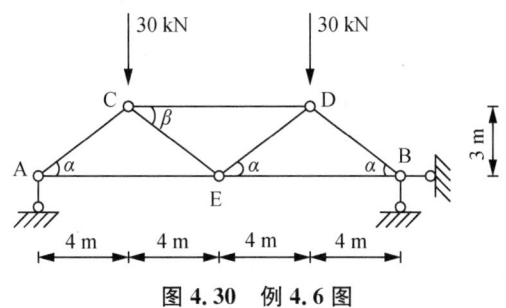

图 4.30　例 4.6 图

解:(1) 求支座反力。

因为体系只受竖向载荷,无水平向载荷,所以节点 B 处只有竖向的支座反力,体系对称,易得 $F_{yA} = F_{yB} = 30 \text{ kN}$。

(2) 体系为简单桁架,分析其几何组成。

体系是由 △DBE 依次加上节点 C、节点 A 构成。

(3) 按组成的反方向 A⇒C⇒E⇒D⇒B 顺序求解。

对节点 A[图 4.31(a)]:$\sum F_y = 0 \quad N_{AC}\sin\alpha + 30 = 0 \quad N_{AC} = -50 \text{ kN}$

$\sum F_x = 0 \quad N_{AC}\cos\alpha + N_{AE} = 0 \quad N_{AE} = 40 \text{ kN}$

对节点 C[图 4.31(b)]:$\sum F_y = 0 \quad 50\sin\alpha - 30 - N_{CE}\sin\beta = 0 \quad N_{CE} = 0$

$\sum F_x = 0 \quad 50\cos\alpha + N_{CD} = 0 \quad N_{CD} = -40 \text{ kN}$

对节点 E[(图 4.31(c)]:$\sum F_y = 0 \quad N_{ED} = 0 \quad \sum F_x = 0 \quad N_{EB} = 40 \text{ kN}$

对节点 B[(图 4.31(d)]:$\sum F_x = 0 \quad N_{DB}\cos\alpha + 40 = 0 \quad N_{DB} = -50 \text{ kN}$

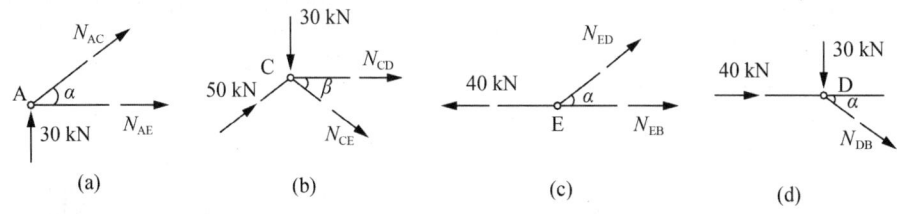

图 4.31　各节点受力分析

截面法是用适当的截面截取一部分桁架为隔离体,隔离体应包含两个以上节点。截面法适用于求解联合桁架或求解指定杆轴力的问题。

例 4.7 计算图 4.32(a)所示桁架 1,2 杆的轴力。

解:因为此桁架为对称结构,支座反力如图 4.32(b)所示,并分别用 1,2 两个截面,截取体系的左半部分。

对于截面 1,受力如图 4.32(c)所示:$\sum M_A = 0 \quad N_1 \times 2 - 3 \times 2 + 1 \times 2 = 0 \quad N_1 = 2$

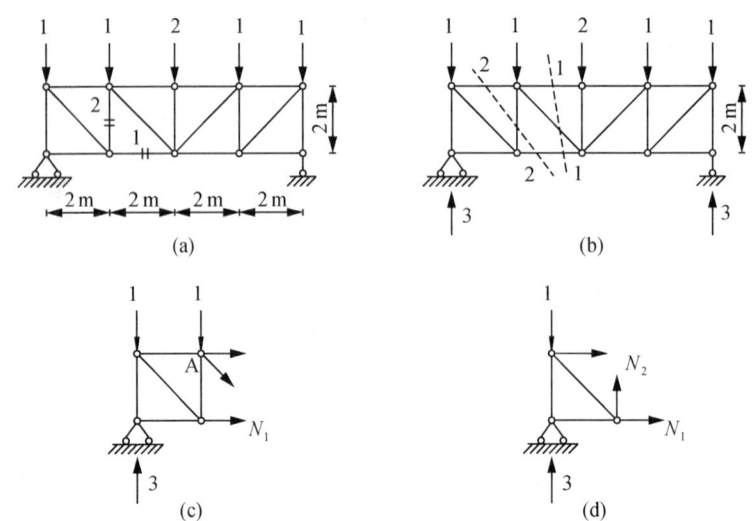

图 4.32 例 4.7 图

对于截面 2,受力如图 4.32(d)所示：$\sum F_y = 0$, $N_2 = -2$

4.2.4 组合结构

组合结构是指由若干链杆和刚架式杆件联合组成的结构,其中链杆只承受轴力,为二力杆,刚架式杆件一般受弯矩、剪力和轴力共同作用。

静定组合结构的受力分析与一般静定结构相同,通常先求出支座反力,计算出各链杆的轴力,再分析受弯构件的内力。分析时注意区分两种类型的杆件,它们的受力形式是不同的。

例 4.8 绘制图 4.33(a)所示组合结构的内力图。

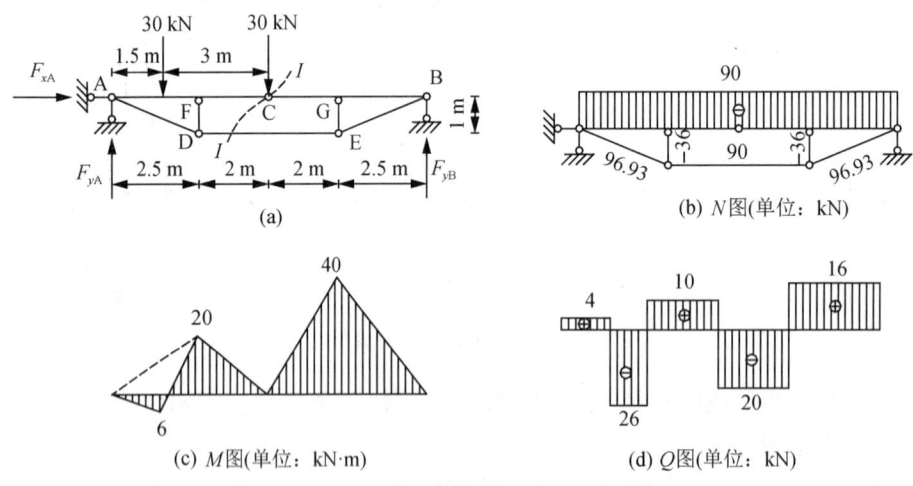

图 4.33 例 4.8 图

解:(1) 由体系的整体平衡求得支反力。

$$F_{xA} = 0, \quad F_{yA} = 40 \text{ kN}, \quad F_{yB} = 20 \text{ kN}$$

(2) 计算各链杆的内力。

作截面 I—I,取右半部分为隔离体：$\sum M_C = 20 \times 4.5 - N_{DE} \times 1 = 0 \quad N_{DE} = 90 \text{ kN}$

由此可以通过 D 和 E 的平衡条件,求得其他链杆的内力,见图 4.33(b)。

(3) 计算刚架式杆件的内力。

将链杆看作刚架式杆件的支承,支反力就等于链杆轴力,类似刚架的计算可以求得各杆件的剪力图和弯矩图,见图 4.33(c),(d)。

4.2.5 静定结构的特性

由于静定结构的反力和内力均可由静力平衡条件求得,因而静定结构满足平衡条件的反力和内力解答应该是唯一的,只要静定结构的一组解答能满足全部平衡条件,则必然是真实的解答。这是静定结构最基本的静力特性,由此可以推导静定结构的多项静力特性。

静定结构具有以下几项特性：

(1) 温度变化、支座位移、材料收缩和制造误差等非载荷因素不引起静定结构的反力和内力。

图 4.34(a),(b)分别为三铰刚架在受支座位移和温度变化作用时的情况,实线代表变化前的形状和位置,虚线代表变化后的形状和位置。在变化前后,支座反力和内力均为零。

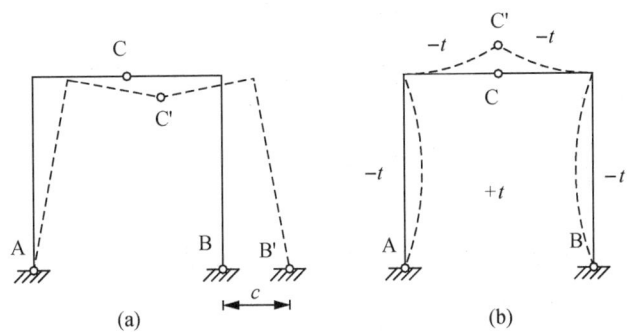

图 4.34 支座位移、温度变化作用下的三铰刚架

(2) 平衡力系作用于静定结构中某一几何不变或可独立承受该平衡力系的部分上时,则仅有该部分受力,而其余部分的反力和内力均为零。

图 4.35(a),(b)所示的静定刚架,各有一组平衡力系作用于几何不变部分 CD 上,因而仅在 CD 部分上有内力存在,图 4.35(c)中载荷与支反力构成平衡力系,因此仅在 AC 杆中有轴力存在。

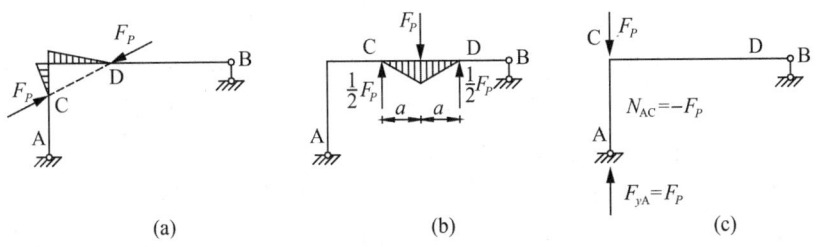

图 4.35 平衡力系作用下的静定刚架

(3) 当作用于静定结构中某一几何不变部分上的载荷作等效变换(主矢和对同一点的力矩均相等)时,则仅有该部分的内力发生变化,而其余部分的反力和内力均不变。

将图 4.36(a)所示杆 CD 上受到的均布载荷等效替换成图 4.36(b)所示的集中载荷。对比两个弯矩图,仅在 CD 段上弯矩有变化,而其他段上的弯矩不变。

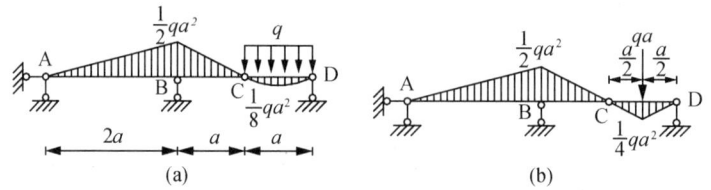

图 4.36 集中载荷和分布载荷作用下的静定结构

(4) 静定结构中的某一几何不变部分做构造改变时,其余部分的反力和内力均不变。

将图 4.37(a)所示的桁架的下弦改成图 4.37(b)所示的结构后,支座反力和其余杆件的内力均不变。

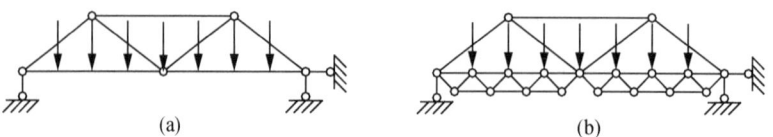

图 4.37 静定结构的几何不变部分构造改变

4.3 位移计算的单位载荷法

本节主要介绍计算结构位移的单位载荷法。单位载荷法假设虚拟的 i 状态只有一个单位载荷 $P_i=1$,则由虚功原理可得:

$$\Delta_i = \sum\int \overline{N} \mathrm{d}u + \sum\int \overline{M} \mathrm{d}\varphi + \sum\int \overline{Q} \mathrm{d}v \tag{4.4}$$

式中 $\mathrm{d}u$、$\mathrm{d}\varphi$、$\mathrm{d}v$——实际状态结构杆件微段的变形;

$\overline{N}$、$\overline{M}$、$\overline{Q}$——由虚设单位载荷 $P_i=1$ 产生的内力;

Δ_i——表示在虚设单位载荷 $P_i=1$ 处沿载荷方向的结构实际位移。

式(4.4)可用来计算杆件体系由于杆件变形引起的结构位移,它不但适用于由载荷引起的结构位移,也适用于由非力因素引起杆件变形而产生的结构位移。通常称它为结构位移的一般计算公式。

在式(4.4)中,虚拟状态的单位载荷可以根据计算需要而设置在结构的任意位置,式中的待求位移 Δ_i 既可以是一般的线位移,也可以是任意的广义位移。但必须注意,当所求的位移是广义位移时,则设置的单位载荷也应该是与广义位移对应的广义单位载荷。当 Δ_i 为线位移时,对应的 P_i 应设置为单位力;当 Δ_i 为角位移时,对应的 P_i 应设置为单位力矩;当 Δ_i 为相对线位移时,对应的 P_i 应设置为一对大小相等、方向相反的单位力;当 Δ_i 成为相对角位移时,对应的 P_i 应设置为一对大小相等、方向相反的单位力矩。

4.4　在载荷作用下的结构位移计算

结构在实际载荷作用下,杆件的变形是由内力引起的。式(4.4)中各杆件在实际载荷作用下的变形与杆件实际内力之间的关系表示为:

$$\mathrm{d}u = \frac{N\mathrm{d}s}{EA},\ \mathrm{d}\varphi = \frac{M\mathrm{d}s}{EI},\ \mathrm{d}v = \gamma\mathrm{d}s = \mu\frac{Q\mathrm{d}s}{GA} \tag{4.5}$$

式中　A——杆件横截面的面积;
　　　I——截面弯曲惯性矩;
　　　E——材料的拉压弹性模量;
　　　G——剪切弹性模量;
　　　μ——考虑横截面上剪应力不均匀分布与截面形状有关的系数。矩形截面取 1.2,即 6/5;圆形截面取 32/27;工字形截面取其总面积 A 除以腹板面积 A_s,即 A/A_s。

将式(4.5)代入式(4.4),得:

$$\Delta_i = \sum\int\frac{\overline{N}N}{EA}\mathrm{d}s + \sum\int\frac{\overline{M}M}{EI}\mathrm{d}s + \sum\int\mu\frac{\overline{Q}Q}{GA}\mathrm{d}s \tag{4.6}$$

式(4.6)中各物理量的意义同前,其中带上划线的内力为虚拟的单位载荷产生的杆件内力,不带上划线的内力为实际载荷产生的杆件内力。

式(4.6)表明:杆件结构在实际载荷作用下,结构的位移与轴力、弯矩及剪力三种内力有关。这是就一般的结构而言的,并非所有的结构都有这三项内力,因而式(4.6)带有一定的普遍意义,故称为在载荷作用下结构位移的一般计算公式。下面将针对不同类型的结构来进行讨论。

对于桁架结构,由于杆件内只存在轴力,没有弯矩和剪力,并且沿杆件长度轴力和横截面一般都是不变的。因此对于桁架结构的位移计算公式,式(4.6)可简化为:

$$\Delta_i = \sum\int\frac{\overline{N}N}{EA}\mathrm{d}s = \sum\frac{\overline{N}N}{EA}\int_0^l\mathrm{d}s = \sum\frac{\overline{N}Nl}{EA} \tag{4.7}$$

式中,l 为杆件长度。

对于梁和刚架,杆件内虽有可能同时存在三种内力,但由轴力产生的轴向变形和由剪力产生的剪切变形对于结构位移的影响,一般说来是很小的,故可略去,而只考虑由弯矩产生的弯曲变形一项影响。因此对于梁和刚架结构的位移计算公式,式(4.6)可简化为:

$$\Delta_i = \sum\int\frac{\overline{M}M}{EI}\mathrm{d}s \tag{4.8}$$

对于组合结构,由于结构中同时包含两类杆件:一类是只承受轴力的桁架杆件(称为链杆);另一类是主要承受弯矩的梁或刚架杆件(称为受弯杆件)。在载荷作用下计算组合结构的位移时,对于链杆可按桁架杆件处理,即仅考虑由轴力产生的轴向变形的影响;对于受弯杆件可按梁或刚架杆件处理,即仅考虑由弯矩产生的弯曲变形的影响。故对于组合结构的位移计算公式,由式(4.7)和式(4.8)可得:

$$\Delta_i = \sum \frac{\overline{N}Nl}{EA} + \sum \int \frac{\overline{M}M}{EI}\mathrm{d}s \qquad (4.9)$$

例 4.9 图 4.38 所示的钢桁架,其上弦两个节点上各有一个竖向载荷 $P=160$ kN,各杆采用两个 80 mm×5 mm 等边角钢,截面积 $A=2\times7.912$ cm^2,弹性模量 $E=2.1\times10^4$ kN/cm^2,试求下弦中间节点 C 的竖向位移 Δ_{CV}。

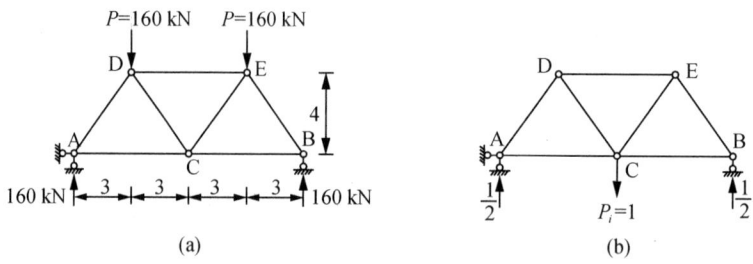

图 4.38 例 4.9 图

解:计算节点 C 竖向位移的虚拟状态,如图 4.43(b)所示。在载荷的作用下,桁架的位移按式(4.7)进行计算。为此,先必须分别计算出两个状态的杆件内力 N_P 和 $\overline{N}_i$,然后才能按公式计算位移。为清楚起见,将计算过程列成表格的形式,如表 4.1 所示。根据该表的计算结果,得到中间节点 C 的竖向位移为:

$$\Delta_{CV} = \Delta_{iP} = \sum \frac{\overline{N}_i N_P l}{EA} = \frac{147.264}{2.1\times10^4} = 0.007\,012 \text{ m} = 7.012 \text{ mm}(\downarrow)$$

最后求得的位移是正的,表明该节点位移的实际方向与虚单位力 $P_i=1$ 的假设方向一致,即位移向下。

表 4.1 例 4.9 计算过程

杆件名称	杆长 l /m	截面积 A /cm^2	轴力 N_P /kN	轴力 $\overline{N}_i$	$\dfrac{\overline{N}_i N_P l}{A}$/(kN·m·cm^{-2})
A-C	6	15.824	+120	+3/8	+17.063
B-C	6	15.824	+120	+3/8	+17.063
D-E	6	15.824	−120	−3/4	+34.126
A-D	5	15.824	−200	−5/8	+39.497
C-D	5	15.824	0	+5/8	0
C-E	5	15.824	0	+5/8	0
B-E	5	15.824	−200	−5/8	+39.497
$\sum \dfrac{\overline{N}_i N_P l}{A} =$					+147.24

例 4.10 图 4.39(a)为等截面简支梁,其左半跨内受均布载荷 q,梁横截面的弯曲惯性矩为 I,弹性模量为 E,试求该梁中点截面 C 的角位移 θ_C。

解:计算梁中点截面 C 的角位移,其虚拟状态如图 4.39(b)所示。考虑到梁左半跨和右半跨内弯矩方程是不同的,所以应将梁分成两段进行计算。设以 A 为坐标原点,于是可得:

在左半跨内($0 \leqslant x \leqslant l/2$):

$$\overline{M}_i = -\frac{x}{l}$$

$$M_P = \frac{3ql}{8}x - \frac{q}{2}x^2 = \frac{q}{8}(3lx - 4x^2)$$

在右半跨内($l/2 \leqslant x \leqslant l$):

$$\overline{M}_i = \frac{l-x}{l}$$

$$M_P = \frac{ql}{8}(l-x)$$

将以上各式代入式(4.8),并在各自段内分别进行积分,得:

$$\theta_C = \Delta_i = \sum \int \frac{\overline{M}_i M_P}{EI} ds$$
$$= \int_0^{\frac{l}{2}} \left(-\frac{x}{l}\right) \cdot \frac{q}{8}(3lx - 4x^2) \cdot \frac{dx}{EI} + \int_{\frac{l}{2}}^{l} \frac{l-x}{l} \cdot \frac{ql}{8}(l-x) \cdot \frac{dx}{EI} = -\frac{ql^3}{384EI}$$

最后求得的角位移是负的,表明该截面角位移的实际方向与虚单位力矩 $M_i = 1$ 的假设方向相反,即沿逆时针转动。

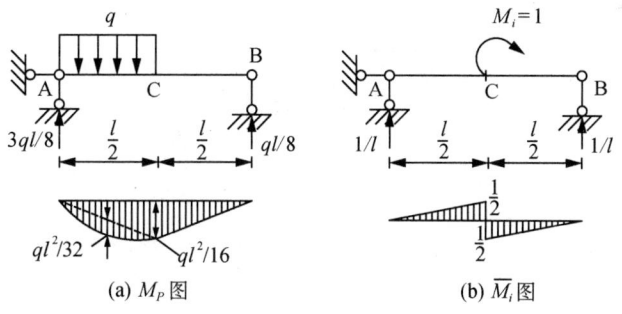

(a) M_P 图   (b) $\overline{M}_i$ 图

图 4.39 例 4.10 图

4.5 用图形相乘法计算积分

由上节例题可知,应用式(4.8)计算梁和刚架的位移时,需逐杆或逐段地进行式(4.10)型的积分计算:

$$\int \frac{M_i M_k}{EI} ds \tag{4.10}$$

当结构中杆件的数量较多或载荷情况比较复杂时,计算工作是相当繁琐的,所以应当寻求简化计算的途径。在计算梁或刚架的位移时,经常会遇到这样一些情况:

(1) 杆件轴线是直的——直杆。
(2) 沿杆长或在其某一段内截面是不变的——EI=常数。
(3) 两个弯矩图至少有一个是直线变化的——直线图形。

如果符合上述三个条件,则两个图形的积分运算可用图形相乘的方法来计算,这种方法称为图形相乘法或简称为图乘法。

根据上述第一和第二两个条件,ds 可用 dx 来表示,EI 可从积分号内移出,故式(4.10)型的积分可化为:

$$\int \frac{M_i M_k}{EI} ds = \frac{1}{EI} \int_A^B M_i M_k dx \tag{4.11}$$

因此,式(4.10)型的积分归结为式(4.11)右侧的积分。根据上述第三个条件,不失一般性,设 M_i 是直线变化的,M_k 是任意形式的,如图 4.40 所示。

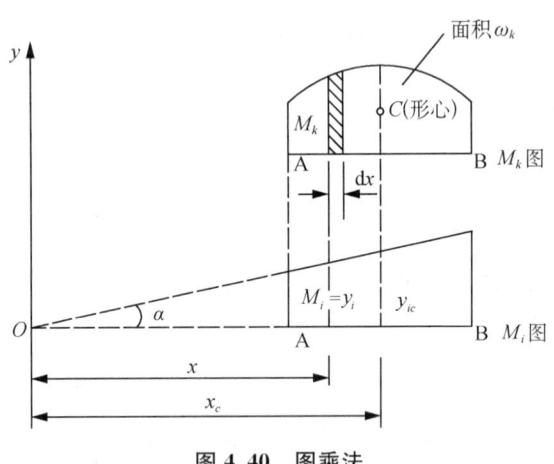

图 4.40 图乘法

根据图 4.40,可将式(4.11)右侧的积分化为:

$$C = \int_A^B M_i M_k dx = \int_A^B x \tan\alpha \cdot M_k dx = \tan\alpha \int_A^B x \cdot M_k dx = \tan\alpha \cdot x_C \cdot S_k \tag{4.12}$$

式中,x_C 和 S_k 分别为 M_k 图形的形心坐标和面积(带符号)。由此得:

$$C = \int_A^B M_i \cdot M_k dx = y_{iC} \cdot S_k \tag{4.13}$$

式中,y_{iC} 为与 M_k 图的形心坐标对应的 M_i 图的纵坐标(图 4.40)。

式(4.13)表明:对于等截面直杆来说,两个弯矩图中如果有一个是直线变化的,则可利用图形相乘法来计算积分运算。图乘的方法是:一个图形的面积乘以其形心处另一个直线图形的纵坐标。但在具体计算时,必须注意需满足适合于图乘法的三个条件,必要时可对原积分进行分段处理。

如图 4.41 所示,当两个弯矩图中,一个为直线变化,另一个为二次曲线时,可以将其中具有二次曲线图形的弯矩图看作图示三个部分的和。由此应用图乘法(具体推算过程省略)可求出对应的积分值为:

$$C = \int_A^B M_i \cdot M_k \, dx = \frac{l}{6}(2ac + 2bd + ad + bc) + \frac{l}{3}h(c + d) \quad (4.14)$$

式中,a、b、c、d 及 h 均是带符号的代数量。当两个弯矩图均为直线变化时,只要在式(4.14)中令 $h=0$ 即可。

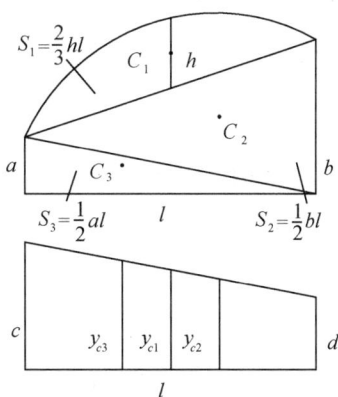

图 4.41 复杂图形的图乘分解

例 4.11 试用图乘法求解例题 4.10 中的问题。

解:实际状态中由载荷产生的弯矩图 M_P 和虚拟状态中由 $M_i = 1$ 产生的弯矩图 $\overline{M}_i$ 前面已经绘出,如图 4.39(a)、(b)所示。根据图乘法的第三个条件,梁的左半跨和右半跨必须分开计算。在左半跨内的两个弯矩图中,只有 $\overline{M}_i$ 图是直线变化的,故图乘时只能是取 M_P 图的面积乘以 $\overline{M}_i$ 图的纵坐标。在右半跨内两个弯矩图都是直线变化的,故图乘时可以任意取。但必须注意,在左半跨内的 M_P 图不是标准的二次抛物线,因为它在梁跨中点的切线与梁轴不平行。所以图乘时为避免麻烦,可以将其分解为两个简单的图:一个是三角形,另一个是由均布载荷产生的简支梁弯矩图,如图 4.39(a)所示。因此,由式(4.13)可求得该梁中点截面 C 的角位移为:

$$\theta_C = \Delta_i = \sum \frac{y_{iC} \cdot S_k}{EI} = \frac{1}{EI}\left(-\frac{1}{2} \times \frac{l}{2} \times \frac{ql^2}{16} \times \frac{2}{3} \times \frac{1}{2} - \frac{2}{3} \times \frac{l}{2} \times \frac{ql^2}{32} \times \right.$$
$$\left. \frac{1}{2} \times \frac{1}{2} + \frac{1}{2} \times \frac{l}{2} \times \frac{ql^2}{16} \times \frac{2}{3} \times \frac{1}{2}\right) = -\frac{ql^3}{384EI}$$

例 4.12 图 4.42(a)所示刚架 EI=常数,在图示载荷作用下,试求 C 和 D 两点沿 CD 方向的相对线位移 Δ_{CD}。

解:根据题意,在 C 和 D 两点沿 CD 方向加一对单位力 $P_i = 1$,如图 4.42(b)所示,并按平衡条件,分别作出两个状态的弯矩图 M_P 和 $\overline{M}_i$,如图 4.42(c)、(d)所示。在 $\overline{M}_i$ 图中,AB 杆上的弯矩图是由两段直线组成的,所以图乘时须将该杆分作两段来进行计算。为此,必须把 M_P 图中截面 C 的弯矩纵坐标算出,这个弯矩可由该截面以左隔离体的平衡条件求得为 9 kN·m。在 BC 段内的弯矩图可将其分解为线性变化和二次变化弯矩部分。因此,由式(4.11)、

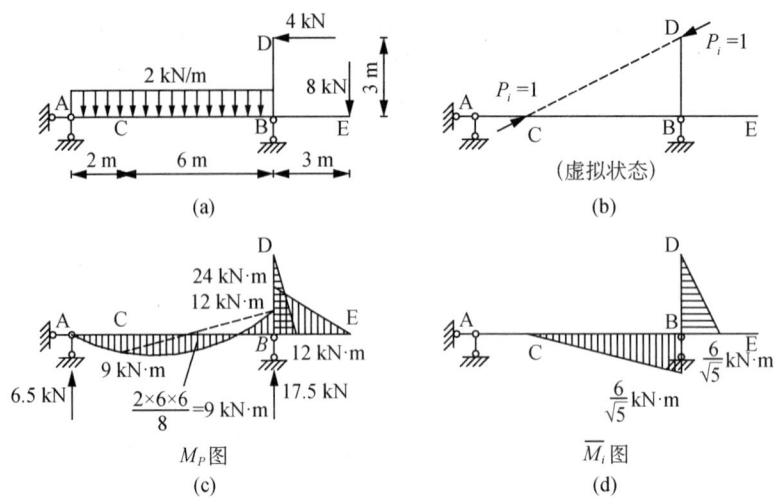

图 4.42 例 4.12 图

式(4.13)可得:

$$\Delta_{CD} = \sum \frac{y_{iC} \cdot S_k}{EI} = \frac{1}{EI}\left[\frac{6}{6} \times \left(2 \times 9 \times 0 + 9 \times \frac{6}{\sqrt{5}} - 12 \times 0 - 2 \times 12 \times \frac{6}{\sqrt{5}}\right) + \frac{2}{3} \times 6 \times 9 \times \frac{1}{2} \times \frac{6}{\sqrt{5}} + \frac{1}{2} \times 3 \times 12 \times \frac{2}{3} \times \frac{6}{\sqrt{5}}\right] = \frac{18\sqrt{5}}{EI} = \frac{40.3}{EI} \text{m}(\rightarrow\leftarrow)$$

最后求得的位移是正的,表示 C,D 两点相对线位移的实际方向与虚拟状态一对单位力 $P_i = 1$ 的假设方向相同,即 C,D 两点相互接近。

例 4.13 图 4.43(a)为一组合结构,链杆 CD 的横截面面积 $A = 20 \text{ cm} \times 20 \text{ cm}$,受弯杆件 AB 和 BE 的横截面面积为 $b \cdot h = 30 \text{ cm} \times 60 \text{ cm}$,弹性模量 $E = 3 \times 10^3 \text{ kN/cm}^2$,在图示载荷作用下,试求节点 B 的水平位移 Δ_{BH}。

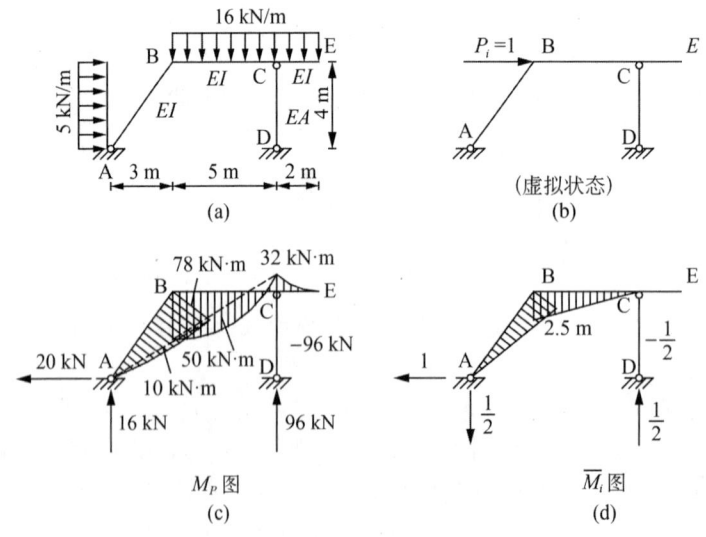

图 4.43 例 4.13 图

解:计算节点 B 的水平位移,其虚拟状态如图 4.43(b)所示。由平衡条件,可分别求得实际状态中和虚拟状态中的弯矩图及链杆 CD 的轴力,如图 4.43(c),(d)所示。在 M_P 图中,杆件 AB 和 BC 上的弯矩图都不是标准的二次抛物线,故图乘时仍须将其分解为两个简单的图(相互叠加),于是:

$$\Delta_{BH} = \sum \frac{\overline{N}Nl}{EA} + \sum \frac{y_{iC} \cdot S_k}{EI} = \frac{\left(-\frac{1}{2}\right)(-96) \times 4}{EA} + \frac{1}{EI}\left[\frac{1}{2} \times 5 \times 88 \times \frac{2}{3} \times 2.5 + \frac{2}{3} \times 5 \times 10 \times \frac{1}{2} \times 2.5 + \frac{5}{6} \times (2 \times 2.5 \times 88 - 2.5 \times 32) + \frac{2}{3} \times 5 \times 50 \times \frac{1}{2} \times 2.5\right] \frac{192}{EA} + \frac{916.7}{EI}$$

其中,$EA = 3 \times 10^3 \times 20 \times 20 = 12 \times 10^5$ kN,$EI = 3 \times 10^3 \times 30 \times 60^3/12 = 162 \times 10^7$ kN·cm^2 或 $EI = 162 \times 10^3$ kN·m^2,代入后得:

$$\Delta_{BH} = \frac{192}{12 \times 10^5} + \frac{916.2}{162 \times 10^3} = 0.00582 \text{ m} = 5.82 \text{ mm}(\rightarrow)$$

例 4.14 计算图 4.44(a)所示结构 C 点转角。

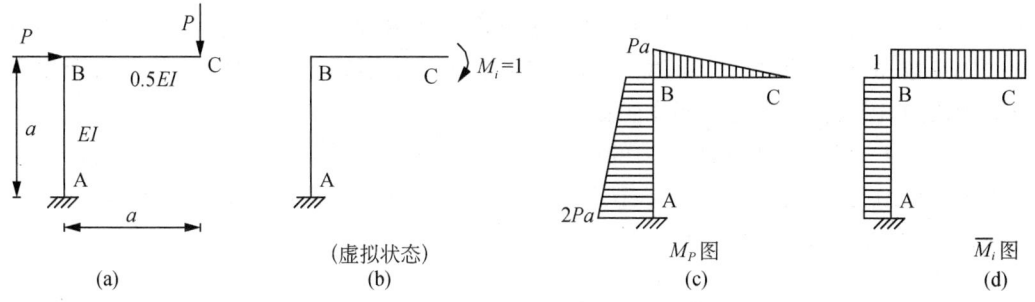

图 4.44 例 4.14 图

解:计算 C 点转角,其虚拟状态如图 4.44(b)所示。分别作出两个状态的弯矩图 M_P 和 $\overline{M_i}$,如图 4.44(c),(d)所示。因此,由式(4.13)可求得 C 点转角为:

$$\theta_C = \sum \frac{y_{iC} \cdot S_k}{EI} = \frac{1}{EI} \times \frac{1}{2} \times (Pa + 2Pa) \times a + \frac{1}{0.5EI} \times \frac{1}{2} \times Pa \times a \right] = \frac{5Pa^2}{2EI}$$

例 4.15 已知 EI 为常数,计算图 4.45(a)所示结构铰两侧相对转角 θ_C。

解:虚拟状态如图 4.45(b)所示。分别作出两个状态的弯矩图 M_P 和 $\overline{M_i}$,如图 4.45(c),(d)所示。因此刚架为对称结构,由式(4.13)可求得 C 点相对转角为:

$$\theta_C = \sum \frac{y_{iC} \cdot S_k}{EI} = -\frac{1}{EI} \times \frac{2}{3}l \times \frac{ql^2}{8} \times \frac{1}{2} = -\frac{ql^3}{24EI}$$

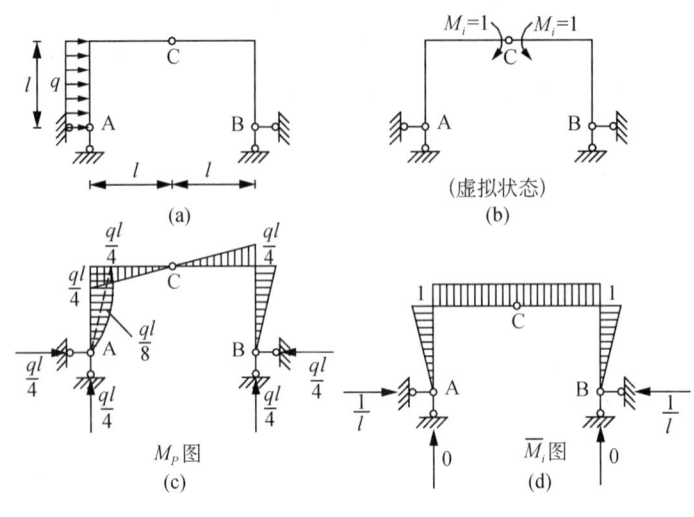

图 4.45 例 4.15 图

4.6 由支座位移引起结构位移

静定结构受到制造误差、温度变化、支座位移等非载荷因素的作用时结构也会产生位移，这里主要讨论由支座位移引起的结构位移。**在静定结构中，由于体系只具备满足几何不变所必要的约束数，故当支座发生位移时，结构及其各杆只可能引起位置的改变，但不会产生任何的反力和内力，因而杆件本身也不发生变形。**

在式(4.4)中没有考虑支座反力的虚功，所以不能应用于计算由支座位移引起的结构位移。为了计算由支座位移引起的结构位移，必须在式(4.4)中增加支座反力的虚功部分。当考虑支座位移时，式(4.4)可简化为：

$$\Delta_i + \sum \overline{R}\Delta_C = \sum \int \overline{N} du + \sum \int \overline{M} d\varphi + \sum \int \overline{Q} dv \tag{4.15}$$

式中 $\overline{R}$ ——虚拟状态中由虚设单位载荷 $P_i=1$ 所产生的(广义)支座反力；

Δ_C ——实际状态中相应的(广义)支座位移。

因为静定结构在支座位移的影响下，只可能引起结构位移，而不会产生任何的反力和内力，杆件也不发生变形，故上式右方为 0。因而式(4.15)可简化为：

$$\Delta_i = -\sum \overline{R}\Delta_C \tag{4.16}$$

式(4.16)即由于支座位移引起的结构位移的计算公式。注意不能遗漏等式右方总和号 $\sum$ 之前的负号。

例 4.16 图 4.46(a)为一静定刚架，已知支座 A 向右移动距离 $u_A=10$ mm，向下移动距离 $v_A=20$ mm，并沿顺时针方向转动 $\theta_A=0.3°$，试求 D 点的水平位移 Δ_{DH}。

解：计算 D 点水平位移的虚拟状态如图 4.51(b)所示，并根据平衡条件求得各支座的反力

示于该图中,故由式(4.16)可求得:

$$\Delta_{DH} = -\sum \overline{R}\Delta_C = -[\overline{R}_{Ax}u_A + \overline{R}_{Ay}v_A + \overline{R}_{\Phi}\Phi_A]$$
$$= -\left[1 \times 10 - \frac{3}{4} \times 20 - 3\,000 \times 0.3° \times \frac{\pi}{180}\right] = +20.7 \text{ mm}(\leftarrow)$$

最后求得的结果是正的,表明 D 点的水平位移的实际方向与 $P_i=1$ 的假想方向相同,即位移向左。

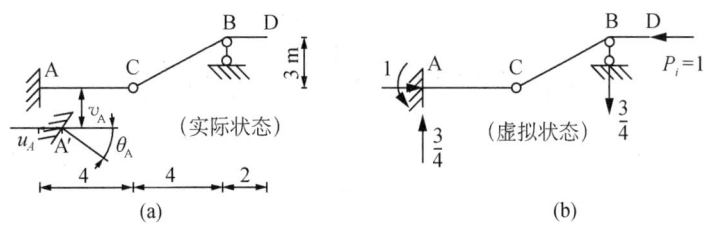

图 4.46 例 4.16 图

4.7 本章小结

本章说明了机械结构的计算简图及其简化方法,包括结构体系的简化、杆件的简化、节点的简化、支座的简化、载荷的简化等。

静定结构的种类有很多,本章分别介绍了对静定梁、刚架、桁架和组合结构的内力分析方法。本章还说明了静定结构的最基本特性——解答唯一性和由此推衍出的多种静力特性。

本章介绍了基于单位载荷法(虚功原理)的静定结构位移计算,结合算例详细讨论了结构在载荷和支座位移作用下的位移计算。

虽然内力分析在材料力学中已经重点学习过,但由于是本章计算结构位移的基础,也是后续章节的基础,必须认真学习掌握本章总结的四种类型静定结构内力的计算方法。而位移求解也是后面章节的基础,必须通过多加练习牢固掌握。

静定结构在载荷作用下的位移计算的一般步骤为:

(1) 根据待求量确定相应的虚拟单位载荷,确定结构各部件在虚拟单位载荷作用下的内力。

(2) 确定结构各部件在实际载荷作用下的内力。

(3) 将各部件的内力方程代入式(4.6),分段积分后再求和,即可得到所求位移。

在实际计算中,式(4.6)可根据具体结构进行简化如式(4.7)—式(4.9)所示。

为避免复杂的积分运算,本章进一步介绍了利用图形相乘法(图乘法)计算积分的原理。

思考题

4.1 利用图乘法计算积分项,其表达式是怎样的?在应用中是否有限制,其适用条件是什么?求变截面梁和拱的位移时是否可用图乘法?如果梁的截面沿杆长呈阶梯形变化,求位移时是否可以用图乘法?

4.2 利用虚功原理求位移时,怎样选择虚设的单位载荷?

4.3 利用图乘法计算位移时,正负号怎样确定?

4.4 反力互等定理是否可以用于静定结构? 这时会得出什么结果?

习 题

4.1 画图示静定梁的内力图。

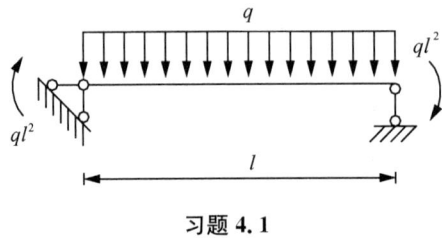

习题 4.1

4.2 计算图示桁架结构中各杆内力。

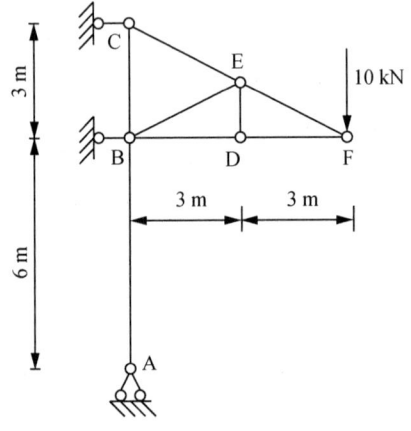

习题 4.2

4.3 计算图示桁架1,2,3杆的轴力。

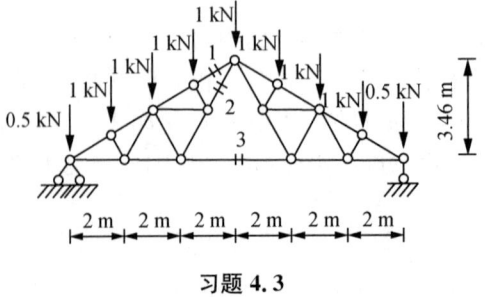

习题 4.3

4.4 作出图示刚架的内力图。

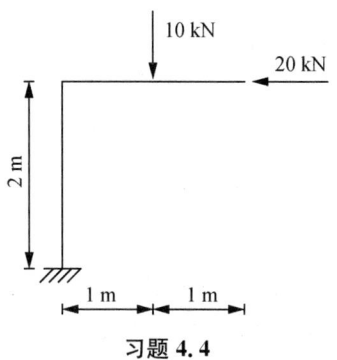

习题 4.4

4.5 作出图示组合结构的弯矩图,并算出各链杆的轴力。

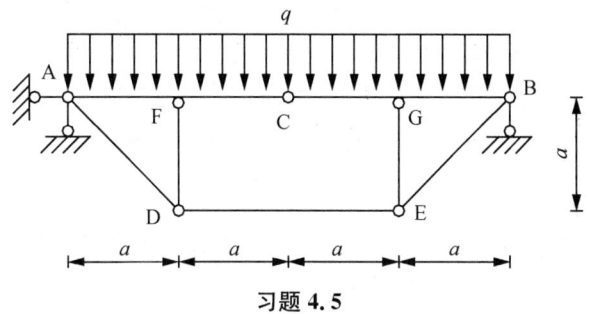

习题 4.5

4.6 作出图示装卸桥支腿平面计算简图的弯矩图。

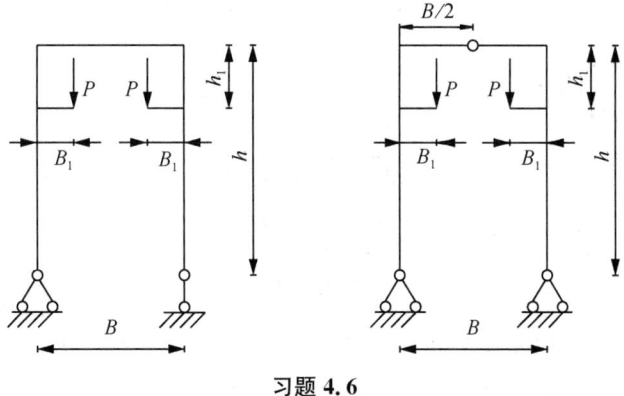

习题 4.6

4.7 等截面伸臂梁,在图示载荷作用下,试用积分法求截面 C 的角位移 θ_C。

4.8 圆弧形等截面悬臂梁($EI=$常数),在图示载荷作用下,试用积分方法求截面 B 的竖直位移 Δ_{BV}。

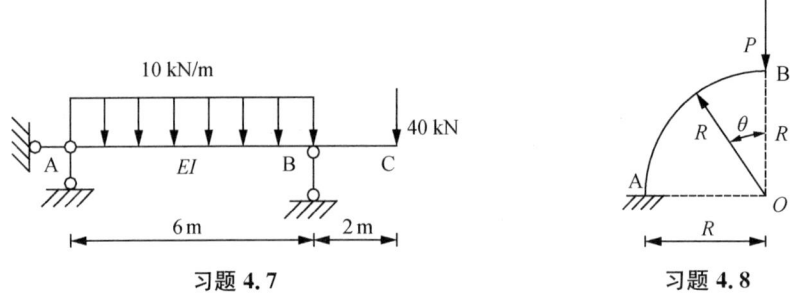

习题 4.7　　　　　　　　　　习题 4.8

4.9　已知桁架各杆的材料和截面均相同，$E = 2.1 \times 10^4 \text{ kN/cm}^2$，$A = 15 \text{ cm}^2$。在图示载荷 $P = 100 \text{ kN}$ 作用下，试求顶点 C 的竖向位移 Δ_{CV}。

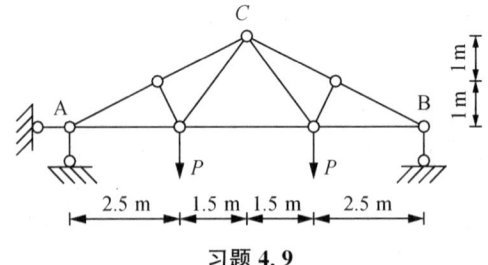

习题 4.9

4.10　图示为集装箱龙门起重机(无端梁)在支腿平面内结构计算简图，试求在图示载荷作用下 A、D 两点间的相对水平位移 Δ_{AD}。

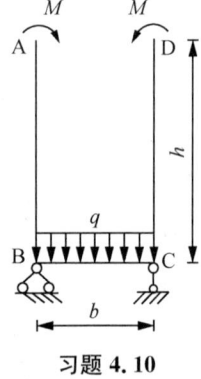

习题 4.10

4.11　图示为某门座起重机象鼻架结构计算简图，试求在外载荷作用下 C 点的垂直位移。已知：$A_1 = 64 \text{ cm}^2$；$A_2 = 132 \text{ cm}^2$；$E = 2.1 \times 10^{11} \text{ Pa}$。

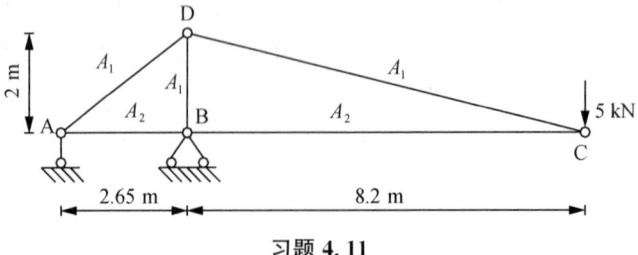

习题 4.11

4.12 刚架的支座位移如图所示,试求 C 点的竖向位移 Δ_{CV}。

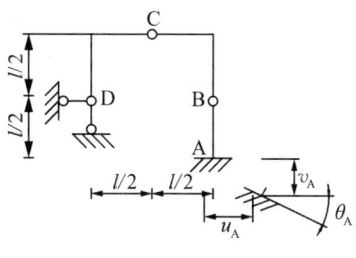

习题 4.12

4.13 图示为简易单梁葫芦吊计算简图。已知：$E=2.1\times 10^{11}$ Pa，杆 BD 截面面积 $A=12$ cm^2，杆 AB、杆 EC 的 $I=3\,600$ cm^4，试求：
(1) C 点的垂直位移；
(2) 若杆 AB 的 $I=\infty$，C 点的垂直位移又是多大？（AB、EC 杆的 N、Q 不计）

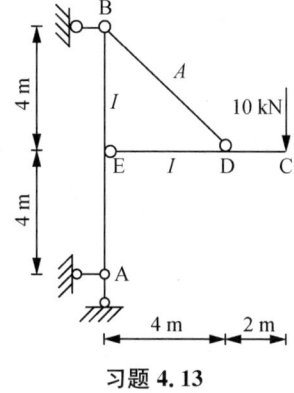

习题 4.13

4.14 试求图示结构在外载荷作用下，A、B 两截面的相对水平位移 Δ_1、相对垂直位移 Δ_2 和相对角位移 θ_{AB}。

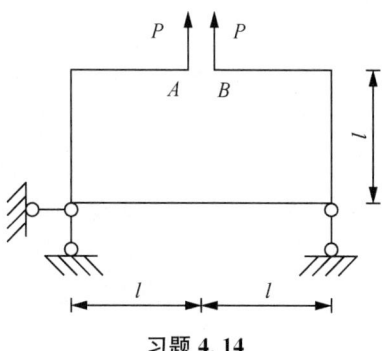

习题 4.14

第 5 章 超静定结构求解的力法

5.1 超静定结构的概念

通过第 3 章结构构造分析的讨论,可知结构或体系可区分为几何可变、几何瞬变和几何不变三类。下面从静力学的特征来进一步探讨三类体系各自的特点。

对于几何可变体系,在载荷作用下一般都将发生运动而不能维持平衡,因而也就没有静力学的解答,这类体系只能作为机构而不能作为结构来承受载荷。而对于瞬变体系,由于在载荷的作用下将产生很大的内力,这类体系也不能作为结构来承载。

材料力学中已指出:当分析一个结构在外力(或温度、支承沉陷、装配误差等外部因素)作用下的内力和变形时,一般需要用到力的平衡条件、变形的协调条件和结构材料应满足的物理性质这三个关系,而力的平衡条件是最基本的。

一个结构在外力系的作用下,如果不发生运动,则外力系必须保持平衡,这是静力学的基本原理。所谓力系,包括作用在结构上的一切外力:各种载荷、自重和支承反力。按照静力学的方法,任何力系都可以合成为一个主矢和一个主矩,平衡条件要求这个主矢和主矩都等于零。用数学式来表示,就是:

$$\sum_{i=0} X_i = 0, \quad \sum_{i=0} Y_i = 0, \quad \sum_{i=0} Z_i = 0$$
$$\sum_{i=0} M_{xi} = 0, \quad \sum_{i=0} M_{yi} = 0, \quad \sum_{i=0} M_{zi} = 0$$

(5.1)

式中 X_i、Y_i 和 Z_i——第 i 个力分别沿三个坐标轴方向 Ox、Oy 和 Oz 的分力;

M_{xi}、M_{yi} 和 M_{zi}——该力对三个坐标轴的力矩。

一个结构总是由若干构件组成的,当结构处于平衡状态时,除了作为结构整体必须满足上述静力平衡条件外,结构的每一个构件、节点或者某部分隔离体受到的力也都必须处于平衡,即满足上述平衡条件。因此静力平衡条件是结构分析的一个重要基础。

在结构分析中,一般总是首先需要求出支座反力,然后求解各部分的内力。如上所述,凡是由静力平衡条件即可完全确定杆件内力的结构称为静定结构。显然静定结构是无多余约束的几何不变结构。如果一个结构,它所要求解的未知力超过静力平衡方程式的数目,即仅仅利用静力平衡方程式尚不足以求解全部支座反力和内力的,就称为超静定结构。显然,超静定结构是具有多余约束的几何不变结构。多余约束的个数,亦即未知力个数减去平衡方程个数所得的差则称为结构的超静定次数。在实际结构中,大多数是属于超静定结构。因此,对超静定结构进行研究是十分必要的。

如图 5.1 所示超静定结构,由构造分析可知该体系是具有两个多余约束的几何不变结构,设想去掉两个多余约束而代以支承反力 X_1 和 X_2,如图 5.1(b)所示,则该结构仍然是几何不变的,无论 X_1 和 X_2 取什么值,在外力 P_1, P_2 和 P_3 作用下,仍能维持结构的平衡。但是仅满足平衡条件是无法求出 X_1 和 X_2 的,此结构是二次超静定结构。

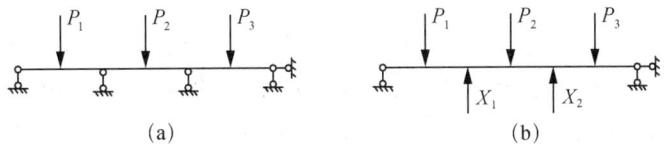

图 5.1 二次超静定结构示例

如果结构的支承反力可由静力平衡条件求出,则该结构称为内部静定;反之,则为外部超静定。如果结构的内力可由静力平衡条件求出,则该结构称为内部静定;反之,则为内部超静定结构。图 5.2(a),(b)均为静定结构,图 5.2(c)为外部超静定结构,图 5.2(d)为二次内部和一次外部共三次超静定结构。

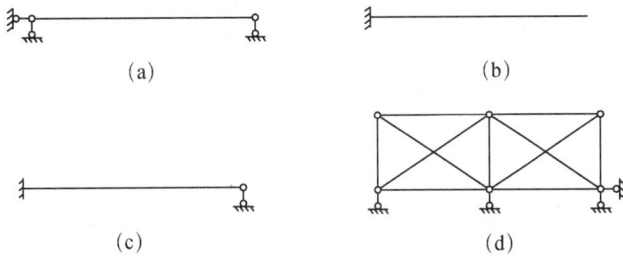

图 5.2 静定结构与超静定结构示例

判断一个结构内部或外部超静定次数的常用方法是将支承看作外部约束,将联结节点的杆件看作内部约束,然后适当地解除约束并以约束反力代替,直到结构成为静定。被解除的约束数即为其超静定次数。如将图 5.2(c)右端支承杆去掉,并以一反力 X_1 代替,即成为图 5.3(a)所示静定结构。因此,此结构为外部一次超静定结构。再如将图 5.2(d)两个上弦杆切断,以 X_1 和 X_2 力代替,而将中间支承杆去掉,并以反力 X_3 代替,则为图 5.3(b)所示的静定结构。该结构为一次外部和二次内部超静定结构。

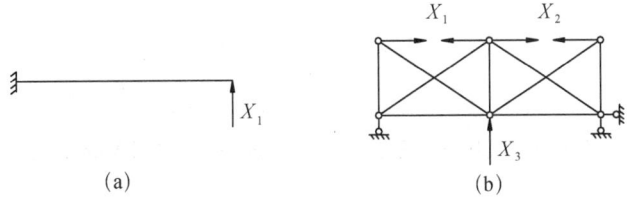

图 5.3 约束反力代替约束

超静定结构分析的主要目的在于确定其支座反力和各部分的内力。对超静定结构的分析,按照基本未知量的选择,主要可分为两类基本方法:力法(或称柔度法)和位移法(或称刚度法)。**凡是以结构的多余联系的内力或多余的支座反力作为基本未知量的计算方法称力法。以结构的位移作为基本未知量的,称位移法。**如果将力法和位移法联合使用,即既有内力或反力作为未知量,又有位移作为未知量的,则称为混合法。这三种方法的主要区别在于其基本未知量的选择。这里所谓基本未知量是指当这些数值求出后,其他未知值均可以求得。

5.2 超静定结构力法计算的基本结构

通过解除多余约束可以判断结构的超静定次数,而**解除多余约束后得到的静定结构**,就是超静定结构力法计算的**基本结构**。用力法求解超静定问题时,就是在解除相应的多余约束后得到的静定结构上进行的。下面来研究解除多余约束以获得静定基本结构的一般方法。

在前述章节已指出过,一根链杆(支座链杆、单轴力杆件)相当于一个约束。一个单铰(连接两个杆件的)相当于两个约束。一个固定铰支座(具有两个链杆)为两个约束。一个固定支座为三个约束。根据这些条件,可确定解除多余约束的方法。

(1) 撤去结构中一个活动铰支座,或切断一根链杆,各相当于解除一个约束。如图 5.4(a)所示的平面刚架,有两个固定铰支座,共四个约束,有一个多余约束。若撤去支座 B 的一根水平链杆,即得静定结构,见图 5.4(b)。

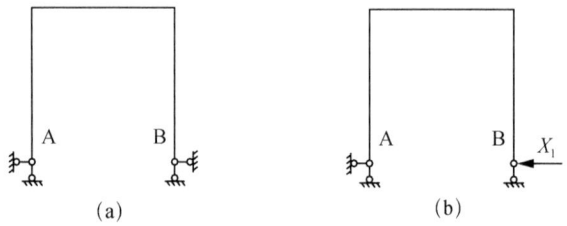

图 5.4 撤去活动铰支座得静定结构

(2) 撤除一个固定铰支座,或拆开一个单铰,均相当于解除两个约束。如图 5.5(a)所示的刚架,将固定铰支座 B 撤去,即得静定刚架,见图 5.5(b)。又如图 5.5(c)所示,具有顶部铰的刚架,为二次超静定刚架。如将顶部铰拆开,解除两个约束,即得两个静定刚架,见图 5.5(d)。

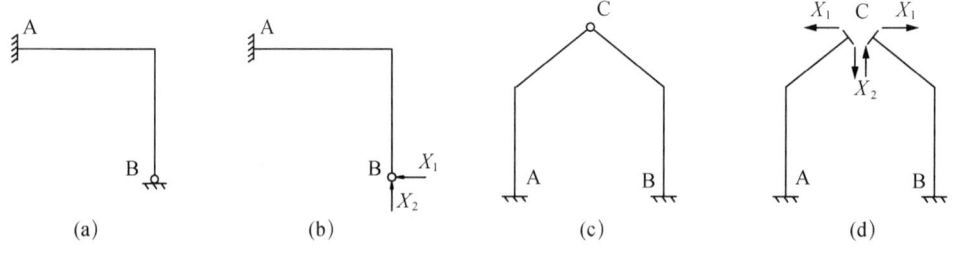

图 5.5 撤除一个固定铰支座、拆开一个单铰得静定结构

(3) 撤除一个固定支座,或切断一根受弯杆件,各相当于解除三个约束,如图 5.6(a),(b),(c)所示。

(4) 固定支座改为固定铰支座,相当于解除一个约束。将受弯杆件切开并改为铰节点,也相当于解除一个约束。图 5.6(a)所示刚架为三次超静定,若将 A,B 支座各改为固定铰支座,并将横杆切开,改为铰节点,见图 5.6(d),则共解除三个约束,而得一个新的静定结构(三铰刚架)。

以上所述,是解除多余约束以获得静定基本结构的一般方法。可以看到,对于同一超静定结构,可以采用不同的解除多余约束的方法,以获得不同的基本结构,但必须保证解除多余约束后所得的结构为几何不变体系。

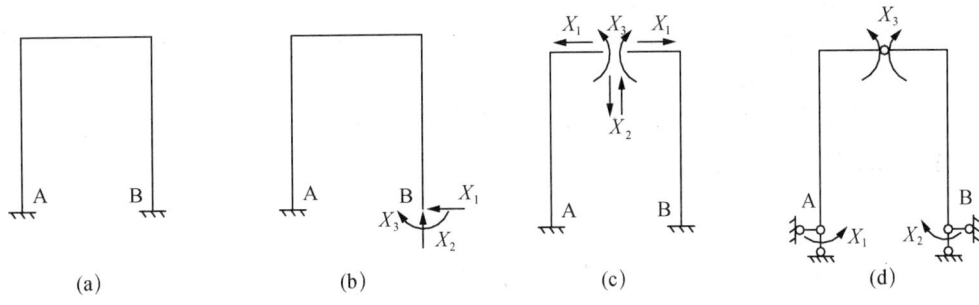

图 5.6 撤除一个固定支座,或切断一根受弯杆件

5.3 力法基本原理及计算

力法是以超静定结构中多余联系的内力和多余的支座反力作为基本未知量的,所以力法的未知数个数等于多余联系与多余支座反力之和,也等于超静定的次数。力法是超静定计算方法中最早提出的一种基本方法,它的应用范围极为广泛。

5.3.1 力法基本原理

在超静定结构中,由于未知数多于静力平衡条件,故需补充附加方程式,其数目应等于超静定的次数。这里首先以一个简单的例子来说明力法的基本概念。

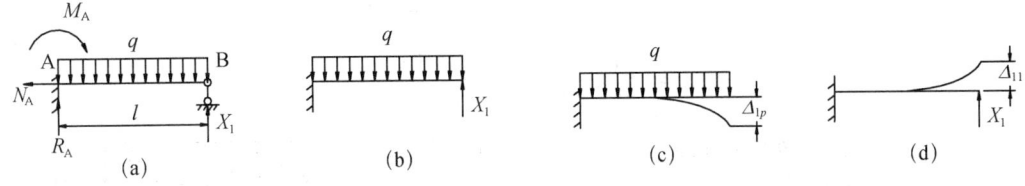

图 5.7 一次超静定结构

图 5.7(a)所示梁是一个一次超静定结构。如上所述,除静力平衡方程式外,还必须补充附加方程式。在力法中,这些方程式是根据位移条件(即变形协调条件)建立的。在图 5.7(a)中,如果将多余的支座链杆解除,即去掉支座 B,并以力 X_1 代替,X_1 称为基本未知量。这样得到的几何不变的静定结构,见图 5.7(b),称为原结构的基本结构。由于用基本结构代替原结构,不仅二者的受力状态完全相同,而且两个结构的变形状态也应该一致,因此在基本结构上支座 B 的垂直位移应等于零。根据这些条件,就可以列出附加的变形协调方程式。综上所述,原来属于超静定的结构,利用基本结构,就能使复杂的超静定结构变为静定结构的位移计算的问题,这就是力法的基本内容。

现在利用基本结构来推导所需的附加方程式。根据原结构的支座条件,支座 B 的垂直方向是没有位移的。这也表示在基本结构中,B 处由于载荷所引起的垂直位移 Δ_{1p} 与由 X_1 所引起的垂直位移 Δ_{11} 的总和 Δ_1 应等于零,即:

$$\Delta_1 = \Delta_{1p} + \Delta_{11} = 0 \tag{5.2}$$

式中 Δ_1——原结构在支座 B 处的位移；

Δ_{1p}——基本结构在均布载荷 q 作用下沿 X_1 方向（支座 B 处）所产生的位移，见图 5.7(c)；

Δ_{11}——基本结构在 X_1 作用下所产生的位移，见图 5.7(d)。

设 $\Delta_{11}=\delta_{11}X_1$，由此可得：

$$\delta_{11}X_1+\Delta_{1p}=0 \tag{5.3}$$

式中，δ_{11} 为基本结构在 $X_1=1$ 作用下沿 X_1 方向所产生的位移（称为柔度系数）。

式(5.2)是一个变形条件，它表示基本结构在解除约束处的位移与原结构相应的位移相等的条件，是一线性代数方程，其个数等于多余未知数的个数，也等于超静定次数。式(5.2)就是力法的典型方程，简称力法方程。需要指出，式中的基本未知量 X_1 代表的是广义力，它可以是未知的集中力或一集中力矩；δ_{11} 为单位未知力($X_1=1$)所引起的"1"点沿 X_1 方向的位移，称为柔度系数，也是一广义位移，它可以是线位移，也可以是角位移；Δ_{1p} 是外载荷引起的广义位移，称为"自由项"。

由式(5.2)可得到基本未知量：

$$X_1=-\frac{\Delta_{1p}}{\delta_{11}} \tag{5.4}$$

显然只要求出 Δ_{1p} 与 δ_{11}，即可求出未知量 X_1。为了确定 Δ_{1p} 与 δ_{11}，可根据单位载荷法并应用图乘法求解。对于梁、刚架结构：

$$\begin{aligned}\Delta_{1p}&=\sum\int\frac{M_p\overline{M}_i\mathrm{d}x}{EI}=\sum\frac{S_py_{oi}}{EI}\\ \delta_{11}&=\sum\int\frac{\overline{M}_i^2\mathrm{d}x}{EI}=\sum\frac{S_iy_{oi}}{EI}\end{aligned} \tag{5.5}$$

式中 S_p——基本结构在外载荷单独作用下的弯矩图 M_p 图形面积；

$\overline{M}_i$——基本结构在单位力 $X_1=1$ 单独作用下的弯矩图；

S_i——$\overline{M}_i$ 图形面积；

y_{oi}——与 M_p 形心对应的 $\overline{M}_i$ 图纵坐标值。

在前面所举的例子中，M_p 图与 $\overline{M}_i$ 图如图 5.8 所示。则：

$$\begin{aligned}\Delta_{1p}&=\sum\int\frac{S_py_{oi}\mathrm{d}x}{EI}=-\frac{ql^4}{8EI}\\ \delta_{11}&=\sum\frac{S_iy_{oi}}{EI}=\frac{l^3}{3EI}\end{aligned} \tag{5.6}$$

由式(5.4)得：

$$X_1=(ql^4/8EI)/(3EI/l^3)=3ql/8 \tag{5.7}$$

求得多余未知力后，其余所有反力和内力的计算，都可按静定问题求解。为求原结构内力，可以应用叠加原理，将原结

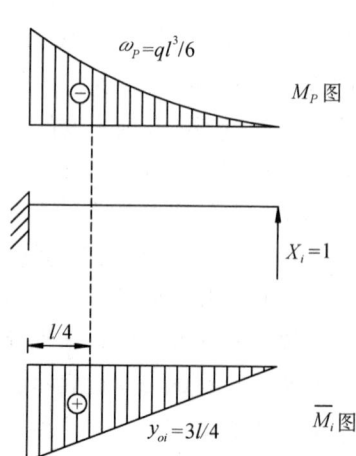

图 5.8 图 5.7 结构的内力图

构任一截面上的弯矩 M_x 用以下叠加公式表示：

$$M_x = M_p + M_1 X_1 \tag{5.8}$$

同理，剪力的叠加公式为：

$$Q_x = Q_p + Q_1 X_1 \tag{5.9}$$

在式(5.8)、式(5.9)中，M_p 和 Q_p 为基本结构在载荷作用下，所求截面处的弯矩及剪力值。M_1 和 Q_1 为基本结构在 $X_1 = 1$ 时所求截面处的弯矩及剪力值。

同样可得杆件轴力的叠加公式：

$$N_x = N_p + N_1 X_1 \tag{5.10}$$

式中，N_p 为基本结构在载荷作用下，所求截面处的轴力值 N_1 为基本结构在 $X_1 = 1$ 时所求截面处的轴力值。

以上得到的式(5.3)—式(5.10)诸公式，即用力法求解一次超静定结构问题的一般公式。

通过以上的分析可知道，由于解除了多余约束，引入了静定基本结构，就将超静定结构内力分析问题转化为静定结构的位移计算问题。

5.3.2 力法典型方程

利用叠加原理可导出力法典型方程式的普遍形式。现推导 n 次超静定结构的典型方程的普遍形式。

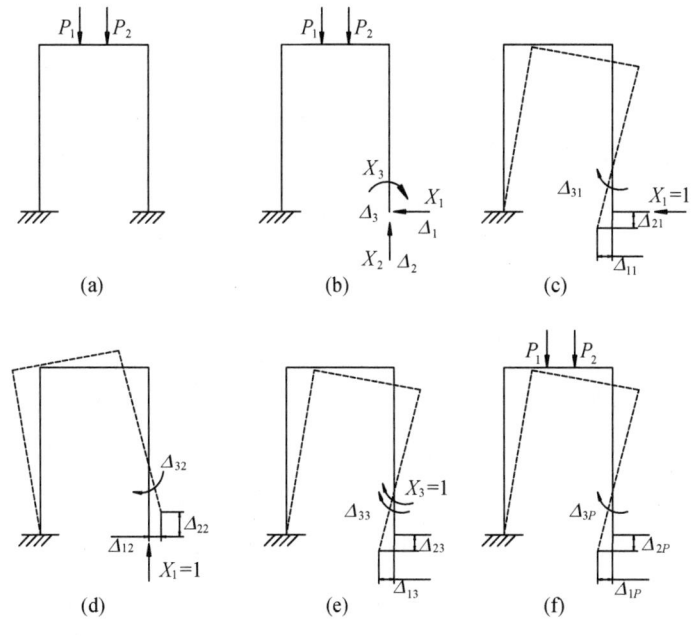

图 5.9 门式刚架

图5.9(a)为一门式刚架，具有两个固定支座，为三次超静定结构，有三个多余约束。按前面所述，撤除一个固定支座，相当于解除三个多余约束。故现将支座B撤去，以三个未知反力

X_1、X_2 和 X_3 来代替,这就是三个基本未知量,它们分别为水平方向支反力、竖向支反力和支反力矩。这样也得到了相应的静定基本结构,如图 5.9(b)所示。对于静定基本结构,其 B 点与 X_1、X_2 和 X_3 三个方向相应的位移表示为 Δ_1、Δ_2 和 Δ_3。

要使静定基本结构与原结构完全等价,必须保持静定基本结构的变形状态与原结构完全一致。由于原结构 B 点为固定端,没有任何方向的位移。因此,对于静定基本结构而言,应满足的变形条件为:$\Delta_1=0$、$\Delta_2=0$ 和 $\Delta_3=0$。根据这三个变形条件,可以建立起三个方程式,即为所求的力法方程。

现分别以 Δ_{1p}、Δ_{2p} 和 Δ_{3p} 表示由于外载荷引起的静定基本结构上 B 点在 X_1,X_2 和 X_3 三个方向上的水平位移、竖向位移和转角见图 5.9(f)。

B 点由于未知约束反力 X_1,X_2 和 X_3 所引起的三个方向的位移,表示为 $\Delta_{ij}(i=1,2,3;j=1,2,3)$。

这里所采用的双下标的意义如下:第一个下标 i 表示位移的方向($i=1,2,3$),第二个下标 j 表示引起位移的原因($j=1,2,3$)。

将 Δ_{ij} 以柔度系数的形式表示为:

$$\Delta_{ij}=\delta_{ij}X_j\ (i=1,2,3;j=1,2,3) \tag{5.11}$$

式中,δ_{ij} 为柔度系数,是由于 $X_j=1$(单位力)所引起的 B 点在 i 方向的位移。

例如,δ_{11} 表示由 $X_1=1$ 所引起的 B 点在水平方向的位移;δ_{32} 表示由 $X_2=1$ 所引起的 B 端的转角。

根据位移的叠加原理,得知基本结构在外力及未知力 X_1,X_2 和 X_3 共同作用下,B 端在三个方向的总位移应分别为:

水平方向:

$$\Delta_1=\Delta_{11}+\Delta_{12}+\Delta_{13}+\Delta_{1p}$$

竖直方向:

$$\Delta_2=\Delta_{21}+\Delta_{22}+\Delta_{23}+\Delta_{2p} \tag{5.12}$$

转角:

$$\Delta_3=\Delta_{31}+\Delta_{32}+\Delta_{33}+\Delta_{3p}$$

由于在此例中,B 点的变形条件是 $\Delta_1=0$,$\Delta_2=0$ 和 $\Delta_3=0$,将式(5.11)代入式(5.12)得:

$$\begin{aligned}\Delta_1&=\delta_{11}X_1+\delta_{12}X_2+\delta_{13}X_3+\Delta_{1p}=0\\ \Delta_2&=\delta_{21}X_1+\delta_{22}X_2+\delta_{23}X_3+\Delta_{2p}=0\\ \Delta_3&=\delta_{31}X_1+\delta_{32}X_2+\delta_{33}X_3+\Delta_{3p}=0\end{aligned} \tag{5.13}$$

式(5.13)即三次超静定结构的力法典型方程。式(5.13)可用矩阵形式表示为:

$$\begin{bmatrix}\delta_{11}&\delta_{12}&\delta_{13}\\ \delta_{21}&\delta_{22}&\delta_{23}\\ \delta_{31}&\delta_{32}&\delta_{33}\end{bmatrix}\begin{Bmatrix}X_1\\ X_2\\ X_3\end{Bmatrix}+\begin{Bmatrix}\Delta_{1p}\\ \Delta_{2p}\\ \Delta_{3p}\end{Bmatrix}=\begin{Bmatrix}0\\ 0\\ 0\end{Bmatrix} \tag{5.14}$$

如上节例中所述,力法方程中的柔度系数及自由项都可以用计算位移的单位载荷法求出。即:

$$\delta_{ij} = \sum \int \frac{M_i M_j \mathrm{d}x}{EI}$$
$$\Delta_{ip} = \sum \int \frac{M_i M_p \mathrm{d}x}{EI}$$
$(i = 1, 2, 3 \quad j = 1, 2, 3)$ (5.15)

联立求解式(5.13),即可求出基本未知量 X_1, X_2 和 X_3;然后可根据平衡条件求出其余全部支反力和内力,亦可根据叠加公式计算结构内力:

$$M_x = M_p + M_1 X_1 + M_2 X_2 + M_3 X_3$$
$$Q_x = Q_p + Q_1 X_1 + Q_2 X_2 + Q_3 X_3$$
(5.16)

式中 M_p、Q_p——静定基本结构由外载荷所引起的弯矩和剪力;

M_i、Q_i——基本未知量 $X_i = 1 (i = 1, 2, 3)$ 所引起的弯矩和剪力。

以上通过一个三次超静定结构的分析过程推导出了力法方程式(5.13)及内力计算的叠加公式(5.16)。对于 n 次超静定结构,力法典型方程的普遍形式为:

$$\Delta_1 = \delta_{11} X_1 + \delta_{12} X_2 + \cdots + \delta_{1n} X_n + \Delta_{1p} = 0$$
$$\Delta_2 = \delta_{21} X_1 + \delta_{22} X_2 + \cdots + \delta_{2n} X_n + \Delta_{2p} = 0$$
$$\cdots$$
$$\Delta_n = \delta_{n1} X_1 + \delta_{n2} X_2 + \cdots + \delta_{nn} X_n + \Delta_{np} = 0$$
(5.17)

式中,Δ_i 在基本结构上沿任一多余未知力 X_i 作用点和其方向内的总位移,它由两个部分组成,其一是由于各多余未知力 $X_1, X_2, \cdots, X_n$ 在基本结构上单独作用时所引起的位移,如 $\delta_{i1} X_1, \delta_{i2} X_2, \cdots, \delta_{ij} X_j, \cdots, \delta_{in} X_n$;其二是由载荷在基本结构上单独作用所引起的位移 Δ_{ip}。δ_{ij} 在基本结构上,由于单位力 $X_j = 1$ 单独作用下,所引起在 X_i 作用点及其方向上的位移,δ_{ij} 称为柔度系数。

式(5.17)中的 δ_{ij} 和 Δ_{ip} 的公式计算为:

$$\delta_{ij} = \sum \int \frac{N_i N_j \mathrm{d}s}{EA} + \sum \int \frac{M_i M_j \mathrm{d}s}{EI} + \sum \int \mu \frac{Q_i Q_j \mathrm{d}s}{GA}$$
$$\delta_{ii} = \sum \int \frac{N_i^2 \mathrm{d}s}{EA} + \sum \int \frac{M_i^2 \mathrm{d}s}{EI} + \sum \int \mu \frac{Q_i^2 \mathrm{d}s}{GA}$$
$$\Delta_{ip} = \sum \int \frac{N_i N_p \mathrm{d}s}{EA} + \sum \int \frac{M_i M_p \mathrm{d}s}{EI} + \sum \int \mu \frac{Q_i Q_p \mathrm{d}s}{GA}$$
(5.18)

为了表达简明起见,可用矩阵形式表示为:

$$[\delta]\{X\} + \{\Delta\} = 0$$ (5.19)

式中 $\{\Delta\} = \{\Delta_{1p}, \Delta_{2p}, \cdots, \Delta_{np}\}^\mathrm{T}$——载荷位移列矩阵;

$\{X\} = \{X_1, X_2, \cdots, X_n\}^\mathrm{T}$——多余未知力列矩阵。

$$[\delta] = \begin{bmatrix} \delta_{11} & \delta_{12} & \cdots & \delta_{1n} \\ \delta_{21} & \delta_{22} & \cdots & \delta_{2n} \\ \vdots & \vdots & & \vdots \\ \delta_{n1} & \delta_{n2} & \cdots & \delta_{nn} \end{bmatrix} \quad (5.20)$$

称为柔度矩阵。式中,δ_{11},δ_{22},…,δ_{nn} 称主位移,位于柔度矩阵的对角线上。δ_{12},δ_{23},…,δ_{ij} 称为副位移,根据位移互等原理,凡下标相同的副位移应相等,即 $\delta_{ij} = \delta_{ji}$,并在对角线两侧成对称分布,因此副位移的计算可大为减少。主位移的值恒为正,且不会等于零,副位移的值可能为正、负或零。柔度矩阵与基本结构的选择有关,选择不同的基本结构,将有不同的多余未知力,也就得出不同的柔度系数。因此在选择基本结构时,应尽量使柔度矩阵的形式简单,使计算得到简化。但是不管怎样选择基本结构,只要它符合几何不变和静定的条件,则其最后计算结果,应该是完全一致的。柔度矩阵是一个对称方阵,它的阶数等于多余未知力个数,也等于超静定次数。

下面通过具体实例来说明力法的应用。

例 5.1 图 5.10 为一两端固定的梁,承受均布载荷 q,求梁的内力。

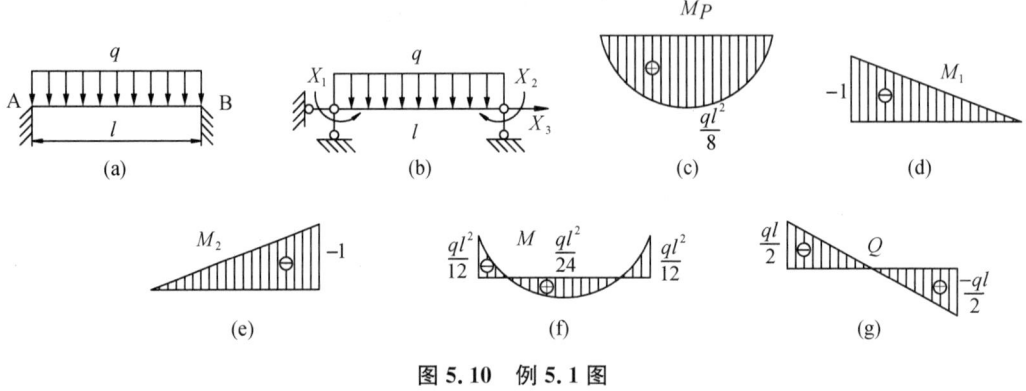

图 5.10 例 5.1 图

解:
(1) 选择静定基本结构。

原结构是三次超静定梁。可按不同的方法解除多余约束,以获得不同的基本结构。现选择简支梁做为静定基本结构,即解除 A 端转动约束、B 端转动约束和水平约束,以梁端弯矩 X_1、X_2 和水平支反力 X_3 为基本未知量,所得基本结构如图 5.10(b) 所示。

(2) 列力法方程。

对于三次超静定结构,力法方程式为:

$$\delta_{11}X_1 + \delta_{12}X_2 + \delta_{13}X_3 + \Delta_{1p} = 0 \quad (1)$$

$$\delta_{21}X_1 + \delta_{22}X_2 + \delta_{23}X_3 + \Delta_{2p} = 0 \quad (2)$$

$$\delta_{31}X_1 + \delta_{32}X_2 + \delta_{33}X_3 + \Delta_{3p} = 0 \quad (3)$$

这里必须指出,尽管力法方程的形式完全一样,但柔度系数(单位未知力所引起的位移)在各种情况下并不相同,如在本例中,δ_{11} 代表由于未知力矩 $X_1 = 1$ 所引起的 X_1 方向的转角;δ_{33} 代表由单位水平力 $X_3 = 1$ 引起的水平位移;δ_{12} 代表由于单位未知力矩 $X_2 = 1$ 所引起的

X_1 方向的转角;等等。

(3) 计算柔度系数 δ_{ij} 和自由项 Δ_{ip}。

为计算 δ_{ij} 与 Δ_{ip},需分别作出基本结构在外载荷 q 作用下的弯矩图 M_p 及各单位多余力作用下的弯矩图 M_i,如图 5.10(c),(d),(e)所示。$X_3=1$ 只产生轴力不引起弯矩,故 $M_3=0$,然后根据单位载荷法求位移的公式得:

$$\delta_{11} = \int \frac{M_i^2 \mathrm{d}x}{EI} = \frac{\omega_1 y_{01}}{EI} = \frac{1}{EI}\left(\frac{1}{2}\times l \times 1\right)\times \frac{2}{3} = \frac{l}{3EI}$$

$$\delta_{21} = \delta_{12} = \int \frac{M_1 M_2 \mathrm{d}x}{EI} = \frac{\omega_1 y_{02}}{EI} = \frac{l}{6EI}$$

$$\delta_{31} = \delta_{13} = \int \frac{M_1 M_3 \mathrm{d}x}{EI} = 0$$

$$\delta_{22} = \int \frac{M_2^2 \mathrm{d}x}{EI} = \frac{\omega_2 y_{02}}{EI} = \frac{l}{3EI}$$

$$\delta_{23} = \delta_{32} = 0$$

$$\delta_{33} = \int \frac{N_3^2 \mathrm{d}x}{EA} = \frac{N_3^2 l}{EA} = \frac{L}{EA}$$

$$\Delta_{1p} = \int \frac{M_1 M_p \mathrm{d}x}{EI} = \frac{\omega_p y_{01}}{EI} = -\frac{1}{EI}\left(\frac{2}{3}\times \frac{ql^2}{8}\times l\right)\times \frac{1}{2} = -\frac{ql^3}{24EI}$$

$$\Delta_{2p} = \int \frac{M_2 M_p \mathrm{d}x}{EI} = \frac{\omega_p y_{02}}{EI} = -\frac{ql^3}{24EI}$$

$$\Delta_{3p} = \int \frac{M_3 M_p \mathrm{d}x}{EI} = 0$$

(4) 解力法方程,求出基本未知量。

将以上求出的 Δ_{ip} 及 δ_{ij} 值代入力法方程,由式(3)可见:$\delta_{31}=\delta_{32}=\Delta_{3p}=0$,故得 $X_3=0$ 即无轴力。由式(1)、式(2)简化后得:

$$2X_1 + X_2 = ql^2/4$$
$$X_1 + 2X_2 = ql^2/4$$

联立求解得 $X_1 = X_2 = ql^2/12$

由平衡条件 $\sum Y = 0$ 求得:竖向支反力 $R_a = R_b = ql/2$

(5) 求内力。

按叠加方程 $M = M_p + X_1 \cdot M_1 + X_2 \cdot M_2$ 计算:

$$M_A = M_B = -ql^2/12$$

跨中点的弯矩:

$$M_c = \frac{ql^2}{8} + \left(-\frac{1}{2}\right)\times \frac{ql^2}{12} + \left(-\frac{1}{2}\right)\times \frac{ql^2}{12} = \frac{ql^2}{8} - \frac{ql^2}{12} = \frac{ql^2}{24}$$

弯矩图如图 5.10(f)所示;Q 图如图 5.10(g)所示。

由以上的讨论可知:力法是在静定结构计算的基础上求解超静定结构的一种计算方法。它以多余约束力作为基本未知量,利用基本结构在解除约束处的位移与原结构相应的位移相等的条件,建立典型方程组,并解出多余未知力,然后利用叠加原理求出反力和内力,最后绘制超静定结构的内力图。

5.3.3 内力图的校核

超静定结构的计算过程繁复,特别是超静定结构次数较高时,为了保证计算的正确性,十分必要对最后绘制的内力图进行校核。

超静定结构的内力图应同时满足静力平衡条件和位移条件。

(1) 平衡条件的校核 从结构中取出任意一部分作为隔离体,都应满足静力平衡条件。一般常用的校核方式是验算其节点的平衡条件。

① 刚性节点上力矩应平衡,即 $\sum M = 0$。

② 刚性节点上的内力,在各个坐标方向上的投影值代数和应等于零,即 $\sum F_x = 0$,$\sum F_y = 0$。

(2) 变形条件的校核 根据力法典型方程式,结构上沿任何一个多余未知力方向的相应位移应等于零。例如,在 X_1 方向的总位移等于零,即:

$$\delta_{11}X_1 + \delta_{12}X_2 + \cdots + \delta_{1n}X_n + \Delta_{1p} = 0 \tag{5.21}$$

如果用位移公式来表示各位移,则式(5.21)可改写为:

$$X_1 \sum \int \frac{M_1^2}{EI}dx + X_2 \sum \int \frac{M_1 M_2}{EI}dx + \cdots + X_n \sum \int \frac{M_1 M_n}{EI}dx + \sum \int \frac{M_1 M_p}{EI}dx = 0 \tag{5.22}$$

或

$$\sum \int \frac{M_1(M_1 X_1 + M_2 X_2 + \cdots + M_n X_n + M_p)}{EI}dx = 0 \tag{5.23}$$

式中,$M_1 X_1 + M_2 X_2 + \cdots + M_n X_n + M_p = M$,$M$ 为结构上任意点的最后总弯矩值,故式(5.23)可写成普遍形式:

$$\sum \int \frac{M_1 M}{EI}dx = 0 \tag{5.24}$$

式(5.24)表明任何一个单位弯矩图与总弯矩图的乘积积分应等于零。

5.4 力法的计算步骤和超静定结构的特性

5.4.1 力法的计算步骤及示例

前面所阐述的力法基本原理,适用于计算超静定桁架、超静定刚架、超静定混合结构等各种类型的超静定结构。力法的计算步骤可归纳如下：

(1) 选择基本结构。首先确定超静定次数，解除多余的约束，使原来的超静定结构成为几何不变的、静定的结构。

(2) 以相应的力 X_1，X_2，$\cdots$，X_n 代替已解除的多余约束的作用，这些多余未知力就是基本未知量，其作用方式应与所解除的约束相适应，并使基本结构和原结构的受力状态完全相同。

(3) 根据基本结构在解除约束处的位移与原结构相应的位移应相等的条件，建立力法典型方程。其普遍形式为 $[\delta]\{X\}+\{\Delta_p\}=\{0\}$。

(4) 计算典型方程中的柔度系数 δ_{ij} 和常数项 Δ_{ip}，这些系数和常数项都代表基本结构的某种位移。

① 对超静定刚架，可利用所绘制的各个单位载荷弯矩图和载荷弯矩图，然后用图乘法求出。

② 对超静定桁架，每根杆件只受轴力作用，杆件只产生轴向变形，柔度系数 δ_{ij} 和常数项 Δ_{ip} 的计算公式为：

$$\delta_{ij} = \sum \int \frac{N_i N_j \mathrm{d}s}{EA} = \sum \frac{N_i N_j l}{EA}$$

$$\delta_{ii} = \sum \int \frac{N_i^2 \mathrm{d}s}{EA} = \sum \frac{N_i^2 l}{EA}$$

$$\Delta_{ip} = \sum \int \frac{N_i N_p \mathrm{d}s}{EA} = \sum \frac{N_i N_p l}{EA}$$

③ 对超静定混合结构，由于结构内具有两类不同受力性质的杆件，在计算柔度系数 δ_{ij} 和常数项 Δ_{ip} 时应按杆件受力性质的不同，分别计算弯曲变形或轴向变形，然后叠加。计算公式为：

$$\delta_{ij} = \sum \int \frac{N_i N_j \mathrm{d}s}{EA} + \sum \frac{M_i M_j \mathrm{d}s}{EI}$$

$$\delta_{ii} = \sum \int \frac{N_i^2 \mathrm{d}s}{EA} + \sum \frac{M_i^2 \mathrm{d}s}{EI}$$

$$\Delta_{ip} = \sum \int \frac{N_i N_p \mathrm{d}s}{EA} + \sum \frac{M_i M_p \mathrm{d}s}{EI}$$

要注意的是，上式虽然包括弯曲变形和轴向变形两项影响，但是对每根杆件而言，只考虑弯曲变形和轴向变形其中的一项影响，即受轴力的杆件只考虑轴力的影响，受弯杆件只考虑弯矩的影响。

(5) 解典型方程，求出多余未知力的值。

(6) 利用平衡条件或叠加原理求得超静定结构的全部反力和内力。超静定结构任一截面的内力通常可按式(5.25)计算：

$$\begin{aligned} M_x &= M_p + M_1 X_1 + M_2 X_2 + \cdots + M_n X_n \\ N_x &= N_p + N_1 X_1 + N_2 X_2 + \cdots + N_n X_n \\ Q_x &= Q_p + Q_1 X_1 + Q_2 X_2 + \cdots + Q_n X_n \end{aligned} \quad (5.25)$$

式中 M_i, N_i, Q_i ——基本结构在 $X_i=1$ 单独作用下某一截面分别所产生的弯矩、轴向力和剪力($i=1,2,\cdots,n$);

M_p、N_p、Q_p ——基本结构在载荷作用下某一截面分别所产生的弯矩、轴向力和剪力。

(7) 内力图的绘制和校核。内力图可按式(5.25)计算所得的结果绘制,或将各单位弯矩图分别乘以相应的 $X_1, X_2, \cdots, X_n$ 值,与载荷弯矩图相叠加,即可求得最后弯矩图。根据弯矩图和载荷状况,利用平衡条件,就能求得剪力图和轴力图。必须对超静定结构的内力图进行校核,校核时可以应用静力平衡条件和位移条件。

例 5.2 图 5.11 所示为塔式起重机塔身结构之一部分。已知杆件的材料弹性模量 $E=2.1\times10^4$ kN/cm^2,杆 ac、ad、bc、bd 之截面积 $A_1=19.261$ cm^2,杆 ce、df 之截面积为 $A_2=13.944$ cm^2,其余各杆截面积 $A_3=5.688$ cm^2。求各杆内力。

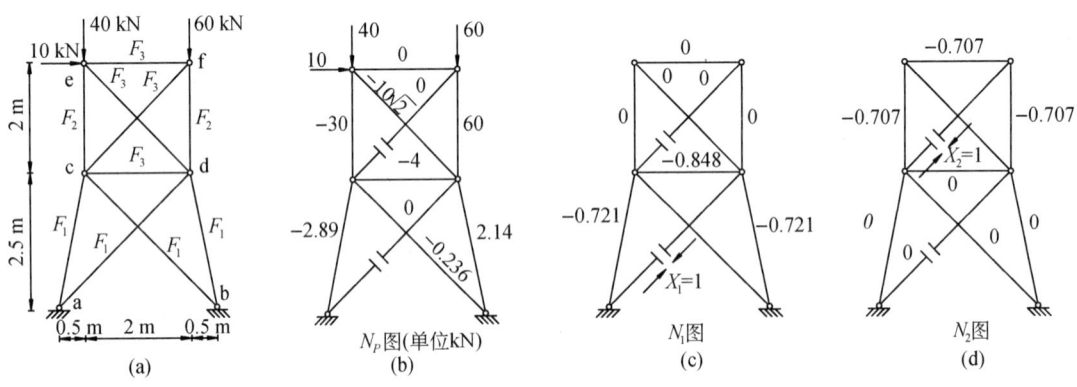

图 5.11 例 5.2 图

解:此桁架上下格框内各有一个多余约束,为二次超静定桁架。上下格框内各截断一根斜杆,得相应的基本体系,如图 5.11(b)所示。

力法方程为:

$$\delta_{11}X_1 + \delta_{12}X_2 + \Delta_{1p} = 0 \quad (1)$$

$$\delta_{21}X_1 + \delta_{22}X_2 + \Delta_{2p} = 0 \quad (2)$$

式中各系数和自由项为:

$$\Delta_{1p} = \sum \frac{N_1 N_p l}{EA} \quad \Delta_{2p} = \sum \frac{N_2 N_p l}{EA}$$

$$\delta_{11} = \sum \frac{N_1^2 l}{EA} \quad \delta_{22} = \sum \frac{N_2^2 l}{EA} \quad \delta_{12} = \delta_{21} = \sum \frac{N_1 N_2 l}{EA}$$

为计算这些系数,需首先求出基本结构在外载荷及单位未知力 $X_1=1$、$X_2=1$ 三种状态下的各杆内力。应用节点法求解,结果分别标注于图 5.11(b),(c),(d)各杆侧。求出各杆内力后,再列表计算各系数(表 5.1)。

表 5.1　　　　　　　　　　　　　　各杆内力

杆件	杆长 /cm	截面积 /cm²	N_P /kN	N_1	N_2	$\dfrac{N_1^2 l}{F}$	$\dfrac{N_2^2 l}{F}$	$\dfrac{N_1 N_2 l}{F}$	$\dfrac{N_1 N_P l}{F}$	$\dfrac{N_2 N_P l}{F}$	$N = N_P + N_1 X_1 + N_2 X_2$ /kN
ad	354	19.261	0	1	0	18.4	0	0	0	0	13.58
bc	354	19.261	−2.36	1	0	18.4	0	0	−43.40	0	−15.94
ac	255	19.261	−28.90	−0.721	0	6.88	0	0	276	0	−19.11
bd	255	19.261	−71.40	−0.721	0	6.88	0	0	681	0	−61.61
ce	200	13.944	−30	0	−0.707	0	7.17	0	0	304.00	−29.90
df	200	13.944	−60	0	−0.707	0	7.17	0	0	608.00	−59.90
cf	283	5.688	0	0	1	0	49.75	0	0	0	−0.14
de	283	5.688	−14.14	0	1	0	49.75	0	0	−704.00	−14.28
dc	200	5.688	−4	−0.848	−0.707	25.3	17.6	21.1	119.40	99.50	7.61
ef	200	5.688	0	0	−0.707	0	17.6	0	0	0	0.1
Σ						75.86	149.04	21.1	1033	307.50	

根据该表的计算结果,得各系数如下:

$$\delta_{11} = 75.86/E \quad \delta_{22} = 149.04/E \quad \delta_{12} = \delta_{21} = 21.1/E$$
$$\Delta_{1p} = 1\,033/E \quad \Delta_{2p} = 307.50/E$$

将各系数代入力法方程后得:

$$75.86 X_1 + 21.1 X_2 + 1\,033 = 0$$
$$21.1 X_1 + 149.04 X_2 + 307.50 = 0 \tag{3}$$

联立求解得:

$$X_1 = -13.58 \text{ kN}$$
$$X_2 = -0.14 \text{ kN}$$

各杆内力见表 5.1 最后一列。

通过例 5.2,可以看出用力法解超静定桁架时,需要反复多次求解基本结构的内力。

例 5.3　图 5.12 为一超静定组合结构。已知全部材料为 Q235,$E = 2.1 \times 10^4$ kN/cm²,杆 AB 为受弯杆件,$I = 1\,569.82$ cm⁴,其余各杆为轴力杆件,$A = 4.934$ cm²。$a = 100$ cm。求在图示载荷作用下各杆内力。

解:本例题所示结构为一次超静定混合结构。现将杆 CD 切断,得基本结构如图 5.12(b)所示。基本未知力为 X_1,力法方程为:

$$\delta_{11} X_1 + \Delta_{1p} = 0$$

为计算柔度系数 δ_{11} 及自由项 Δ_{1p},分别作 M_P,N_P,M_1,N_1 图,见图 5.12(c),(d),(e)。

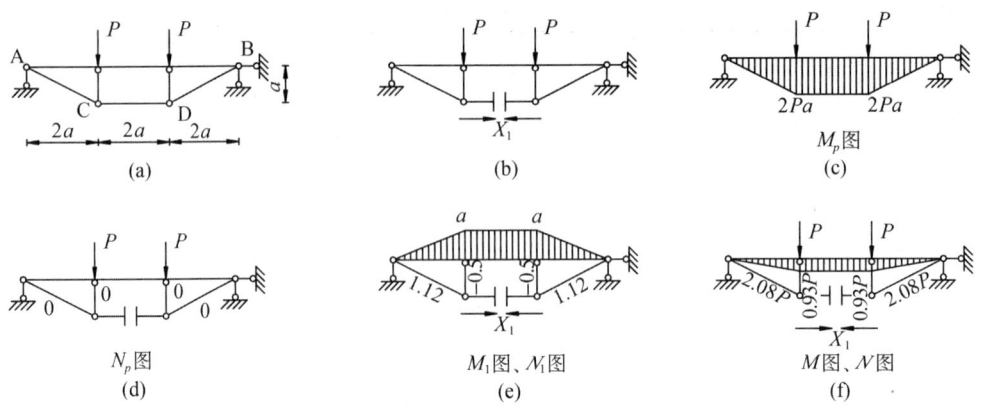

图 5.12 例 5.3 图

$$\delta_{11} = \sum \frac{N_1^2 l}{EA} + \sum \int \frac{M_1^2 ds}{EI} = \frac{1}{EA}[1^2 \times 2a + 2 \times 1.12^2 \times 2.24a + 2 \times (-0.5)^2 a] +$$
$$\frac{1}{EI}\left[2 \times \left(\frac{1}{2} \times a \times 2a\right) \times \frac{2}{3}a + (a \times 2a)a\right]$$
$$= \frac{8.12a}{EA} + \frac{10a^3}{3EI} = \frac{10a^3}{3EI} \times \left(1 + 2.43 \times \frac{I}{Fa^2}\right)$$

$$\Delta_{1p} = \sum \frac{N_1 N_p l}{EA} + \sum \int \frac{M_1 M_p ds}{EI}$$
$$= 0 - \frac{1}{EI}\left[2 \times \frac{1}{2} \times 2Pa \times 2a \times \frac{2}{3}a + 2Pa \times 2a \times a\right]$$
$$= -\frac{20Pa^3}{3EI}$$

将 δ_{11} 及 Δ_{1p} 代入上述力法方程,得:

$$X_1 = -\frac{\Delta_{1p}}{\delta_{11}} = \frac{2P}{1 + 2.43\frac{I}{Fa^2}} = 1.86P$$

式中,$I/Fa^2 = 0.0318$。求得基本未知量 X_1 后,可应用叠加原理求各杆内力:$M_x = M_p + M_1 X_1$ 及 $N_x = N_p + N_1 X_1$。各杆内力值见图 5.12(f)。

例 5.4 图 5.13 所示超静定梁在支座 B 有竖向沉陷位移 Δ。试求由此而产生的梁内力。

解:此为一次超静定结构,具有一个多余约束。现在用两种方法解除多余约束来求解。

(1) 解除 A 端转动约束,以反力矩 X_1 为基本未知力,基本结构为简支梁,见图 5.13(b)。比较基本结构与原结构在解除约束处的位移条件,可得力法方程为:

$$\delta_{11}X_1 + \Delta_{1p} = 0 \qquad (1)$$

这里超静定梁没有载荷作用,而有支座位移影响,所以力法方程中的常数项 Δ_{1p} 是在基本结构中由于支座位移 Δ 引起的 A 端转角。在小位移条件下,A 端转角与支座 B 的竖向位移 Δ 具有以下关系:

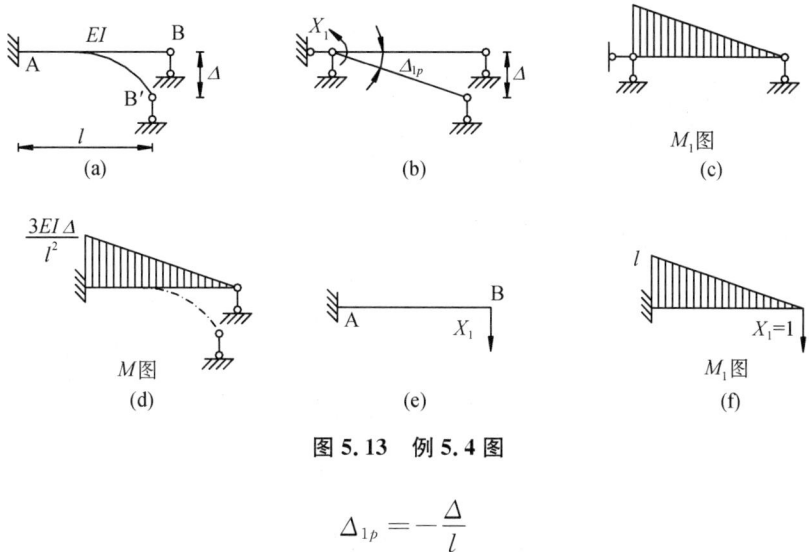

图 5.13 例 5.4 图

$$\Delta_{1p} = -\frac{\Delta}{l}$$

式中的负号是因为转角 Δ_{1p} 的方向与所设的未知力 X_1 的方向相反。

为求得在单位未知力 $X_1=1$ 时的弯矩图 M_1，见图 5.13(c)，得：

$$\delta_{11} = \int \frac{M_1^2 \mathrm{d}x}{EI} = \frac{1}{EI} \times \frac{1}{2} \times l \times 1 \times \frac{2}{3} = \frac{l}{3EI}$$

代入上述力法方程解得：

$$X_1 = -\frac{\Delta_{1p}}{\delta_{11}} = \frac{\Delta}{l} \times \frac{3EI}{l} = \frac{3EI\Delta}{l^2}$$

根据内力叠加，可得：

$$M_A = X_1 M_1 = \frac{3EI\Delta}{l^2} \times 1 = \frac{3EI\Delta}{l^2}$$

而 M 图则如图 5.13(d)所示。

(2) 解除 B 端连杆约束，以反力 X_1 为基本未知力，基本结构为悬臂梁，见图 5.13(e)。比较基本结构与原结构在解除约束处 B 端的位移条件，由于原结构在 B 端有竖向位移 Δ，所以力法方程的右端不再为零，即有：

$$\delta_{11} X_1 + \Delta_{1p} = \Delta \tag{2}$$

式中的 Δ_{1p} 是在基本结构中由于支座 B 的沉陷位移而引起的 B 端位移。但是由于在基本结构中 B 处的支座已经被解除，所以支座 B 的位移对悬臂梁的 B 端已经不再产生影响，所以 $\Delta_{1p}=0$。为计算 δ_{11}，由图 5.13(f)的 M_1 图，可得：

$$\delta_{11} = \int \frac{M_1^2 \mathrm{d}x}{EI} = \frac{1}{EI} \times \frac{1}{2} \times l \times l \times \frac{2}{3}l = \frac{l^3}{3EI}$$

代入式(2)后解得：

$$X_1 = \frac{\Delta}{\delta_{11}} = \frac{3EI\Delta}{l^3}$$

则 A 端的弯矩为：

$$M_A = X_1 M_1 = \frac{3EI\Delta}{l^3} \cdot l = \frac{3EI\Delta}{l^2}$$

显然，两种方法求得的结果是一致的。

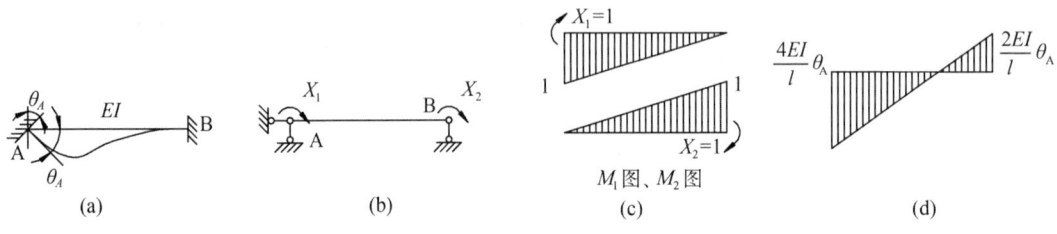

图 5.14　例 5.5 的内力图

例 5.5　图 5.14 所示两端固端梁 AB。若支座 A 端产生一转角 θ_A，求由此而引起梁的内力。

解：不考虑梁的轴向变形，此结构为二次超静定。解除 A,B 两端的转动约束，基本结构为简支梁，见图 5.14(b)，基本未知量为 X_1,X_2（A、B 两端的反力矩）。

比较基本结构与原结构在解除约束处的位移条件，由于原结构在 A 端有支座位移 θ_A，而 B 端没有支座位移，这样可得力法方程为：

$$\left.\begin{array}{l}\delta_{11}X_1 + \delta_{12}X_2 + \Delta_{1p} = \theta_A \\ \delta_{21}X_1 + \delta_{22}X_2 + \Delta_{2p} = 0\end{array}\right\}$$

式中的 Δ_{1p} 是在基本结构中 A 端由于支座 A 的转动而引起的转角位移，Δ_{2p} 是在基本结构中 B 端由于支座 A 的转动而引起的转角位移。但是，由于基本结构是简支梁，两端都是铰支座，而对铰支座绕其中心的任何转动都不会使梁截面发生转角位移，即有 $\Delta_{1p}=0$, $\Delta_{2p}=0$。

根据图 5.14(c) 的 M_1 图和 M_2 图，可计算柔度系数：

$$\delta_{11} = \int \frac{M_1^2 dx}{EI} = \frac{l}{3EI},\ \delta_{22} = \int \frac{M_2^2 dx}{EI} = \frac{l}{3EI}$$

$$\delta_{12} = \delta_{21} = \int \frac{M_1 M_2 dx}{EI} = -\frac{l}{6EI}$$

代入力法方程，可得：

$$\frac{l}{3EI}X_1 - \frac{l}{6EI}X_2 = \theta_A - \frac{l}{6EI}X_1 + \frac{l}{3EI}X_2 = 0$$

解此方程，得：

$$X_1 = \frac{4EI}{l}\theta_A,\ X_2 = \frac{2EI}{l}\theta_A$$

由此可作出梁的弯矩图，如图 5.14(d)所示。

5.4.2 超静定结构的特性

与静定结构比较，超静定结构具有以下主要特性：

(1) 静定结构仅由静力平衡条件就能确定其反力或内力值，与构件的材料性质和几何尺寸无关。而超静定结构，由于外部或内部具有多余约束，故仅由静力平衡条件，不能确定其反力或内力值，必须考虑变形协调条件。所以超静定结构的反力和内力与结构的材料性质和几何尺寸有关，并与杆件的刚度有关。因此超静定结构的受力，必须在已知结构各部分的截面尺寸以后，才能进行计算。在结构设计中，经常利用这一特性合理选择截面尺寸、调整杆件内力，从而使受力分布合理，以达到经济的目的。

(2) 在超静定结构中，除载荷作用外，其他因素如温度变化、支座沉陷、制造误差等，也都能使结构中产生内力，这是由于上述这些因素产生的变形受到多余约束的阻碍。在静定结构中就没有这种现象。在结构设计中，也常利用这一特性，例如，将支座作某些升降，从而达到合理的内力分布。

(3) 与静定结构比较，超静定结构中的内力分布一般来说更均匀一些。如图 5.15(a)所示的三跨连续梁，当外载荷 P 作用在中间一跨时，其他各跨也产生内力；但相应的静定梁，在同样的载荷作用下只在中间的一跨产生内力，见图 5.15(b)。两个边跨只是随之转动。

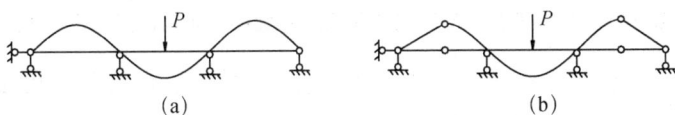

图 5.15　静定梁与超静定梁

(4) 由于特性(1)，超静定结构的分析必须在已知结构各部分尺寸后才能进行。因此，设计时要求预先给出各构件尺寸，然后计算内力，校核其应力是否允许。如果应力超过许用应力或远低于许用应力，则结构各构件的尺寸就要加以调整，此后再进行内力分析。这样，设计一个超静定结构往往要经过多次计算。

(5) 超静定结构由于具有多余约束，与静定结构相比，具有刚度大而且变形小的优点。若多余构件有损坏，仍能维持其形状，持续工作，具有较大的安全可靠性。而静定结构中如任一构件被破坏即会导致体系的崩坍。

静定结构与超静定结构的这些差别在工程实践中是十分重要的。在结构的分析计算时，由于超静定结构不能与静定结构一样只依靠力的平衡条件求出内力，还必须利用结构材料的物理关系及变形协调条件，因此，这两种结构的求解方法差别很大。静定结构学和超静定结构学几乎成了两个课题。

5.5　利用对称性求解超静定问题

在实际工程中，许多结构是对称的。利用对称性常能简化结构的受力分析。

对于平面结构，所谓对称是指结构的全部构成对称于某一几何轴线。也就是说，若将结构绕该几何轴线对折后，结构轴线两侧应按彼此完全重合。结构的对称包括几何形状、联结和支座情况以及杆件的截面尺寸和材料性质等诸多方面。

对于对称结构,在对称载荷作用下,结构的变形和内力都是对称的;在反对称载荷作用下,结构的变形和内力则都是反对称的。这里,对称载荷是指绕对称轴对折后,轴线两侧载荷的作用点和方向能完全重合,大小相等;反对称载荷则是指绕对称轴对折后,轴线两侧载荷的作用点重合,大小相等,但方向相反。结构变形和内力的对称和反对称与上述类似。图5.16为一对称刚架分别受到对称和反对称载荷作用时的变形和弯矩图形。

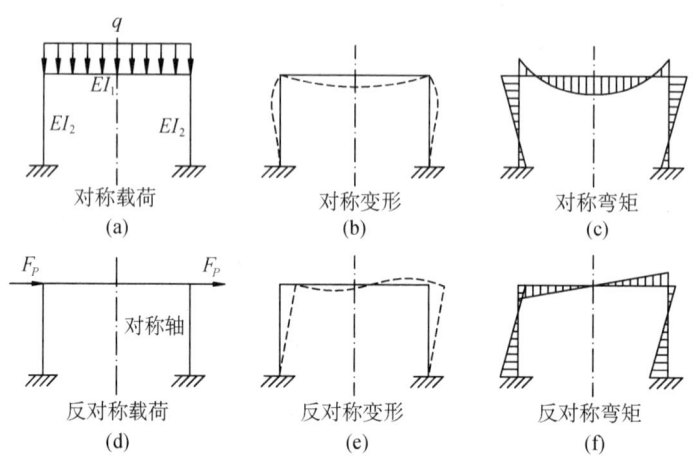

图 5.16 对称刚架分别受到对称和反对称载荷作用时的变形和弯矩图形

在图 5.16 中,载荷、位移和截面内力位于对称轴两侧,很容易分辨出是对称还是反对称的,若载荷、位移和截面内力位于对称轴上应如何判断?如图 5.17 所示的对称刚架,原载荷可看作无限接近对称轴处的两个半载荷,绕轴对折后,通过载荷方向是否相同可判断出图中竖向载荷 F_{P1} 为对称载荷,水平载荷 F_{P2} 和力矩 M 为反对称载荷。对于位移同理,该刚架对称轴截面上的竖向位移为对称位移,而水平位移和转角为反对称位移。至于截面内力为作用力与反作用力,如图 5.17(b)所示。将其绕轴对折后,通过方向是否相同可判断出对称轴位置上的轴力为对称内力;剪力为反对称内力;横梁跨中截面处的弯矩为对称内力;而中间竖杆的截面弯矩则为反对称内力。由上述可总结为表 5.2。

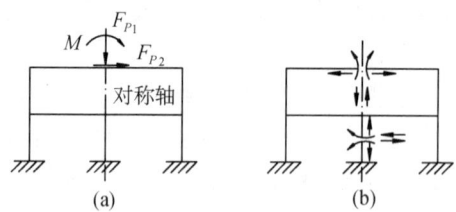

图 5.17 载荷作用在对称轴上的对称刚架

表 5.2　　　　　　　　　　对称轴位置处载荷、位移和内力的属性

类别	对称	反对称
载荷	沿对称轴方向的力	垂直对称轴方向的力、力矩
位移	沿对称轴方向的位移	垂直对称轴方向位移、转角
内力	轴力、垂直对称轴方向的杆件的截面弯矩	剪力、沿对称轴方向的杆件的截面弯矩

由此可推知,在对称载荷作用下,对称轴位置上剪力和沿对称轴方向的杆件的截面弯矩必定为零;在反对称载荷作用下,对称轴位置上杆件的轴力和垂直对称轴方向的杆件的截面弯矩必定为零。需要注意的是,对于超静定结构而言,对称和反对称不但需要考虑载荷的对称特性,而且结构自身的截面特性也必须对称。

求解超静定问题时可利用对称性从下面两个方面简化力法的分析计算。

(1) 选取对称的基本结构。

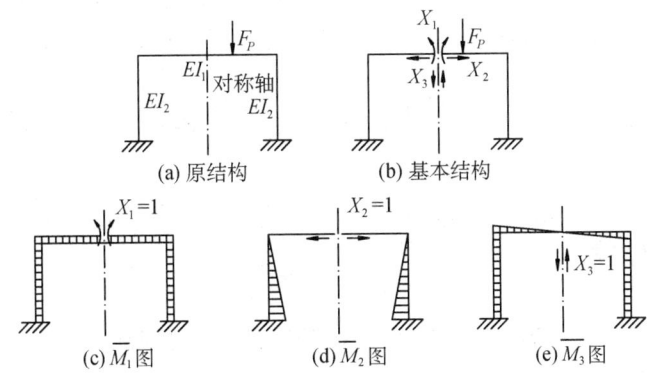

图 5.18 门式刚架及其内力图

力法求解超静定问题时,若选取对称的基本结构,可以使力法方程中的部分副系数和自由项数值为零,从而简化计算。如图 5.18 所示对称门式刚架,若采用图 5.18(b)所示的对称基本结构,各单位弯矩图分别如图 5.18(c),(d),(e)所示。其中由对称位置力 $X_1=1$ 和 $X_2=1$ 引起的 $\overline{M}_1$ 图和 $\overline{M}_2$ 图是对称的;由反对称未知力 $X_3=1$ 引起的 $\overline{M}_3$ 图是反对称的。因此有:

$$\delta_{13}=\delta_{31}=\sum\int\frac{\overline{M}_1\overline{M}_3}{EI}\mathrm{d}s=0$$

$$\delta_{23}=\delta_{32}=\sum\int\frac{\overline{M}_2\overline{M}_3}{EI}\mathrm{d}s=0$$

于是,力法方程可简化为:

$$\left.\begin{array}{r}\delta_{11}X_1+\delta_{12}X_2+\Delta_{1P}=0\\ \delta_{21}X_1+\delta_{22}X_2+\Delta_{2P}=0\\ \delta_{33}X_3+\Delta_{3P}=0\end{array}\right\}$$

上述力法方程可分为两组:前两个方程只包含对称未知力;第三个方程只包含反对称未知力。这是因为对称未知力不会引起反对称的位移,而反对称未知力也不会引起对称的位移,这就使相关的副系数为零,计算得到简化。此时若载荷对称,则力法方程中的反对称未知力必等于零;若载荷反对称,则对称未知力必等于零。这样就能使计算进一步简化。对于一般载荷作用的情况,可以分解为对称载荷和反对称载荷分别计算再进行叠加。

(2) 取半边结构。

利用对称性,可以先截取半边结构进行分析计算,然后根据对称性得到整个结构的内力。

一般来说，半边结构的超静定次数常低于原结构，这样就可以使计算得到简化。取半边结构时，应根据刚架的变形和内力情况采用合理的约束代替原有联系，使结构的变形和内力与原结构中的相同。

如图 5.19(a)所示单跨对称刚架，受对称载荷作用。此时刚架的变形和内力应是对称的，故位于对称轴上的 K 截面处仅有竖向位移而无水平位移和转角，有弯矩和轴力而无剪力。因此在取半边结构计算时，该截面处应采用定向支座代替，如图 5.19(b)所示。若受反对称载荷作用，如图 5.19(c)所示，则 K 截面处有水平位移和转角而无竖向位移，有剪力而无弯矩和轴力，因此在取半边结构计算时，该截面处应采用竖向链杆代替，如图 5.19(d)所示。

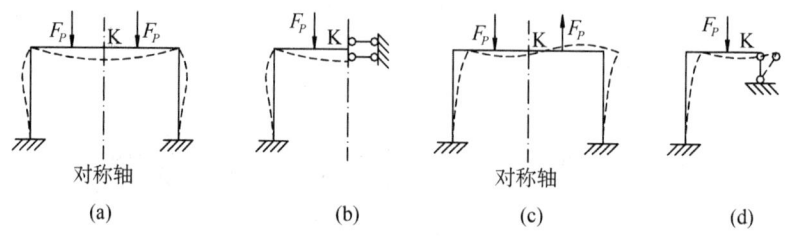

图 5.19　受对称载荷作用的单跨对称刚架

如图 5.20(a)所示两跨对称刚架，受对称载荷作用。K 节点处无水平位移和转角，在忽略杆件的轴向变形后也没有竖向位移，但在 K 节点两侧有弯矩、剪力和轴力存在。因此在取半边结构计算时，该处应用固定支座代替，如图 5.20(b)所示。此时刚架的中柱仅受轴力作用，其数值等于 K 处固定支座竖向反力的 2 倍。若受反对称载荷作用，如图 5.20(c)所示，则可假想中柱分为左右两半，分别参与左右两个半刚架的工作，其横截面惯性矩各为原截面的一半，如图 5.20(d)所示。此时刚架的中柱所承受的弯矩和剪力应为按半结构计算时所得结果的 2 倍，而轴力为对称轴力，两半结构叠加后中柱轴力必定为零。

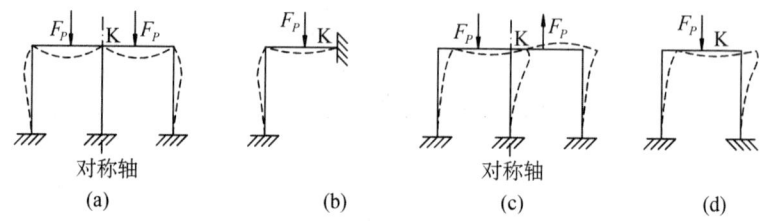

图 5.20　受对称载荷作用的两跨对称刚架

例 5.6　试分析图 5.21(a)所示刚架，并绘制弯矩图。设各杆 EI 相同。

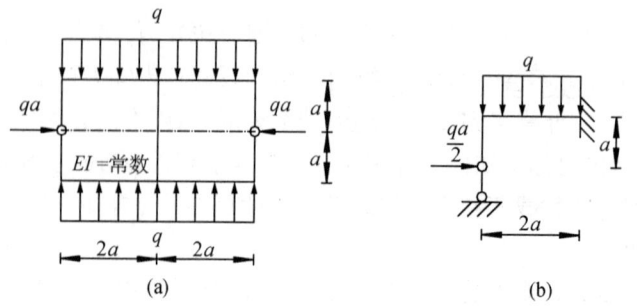

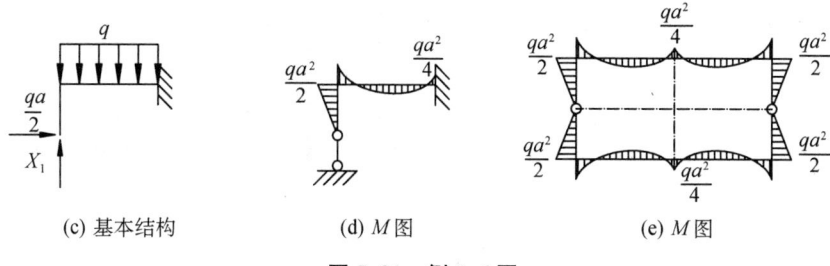

(c) 基本结构　　　(d) M 图　　　(e) M 图

图 5.21　例 5.6 图

解：此刚架是四次超静定结构，有竖向和横向两个对称轴。取左上部分进行分析，由于两侧竖杆中点均为铰接，计算简图如图 5.21(b)所示。此时超静定次数已降低为一次，取基本结构如图 5.21(c)所示，并用力法求得弯矩图如图 5.21(d)所示。在求得 1/4 刚架的弯矩图后，根据内力对称绘制出图 5.21(e)所示原刚架的弯矩图。要注意的是，位于对称轴上的刚架竖杆无弯矩和剪力作用，其轴向压力等于计算简图中固定支座竖向反力的 2 倍。

5.6　本章小结

本章首先给出超静定结构的概念，随后引入了求解超静定结构的基本方法：力法（亦称柔度法），接着给出了力法的基本结构（解除超静定结构的多余约束后得到的静定结构）的概念。

本章介绍了力法的基本原理，并结合算例说明了力法的典型方程（简称力法方程），并利用叠加原理导出了力法典型方程的普遍形式，最后结合具体算例说明了如何利用力法来求解超静定结构，以及如何对求解的结果进行校核。

本章归纳了利用力法求解超静定结构的一般计算步骤以及超静定结构不同于静定结构的特性，并介绍了利用对称性简化求解过程。必须指出的是，对于静定结构所谓的对称只需要载荷和结构形状对称，但是对于超静定结构其对称或者反对称性质要求结构形状、截面性质、材料都要对称。

思考题

5.1　在对结构进行构造分析时，能否得到超静定结构的超静定次数？

5.2　为什么静定结构的内力状态与 EI 无关？而超静定结构的内力状态与 EI 有关？

5.3　试从物理意义上说明，为什么力法方程中的主系数必为大于零的正值，而副系数可为正值、负值或零。

5.4　变形条件 $\sum \int \dfrac{M_1 M}{EI} \mathrm{d}x = 0$ 的物理意义是什么？为什么用力法计算超静定结构的结果必须进行变形协调条件的校核？

习　题

5.1　试求图示结构的弯矩图，$EI =$ 常数。

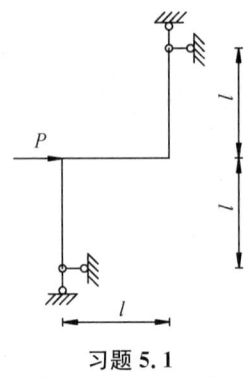

习题 5.1

5.2 试求图示结构的弯矩图(提示:根据对称性可取左半部分进行计算)。

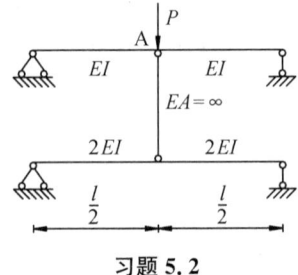

习题 5.2

5.3 用力法分析图示结构,并绘制弯矩图(提示:根据对称性可取 1/4 部分进行计算)。

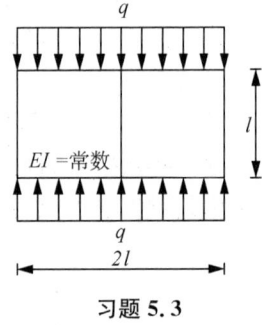

习题 5.3

5.4 用力法分析图示结构,并绘制弯矩图(提示:根据对称性可取左半部分进行计算)。

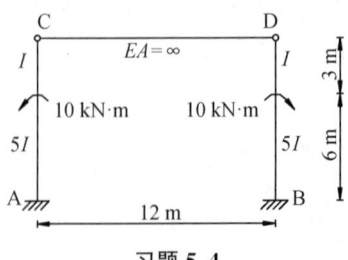

习题 5.4

5.5 用力法分析图示结构,并绘制弯矩图(提示:根据对称性可取左半部分进行计算)。

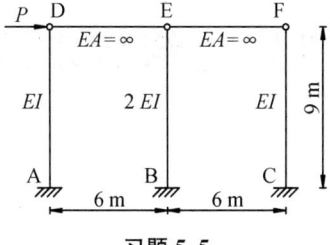

习题 5.5

第6章 超静定结构求解的位移法

6.1 位移法的基本概念

位移法也是计算超静定结构的基本方法。位移法的提出晚于力法,是20世纪初为计算复杂刚架而发展起来的。将节点位移作为基本未知量并由此导致位移法的建立,是人们认识上的一次飞跃。现在所见到的位移法的基本原理和基本方法,是丹麦人A. Ostenfeld 在1926年确立的。位移法除具有本身可以在结构分析中直接应用的重要意义外,也是各种近似计算方法和实现结构计算自动化的基础。为适应计算机运算而发展起来的矩阵位移法也是以位移法为基础的。

假定结构是由线弹性材料构成的,则结构的变形(或位移)与结构所受的力之间,存在确定的物理关系。所以,也可将结构中的某些位移作为基本未知量,根据广义力与广义位移的关系,以相应节点位移表示的平衡条件作为建立方程的依据。先求出结构中的某些位移,然后根据结构位移与结构所受力之间的内在物理关系,求出结构的内力和反力。位移法集静力平衡条件、变形协调条件于一体。与力法一样,其静力学解答是唯一的。

位移法与力法的主要区别在于所选用的基本未知量不同。力法把多余约束力选作基本未知量,而位移法则把结构中的某些节点位移作为基本未知量。**力法是把超静定结构拆成静定结构,再由静定结构过渡到超静定结构。而位移法则是把结构拆成杆件,再由杆件过渡到结构。**它们都采用过渡法,由简到繁,由已知过渡到未知;但是它们的出发点不同,力法取静定结构为基本结构,位移法则取组成杆件结构的基本单元——单根杆件为计算的基础。位移法主要用于超静定结构,也可用于静定结构。

现通过图6.1所示连续梁的分析,对上述位移法基本思路加以说明。

(1)根据原结构的支承和节点连接情况,可将原连续梁 ABC 分解成如图 6.1(b)和图 6.1(c)所示的 AB,BC 两单跨超静定梁。两根单跨超静定梁除荷载作用外,根据位移协调条件可知,在两跨梁 B 端都发生相同的角位移 θ_B。BC 梁的 C 端虽有角位移,但不独立,不作为基本未知位移(后面有述),故此连续梁只有一个节点角位移。

(2)用力法解算两根单跨超静定梁。由图 6.1(b),(c)知,引起两端固定梁 AB 杆端力的因素是外荷载 P 和 B 端角位移 θ_B。引起一端固定一端铰支梁 BC 之杆端力的因素是 B 端角位移 θ_B。用力法解算其杆端弯矩(设顺时针转为正)为:

$$M_{AB} = -\frac{2EI}{l}\theta_B - \frac{Pl}{8}, \quad M_{BA} = -\frac{4EI}{l}\theta_B + \frac{Pl}{8}, \quad M_{BC} = -\frac{3EI}{l}\theta_B \qquad (6.1)$$

(3)从整个连续梁考虑,两梁在 B 点的杆端弯矩必然平衡,如图 6.1(g)所示,由 $\sum M_B = 0$ 得:

$$M_{BA}+M_{BC}=-\frac{4EI}{l}\theta_B+\frac{Pl}{8}-\frac{3EI}{l}\theta_B=0 \tag{6.2}$$

由此：

$$\theta_B=\frac{Pl^2}{56EI} \tag{6.3}$$

(4) 根据叠加原理，将 θ_B 值乘图 6.1(e),(f)所示的杆端弯矩,再与图 6.1(d)所示 M_P 图的杆端弯矩相加,便可求得各杆最后杆端弯矩为：

$$\begin{aligned} M_{AB}&=-\frac{Pl}{8}-\frac{2EI}{l}\times\frac{Pl^2}{56EI}=-\frac{9Pl}{56}\\ M_{BA}&=\frac{Pl}{8}-\frac{4EI}{l}\times\frac{Pl^2}{56EI}=\frac{3Pl}{56}\\ M_{BC}&=-\frac{3EI}{l}\times\frac{Pl^2}{56EI}=-\frac{3Pl}{56} \end{aligned} \tag{6.4}$$

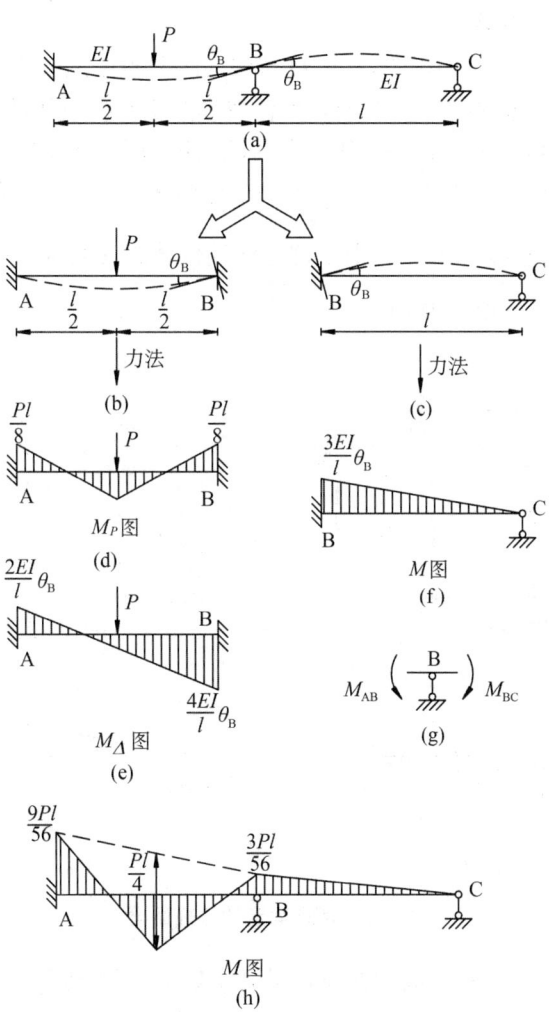

图 6.1 两跨连续梁

由此可绘出此连续梁的最后弯矩图如图 6.1(h)所示。通过以上算例可知确定基本未知量是必须解决的首要问题。在进行杆件分析时,要寻求用杆端位移(即节点位移)和其他影响内力的外因来表示杆端力的关系式。在进行整体分析时以整个结构为对象,建立以独立节点位移为基本未知量的节点力平衡方程。这些环节是位移法中的关键问题。

6.2 等截面直杆的转角位移方程

用位移法计算刚架是以单跨超静定梁作为基本结构的,因此需要了解各种形式的单跨超静定梁的位移与所受力之间的相互物理关系以及外载荷对它的影响,目的是建立杆端力与杆端位移、杆端力与外荷载的关系。常见的单跨超静定梁主要有以下三种:①两端固定的等截面单跨超静定梁;②一端固定、另一端铰支的等截面单跨超静定梁;③一端固定、另一端为定向支座的等截面单跨超静定梁。下面用力法分别建立这种关系式。

6.2.1 杆端位移引起的杆端力

1. 两端固定的等截面梁

图 6.2(a)所示两端固定等截面梁,是取自结构两刚节点之间的直杆,首先,由 AB 位置平行移到 A'B' 位置,在移动过程中,AB 杆未发生任何弹性变形(称刚体位移),不引起杆端力,所以在计算时不予考虑;其次,由于杆件 AB 发生弹性变形而产生杆端位移,由 A'B' 位置变化到 A'B'' 位置,使 AB 杆的 A 端和 B 端分别产生 θ_A 和 θ_B 转角、A 和 B 两端产生相对侧移 Δ_{AB},即 AB 杆绕 A 点转动的转角 $\beta_{AB} = \dfrac{\Delta_{AB}}{l}$。由于这些杆端位移的发生,在 AB 梁两端将产生杆端弯矩 M_{AB} 及 M_{BA} 和杆端剪力 Q_{AB} 及 Q_{BA}。

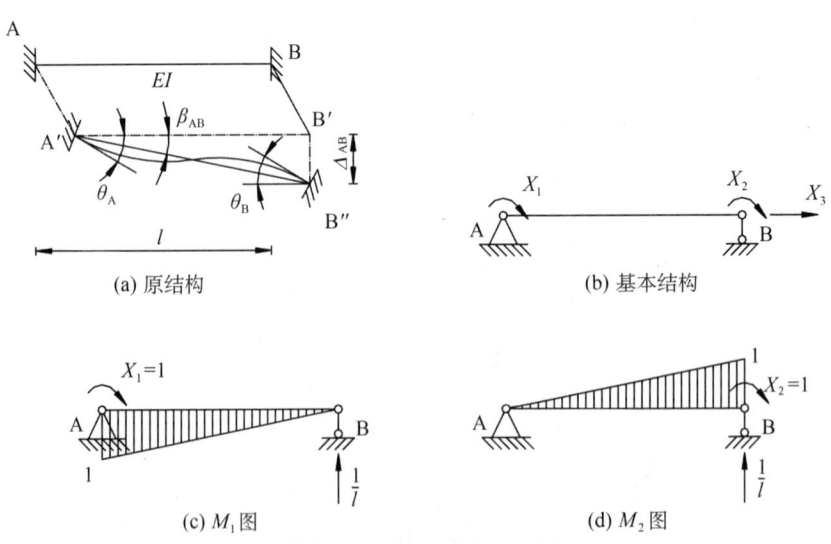

图 6.2 两端固定的等截面梁

在位移法中,对杆端位移和杆端力的正负号规定如下:杆端转角 θ_A 和 θ_B 都以顺时针转动为正,线位移 Δ_{AB} 以使杆件产生顺时针转动为正,杆端弯矩 M_{AB} 及 M_{BA} 以绕杆端顺时针转动为正,杆端对节点或支座的弯矩以逆时针为正,杆端剪力 Q_{AB} 及 Q_{BA} 符号以绕隔离体顺时针转动为正。

现用力法解算图 6.2(a)所示两端固定等截面梁。它属三次超静定结构,取力法基本结构如图 6.2(b)所示。虽然原结构有三个多余未知力,但在此处 X_3 不引起梁的弯矩,不予以考虑。力法方程为:

$$\left.\begin{array}{l}\delta_{11}X_1+\delta_{12}X_2+\Delta_{1P}=\theta_A\\ \delta_{21}X_1+\delta_{22}X_2+\Delta_{2P}=\theta_B\end{array}\right\} \quad (6.5)$$

式中系数可根据 $\overline{M}_1$ 图和 $\overline{M}_2$ 图如图 6.2(c)和图 6.2(d)所示,用图乘法求得如下:

$$\delta_{11}=\frac{l}{3EI},\ \delta_{22}=\frac{l}{3EI},\ \delta_{12}=\delta_{21}=-\frac{l}{6EI} \quad (6.6)$$

根据图 6.2(b)所示基本结构,在 $X_1=1$ 和 $X_2=1$ 分别单独作用于 A 点和 B 点时,B 支座的反力 R_B 都为 $1/l$,如图 6.2(c),(d)所示,因此自由项为:

$$\Delta_{1P}=\Delta_{2P}=-\left(-\frac{1}{l}\cdot\Delta_{AB}\right)=\frac{\Delta_{AB}}{l}=\beta_{AB} \quad (6.7)$$

将所求系数和自由项代入力法方程并解算,所得结果为:

$$\left.\begin{array}{l}X_1=\dfrac{2EI}{l}\left(2\theta_A+\theta_B-3\dfrac{\Delta_{AB}}{l}\right)\\ X_2=\dfrac{2EI}{l}\left(2\theta_B+\theta_A-3\dfrac{\Delta_{AB}}{l}\right)\end{array}\right\} \quad (6.8)$$

X_1 表示 AB 梁在 A 端的弯矩,X_2 表示 B 端的弯矩,如果用常用的弯矩符号 M_{AB} 代替 X_1,用 M_{BA} 代替 X_2,并引入线刚度 $i=\dfrac{EI}{l}$,则式(6.8)可写成:

$$\left.\begin{array}{l}M_{AB}=4i\theta_A+2i\theta_B-\dfrac{6i\Delta_{AB}}{l}\\ M_{BA}=2i\theta_A+4i\theta_B-\dfrac{6i\Delta_{AB}}{l}\end{array}\right\} \quad (6.9)$$

这就是用杆端位移 θ_A,θ_B 和 Δ_{AB} 表示杆端弯矩的表达式,习惯上称**转角位移方程**,也就是**等截面直杆的物理方程**。

在杆端弯矩已知的情况下,杆端剪力不难用杆件平衡条件求解。如图 6.3 所示,由 $\sum M_A=\sum M_B=0$ 得:

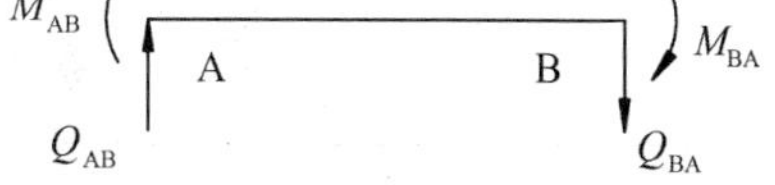

图 6.3 杆端弯矩已知时求杆端剪力

$$Q_{AB} = Q_{BA} = -\frac{M_{AB} + M_{BA}}{l} = -\frac{6i}{l}\left(\theta_A + \theta_B - 2\frac{\Delta_{AB}}{l}\right) \tag{6.10}$$

这就是用杆端位移 θ_A, θ_B 和 Δ_{AB} 表示杆端剪力的表达式。

2. 一端固定一端活动铰支的等截面梁

这种情况如图 6.4 所示。显然，B 端没有弯矩，即式(6.9)中：

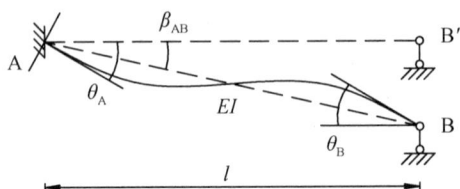

图 6.4　一端固定一端活动铰支的等截面梁

$$M_{BA} = 4i\theta_B + 2i\theta_A - \frac{6i}{l}\Delta_{AB} = 0$$

因此，
$$\theta_B = -\frac{1}{2}\left(\theta_A - 3\frac{\Delta_{AB}}{l}\right) \tag{6.11}$$

此式说明用 θ_A 和 Δ_{AB} 可以表示 θ_B，因此在这种情况下，θ_B 不是独立的节点角位移，在确定基本未知数时，可以不予考虑。如果将 θ_B 的表达式代入式(6.9)的第一式则得：

$$M_{AB} = 3i\left(\theta_A - \frac{\Delta_{AB}}{l}\right) \tag{6.12}$$

这就是一端固定一端铰支梁的转角位移方程。

杆端剪力仍用杆件平衡条件求解，参见图 6.3。根据 $\sum M_A = \sum M_B = 0$ 得：

$$Q_{AB} = Q_{BA} = -\frac{M_{AB}}{l} = -\frac{3i}{l}\left(\theta_A - \frac{\Delta_{AB}}{l}\right) \tag{6.13}$$

3. 一端固定一端定向滑动铰支的等截面梁

由图 6.5 知，B 端的定向滑动铰支座不承受剪力。因此，式(6.10)就变为：

$$Q_{AB} = Q_{BA} = -\frac{6i}{l}\left(\theta_A + \theta_B - 2\frac{\Delta_{AB}}{l}\right) = 0$$

即：
$$\Delta_{AB} = \frac{l}{2}(\theta_A + \theta_B)$$

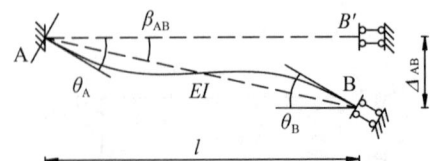

图 6.5　一端固定一端定向滑动铰支的等截面梁

上式说明 A,B 两点间相对线位移 Δ_{AB} 是 θ_A 和 θ_B 的函数,因此它不是独立的节点线位移,在确定基本未知数时,滑动端相对于固定端的侧移可以不予考虑。如果将 Δ_{AB} 的表达式代入式(6.1)中则得:

$$\left.\begin{array}{l}M_{AB}=i(\theta_A-\theta_B)\\M_{BA}=i(\theta_B-\theta_A)\end{array}\right\} \quad (6.14)$$

由平衡条件 $\sum Y=0$ 知,A 端的剪力也为零。

4. 单跨超静定梁的形常数

上面介绍了三种不同支承的等截面直杆在杆端位移影响下的杆端弯矩表达式,其通常称为转角位移方程。为了使用方便,根据叠加原理,将单位杆端位移 $\bar{\theta}_A=1$、$\bar{\theta}_B=1$ 和 $\bar{\Delta}_{AB}=1$ 分别单独代入式(6.9)、式(6.10)和式(6.11)—式(6.14)中,就是表 6.1 所列形式。因为表 6.1 是根据单位杆端位移编制的,所以一般又称**形常数**。

表 6.1 单跨超静定梁的形常数

编号	简图	弯矩		剪力	
		M_{AB}	M_{BA}	Q_{AB}	Q_{BA}
1		$4i$ $\left(i=\dfrac{EI}{l},下同\right)$	$2i$	$-\dfrac{6i}{l}$	$-\dfrac{6i}{l}$
2		$-\dfrac{6i}{l}$	$-\dfrac{6i}{l}$	$\dfrac{12i}{l^2}$	$\dfrac{12i}{l^2}$
3		$3i$	0	$-\dfrac{3i}{l}$	$-\dfrac{3i}{l}$
4		$-\dfrac{3i}{l}$	0	$\dfrac{3i}{l^2}$	$\dfrac{3i}{l^2}$
5		i	$-i$	0	0

6.2.2 载荷与杆端力的关系

单跨超静定梁在载荷作用下,所产生的杆端弯矩 M_{AB}^g 和 M_{BA}^g 叫作"固端弯矩",所产生的杆端剪力 Q_{AB}^g 和 Q_{BA}^g 叫作"固端剪力"。在同样荷载作用下,由于单跨超静定梁两端支承形式的不同,固端弯矩和固端剪力亦不相同。固端力可用力法求解,现以图 6.6(a)所示两端固定在集中力作用下单跨超静定梁为例,说明其解算方法。

图 6.6(a)所示单跨超静定梁,若取图 6.6(b)所示基本结构,与图 6.2(b)相同,则其力法方程为:

$$\left.\begin{array}{l}\delta_{11}X_1+\delta_{12}X_2+\Delta_{1P}=\theta_A\\ \delta_{21}X_1+\delta_{22}X_2+\Delta_{2P}=\theta_B\end{array}\right\} \quad (6.15)$$

其 $\overline{M}_1$ 图、$\overline{M}_2$ 图和 M_P 图分别如图 6.6(c),(d)和(e)所示,由图乘法求得:

$$\delta_{11}=\delta_{22}=\frac{l}{3EI},\ \delta_{12}=\delta_{21}=-\frac{l}{6EI}$$

$$\begin{aligned}\Delta_{1P}&=\frac{1}{EI}\left[\frac{1}{2}\times b\times\frac{ab}{l}P\times\frac{2}{3}\times\frac{b}{l}+\frac{1}{2}\times a\times\frac{ab}{l}P\times\left(\frac{2}{3}\times\frac{b}{l}+\frac{1}{3}\times 1\right)\right]\\ &=\frac{ab(l+b)P}{6lEI}\\ \Delta_{2P}&=-\frac{1}{EI}\left[\frac{1}{2}\times b\times\frac{ab}{l}P\times\left(\frac{2}{3}\times\frac{a}{l}+\frac{1}{3}\times 1\right)+\frac{1}{2}\times a\times\frac{ab}{l}P\times\frac{2}{3}\times\frac{a}{l}\right]\\ &=-\frac{ab(l+a)P}{6lEI}\end{aligned} \quad (6.16)$$

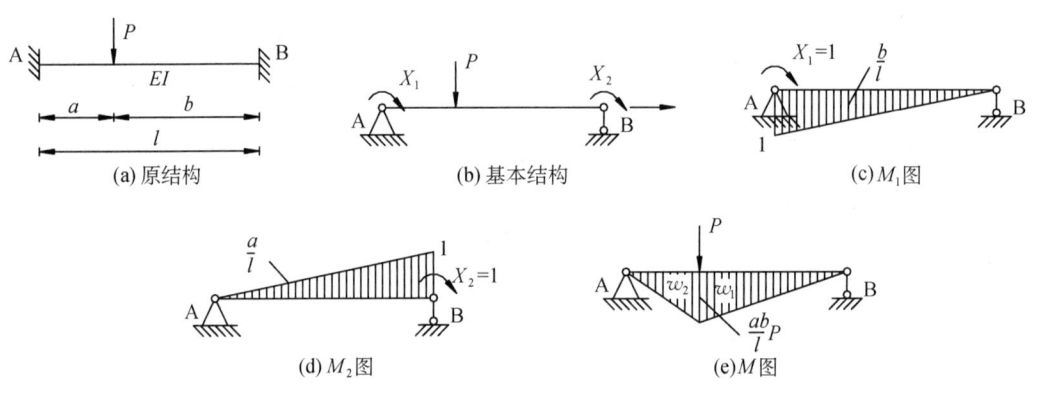

图 6.6 集中力作用的两端固定超静定梁

将系数和自由项代入力法方程中得:

$$X_1=-\frac{ab^2P}{l^2},\ X_2=\frac{a^2bP}{l^2} \quad (6.17)$$

若用 M_{AB}^g 代替 X_1,M_{BA}^g 代替 X_2,则固端弯矩为:

$$\left.\begin{array}{l}M_{AB}^g=-\dfrac{ab^2P}{l}\\ M_{BA}^g=\dfrac{a^2bP}{l}\end{array}\right\} \quad (6.18)$$

如果两端固定单跨超静定梁上作用 n 个集中载荷,根据叠加原理,则固端弯矩为:

$$\left.\begin{array}{l} M_{AB}^g = -\sum_{i=1}^{n} P_i \dfrac{a_i(l-a_i)^2}{l^2} \\ M_{BA}^g = \sum_{i=1}^{n} P_i \dfrac{a_i^2(l-a_i)}{l^2} \end{array}\right\} \quad (6.19)$$

如果两端固定单跨超静定梁上作用的是分布载荷(图 6.7),根据叠加原理,由集中载荷作用下求解式(6.18)的方法,可知固端弯矩为:

$$\left.\begin{array}{l} M_{AB}^g = -\displaystyle\int_0^l \dfrac{q(x)x(l-x)^2}{l^2}\mathrm{d}x \\ M_{BA}^g = \displaystyle\int_0^l \dfrac{q(x)x^2(l-x)}{l^2}\mathrm{d}x \end{array}\right\} \quad (6.20)$$

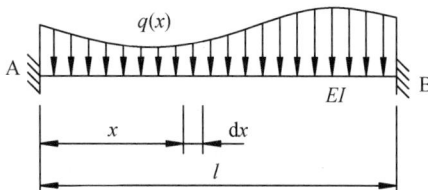

图 6.7 分布载荷作用下的两端固定单跨超静定梁

对于均布载荷,q 为常数,式(6.20)积分可得:

$$M_{BA}^g = -M_{AB}^g = \dfrac{ql^2}{12} \quad (6.21)$$

在求得固端弯矩后,根据基本结构的平衡条件,不难求得固端剪力。

为了使用方便,将三种不同支承的单跨超静定梁,在各种形式的载荷作用影响下的固端力(通常称为**载常数**)编制成表 6.2 以供直接查用。

根据叠加原理,单跨超静定梁的最终杆端力应该是由杆端位移引起的杆端力和其他外因引起的杆端力的代数和表示。例如,两端固定梁的最终杆端力为:

$$\left.\begin{array}{l} M_{AB} = 4i\theta_A + 2i\theta_B - \dfrac{6i}{l}\Delta_{AB} + M_{AB}^g \\ M_{BA} = 2i\theta_A + 4i\theta_B - \dfrac{6i}{l}\Delta_{AB} + M_{BA}^g \end{array}\right\} \quad (6.22)$$

$$\left.\begin{array}{l} Q_{AB} = -\dfrac{6i}{l}\left(\theta_A + \theta_B - 2\dfrac{\Delta_{AB}}{l}\right) + Q_{AB}^g \\ Q_{BA} = -\dfrac{6i}{l}\left(\theta_A + \theta_B - 2\dfrac{\Delta_{AB}}{l}\right) + Q_{BA}^g \end{array}\right\} \quad (6.23)$$

表 6.2　　　　　　　　　　单跨超静定梁的载常数(固端力)

编号	简图	固端弯矩		固端剪力	
		M_{AB}^g	M_{BA}^g	Q_{AB}^g	Q_{BA}^g
1	A⊢a⊢b⊣B, P, l	$-\dfrac{ab^2 P}{l^2}$	$\dfrac{a^2 b P}{l^2}$	$\dfrac{b^2(1+2a)P}{l^3}$	$-\dfrac{a^2(1+2b)P}{l^3}$

续表

编号	简图	固端弯矩 M_{AB}^g	固端弯矩 M_{BA}^g	固端剪力 Q_{AB}^g	固端剪力 Q_{BA}^g
2		$-\dfrac{ql^2}{12}$	$\dfrac{ql^2}{12}$	$\dfrac{ql}{2}$	$-\dfrac{ql}{2}$
3		$-\dfrac{qa^2}{12l^2}\cdot(6l^2-8la+3a^2)$	$\dfrac{qa^3}{12l^2}(4l-3a)$	$\dfrac{qa}{2l^3}\cdot(2l^3-2la^2+a^3)$	$-\dfrac{qa^3}{2l^3}(2l-a)$
4		$-\dfrac{ql^2}{20}$	$\dfrac{ql^2}{30}$	$\dfrac{7ql}{20}$	$-\dfrac{3ql}{20}$
5		$\dfrac{b(2a-l)}{l^2}M$	$\dfrac{a(3b-l)}{l^2}M$	$-\dfrac{6ab}{l^3}M$	$-\dfrac{6ab}{l^3}M$
6		$-\dfrac{ab(l+b)P}{2l^2}$	0	$\dfrac{b(3l^2-b^2)P}{2l^3}$	$-\dfrac{a^2(2l+b)P}{2l^3}$
7		$-\dfrac{ql^2}{8}$	0	$\dfrac{5ql}{8}$	$-\dfrac{3ql}{8}$
8		$-\dfrac{qa^2}{24}\cdot\left(4-\dfrac{3a}{l}+\dfrac{3a^2}{5l^2}\right)$	0	$\dfrac{qa}{8}\cdot\left(4-\dfrac{a^2}{l^2}+\dfrac{a^3}{5l^3}\right)$	$-\dfrac{qa^3}{8l^2}\left(l-\dfrac{a}{5l}\right)$
9		$-\dfrac{7ql^2}{120}$	0	$\dfrac{9ql}{40}$	$-\dfrac{11ql}{40}$
10		$\dfrac{l^2-3b^2}{2l^2}M$	0	$-\dfrac{3(l^2-b^2)}{2l^3}M$	$-\dfrac{3(l^2-b^2)}{2l^3}M$
11		$-\dfrac{a(l+b)P}{2l}$	$-\dfrac{a^2P}{2l}$	P	0
12		$-\dfrac{ql^2}{3}$	$-\dfrac{ql^2}{6}$	ql	0
13		$-\dfrac{ql^2}{8}$	$-\dfrac{ql^2}{24}$	$\dfrac{ql}{2}$	0
14		$-\dfrac{b}{l}M$	$-\dfrac{a}{l}M$	0	0

续表

编号	简图	固端弯矩		固端剪力	
		M_{AB}^g	M_{BA}^g	Q_{AB}^g	Q_{BA}^g
15	(见图)	$-\dfrac{qa^2}{6l}(3l-a)$	$-\dfrac{qa^2}{6l}$	qa	0

6.3 位移法的基本未知量与基本体系

由前述可知：位移法的基本未知量取为**独立的**节点角位移和节点线位移，总的未知量数目是以上二者之和。只要确定哪些节点角位移和节点线位移可作为基本未知量后，就可以确定位移法规格化解题的基本图式——基本体系。

在位移法中对结构的离散，通常以构造节点为界，将结构划分为若干单跨超静定梁。构造节点通常是指杆件的转折点、杆件的汇交点、同一杆轴线上的铰节点、截面突变点、材料性质变化点、支承点、自由端点等。我们如把构造节点中除了支承节点以外的节点都叫作自由节点，那么，节点位移通常就是指自由节点的位移。为使研究的问题得以简化，在确定节点位移时，应当遵循如下基本假定。

① 满足变形连续条件。当多杆刚结于某一节点时，节点的转角和各杆端转角相等。如图 6.8 所示结构，抗弯刚度和它端支承形式不同的四杆刚结于 A 点，在外载荷 P 作用下，A 节点角位移和四杆 A 端角位移相等，都等于 θ_A。

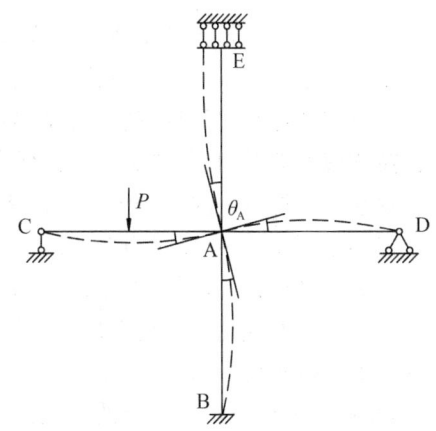

图 6.8 变形连续条件示意

② 满足小变形假设。认为各种外因影响下，节点位移是微小的，变形前后，结构的几何尺寸没有变化，外力作用的方向没有改变。受弯直杆弯曲后两端间距不改变。

③ 轴向和剪切变形的影响可忽略不计。用位移法计算梁、刚架等由受弯杆件组成的结构时，通常可**略去轴向和剪切变形**的影响。

6.3.1 节点角位移及其确定

结构在载荷、温度改变、支座位移等外因影响下，节点连同汇交于该节点各杆端一起转动的角度，称为节点角位移。由上节知，**汇交于铰节点的各杆端角位移不独立，也不连续，在手算时为简化计算，不作为位移法的基本未知量**。故独立的节点角位移数就是自由刚节点数。例如图 6.9(a)所示单层刚架，有两个自由刚节点(1 和 3 节点)，在外载荷 P 作用下，虽然在 A 和 2 节点处有角位移，但不独立也不连续。因此，用位移法解算此题时，真正独立的节点角位移只有 θ_1 和 θ_3。图 6.9(b)所示两层刚架，有三个自由刚节点(1,3 和 4 节点)，因而它有三个独立的节点角位移 θ_1，θ_3 和 θ_4。所以独立节点角位移指刚节点和半铰联接的节点转角。

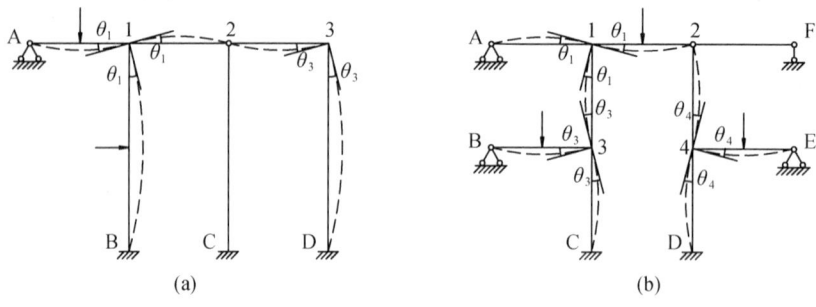

图 6.9 具有不同个数自由刚节点的刚架

6.3.2 节点线位移及其确定

节点线位移是指自由节点的线位移。对于一些简单结构,可直接判断线位移发生的位置;对于复杂结构可采用节点铰化体系进行构造分析的方法判定。

所谓节点铰化体系,就是将结构中所有的刚节点都设想为铰节点,这样原结构就变为完全由铰连接的体系,我们称它为节点铰化体系。 它实际上是将原结构节点由抗弯性能杆件形成的弹性链杆约束解除后的体系。因为一点在平面内具有两个线运动自由度。所以刚架的每个节点如果不受约束,则可有两个线位移。

为了简化计算,通常假定结构的变形是微小的,且杆件的轴向变形很小可以忽略,因此对杆件长度所发生的影响可以忽略不计。也就是说,受弯直杆受力发生变形时,其两端节点之间的距离保持不变。这样,每根受弯直杆提供了相当于一根刚性链杆的约束条件。这样,"节点铰化"体系就由于每个节点的弹性链杆方向缺少约束而变成几何可变体系。欲使此几何可变体系变成几何不变的静定结构,按几何不变体系组成规则,应加上与弹性链杆数目相同的刚性链杆。

计算刚架节点的线位移个数时,可以先把所有的受弯直杆全变为刚性链杆,即把所有的刚节点和固定支座全改为铰节点和铰支座,从而使刚架变成铰接体系。然后再分析该铰接体系的几何组成,凡是可动的节点,用增设附加支杆的方法使其不动,从而使整个铰接体系变成几何不变体系。最后计算出所需增设的附加支杆总数,得到刚架节点的独立线位移数。必须指出的是,上述计算节点线位移的方法都是以不计杆件的轴向变形(或假定杆件的轴向刚度 EA 为无限刚性)作为前提的。因为当需要考虑杆件轴向变形的影响时,"杆件两端节点之间距离保持不变"的假设就被否定了。因而也就不能再把受弯直杆当作刚性链杆约束来计算刚架节点的线位移了。此时,除支座外,刚架的每个节点有两个线位移。应当在排除该弹性杆件后再计算节点的独立线位移。

图 6.9(b)所示刚架,其"节点铰化体系"如图 6.10(a)所示。经几何组成分析知,它是几何不变体系,说明原结构没有节点线位移。再如图 6.10(b)所示刚架,其"节点铰化体系"在 A (或 E),B,C(或 F),D 加四根刚性链杆,见图 6.10(c),可使该"节点铰化"体系成为几何不变的静定结构,说明原结构具有四个独立的节点线位移。

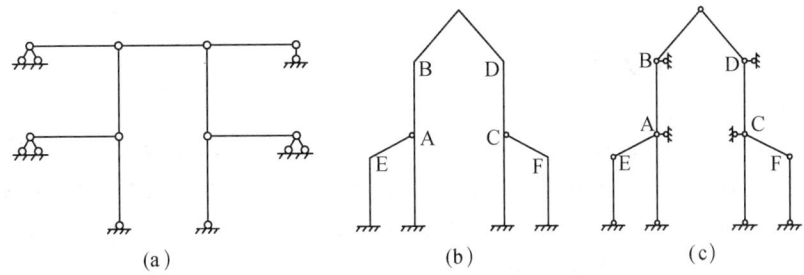

图 6.10 刚架的节点铰化体系

在确定节点位移时,还应注意到杆件刚度对节点位移的影响。如图 6.11 所示刚架,由于 BDF 为刚性杆,故节点 F,D 无线位移和角位移;另外刚性杆 CD 限制了 C 节点转动。所以仅节点 E 有节点线位移。

总之,节点线位移指在原结构的全部固定端和刚节点上加铰后,使该铰结图形保持几何不变所需增添的最少链杆方向的位移。

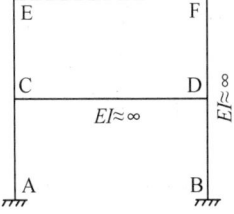

图 6.11 含有刚性杆的刚架

6.3.3 位移法的基本体系

位移法的基本体系是位移法规格化解算超静定结构的基本图式。根据位移法的基本概念,在原超静定结构上可能发生节点独立位移处,加上相应的附加约束,将结构上所有杆件隔离为两端固定、一端固定一端铰支和一端固定一端定向滑动支承等不同支承的单跨超静定梁。这样,实际上将原结构变成为单跨超静定梁的组合体。这个组合体就叫作位移法的基本体系。

具体做法是:将原结构有独立节点角位移的节点用"▼"符号表示的附加刚臂固定,限制其转动,但不限制其移动,将有独立节点线位移的节点用附加链杆固定,限制其移动,但不限制其转动。

如图 6.12(b)所示基本体系,其 B 点既有角位移又有线位移,因此用附加刚臂"▼"限制其转动,用附加链杆限制其竖向移动。图 6.12(c)所示刚架,自由刚节点 B,C 处有节点角位移,A,B,C 三点共有一个线位移,因此其基本体系如图 6.12(d)所示。图 6.12(e)所示连拱结构,如不考虑桥墩的轴向变形,则墩顶无竖向线位移;另外拱为曲杆,沿起拱线方向(水平方向)变形明显,所以 B,C 两节点既有水平线位移,又有角位移,故其基本体系如图 6.12(f)所示。在确定结构基本未知量的同时,设置附加刚臂阻止节点转动,设置附加链杆阻止节点发生线位移,所得到的单跨超静定梁组合体即位移法的基本体系。

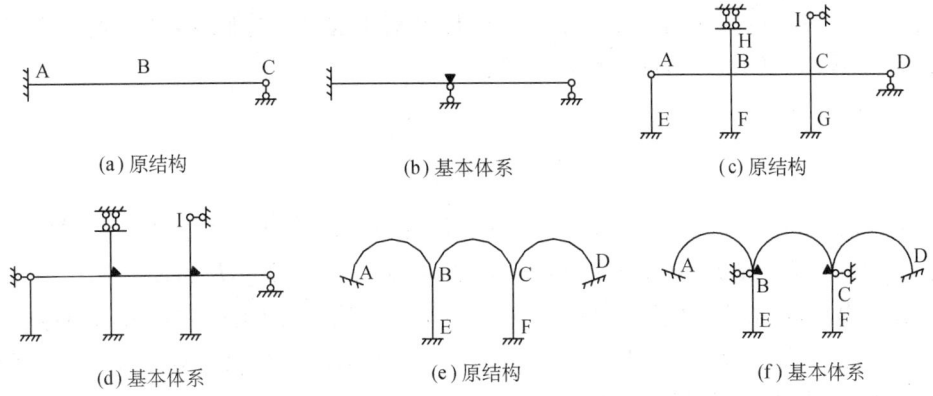

图 6.12 位移法的基本体系

6.4 位移法的典型方程

以图 6.13(a)所示刚架为例,说明如何建立用以求解基本未知数的位移法典型方程。从结构和作用载荷不难看出刚架变形后(如虚线所示),有一个独立的节点角位移 Δ_1,发生在 1 节点上;1、2 节点共有一个独立的节点线位移 Δ_2,发生在 1、2 节点的连线上。若在 1 节点加以附加刚臂,在线位移方向加以附加链杆,便得图 6.13(b)所示基本体系。要用基本体系代替原结构作为计算图式,则它和原结构在受力和位移方面应完全相同。但图 6.13(a)和图 6.13(b)所示的原结构和基本体系在这两方面有明显区别:

(1) 原结构在 1 节点有独立角位移 Δ_1,在 1、2 沿其连线方向共有一个线位移 Δ_2;而基本体系由于附加约束的限制,没有这些位移。

(2) 由于在基本体系上有附加约束限制节点位移和力的传递,因此在附加约束上就要产生约束反力 R_1 和 R_2,而原结构上没有附加约束,自然也就没有约束反力。为了消除原结构和基本体系的这些区别,可将基本体系上 1 节点的附加刚臂连同节点一起转动和原结构同样大小的转角 Δ_1;将基本体系的 1、2 节点沿其连线方向移动一个和原结构同样大小的线位移 Δ_2,见图 6.13(c)。这样,图 6.13(c)所示的图式和原结构在上述两方面完全相同了,基本体系上的附加约束就不起约束作用了,因而附加约束上的约束反力也就不存在了,即 $R_1=0,R_2=0$。

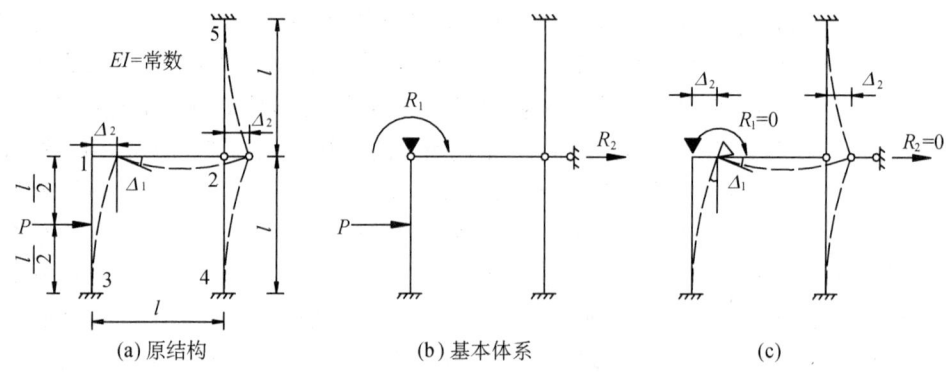

图 6.13 位移法原理示意

根据叠加原理,由 Δ_1,Δ_2 和外荷载 P 共同影响下在附加刚臂和附加链杆上引起的约束反力 R_1 和 R_2,如图 6.14(a)所示,等于 Δ_1,Δ_2 和 P 分别在这两个附加约束上引起反力与反力矩的代数和,如图 6.14(b),(c),(d)所示。于是有:

$$\left.\begin{array}{l}R_1=R_{11}+R_{12}+R_{1P}=0\\R_2=R_{21}+R_{22}+R_{2P}=0\end{array}\right\} \quad (6.24)$$

由图 6.14(b)和(c)可知,$R_{11},R_{12},R_{21},R_{22}$ 是 Δ_1 和 Δ_2 单独发生时,在两个附加约束上引起的反力或反力矩。因此,基本未知数 Δ_1 和 Δ_2 隐藏于 $R_{11},R_{12},R_{21},R_{22}$ 之中,为使 Δ_1 和 Δ_2 从中分离出来,我们引入刚度系数 $k_{11},k_{12},k_{21},k_{22}$。这样,约束反力就可以通过刚度系数用基本未知数 Δ_1 和 Δ_2 表示为:$R_{11}=k_{11}\Delta_1,R_{12}=k_{12}\Delta_2,R_{21}=k_{21}\Delta_1,R_{22}=k_{22}\Delta_2$。若将上述约束反力表达式代入式(6.24),则得:

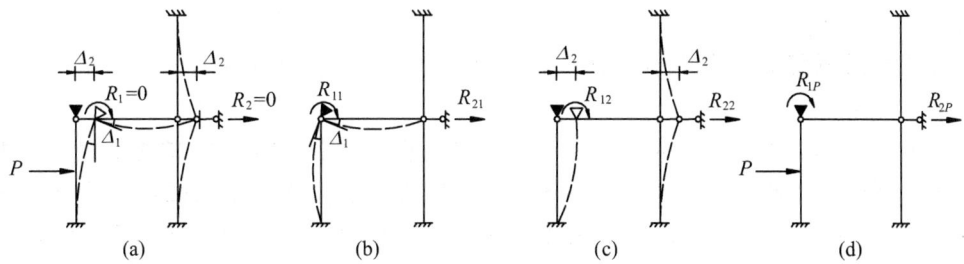

图 6.14 位移法中的反力和反力矩

$$k_{11}\Delta_1 + k_{12}\Delta_2 + R_{1P} = 0 \\ k_{21}\Delta_1 + k_{22}\Delta_2 + R_{2P} = 0 \Bigg\} \tag{6.25}$$

这就是图 6.13(a)所示结构的位移法方程。

若结构有 n 个基本未知数时，用同样的方法可得：

$$\left.\begin{array}{l} k_{11}\Delta_1 + k_{12}\Delta_2 + \cdots + k_{1i}\Delta_i + \cdots + k_{1n}\Delta_n + R_{1P} = 0 \\ k_{21}\Delta_1 + k_{22}\Delta_2 + \cdots + k_{2i}\Delta_i + \cdots + k_{2n}\Delta_n + R_{2P} = 0 \\ \vdots \\ k_{i1}\Delta_1 + k_{i2}\Delta_2 + \cdots + k_{ii}\Delta_i + \cdots + k_{in}\Delta_n + R_{iP} = 0 \\ \vdots \\ k_{n1}\Delta_1 + k_{n2}\Delta_2 + \cdots + k_{ni}\Delta_i + \cdots + k_{nn}\Delta_n + R_{nP} = 0 \end{array}\right\} \tag{6.26}$$

式(6.26)就是位移法方程的一般形式，称作**位移法典型方程**。式(6.26)**反映了原结构的静力平衡条件，每一个方程式都表示在相应的约束中，约束反力应为零。**

如果将式(6.26)用矩阵形式表示时，则为：

$$\begin{bmatrix} k_{11} & k_{12} & \cdots & k_{1i} & \cdots & k_{1n} \\ k_{21} & k_{22} & \cdots & k_{2i} & \cdots & k_{2n} \\ \vdots & \vdots & & \vdots & & \vdots \\ k_{i1} & k_{i2} & \cdots & k_{ii} & \cdots & k_{in} \\ \vdots & \vdots & & \vdots & & \vdots \\ k_{n1} & k_{n2} & \cdots & k_{ni} & \cdots & k_{nn} \end{bmatrix} \begin{bmatrix} \Delta_1 \\ \Delta_2 \\ \vdots \\ \Delta_i \\ \vdots \\ \Delta_n \end{bmatrix} + \begin{bmatrix} R_{1P} \\ R_{2P} \\ \vdots \\ R_{iP} \\ \vdots \\ R_{nP} \end{bmatrix} = \begin{bmatrix} 0 \\ 0 \\ \vdots \\ 0 \\ \vdots \\ 0 \end{bmatrix} \tag{6.27}$$

式(6.27)叫作结构的刚度方程，可将其缩写为：

$$[K]\{\Delta\} + \{R_P\} = \{0\} \tag{6.28}$$

其中：

$$[K] = \begin{bmatrix} k_{11} & k_{12} & \cdots & k_{1i} & \cdots & k_{1n} \\ k_{21} & k_{22} & \cdots & k_{2i} & \cdots & k_{2n} \\ \vdots & \vdots & & \vdots & & \vdots \\ k_{i1} & k_{i2} & \cdots & k_{ii} & \cdots & k_{in} \\ \vdots & \vdots & & \vdots & & \vdots \\ k_{n1} & k_{n2} & \cdots & k_{ni} & \cdots & k_{nn} \end{bmatrix} \tag{6.29}$$

称为结构的刚度矩阵。

以上利用位移法基本体系,建立了具有普遍意义的位移法典型方程。现在来讨论其各项的物理意义,以加深对位移法典型方程的理解。

由位移法典型方程的推导过程可知:**基本体系上有多少个附加约束,其典型方程就是由多少个方程组成的方程组**。对于其中某一个方程来说,就是在所有基本未知量和载荷等外因共同影响下,该附加约束上所引起反力(或反力矩)为零的条件。因此,由基本体系上所有附加约束上反力(或反力矩)为零条件组成的典型方程,反映了整个结构的每个自由刚节点上有关杆端弯矩和每个侧移方向上有关杆端剪力的平衡关系。

在位移法典型方程中,基本未知量 Δ_i 前面的系数为附加约束处的反力系数,即为刚度系数。在主对角线(从左上角到右下角的斜线)上的系数叫**主系数**,一般表示为 k_{ii};在主对角线两侧所有的系数叫**副系数**,一般表示为 $k_{ij}(i \neq j)$。

主系数 k_{ii} 为第 i 个附加约束发生单位位移 $\overline{\Delta}_i = 1$ 时,在第 i 个附加约束上引起的反力(或反力矩)。如果单位位移 $\overline{\Delta}_i = 1$ 是线位移,则 k_{ii} 为反力,通过包含该附加约束的隔离体平衡条件求解;如果 $\overline{\Delta}_i = 1$ 是角位移,则 k_{ii} 为反力矩,通过基本体系的该节点平衡条件求解。

副系数 k_{ij} 为第 j 个附加约束发生单位位移 $\overline{\Delta}_j = 1$ 时,在第 i 个附加约束上引起的反力(或反力矩)。同样,如果第 i 个附加约束是附加刚臂,则 k_{ij} 是反力矩;如果是附加链杆,则 k_{ij} 是反力。同样,反力矩通过节点平衡求解,反力通过隔离体的平衡求解。由反力互等定理知,在主斜线两侧对称位置上的副系数 k_{ij} 等于 k_{ji},由此可减少副系数计算工作量的一半。

系数的正负号是根据系数的方向是否与相应位移 Δ_i 的方向一致来定,一致者为正,相反者为负。因为主系数 k_{ii} 的方向和该处位移 Δ_i 的方向一致,故 k_{ii} 恒为正值。由于第 j 个附加约束发生单位位移 $\overline{\Delta}_j = 1$ 时,在第 i 个附加约束上引起的反力(或反力矩)k_{ij} 和位移 Δ_i 的方向不一定一致,有时在第 i 个附加约束上还不会引起反力。所以 k_{ij} 可以是正值也可以是负值,还可以是零。

如果位移法典型方程用矩阵形式表示时,则由主系数和副系数可组成结构刚度矩阵 $[K]$,它是刚度系数的集合,它与基本未知量的集合 $\{\Delta\}$ 相乘,可得所有基本位移未知量在附加约束上产生反力的集合。

在位移法典型方程中不含未知量的项为自由项。它是由于载荷 P(或其他外因)作用,在第 i 个附加约束上引起的反力(或反力矩),一般表示为 R_{iP}。它和副系数相似,可以是正值,也可以是负值,还可以是零。

6.5 位移法的计算步骤与示例

用位移法典型方程解算超静定梁和超静定平面刚架等结构比较方便。在具体解算时,按照固定的解算步骤做,条理清楚,初学者易于掌握。具体解题步骤如下。

(1)确定基本未知量。

用 6.3 节介绍的方法,对原结构进行位移分析,确定独立的节点角位移和节点线位移。

(2)建立位移法基本体系。

在有节点角位移处加附加刚臂,并标上未知角位移,在有节点线位移处加附加链杆,并标上未知线位移。这样,就将原结构变成了单跨超静定梁的组合体系——位移法基本体系。

(3) 列位移法方程。

原结构有多少个独立节点位移,则基本体系上就有多少个附加约束,根据式(6.26),就可列出多少元线性方程组的位移法方程。

(4) 计算方程中的系数和自由项。

① 利用表 6.1 和表 6.2 提供的杆端力数据,绘制单位载荷作用下的弯矩图和外因(载荷、温度变化、支座位移等)作用下的弯矩图;

② 利用单位弯矩图和外因作用下的弯矩图的节点平衡与隔离体的平衡条件,计算方程中的系数和自由项。

(5) 解算位移法方程,求出基本位移未知量。

(6) 绘制最后弯矩图。

根据叠加原理,杆端弯矩按式(6.30)计算:

$$M = M_1\Delta_1 + \cdots + M_i\Delta_i + \cdots + M_n\Delta_n + M_P \tag{6.30}$$

根据杆端弯矩绘制结构的最后弯矩图;再根据最后弯矩图绘制剪力图;最后由剪力图绘制轴力图。

例 6.1 试用位移法解算图 6.15(a)所示刚架,并绘制其弯矩图。

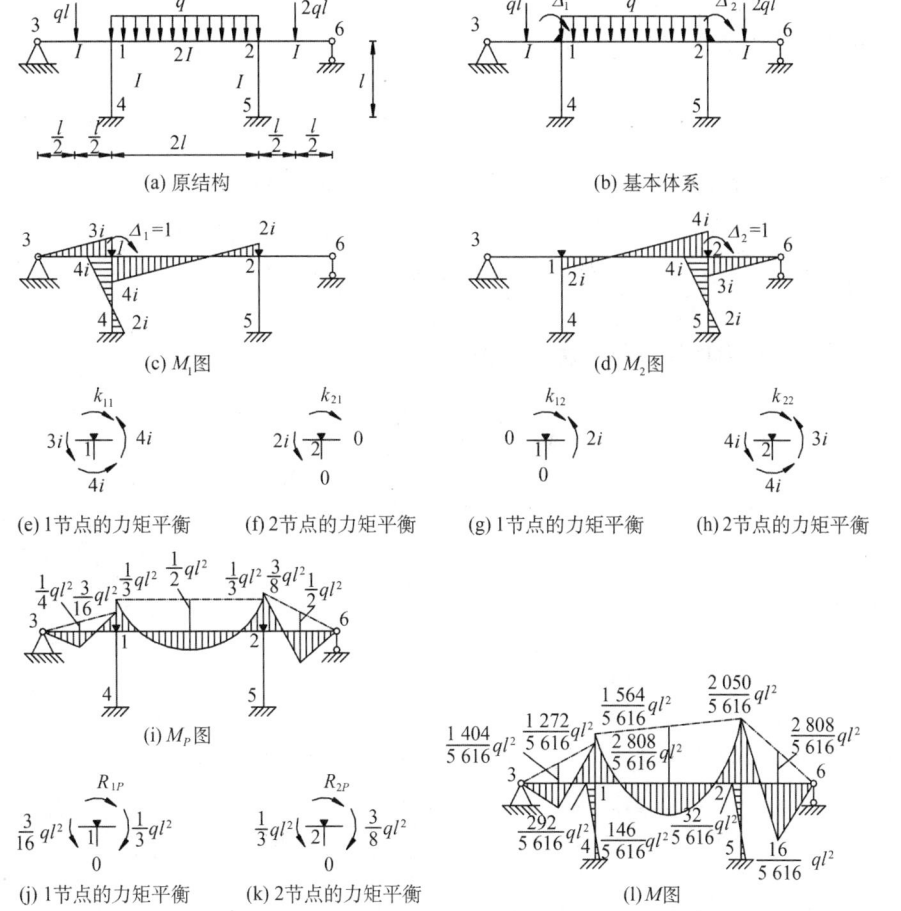

图 6.15 例 6.1 图

解:

(1) 此结构在 1 和 2 节点上有独立的节点角位移而无节点线位移,属无侧移结构。

(2) 位移法基本体系如图 6.15(b)所示。

(3) 依据图 6.15(b)所示基本体系,其位移法方程为:

$$\left.\begin{array}{l} k_{11}\Delta_1 + k_{12}\Delta_2 + R_{1P} = 0 \\ k_{21}\Delta_1 + k_{22}\Delta_2 + R_{2P} = 0 \end{array}\right\}$$

(4) 计算方程中的系数和自由项。

① 根据表 6.1 和表 6.2 提供的数据,绘制 M_1,M_2,M_P 图,见图 6.15(c),(d),(i)。

② 根据节点的平衡条件,系数和自由项求得如下:由图 6.15(e) 1 节点的平衡条件 $\sum M_1 = 0$:

$$k_{11} = 4i + 4i + 3i = 11i$$

由图 6.15(f)或图 6.15(g)的平衡条件 $\sum M_2 = 0$ 得:

$$k_{12} = k_{21} = 2i + 0 + 0 = 2i$$

由图 6.15(h)的平衡条件 $\sum M_2 = 0$ 得:

$$k_{22} = 4i + 4i + 3i = 11i$$

由图 6.15(j)和图 6.15(k)的平衡条件 $\sum M_1 = 0$ 和 $\sum M_2 = 0$ 得:

$$R_{1P} = \frac{3}{16}ql^2 - \frac{1}{3}ql^2 = -\frac{7}{48}ql^2,\ R_{2P} = \frac{1}{3}ql^2 - \frac{3}{8}ql^2 = -\frac{2}{48}ql^2$$

(5) 将系数和自由项代入位移法方程得:

$$\left.\begin{array}{l} 11i\Delta_1 + 2i\Delta_2 - \dfrac{7}{48}ql^2 = 0 \\ 2i\Delta_1 + 11i\Delta_2 - \dfrac{2}{48}ql^2 = 0 \end{array}\right\}$$

解此方程得:

$$\Delta_1 = \frac{73}{5\,616i}ql^2,\ \Delta_2 = \frac{8}{5\,616i}ql^2$$

(6) 根据式(6.14)计算每一杆端弯矩。例如,1-2 杆 1 端的杆端弯矩为:

$$M_{12} = 4i \times \frac{73}{5\,616i}ql^2 + 2i \times \frac{8}{5\,616i}ql^2 - \frac{1}{3}ql^2 = -\frac{1\,564}{5\,616}ql^2$$

这样,可将所有杆端弯矩算出,再由杆端弯矩绘制最后弯矩图,见图 6.15(l)。

例 6.2 试用位移法解算图 6.16(a)所示刚架,并绘制其弯矩图。已知所有杆件 EI 为常数。

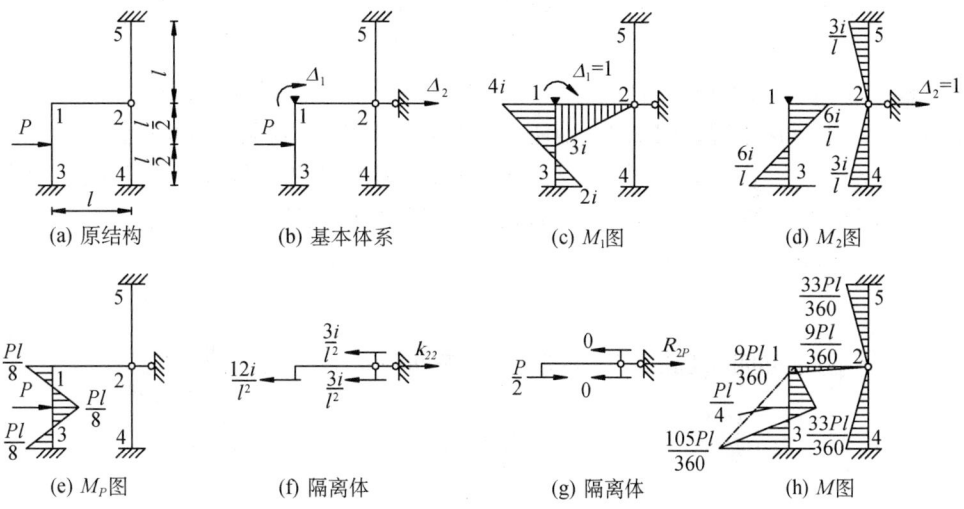

图 6.16 例 6.2 图

解:

(1) 由原结构知,在节点 1 处有节点角位移 Δ_1,节点 1、2 共有节点线位移 Δ_2,属于有侧移结构。

(2) 位移法基本体系如图 6.16(b)所示。

(3) 由图 6.16(b)所示基本体系,其位移法方程为:

$$\left.\begin{array}{l} k_{11}\Delta_1 + k_{12}\Delta_2 + R_{1P} = 0 \\ k_{21}\Delta_1 + k_{22}\Delta_2 + R_{2P} = 0 \end{array}\right\}$$

(4) 计算方程中的系数和自由项。

① 绘制 M_1,M_2,M_P 图,见图 6.16(c),(d),(e)。

② 根据节点的平衡条件,系数和自由项求得如下:

由图 6.16(c),(d),(e)1 节点的平衡条件 $\sum M_1 = 0$ 得:

$$k_{11} = 7i, \quad k_{12} = k_{21} = -\frac{6i}{l}, \quad R_{1P} = \frac{Pl}{8}$$

根据图 6.16(f)和图 6.16(g)所示隔离体的平衡条件:

$$k_{22} = \frac{18i}{l^2}, \quad R_{2P} = -\frac{P}{2}$$

(5) 将系数和自由项代入位移法方程得:

$$\left.\begin{array}{l} 7i\Delta_1 - \dfrac{6i}{l}\Delta_2 + \dfrac{Pl}{8} = 0 \\ -\dfrac{6i}{l}\Delta_1 + \dfrac{18i}{l^2}\Delta_2 - \dfrac{P}{2} = 0 \end{array}\right\}$$

解此方程得:
$$\Delta_1 = \frac{3Pl}{360i}, \quad \Delta_2 = \frac{11Pl^2}{360i}$$

(6) 根据式(6.30)计算每一杆端弯矩,从而绘制最后弯矩图,见图 6.16(h)。

例 6.3 试用位移法解算图 6.17(a)所示单跨阶梯形梁,并绘制其弯矩图。

解:(1) 原结构为阶梯形梁,属于变截面杆,不能直接应用转角位移方程。因此,必须将原梁作为刚度不同的两根杆件对待,节点 2 就是此二杆衔接的构造节点。这样,原结构仅在节点 2 处有一个角位移和一个线位移。

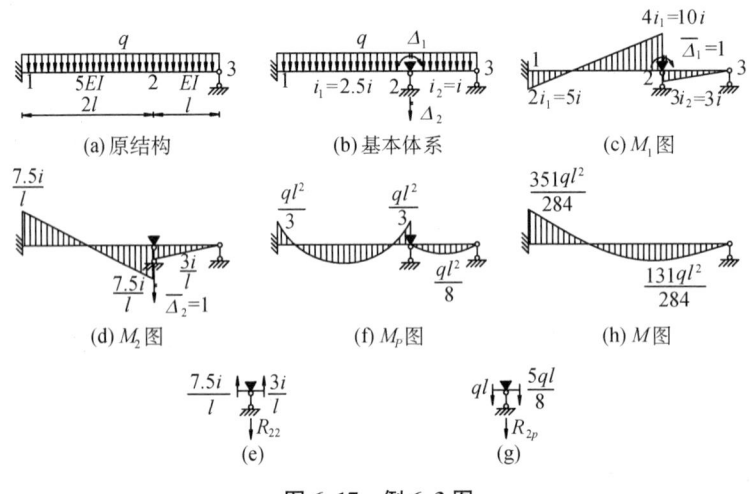

图 6.17 例 6.3 图

(2) 原结构的基本体系如图 6.17(b)所示,并由基本体系可得到相应位移法基本方程。

(3) 计算系数和自由项:由节点 2 和图 6.17(e)和图 6.17(g)的平衡条件得:

$$k_{11} = 13i, \quad k_{12} = k_{21} = -\frac{4.5i}{l}, \quad R_{1P} = \frac{5}{24}ql^2$$

$$k_{22} = \frac{10.5i}{l^2}, \quad R_{2P} = -\frac{13}{8}ql$$

(4) 将系数和自由项代入位移法方程得:

$$\left. \begin{array}{l} 13i\Delta_1 - \dfrac{4.5i}{l}\Delta_2 + \dfrac{5ql^2}{24} = 0 \\ -\dfrac{4.5i}{l}\Delta_1 + \dfrac{10.5i}{l^2}\Delta_2 - \dfrac{13ql}{8} = 0 \end{array} \right\}$$

解此方程得:

$$\Delta_1 = \frac{82ql^2}{1\,860i}, \quad \Delta_2 = \frac{323ql^3}{1\,860i}$$

(5) 根据式(6.14)计算每一杆端弯矩,从而绘制最后弯矩图,见图 6.17(h)。

例 6.4 试用位移法解算图 6.18(a)所示结构,并绘制其弯矩图。所有杆件 EI = 常数。

(1) 由原结构知,在节点 D 处有节点线位移 Δ_1,属于有侧移结构。

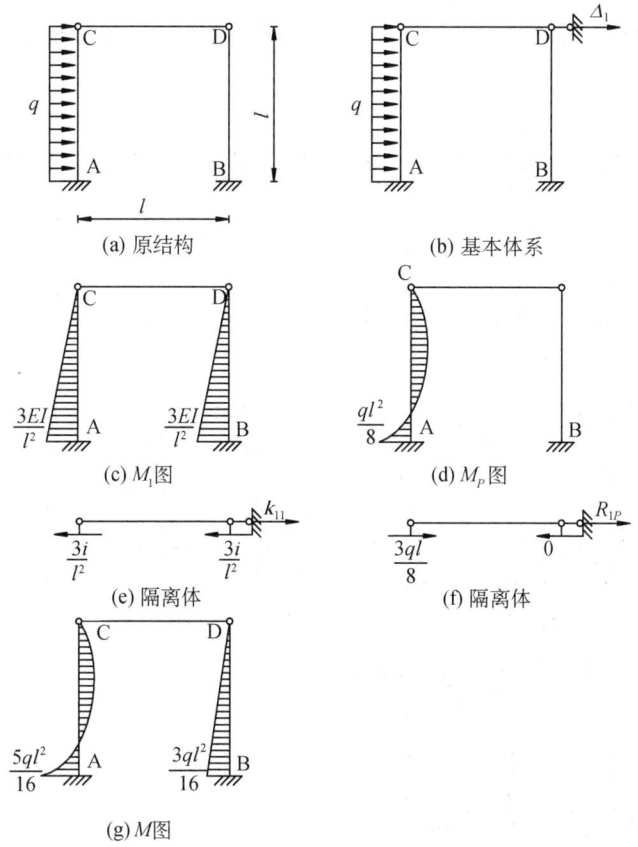

图 6.18 例 6.4 图

（2）位移法基本体系如图 6.18(b)所示。

（3）由图 6.18(b)所示基本体系，其位移法方程为：

$$k_{11}\Delta_1 + R_{1P} = 0$$

（4）计算方程中的系数和自由项。

① 绘制 M_1，M_P 图，见图 6.18(c),(d)。
② 根据节点的平衡条件，系数和自由项求得如下。
由图 6.18(e),(f)隔离体的平衡条件得：

$$k_{11} = \frac{6EI}{l^3}, \quad R_{1P} = -\frac{3ql}{8}$$

（5）将系数和自由项代入位移法方程得：

$$\frac{6EI}{l^3}\Delta_1 - \frac{3ql}{8} = 0$$

解此方程得：

$$\Delta_1 = \frac{ql^4}{16EI}$$

(6) 根据式(6.30)计算每一杆端弯矩。从而绘制最后弯矩图,见图 6.18(g)。

例 6.5 试用位移法计算图 6.19(a)所示横梁刚度无穷大的刚架,并绘弯矩图。$E=$ 常数。

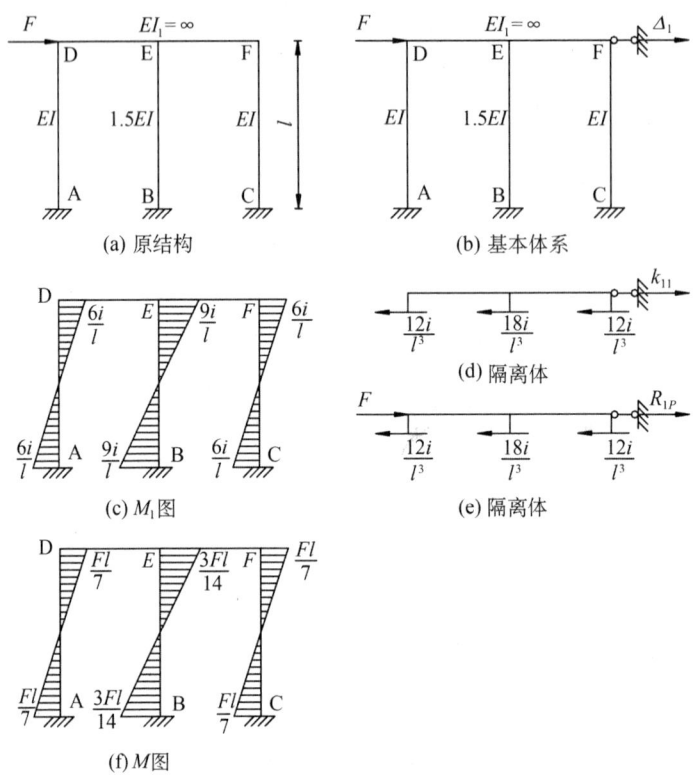

图 6.19 例 6.5 图

(1) 由原结构知,横梁弯曲刚度无穷大,节点处不产生转动,只在节点 F 处有节点线位移 Δ_1,属于有侧移结构。

(2) 位移法基本体系如图 6.19(b)所示。

(3) 由图 6.19(b)所示基本体系,其位移法方程为:

$$k_{11}\Delta_1 + R_{1P} = 0$$

(4) 计算方程中的系数和自由项。

① 绘制 M_1 图,见图 6.19(c)。荷载作用在横梁上不引起立柱 M_P 弯矩。

② 根据节点的平衡条件,系数和自由项求得如下:

由图 6.19(d),(e)隔离体的平衡条件得:

$$k_{11}=\frac{42i}{l^2},\ R_{1P}=-F$$

(5) 将系数和自由项代入位移法方程得:

$$\frac{42i}{l^2}\Delta_1 - F = 0$$

解此方程得：

$$\Delta_1 = \frac{Fl^2}{42i}$$

(6) 根据式(6.30)计算每一杆端弯矩，从而绘制最后弯矩图，见图 6.19(f)。

6.6 本章小结

位移法是计算超静定结构的另一种基本方法（虽然它也可用于计算静定结构），它在解算高次超静定刚架和连续梁方面优于力法。同时它又是适用于计算机计算的矩阵位移法的基础。应认真掌握位移法的原理和计算过程。

位移法的基本未知量是结构的节点位移，即自由刚节点的角位移和独立的节点线位移。在学习位移法时，要紧紧抓住杆件分析和结构整体分析这两个主要环节。在进行杆件分析时，杆端位移与杆端力、外因与杆端力的关系极为重要，必须熟练掌握；在进行整体分析时，利用平衡条件，建立以节点位移为基本未知数的位移法方程是分析的主要目的。

等截面直杆的形常数、载常数和转角位移方程是重要概念，对它们的物理意义应理解清楚。这可以帮助我们了解在位移法中为什么可以取这些节点位移作为基本未知量，而不是取别的节点位移（如铰节点的角位移）作为基本未知量。还要注意关于位移和杆端力的正负号规定。

在位移法中，用以解算基本未知量的是平衡方程。对每一个刚节点，可以写一个节点力矩平衡方程。对每一个独立的节点线位移，可以写一个力平衡方程。平衡方程的数目与基本未知量的数目正好相等。其基本思路是先建立位移法基本体系，再使用基本体系在位移和受力方面与原结构完全一致的条件，即基本体系发生与原结构完全相同的位移时，附加约束上反力为零的条件，最后通过单位位移法，建立位移法方程。**由于位移法以结构独立的节点位移作为基本未知量，其数目与结构的超静定次数无关。**

利用位移法求解时应当注意以下问题：

(1) 平衡方程的总数与基本未知量的个数相等，即有一个刚节点或刚臂则可列一个力矩平衡方程，有一个侧位移则可列一个截面力平衡方程或剪力平衡方程。

(2) 关于确定节点线位移的两个假定只适用于受弯直杆，不能用于受弯曲杆及桁架和组合结构中需要考虑轴向变形的轴力杆。

(3) 确定弹性支承结构的基本未知量时，应考虑弹性支承的位移。

(4) 具有无限刚性横梁的结构，横梁与柱子刚结的节点角位移为零。

(5) 支座位移时的计算，主要是弄清这些"特殊"载荷在被约束的杆件（或基本结构）中产生的影响。原理和方法均与一般载荷作用时相同。

思考题

6.1 位移法解算超静定结构的基本思想是什么？
6.2 位移法与力法二者在基本体系选取上有何不同特点？
6.3 建立位移法方程的原理是什么？能否用位移法计算静定结构？

6.4 转角位移方程的物理意义是什么？有何应用？

6.5 试从两端刚接杆的杆端弯矩公式推求一端刚接、另一端铰接杆的杆端弯矩公式。

6.6 什么支座处的角位移可不选作基本未知量？试比较当支座处角位移选作与不选作基本未知量时两种计算法的优缺点。

6.7 在什么条件下独立的节点线位移数才等于使铰接体系成为几何不变所需添加最少链杆数？

6.8 在力法和位移法中,各以什么方式满足平衡条件和变形连续条件？

习 题

6.1 试用位移法计算图示连续梁,并绘出其弯矩图和剪力图。

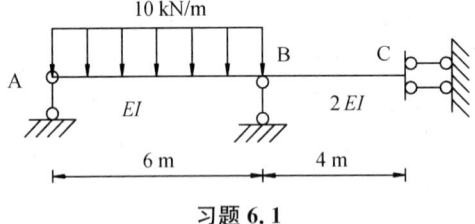

习题 6.1

6.2 试用位移法计算图示刚架,并绘出其弯矩图。

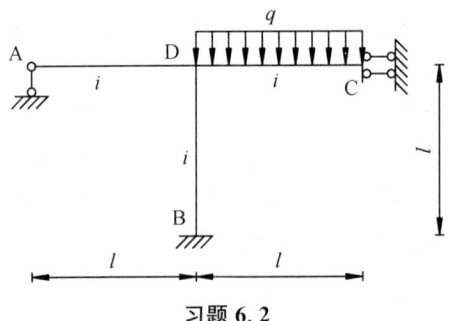

习题 6.2

6.3 试用位移法计算图示刚架,并绘出其弯矩图。

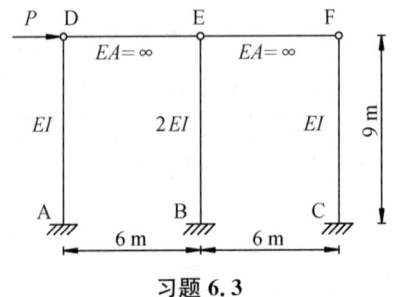

习题 6.3

6.4 对于图示的静定刚架,可否用位移法求得其弯矩?

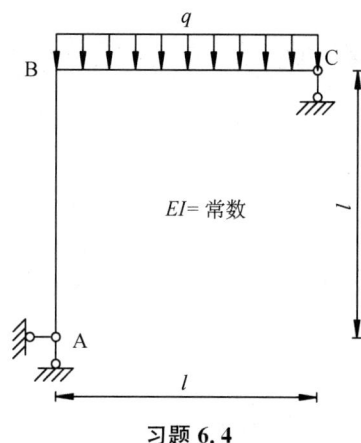

习题 6.4

第 7 章　有限元法的弹性力学基础

有限元作为机械结构分析的重要工具,具有举足轻重的地位。本章主要从两个方面进行论述:第一部分是弹性力学平面问题的基本理论,主要介绍基本方程的形成,其是有限单元法原理的基础;第二部分通过对有限元中常用的杆单元和梁单元进行力学分析,介绍了杆单元和梁单元在有限元分析中的基本力学方程。

7.1　弹性力学平面问题基本理论

弹性力学是研究任意形状弹性体在载荷及其他外部因素(如温度变化、支座沉降等)作用下产生的应力、应变和位移。由于应力、应变和位移都是位置的函数,也就是说各个点的应力、应变和位移一般是不相同的,因此在弹性力学里假想物体是由无限多个微小六面体(称为微元体)所组成的。在考虑任一微元体的平衡,写出一组平衡微分方程及边界条件时,未知应力数目总是超过微分方程的个数,所以弹性力学问题都是超静定问题,必须同时考虑微元体的变形条件(称为几何方程)及应力与应变的关系(称为物理方程)。**平衡微分方程、几何方程和物理方程,称为弹性力学的基本方程**。综合考虑这三方面的方程,就有足够数目的微分方程来求解未知的应力、应变和位移,而微分方程求解中出现的常数,则根据边界条件来确定。

从微元体入手,综合考虑静力、几何、物理三方面条件,得出其基本微分方程,再进行求解,最后利用边界条件确定解中的常数,这就是求解弹性力学问题的基本方法。

7.1.1　基本假设和基本物理量

弹性力学中采用如下基本假设:

(1) 假设物体是连续的。认为在整个物体内部,都被组成该物体的介质所充满,而没有任何空隙。这样物体中的应力、应变、位移等物理量才能是连续的,才能用坐标的连续函数来表示它们的变化规律。

(2) 假设物体是匀质的。认为整个物体在各点都具有相同的物理性质。这样物体的各部分才具有相同的弹性,物体的弹性才不随位置坐标改变而改变。

(3) 认为物体是各向同性的。认为物体在所有各个方向都具有相同的物理性质。这样物体的弹性常数才不随方向而变。反之,称为各向异性,如木材。

(4) 假设物体是完全弹性的。认为在物体产生变形的外力及其他因素(如温度变化等)去除之后,能完全恢复原形而没有任何残余变形。材料服从胡克定律,即应变与引起该应变的应力成正比,弹性常数为常量。

(5) 假设物体的位移和应变是微小的。假设物体在外力和其他因素作用下,所有各点的位移都远远小于物体原来的尺寸。这样,在研究物体受力变形后的平衡状态时,可以不考虑物体尺寸的变化,而仍用变形前的尺寸;并且在研究物体变形时,对于变形的二次幂及其乘积都可略去不计。这样就使得弹性力学中的基本微分方程简化为线性的,而且可以应用叠加原理。

满足前四个假定的物体,称为理想弹性体。如全部满足这些假定,则称为理想弹性体的线性问题。

在弹性力学里涉及四类基本物理量:外力、应力、应变和位移。

1. 外力

作用在物体上的外力可分为体积力和表面力两大类。

(1) 体积力(体力)——分布在物体体积内的力,如自重、惯性力、磁性力等,与物体质量有关。体力常用物体在单位体积上的体力表示。它在 x,y,z 坐标轴上的投影记作 X,Y,Z。用矢量表示为 $\{P_V\}=\{X \quad Y \quad Z\}^T$。对平面问题为 $\{P_V\}=\{X \quad Y\}^T$。符号规定为沿坐标轴的正向为正,反之为负。量纲为 [力][长度]$^{-3}$,国际单位为 N/m^3。

(2) 表面力(面力)——作用在物体表面上的力,如风载荷、水压力、接触力、约束反力等。常用其在单位面积上的面力表示。它在 x,y,z 坐标轴上的投影分别记作 $\overline{X}、\overline{Y}、\overline{Z}$。用矢量表示为 $\{P_A\}=\{\overline{X} \quad \overline{Y} \quad \overline{Z}\}^T$,对平面问题为 $\{P_A\}=\{\overline{X} \quad \overline{Y}\}^T$。量纲为 [力][长度]$^{-2}$,国际单位为 N/m^2。

2. 应力

一弹性体在外力作用下处于平衡状态。为了研究任意点 $K(x,y,z)$ 的应力情况,用平行于坐标面的平面在 K 点附近,取出一无限小的微元体(这样可认为微元体每个面的应力均匀分布)。弹性体其余部分对微元体各面有应力作用。把应力沿坐标轴方向进行分解,对每个面来讲,分解为一个正应力和两个剪应力(图 7.1)。

(1) 正应力 σ。用一个角标表示作用面及作用方向。

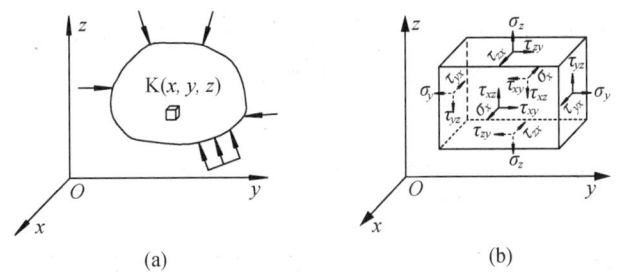

图 7.1 微元体及其应力

例如,σ_x 表示作用在垂直于 x 轴的平面上,应力方向与 x 轴平行。

(2) 剪应力 τ。带有两个角标,第一个角标表示作用面,指的是剪应力作用的平面垂直于哪一个坐标轴;第二个角标表示作用方向,指的是剪应力沿哪一个坐标轴。

例如,τ_{xy} 表示作用在垂直于 x 轴的平面上,剪应力方向与 y 轴平行。

这样在微元体上共有三个正应力,六个剪应力。

(3) 正面、负面与应力正负号规定。

如果某个截面的外法线与坐标轴正方向一致,则称该面为正面。图 7.1(b) 中的右、前、上各面均为正面。在正面上的应力,包括正应力和剪应力,以与坐标轴的正向一致为正,反之为负。

如果某个截面的外法线与坐标轴的负向一致,则称该面为负面。图 7.1(b) 中的左、后、下各面均为负面。在负面上的应力,以与坐标轴的负方向一致时为正,反之为负。

图 7.1(b)所示的所有应力全都是正的。

这样的正负号规定,对于正应力与材料力学中的规定相同,而对于剪应力则同材料力学的规定相反,这是因为在弹性力学中这样的符号规定将与剪应变符号一致,同时在公式中可以不涉及符号。而材料力学由于要应用莫尔圆的关系,一定要用其规定的符号。

(4) 六个剪应力之间有一定的关系,就是材料力学中的剪应力互等性:作用在两个互相垂直的面上,并且垂直于该两个面交线上的剪应力是互等的,即<u>大小相等,正负号相同</u>。

$$\tau_{xy}=\tau_{yx},\ \tau_{xz}=\tau_{zx},\ \tau_{yz}=\tau_{zy}$$

这样,在 K 点的应力可以用六个分量来表示:

$$\{\sigma\}=\{\sigma_x\quad\sigma_y\quad\sigma_z\quad\tau_{xy}\quad\tau_{yz}\quad\tau_{zx}\}^{\mathrm{T}} \tag{7.1}$$

同时可以证明,当在任意一点 $\{\sigma\}$ 为已知时,就可以求得经过该点的任意截面上的正应力和剪应力。所以式(7.1)中的 $\{\sigma\}$ 可以完全确定该点的应力状态。

3. 应变

物体的形状可用它各部分的长度和角度来表示,自然物体形状的改变就可归结为长度的改变和角度的改变。为了研究物体内任一点 K 的变形情况,同样在 K 点附近用平行于坐标面的平面截取一个微元体。为了方便,设该微元体的一个顶点与 K 重合,并且 KA＝dx,KB＝dy,KC＝dz,见图 7.2(a)。

微元体变形时,单位长度线段的伸缩称为正应变(线应变),各面之间夹角的改变称为剪应变(角应变)。

线应变和剪应变也可以通过 KA,KB,KC 三条线段长度和夹角的变化来反映。

用 $\varepsilon_x,\varepsilon_y,\varepsilon_z$ 分别表示 x,y,z 方向的线应变。

$$\varepsilon_x=\lim_{\Delta x\to 0}\frac{\Delta x'-\Delta x}{\Delta x}=\frac{\mathrm{d}x'-\mathrm{d}x}{\mathrm{d}x} \tag{7.2}$$

ε_y 和 ε_z 类推。

用 γ_{xy} 表示 x 方向线段(KA)和 y 方向线段(KB)之间夹角的变化,即剪应变。由图 7.2(b)可知,γ_{xy} 由两部分组成,即:

$$\gamma_{xy}=\alpha+\beta \tag{7.3}$$

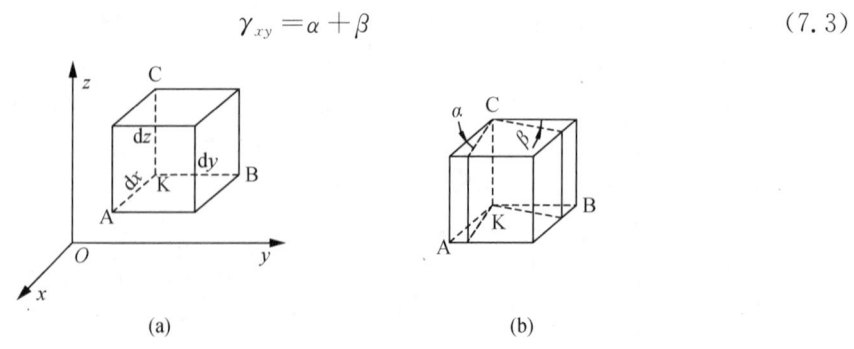

图 7.2 微元体及其变形

γ_{yz} 和 γ_{zx} 可类推。

应变的正负号规定是：线应变以伸长为正，缩短为负。剪应变以直角变小时为正，变大时为负。

同应力对应，在 K 点的变形情况可用六个分量来表示：

$$\{\varepsilon\} = \{\varepsilon_x \quad \varepsilon_y \quad \varepsilon_z \quad \gamma_{xy} \quad \gamma_{yz} \quad \gamma_{zx}\}^T \tag{7.4}$$

当这六个分量为已知时，则该点的变形就完全确定了。

4. 位移

就是位置的移动。物体内任意一点的位移，可以用它在 x, y, z 三轴上的投影 u, v, w 来表示。记为：

$$\{f\} = \{u \quad v \quad w\}^T \tag{7.5}$$

正负号规定是沿坐标轴正向一致为正，反之为负。

要注意位移有两部分组成：一是周围介质变形使之产生的整体刚体位移；二是本身变形使内部质点产生的位移。后者与应变有确定的几何关系。

一般而言，弹性体内任意点的体力 $\{P_V\}$、面力 $\{P_A\}$、应力 $\{\sigma\}$、应变 $\{\varepsilon\}$ 和位移 $\{f\}$ 都是位置（几何坐标）的函数。

7.1.2 两类平面问题

在工程实际中，任何一种物体原则上都是空间物体，一般的外力也都是空间力系。但如果所研究的结构具有某种特殊的形状，并且承受的是某些特殊的外力，就可以把空间问题简化为近似的平面问题。这样处理，分析和计算的工作量将大为减少，而所得的结果仍然可以满足工程对精度的要求。

1. 平面应力问题

如果所考虑的物体是一很薄的等厚度薄板，即该物体在一个方向上的几何尺寸远远小于其余两个方面上的几何尺寸；并且只在板边上承受平行于板面而不沿板厚度变化的面力，在两板面上无外力作用。同时，体力也平行于板面并且不沿厚度变化，如图 7.3 所示。

以薄板的中面为 xy 面，以垂直于中面的任一直线为 z 轴。设薄板的厚度为 h。因为板面上 $\left(z = \pm \dfrac{h}{2}\right)$ 无外力作用，所以有：

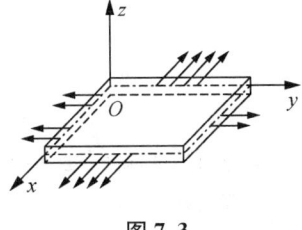

图 7.3

$$(\sigma_z)_{z=\pm\frac{h}{2}} = 0, \quad (\tau_{yz})_{z=\pm\frac{h}{2}} = 0, \quad (\tau_{zx})_{z=\pm\frac{h}{2}} = 0 \tag{7.6}$$

在板内部这三个应力分量是不为零的，见图 7.4(a)，但是由于板很薄，外力又不沿厚度变化且薄板不受弯曲作用，应力沿着板的厚度又是连续分布的，所以这些应力很小，可以不计。从而可以认为在整个板内所有各点上都有 $\sigma_z = 0, \tau_{yz} = 0, \tau_{zx} = 0$。由于剪应力的互等性，又可得到 $\tau_{zy} = 0, \tau_{xz} = 0$。在注意到 $\tau_{xy} = \tau_{yx}$ 后只剩下了在平面内的三个应力分量 $\sigma_x, \sigma_y, \tau_{xy}$，所以称这类平面问题为平面应力问题。

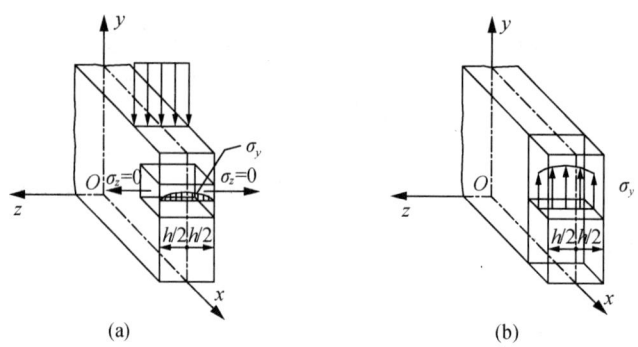

图 7.4 平面应力问题的应力分布

应力 σ_x，σ_y，τ_{xy} 严格讲沿厚度有变化，见图 7.4(b)。但是我们的计算是取其平均值，即：

$$\hat{\sigma}_x = \frac{1}{h}\int_{-h/2}^{h/2}\sigma_x \mathrm{d}z, \quad \hat{\sigma}_y = \frac{1}{h}\int_{-h/2}^{h/2}\sigma_y \mathrm{d}z, \quad \hat{\tau}_{xy} = \frac{1}{h}\int_{-h/2}^{h/2}\tau_{xy}\mathrm{d}z \tag{7.7}$$

在以后的方程中，相应的应变分量和位移分量也都是取厚度的平均值，但是仍采用原来的记号。这样，σ_x，σ_y，τ_{xy} 与 z 无关，仅是 x、y 的函数。

根据广义胡克定律，$\gamma_{yz} = \gamma_{zy} = 0$，$\gamma_{zx} = \gamma_{xz} = 0$，而：

$$\varepsilon_z = -\frac{\mu}{E}(\sigma_x + \sigma_y) \tag{7.8}$$

虽然 ε_z 和与它有关的 z 方向位移 w 均不为零，但是它们都不独立，可用其他物理量来表示。

这样经简化分析后，可知平面应力问题的独立参数有八个，它们是：

$$\begin{aligned}\{\sigma\} &= \{\sigma_x \quad \sigma_y \quad \tau_{xy}\}^{\mathrm{T}} \\ \{\varepsilon\} &= \{\varepsilon_x \quad \varepsilon_y \quad \gamma_{xy}\}^{\mathrm{T}} \\ \{f\} &= \{u \quad v\}^{\mathrm{T}}\end{aligned} \tag{7.9}$$

并且它们都仅是 x，y 的函数而与 z 无关。要注意的是，$\varepsilon_z \neq 0$，$w \neq 0$，但均可用其他独立参数表示。

在工程实际中，受拉力作用的薄板、链条的平面链环(图 7.5)等均可看作属于平面应力问题。实际应用中，对于厚度稍有变化的薄板，带有加强筋的薄环，平面刚架的节点区域，起重机的吊钩等，只要符合前述载荷特征，也往往按平面问题用有限元作近似计算。

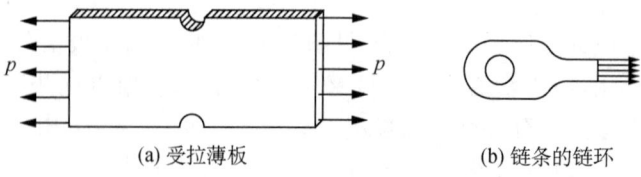

(a) 受拉薄板　　　　　　　　(b) 链条的链环

图 7.5 工程实际中的平面应力问题

2. 平面应变问题

平面应变所研究的物体形状正好与上面所说的平面应力问题相反,它在某一个坐标方向上的尺寸远远大于其他两个坐标方向上的尺寸,如图 7.6 所示,在 z 轴方向长度很大,与 z 轴垂直的各截面都相同,所承受的载荷是平行于横截面且不沿长度变化的面力,同时体力也平行于横截面且不沿长度变化。

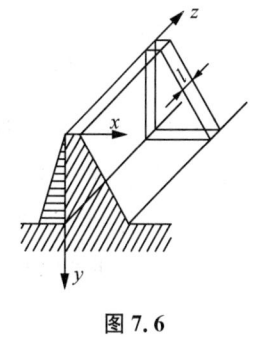

图 7.6

根据上述条件,考虑远离两端垂直于 z 轴的单位厚度的平面,它与相邻各层可以认为是处于相同情况之下,因而近似于左、右对称,所以不能发生沿 z 方向的位移,平面内的其他两个位移分量 u, v 也将与 z 无关,即:

$$w=0, u=u(x, y), v=v(x, y) \tag{7.10}$$

所以这种问题称为平面位移问题,但在习惯上常称为平面应变问题。

根据对称性,可以断定 $\tau_{zx}=0$,$\tau_{zy}=0$,根据剪应力互等又有 $\tau_{xz}=0$,$\tau_{yz}=0$。而由胡克定律,$\gamma_{xz}=\gamma_{zx}=0$,$\gamma_{yz}=\gamma_{zy}=0$。由于 $w=0$,所以 $\varepsilon_z=0$,但 $\sigma_z=\mu(\sigma_x+\sigma_y)\neq 0$,但显然它不是独立的物理量。这样剩下的应变分量 ε_x,ε_y,γ_{xy} 及对应的应力分量 σ_x,σ_y,τ_{xy} 显然只与 x,y 有关。

这样,经过简化以后独立的参数也只有八个,且同平面应力问题的一样。不同的只是,它们也只与 x,y 有关。

在工程实际中,炮筒、长滚柱、氧气瓶等都是平面应变问题的例子(图 7.7)。

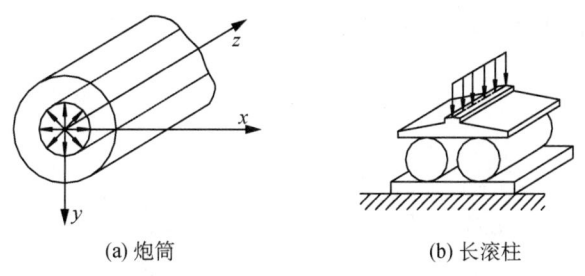

(a) 炮筒　　　　　　　　　(b) 长滚柱

图 7.7　工程实际中的平面应变问题

7.1.3　平衡微分方程

首先从静力学方面来考虑平面问题,根据平衡条件导出应力分量与体力分量之间的关系式,也就是平面问题的平衡微分方程式。

不失一般性,从平面应力问题的弹性薄板,或从平面应变问题柱形体中,取出一个微小的平行六面体,它在 x 和 y 方向的尺寸分别为 dx 和 dy,厚度(z 方向)取为一单位长度(图 7.8)。

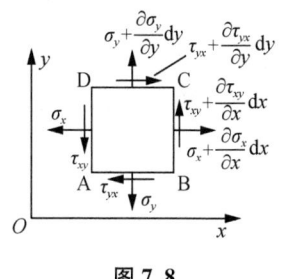

图 7.8

一般,应力分量是位置坐标 x 和 y 的函数,因此,作用在左右两对面或上下两对面的应力分量不完全相同,而具有小的增量。设作用于左面的正应力是 σ_x,则作用于右面的正应力,由于 x 坐标的改变,将是 $\sigma_x + \frac{\partial \sigma_x}{\partial x} dx$。同样,如左面的剪应力是 τ_{xy},则右面的剪应力将是 $\tau_{xy} + \frac{\partial \tau_{xy}}{\partial x} dx$;设下面的正应力及剪应力分别为 σ_y 及 τ_{yx},则上面的正应力及剪应力分别为和 $\tau_{yx} + \frac{\partial \tau_{yx}}{\partial y} dy$。因为六面体是微小的,所以它在各面上所受的应力可以认为是均匀分布,作用在对应面的中心。同理,六面体所受的体力也可以认为是均匀分布,作用在体积的中心。根据微元体处于平衡的条件可以得到三个平衡微分方程式。

(1) 以通过质心 c 并平行于 z 轴的直线为矩轴,列出力矩平衡方程,即 $\sum M_c = 0$,

$$\left(\tau_{xy} + \frac{\partial \tau_{xy}}{\partial x} dx\right) dy \times 1 \times \frac{dx}{2} + \tau_{xy} dy \times 1 \times \frac{dx}{2} - \left(\tau_{yx} + \frac{\partial \tau_{yx}}{\partial x} dy\right) dx \times 1 \times \frac{dy}{2} - \tau_{yx} dx \times 1 \times \frac{dy}{2} = 0 \tag{7.11}$$

等式两边同除以 $dx dy$,并合并同类项,得:

$$\tau_{xy} + \frac{1}{2} \frac{\partial \tau_{xy}}{\partial x} dx = \tau_{yx} + \frac{1}{2} \frac{\partial \tau_{yx}}{\partial y} dy \tag{7.12}$$

略去微量项,得到:

$$\tau_{xy} = \tau_{yx} \tag{7.13}$$

这就再次证明了剪应力的互等性。

(2) 以 x 轴为投影轴,列出力平衡方程,则 $\sum F_x = 0$

$$\left(\sigma_x + \frac{\partial \sigma_x}{\partial x} dx\right) dy \times 1 - \sigma_x dy \times 1 + \left(\tau_{yx} + \frac{\partial \tau_{yx}}{\partial x} dy\right) dx \times 1 - \tau_{yx} dy \times 1 + X dx dy \times 1 = 0 \tag{7.14}$$

约简后等式两边同除以 $dx dy$,得:

$$\frac{\partial \sigma_x}{\partial x} + \frac{\partial \tau_{yx}}{\partial y} + X = 0 \tag{7.15}$$

(3) 以 y 轴为投影轴,列出力平衡方程,即 $\sum F_y = 0$,同式(7.15)的推导得:

$$\frac{\partial \tau_{xy}}{\partial x} + \frac{\partial \sigma_y}{\partial y} + Y = 0 \tag{7.16}$$

综合式(7.15)、式(7.16),并注意到 $\tau_{xy} = \tau_{yx}$,有:

$$\frac{\partial \sigma_x}{\partial x} + \frac{\partial \tau_{xy}}{\partial y} + X = 0$$

$$\frac{\partial \tau_{xy}}{\partial x} + \frac{\partial \sigma_y}{\partial y} + Y = 0 \tag{7.17}$$

这就是平面问题的平衡微分方程式,它表明了应力分量与体力分量之间的关系式。这两个微分方程中包含三个未知函数：σ_x，σ_y，τ_{xy}，所以求解应力分量的问题是超静定问题。还必须考虑问题的几何方程和物理方程。

7.1.4　几何方程　刚体位移

1. 几何方程

在外力作用下，弹性体内任何一点都将产生位移，并且由于物体的连续性，相邻各点间位移是相互制约的，这显然与变形有关。所以，位移分量和应变分量必有一个确定的几何关系。这就是平面问题的几何方程。

经过弹性体内部任意一点 P，沿 x 轴和 y 轴的方向取两个微小长度的微线段 PA 和 PB，长度分别为 dx 和 dy。假定弹性体受力变形后，P，A，B 三点，分别移到 P′，A′，B′(图 7.9)。设 P 点位移矢量 PP′在 x，y 方向的分量为 u，v；A 点位移矢量 AA′ 和 B 点位移矢量 BB′的各分量分别为 $u+\dfrac{\partial u}{\partial x}dx$、$v+\dfrac{\partial v}{\partial x}dx$ 和 $u+\dfrac{\partial u}{\partial y}dy$、$v+\dfrac{\partial v}{\partial y}dy$。

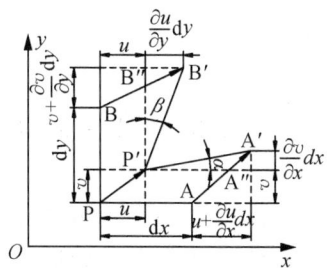

图 7.9　两个微线段的形变

首先，求出线段 PA 和 PB 的正应变，即 ε_x 和 ε_y，用位移分量来表示。考虑到小变形假设，可以用 P′A″代替 P′A′的长度，这相当于略去了 P，A 两点 y 方向位移差引起微线段 P 的伸缩，因为它是一高阶微量。根据正应变定义，有：

$$\varepsilon_x = \frac{dx + \left(u + \dfrac{\partial u}{\partial x}dx\right) - (u + dx)}{dx} = \frac{\partial u}{\partial x} \tag{7.18}$$

$$\varepsilon_y = \frac{dy + \left(v + \dfrac{\partial v}{\partial y}dy\right) - (v + dy)}{dy} = \frac{\partial v}{\partial y} \tag{7.19}$$

其次，求线段 PA 与 PB 之间的直角的改变，也就是剪应变 γ_{xy}，用位移分量来表示。由图 7.9 可知，这个剪应变是由两部分组成的：一部分是由 y 方向的位移 v 引起的，即 x 方向的线段 PA 的转角 α；另一部分是由 x 方向的位移 u 引起的，即 y 方向的线段 PB 的转角 β。根据剪应变定义，有：

$$\gamma_{xy} = \alpha + \beta \tag{7.20}$$

由图 7.9，并注意到小变形假设，有：

$$\alpha \approx \frac{A'A''}{P'A''} = \frac{\dfrac{\partial v}{\partial x}dx}{dx} = \frac{\partial v}{\partial x} \tag{7.21}$$

同理：

$$\beta \approx \frac{B'B''}{P'B''} = \frac{\dfrac{\partial u}{\partial y}dy}{dy} = \frac{\partial u}{\partial y} \tag{7.22}$$

于是可见，PA 与 PB 之间的直角的改变(以减小时为正)，也就是剪应变 γ_{xy} 为：

$$\gamma_{xy} = \alpha + \beta = \frac{\partial v}{\partial x} + \frac{\partial u}{\partial y} \tag{7.23}$$

综合式(7.18)、式(7.19)、式(7.23)，就是平面问题中的几何方程，用矩阵表示为：

$$\{\varepsilon\} = \left\{\begin{array}{c} \varepsilon_x \\ \varepsilon_y \\ \gamma_{xy} \end{array}\right\} = \left\{\begin{array}{c} \dfrac{\partial u}{\partial x} \\ \dfrac{\partial v}{\partial y} \\ \dfrac{\partial v}{\partial x} + \dfrac{\partial u}{\partial y} \end{array}\right\} = \left[\begin{array}{cc} \dfrac{\partial}{\partial x} & 0 \\ 0 & \dfrac{\partial}{\partial y} \\ \dfrac{\partial}{\partial y} & \dfrac{\partial}{\partial x} \end{array}\right] \left\{\begin{array}{c} u \\ v \end{array}\right\} \tag{7.24}$$

它表明了应变分量与位移分量之间的关系，对两种平面问题都适用。

2. 刚体位移

由几何方程可见，当物体的位移分量完全确定时，应变分量即完全确定。然而，当应变分量完全确定时，位移分量却不能完全确定。这是因为位移由两部分组成，一是由物体的变形引起的，它与应变 $\{\varepsilon\}$ 有关；二是与变形无关的刚体位移。这样，已知应变分量后，就不能完全确定位移分量。为了说明这一点，设应变分量为零，即：

$$\varepsilon_x = \varepsilon_y = \gamma_{xy} = 0 \tag{7.25}$$

时，来看看位移分量是否也为零，如不为零，又是如何表示的。

将式(7.25)代入几何方程式(7.24)，有：

$$\frac{\partial u}{\partial x} = 0, \quad \frac{\partial v}{\partial y} = 0, \quad \frac{\partial v}{\partial x} + \frac{\partial u}{\partial y} = 0 \tag{7.26}$$

将前两式分别对 x 及 y 积分，得：

$$u = f_1(y), \quad v = f_2(x) \tag{7.27}$$

其中 f_1 及 f_2 为任意函数。代入(7.26)中的第三式，得：

$$-\frac{df_1(y)}{dy} = \frac{df_2(x)}{dx} \tag{7.28}$$

这一方程的左边是 y 的函数，而右边是 x 的函数。因此，只可能两边都等于同一常数 ω。于是得：

$$-\frac{df_1(y)}{dy} = -\omega, \quad \frac{df_2(x)}{dx} = \omega \tag{7.29}$$

积分以后，得：

$$f_1(y) = u_0 - \omega y, \quad f_2(x) = v_0 + \omega x \tag{7.30}$$

其中的 u_0 及 v_0 为任意常数。将式(7.30)代入式(7.27)，得位移分量

$$u = u_0 - \omega y, \quad v = v_0 + \omega x \tag{7.31}$$

式(7.31)所示位移是"应变为零"时的位移,也就是所谓"与应变无关的位移",因此必然是刚体位移。实际上,u_0与v_0分别为物体沿x及y轴方向的刚体平移。而ω为物体绕z轴得刚体转动。下面根据平面运动的原理加以证明。

当三个常数中只有u_0不为零时,由式(7.31)可见,物体的所有各点只沿x方向移动同样的距离u_0。由此可见,u_0代表物体沿x方向的刚体平移。同样可见,v_0代表物体沿y方向的刚体平移。当只有ω不为零时,由式(7.31)可见,物体任意一点的位移分量$u=-\omega y, v=\omega x$。据此,坐标为(x,y)的任意一点P沿着y方向移动ωx,并沿x负方向移动ωy,如图7.10所示,而组合位移为:

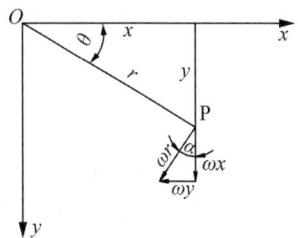

图 7.10 平面问题的刚体位移

$$\sqrt{u^2+v^2}=\sqrt{(-\omega y)^2+(\omega x)^2}=\omega\sqrt{x^2+y^2}=\omega r \qquad (7.32)$$

式中,r为P点与z轴的距离。组合位移的方向与y轴的夹角为α,则:

$$\tan\alpha=\frac{\omega y}{\omega x}=\frac{y}{x}=\tan\theta \qquad (7.33)$$

可见组合位移的方向与径向线段OP垂直,也就是沿着切向。既然物体的所有各点移动的方向都是沿着切向,而且移动的距离等于径向距离r乘以ω,可见(注意位移是微小的)ω代表物体绕z轴的刚体转动。

既然物体在应变为零时可以有刚体位移,可见,当物体发生一定的变形时,由于约束条件的不同,它可能具有不同的刚体位移,因而它的位移并不是完全确定的。在平面问题中,常数u_0, v_0, ω的任意性就反映位移的不确定性。而为了完全确定位移,就必须有三个适当的约束条件来确定这三个常数。

7.1.5 物理方程

现在从物理学方面来考虑平面问题的应变分量与应力分量之间的关系式,也就是平面问题的物理方程。

对于完全弹性的均匀各向同性体,其应力应变关系已由胡克定律给出:

$$\begin{aligned}
\varepsilon_x &= \frac{1}{E}[\sigma_x - \mu(\sigma_y + \sigma_z)] \\
\varepsilon_y &= \frac{1}{E}[\sigma_y - \mu(\sigma_x + \sigma_z)] \\
\varepsilon_z &= \frac{1}{E}[\sigma_z - \mu(\sigma_y + \sigma_x)] \\
\gamma_{xy} &= \frac{1}{G}\tau_{xy}, \quad \gamma_{yz} = \frac{1}{G}\tau_{yz}, \quad \gamma_{zx} = \frac{1}{G}\tau_{zx}
\end{aligned} \qquad (7.34)$$

式中 E——材料的弹性模量;
G——剪切弹性模量;
μ——泊松比。

这三个弹性常数之间的关系为：

$$G = \frac{E}{2(1+\mu)} \tag{7.35}$$

1. 平面应力问题

根据前面的分析,对于平面应力问题有 $\sigma_z = 0$, $\tau_{zx} = \tau_{xz} = 0$, $\tau_{yz} = \tau_{zy} = 0$, 由胡克定律可得 $\gamma_{zx} = \gamma_{xz} = 0$, $\gamma_{yz} = \gamma_{zy} = 0$, 以及：

$$\varepsilon_z = -\frac{\mu}{E}(\sigma_x + \sigma_y) \tag{7.36}$$

其余三式则为：

$$\begin{cases} \varepsilon_x = \frac{1}{E}(\sigma_x - \mu\sigma_y) \\ \varepsilon_y = \frac{1}{E}(\sigma_y - \mu\sigma_x) \\ \gamma_{xy} = \frac{1}{G}\tau_{xy} \end{cases} \tag{7.37}$$

这就是平面应力问题的物理方程,它给出了平面内的应力分量和应变分量之间的关系,它们与坐标 z 及平面外的各分量无关。

2. 平面应变问题

根据前面的分析,对于平面应变问题有 $\varepsilon_z = 0$, $\gamma_{zx} = \gamma_{xz} = 0$, $\gamma_{yz} = \gamma_{zy} = 0$, 由胡克定律得 $\tau_{zx} = \tau_{xz} = 0$, $\tau_{yz} = \tau_{zy} = 0$ 及：

$$\sigma_z = \mu(\sigma_x + \sigma_y) \tag{7.38}$$

其余三式为：

$$\begin{aligned} \varepsilon_x &= \frac{1-\mu^2}{E}\left(\sigma_x - \frac{\mu}{1-\mu}\sigma_y\right) \\ \varepsilon_x &= \frac{1-\mu^2}{E}\left(\sigma_x - \frac{\mu}{1-\mu}\sigma_y\right) \\ \gamma_{xy} &= \frac{1}{G}\tau_{xy} \end{aligned} \tag{7.39}$$

式(7.39)即平面应变问题的物理方程式,也给出了平面内的应力分量和应变分量之间的关系。

要注意的是,在平面应力问题中,ε_z 不等于零,自然 z 方向位移 w 也不等于零,但 σ_z 等于零,ε_z 和 w 都不是独立的量,可由其他独立的参数来表示,ε_z 的表示式可用来求得薄板厚度的改变。而在平面应变问题中,物体的所有各点都不沿 z 方向移动,即 $w = 0$, z 方向的线段没有伸缩,即 $\varepsilon_z = 0$, 而带来的是 z 方向的正应力 σ_z 不等于零,但它不是独立的量,可由 σ_x 和 σ_y 来表示。

比较两种平面问题的物理方程式,它们在形式上完全一样。如果在平面应力问题的物理方程式(7.37)中,E 和 μ 作如下变换：

$$E \to \frac{E}{1-\mu^2}, \quad \mu \to \frac{\mu}{1-\mu} \tag{7.40}$$

即可得到平面应变问题的物理方程式(7.39),其中 G 的变换也不例外:

$$\frac{\dfrac{E}{1-\mu^2}}{2\left(1+\dfrac{\mu}{1-\mu}\right)} = \frac{E}{2(1+\mu)} = G \tag{7.41}$$

这样,以后推导公式可按平面应力问题的物理方程进行。对平面应变问题,只要在结果中用式(7.40)代即可,这也是计算机求解的基本思路。

以上的物理方程是用应力分量表示应变分量,在有限元的分析中,常常需要用应变分量表示应力分量,这可直接由式(7.37)得到:

$$\begin{cases} \sigma_x = \dfrac{E}{1-\mu^2}(\varepsilon_x + \mu\varepsilon_y) \\ \sigma_y = \dfrac{E}{1-\mu^2}(\varepsilon_y + \mu\varepsilon_x) \\ \tau_{xy} = G\gamma_{xy} = \dfrac{E}{2(1+\mu)}\gamma_{xy} \end{cases} \tag{7.42}$$

对于平面应变问题,用式(7.37)代入即可。

用矩阵表示,式(7.42)即为:

$$\{\sigma\} = \begin{Bmatrix} \sigma_x \\ \sigma_y \\ \tau_{xy} \end{Bmatrix} = \frac{E}{1-\mu^2} \begin{bmatrix} 1 & \mu & 0 \\ \mu & 1 & 0 \\ 0 & 0 & \dfrac{1-\mu}{2} \end{bmatrix} \begin{Bmatrix} \varepsilon_x \\ \varepsilon_y \\ \gamma_{xy} \end{Bmatrix} \tag{7.42'}$$

在以上已导出的方程中,两个平衡微分方程[式(7.17)],三个几何方程[式(7.24)],三个物理方程[式(7.42)],共八个基本方程,包含八个未知函数:三个应力分量 σ_x, σ_y, $\tau_{xy}=\tau_{yx}$,三个应变分量 ε_x, ε_y, γ_{xy},两个位移分量 u, v。基本方程的数目恰好等于未知函数的数目,因此,在适当的边界条件下,从基本方程中求解未知函数是可能的。

7.1.6 边界条件 圣维南原理

由于平衡微分方程和几何方程都是偏微分方程,此类微分方程求解之后都有常数项,为确定这些常数项,需要引入边界条件。

1. 边界条件

边界条件是结构静力学中确定基本方程唯一解答的主要补充条件之一。按照边界条件的不同,弹性力学问题分为三种边界问题:位移边界问题,应力边界问题和混合边界问题。

1) 位移边界问题

物体在全部边界上的位移分量是已知的,也就是在边界 s 上,有:

$$u_s = u, \quad v_s = v \tag{7.43}$$

其中，u_s 和 v_s 是位移的边界值，u 和 v 在边界上是坐标的已知函数。这就是平面问题的所谓位移边界条件。

2）应力边界问题

物体在全部边界上所受的面力是已知，也就是说，面力分量 $\overline{X}$ 和 $\overline{Y}$ 在边界上的所有各点都是坐标的已知函数。根据斜面上外力与应力分量之间的关系，应用到边界上，外力成为面力分量 $\overline{X}$ 和 $\overline{Y}$，应力分量的边界值用 $(\sigma_x)_s$，$(\sigma_y)_s$，$(\tau_{xy})_s$ 表示，得出物体边界上各点的应力分量与面力分量之间的关系式：

$$l(\sigma_x)_s + m(\tau_{xy})_s = \overline{X}$$
$$m(\sigma_y)_s + l(\tau_{xy})_s = \overline{Y} \tag{7.44}$$

这就是平面问题的应力边界条件。式中，l，m 分别表示边界 s 上外法线方向的方向余弦。

当边界垂直于某一坐标轴时，应力边界条件的形式将得到大大的简化，在垂直于 x 轴的边界上，即 x 为常量的边界上，$l=\pm 1$，$m=0$，应力边界条件简化为：

$$(\sigma_x)_s = \pm\overline{X}, \quad (\tau_{xy})_s = \pm\overline{Y} \tag{7.45}$$

在垂直于 y 轴的边界上，即 y 为常量的边界上，$l=0$，$m=\pm 1$，应力边界条件简化为：

$$(\sigma_y)_s = \pm\overline{Y}, \quad (\tau_{xy})_s = \pm\overline{X} \tag{7.46}$$

可见，在这种特殊情况下，应力分量的边界值就等于对应的面力分量（当边界的外法线沿坐标轴正方向时，二者的正负号相同；当边界的外法线沿坐标轴负方向时，二者的正负号相反）。

注意：在垂直于 x 轴的边界上，应力边界条件中并没有 σ_y；在垂直于 y 轴的边界上，应力边界条件中并没有 σ_x，这就是说，平行于边界的正应力，它的边界值与面力分量并不直接相关。

3）混合边界条件

物体的一部分边界具有已知位移，因而具有位移边界条件，如式(7.43)所示。另一部分边界则具有已知面力，因而具有应力边界条件，如式(7.44)所示。此外，在同一部分边界上还可能出现混合条件，即两个边界条件中的一个是位移边界条件，而另一个则是应力边界条件。例如，设垂直于 x 轴的某一个边界的连杆支承边，见图 7.11(a)，则在 x 方向有位移边界条件 $u_s=u=0$，而在 y 方向有应力边界条件 $(\tau_{xy})_s=\overline{Y}=0$。又例如，设垂直于 x 轴的某个边界是齿槽边，见图 7.11(b)，则在 x 方向有应力边界条件 $(\sigma_x)_s=\overline{X}=0$，而在 y 方向有位移边界条件 $v_s=v=0$。在垂直于 y 轴的边界上，以及与坐标轴斜交的边界上都可能有与此相似的混合边界条件。

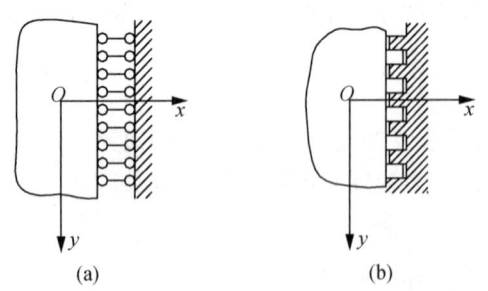

图 7.11 平面问题的混合边界条件

2. 圣维南原理

从前面的分析可以看出,对每个弹性力学平面问题,其八个基本方程都是相同的,但是某个结构之所以不同于其他结构,除了形状不同之外,还往往表现在各种各样的边界条件上。在结构分析中常常会遇到这种情况:在物体的一小部分边界上对外力的分布方式很不明确,仅仅知道其合力,这样很难写出应力边界条件;另外,在求解时,要使应力分量、应变分量和位移分量完全满足基本方程,并不是一件很困难的事,但是要严格满足各种不同的边界条件却常常发生很大的困难。鉴于此,人们研究了在局部区域上力的作用方式对于弹性力学解答的影响问题,由圣维南提出了局部影响原理(圣维南原理)。圣维南原理指出:如果把物体的某一局部(小部分)边界上作用的表面力,变换为分布不同但静力等效的表面力(**即主矢量相同,对于同一点的主矩也相同**),则表面力作用附近的应力分布将有显著的改变,而远处的应力改变极小,可以忽略不计。

如图 7.12(a),(b)端部的作用力不同,图 7.12(a)是集中力,图 7.12(b)是分布载荷,是两个问题,有两种解答。但是如果这两种端部作用力满足静力等效条件,那么这两个问题内力分布的显著差异只发生在端部,而在其余区域内力分布基本相同。由于图 7.12(a)的精确解答(包括端部边界条件的精确满足)是困难的,而图 7.12(b)的解答则是十分简单,因而可以用图 7.12(b)的解答代替图 7.12(a)的解答。

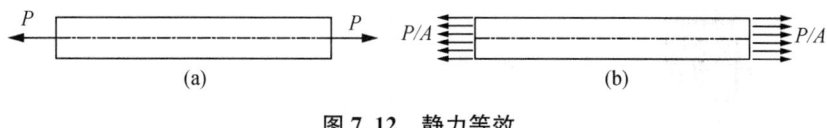

图 7.12　静力等效

必须注意:应用圣维南原理,绝不能离开"静力等效"的条件。例如,图 7.12(a)所示的构件,如果两端的力 P 不是作用在截面的形心,而是具有一定的偏心距离,那么它同图 7.12 就不是静力等效的。这时的应力,就不仅仅是两端处有显著差异了,在整个杆件中都不相同。

当在物体的某一局部区域受一平衡力系作用时,局部影响原理还可以这样叙述:

如果在物体上任一局部区域作用一平衡力系,则这平衡力系在物体内所引起的应力仅局限于平衡力系作用点的附近区域,随着远离作用力区域应力很快的减小。

最明显的实例用是钳子夹钢板或铁丝,虽然压力作用点附近产生很大的应力乃至剪断,但是小区域 A 以外,几乎没有应力产生,那里的金属不存在任何受力的痕迹,如图 7.13 所示。

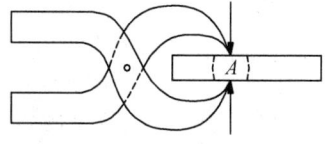

图 7.13　钳子夹铁丝

研究表明:应用圣维南原理,力影响的区域大致与力的作用区域相当。因此,必须注意:只有在当力的作用区域比物体的最小尺寸小的条件下,才可以应用圣维南原理。

*7.1.7　平面问题的解法

根据前面部分的内容可以得到平面问题的三类方程(平衡微分方程、几何方程和物理方程),再根据边界条件进行求解。平面问题一般分为两类:位移问题和应力问题,所以在求解平面问题时,也可以分别以位移和应力为目标来求解。值得注意的是,具体求解联立方程组的方法仍然是消元法。

1. 平面问题的相容方程

在按位移求解时,以位移分量为基本未知函数,将平衡方程与边界条件分别用位移分量来表示,并在求出位移分量后,再由几何方程求出应变分量,由物理方程求出应力。

在按应力求解时,以应力分量 σ_x, σ_y, τ_{xy} 为未知函数,它们必须满足平衡微分方程:

$$\begin{cases} \dfrac{\partial \sigma_x}{\partial x} + \dfrac{\partial \tau_{xy}}{\partial y} + X = 0 \\ \dfrac{\partial \sigma_y}{\partial y} + \dfrac{\partial \tau_{xy}}{\partial x} + Y = 0 \end{cases} \tag{7.47}$$

从式(7.47)可以看出,平衡微分方程只有两个,而待求未知量为三个,因此还应该补充一个方程。而变形体在变形前后应该保持连续,所以补充的条件为变形协调方程,即:

$$\frac{\partial^2 \varepsilon_x}{\partial y^2} + \frac{\partial^2 \varepsilon_y}{\partial x^2} = \frac{\partial^2 \gamma_{xy}}{\partial x \partial y} \tag{7.48}$$

将物理方程式(7.37)代入式(7.48),得到:

$$\frac{\partial^2}{\partial y^2}(\sigma_x - \mu\sigma_y) + \frac{\partial^2}{\partial x^2}(\sigma_y - \mu\sigma_z) = 2(1+\mu)\frac{\partial^2 \tau_{xy}}{\partial x \partial y} \tag{7.49}$$

将平衡微分方程两式分别对 x, y 求导,得到:

$$\begin{cases} \dfrac{\partial^2 \tau_{xy}}{\partial y \partial x} = -\dfrac{\partial^2 \sigma_x}{\partial x^2} - \dfrac{\partial X}{\partial x} \\ \dfrac{\partial^2 \tau_{xy}}{\partial x \partial y} = -\dfrac{\partial^2 \sigma_y}{\partial y^2} - \dfrac{\partial Y}{\partial y} \end{cases} \tag{7.50}$$

将上述两式相加,得到:

$$2\frac{\partial^2 \tau_{xy}}{\partial y \partial x} = -\left(\frac{\partial^2 \sigma_x}{\partial x^2} + \frac{\partial^2 \sigma_y}{\partial y^2}\right) - \left(\frac{\partial X}{\partial x} + \frac{\partial Y}{\partial y}\right) \tag{7.51}$$

将式代入式(7.49),得到:

$$\left(\frac{\partial^2}{\partial y^2} + \frac{\partial^2}{\partial x^2}\right)(\sigma_x + \sigma_y) = -(1+\mu)\left(\frac{\partial X}{\partial x} + \frac{\partial Y}{\partial y}\right) \tag{7.52}$$

对于平面应变问题,可利用类似的方法得到:

$$\left(\frac{\partial^2}{\partial y^2} + \frac{\partial^2}{\partial x^2}\right)(\sigma_x + \sigma_y) = -\frac{1}{1-\mu}\left(\frac{\partial X}{\partial x} + \frac{\partial Y}{\partial y}\right) \tag{7.53}$$

式(7.52)和式(7.53)称为相容方程。所以在按照应力求解平面问题时,应力分量应满足平衡微分方程和相容方程,即式(7.52);而在平面应变问题中,应力分量应满足平衡微分方程和相容方程,即式(7.53),此外,应力分量还应满足应力边界条件。

2. 常体力下的相容方程和应力函数

在大多数工程问题中,体力是不随坐标 x, y 变化的,因此,平衡微分方程和相容方程可以写为：

$$\begin{cases} \dfrac{\partial \sigma_x}{\partial x} + \dfrac{\partial \tau_{xy}}{\partial y} + X = 0 \\ \dfrac{\partial \sigma_y}{\partial y} + \dfrac{\partial \tau_{xy}}{\partial x} + Y = 0 \end{cases} \tag{7.54}$$

$$\left(\dfrac{\partial^2}{\partial y^2} + \dfrac{\partial^2}{\partial x^2} \right)(\sigma_x + \sigma_y) = 0 \tag{7.55}$$

由式(7.54)可以看出，该式是一个非齐次微分方程组，其解由齐次方程组的通解和非齐次方程组的特解组成。为了得到齐次方程组

$$\begin{cases} \dfrac{\partial \sigma_x}{\partial x} + \dfrac{\partial \tau_{xy}}{\partial y} = 0 \\ \dfrac{\partial \sigma_y}{\partial y} + \dfrac{\partial \tau_{xy}}{\partial x} = 0 \end{cases} \tag{7.56}$$

的通解，可将式(7.56)的第一个方程写为：

$$\dfrac{\partial \sigma_x}{\partial x} = -\dfrac{\partial \tau_{xy}}{\partial y} = \dfrac{\partial (-\tau_{xy})}{\partial y} \tag{7.57}$$

根据微分方程理论，必存在一个函数 $A(x,y)$，使得：

$$\sigma_x = \dfrac{\partial A(x,y)}{\partial y}, \quad -\tau_{xy} = \dfrac{\partial A(x,y)}{\partial x} \tag{7.58}$$

同理，对于式(7.56)中的第二个式子，也必存在同样的一个函数 $B(x,y)$ 满足类似的条件，即：

$$\sigma_y = \dfrac{\partial B(x,y)}{\partial x}, \quad -\tau_{xy} = \dfrac{\partial B(x,y)}{\partial y} \tag{7.59}$$

比较式(7.58)和式(7.59)，得到：

$$\dfrac{\partial A(x,y)}{\partial y} = \dfrac{\partial B(x,y)}{\partial y} \tag{7.60}$$

同理，根据微分方程理论，必存在一函数 $\varphi(x,y)$，使得：

$$A(x,y) = \dfrac{\partial \varphi(x,y)}{\partial y}, \quad B(x,y) = \dfrac{\partial B(x,y)}{\partial x} \tag{7.61}$$

将式(7.61)代入式(7.58)、式(7.59)得到通解：

$$\sigma_x = \dfrac{\partial^2 \varphi}{\partial y^2}, \quad \sigma_y = \dfrac{\partial^2 \varphi}{\partial x^2}, \quad \tau_{xy} = -\dfrac{\partial^2 \varphi}{\partial x \partial y} \tag{7.62}$$

而特解可以取为满足平衡微分方程的任意形式，特解可取为：

$$\sigma_x = -Xx, \sigma_y = -Yy, \tau_{xy} = 0$$

或

$$\sigma_x = 0, \sigma_x = 0, \tau_{xy} = -Xx - Yy$$

或

$$\sigma_x = -Xx - Yy, \sigma_y = -Xx - Yy, \tau_{xy} = 0 \tag{7.63}$$

再将通解与特解叠加,得到常体力下平衡微分方程的全解。上述引入的函数 $\varphi(x,y)$ 称为平面问题的应力函数,也称为艾瑞函数,它由艾瑞(Ariy)于 1862 年首先引进。

应力函数并非仅满足平衡微分方程就足够,它还需要满足变形协调条件,在常体力平面问题中,可以得到:

$$\left(\frac{\partial^2}{\partial y^2} + \frac{\partial^2}{\partial x^2}\right)\left(\frac{\partial^2 \varphi}{\partial x^2} + \frac{\partial^2 \varphi}{\partial y^2}\right) = 0 \tag{7.64}$$

将式(7.64)展开,得到:

$$\frac{\partial^4 \varphi}{\partial x^4} + 2\frac{\partial^4 \varphi}{\partial x^2 \partial y^2} + \frac{\partial^2 \varphi}{\partial y^4} = 0 \tag{7.65}$$

式(7.65)即用应力函数表示的相容方程。

3. 平面问题的多项式解法-逆解法

式(7.65)是偏微分方程,它的解答一般不可能直接求出,在具体求解时,一般采用逆解法、半逆解法或者量纲分析法,由于篇幅的限制,本部分仅介绍逆解法。

逆解法就是预先设定各种满足相容方程的应力函数,用特解和通解求出应力分量,再根据应力边界条件来考察各种形状的弹性体,看这些应力分量对应于哪些面力,从而得知所设定的应力函数可以解决什么样的问题。逆解法主要适用于简单边界条件问题。

工程中许多弹性体的边界力都是均匀分布或者线性分布的简单形式,所以应力函数可以取为多项式形式。由于在弹性范围内,边界力可以累加,从而可以构造出应力边界所对应的应力函数,从而得到问题的解答。

当应力函数取为三次多项式:

$$\varphi(x,y) = \alpha_1 x^3 + \alpha_2 x^2 y + \alpha_3 xy^2 + \alpha_4 y^3 \tag{7.66}$$

式中,α_1、α_2、α_3、α_4 为待定系数。

显然满足 $\varphi(x,y)$ 满足双调和方程,故此函数可以作为应力函数,为了简单起见,先研究 $\alpha_1 = \alpha_2 = \alpha_3 = 0$ 的情况,即 $\varphi(x,y) = \alpha_4 y^3$。若 $X = Y = 0$,对应的应力分量为:

$$\sigma_x = 6\alpha_4 y, \quad \sigma_y = 0, \quad \tau_{xy} = 0 \tag{7.67}$$

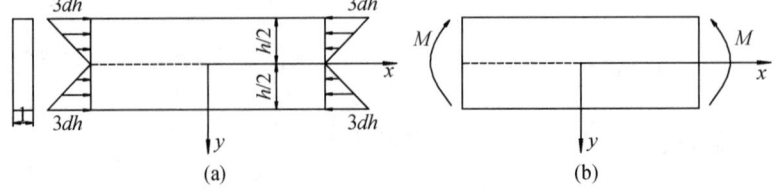

图 7.14 边界力示意图

如图 7.14 所示,该应力场对应于矩形截面梁的纯弯曲问题。式(7.67)中系数 α_4 取决于

力矩的大小。如图 7.14(b)所示,取单位宽度的梁来考察,令单位宽度上的力矩大小为 M,则在梁右端或左端,有:

$$\int_{-\frac{h}{2}}^{\frac{h}{2}} \sigma_x \mathrm{d}y = 0, \quad \int_{-\frac{h}{2}}^{\frac{h}{2}} \sigma_x y \mathrm{d}y = M \tag{7.68}$$

将 σ_x 代入式(7.67),得到:

$$\int_{-\frac{h}{2}}^{\frac{h}{2}} 6y \mathrm{d}y = 0, \quad \int_{-\frac{h}{2}}^{\frac{h}{2}} 6y^2 \mathrm{d}y = M \tag{7.69}$$

根据式(7.69)的第二式,得到:

$$\frac{\alpha_4 h^3}{2} = M \quad \text{或} \quad \alpha_4 = \frac{2M}{h^3} \tag{7.70}$$

注意到梁截面的惯性矩为 $I = h^3/12$,式(7.70)又可以写为:

$$\sigma_x = \frac{M}{I} y, \quad \sigma_y = 0, \quad \tau_{xy} = 0 \tag{7.71}$$

此解答为纯弯曲梁的精确解答。但是梁的面力必须按照图 7.14 所示分布。如果面力是按照其他形式分布的,则该解答是有误差的。

7.1.8 典型例题

例 7.1 有一个矩形物体,由四个角点 P_1, P_2, P_3, P_4 来定义,几何构型见图 7.15(a),当它受外力的作用后,变形成为一个平行四边形,见图 7.15(b)。求此时物体的位移变形场 $u(x,y)$, $v(x,y)$,并据此计算 ε_x, ε_y, γ_{xy},进行相关的讨论。

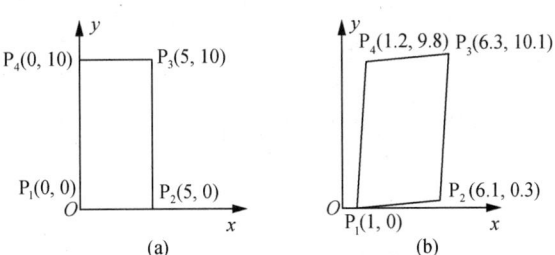

图 7.15 矩形物单元及形变

解:由图 7.15 可以看到单元变形后其形状由矩形变为一个平行四边形,这是因为:线段 P_1P_2 在 x 方向上绝对伸长量为 0.1,线段 P_4P_3 在 x 方向上绝对伸长量为 0.1;线段 P_1P_4 在 y 方向上绝对伸长量为 -0.2,线段 P_2P_3 在 y 方向上绝对伸长量为 -0.2。因此,可知其位移函数将是一个关于 x,y 的线性函数。

从图 7.15 中可以直接的到各个节点的位移分别为:

$$\left.\begin{array}{l} u_1 = 1, \ v_1 = 0 \\ u_2 = 1.1, \ v_2 = 0.3 \\ u_3 = 1.3, \ v_3 = 0.1 \\ u_4 = 1.2, \ v_4 = -0.2 \end{array}\right\}$$

满足上式(节点条件)的线性位移场函数,就是该问题的位移函数,可以采用直接插值的方法得到:

$$u(x) = 1 + \frac{0.1}{5}x + \frac{0.2}{10}y \\ v(x) = \frac{0.3}{5}x - \frac{0.2}{10}y$$

可得到该问题的应变为:

$$\varepsilon_x = \frac{\partial u}{\partial x} = 0.02, \quad \varepsilon_y = \frac{\partial v}{\partial y} = -0.02, \quad \gamma_{xy} = \frac{\partial v}{\partial x} + \frac{\partial u}{\partial y} = 0.08$$

由上可知,对于变形后由矩形变为平行四边形的单元,其应变在单元内的分布为常数。上述位移函数场主要通过直接方法来构建,对于简单的变形构型可以采用此方法;而对于变形比较复杂的情况,如变形后为任意四边形,采用上述方法就有较大的难度。

例 7.2 如图 7.16 所示矩形截面梁,在均布载荷作用下,根据材料力学得到其应力分量为:

$$\sigma_x = \frac{M}{I}y, \quad \tau_{xy} = \frac{QS}{I}$$

试验证该公式是否满足平衡方程和边界条件,并推导出 σ_x 的表达式。

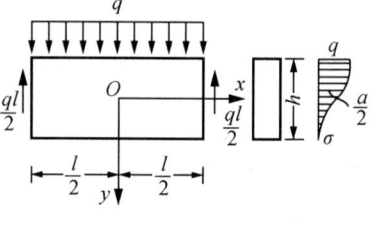

图 7.16

解: 应力 σ_x 和 τ_{xy} 可以写成:

$$\sigma_x = \frac{M}{I}y = \frac{\frac{ql^2}{8} - \frac{qx^2}{2}}{\frac{h^3}{12}}y = Ay - Bx^2y \\ \tau_{xy} = \frac{QS}{I} = \frac{-qx}{\frac{h^3}{12}}\left(\frac{h^2}{8} - \frac{y^2}{2}\right) = -Cx + Bxy^2 \quad (1)$$

式中,$A = 1.5\frac{ql^2}{h^3}$, $B = \frac{6q}{h^3}$, $C = 1.5\frac{q}{h}$。

平衡方程为:

$$\frac{\partial \sigma_x}{\partial x} + \frac{\partial \tau_{xy}}{\partial y} = 0 \\ \frac{\partial \tau_{xy}}{\partial x} + \frac{\partial \sigma_y}{\partial y} = 0 \quad (2)$$

将式(1)代入式(2),第一式得到满足,根据第二式得到:

$$\sigma_y = -\int \frac{\partial \tau_{xy}}{\partial x} dy = Cy - B\frac{y^3}{3} + D$$

利用边界条件 $(\sigma_y)_{y=\frac{h}{2}}=0$，得 $D=-\frac{q}{2}$，由此得：

$$\sigma_y=-\frac{q}{2}+1.5\frac{q}{h}y-2\frac{q}{h^3}y^3 \tag{3}$$

式(3)亦满足边界条件 $(\sigma_y)_{y=-\frac{h}{2}}=-q$。

另外，由式(1)的第二式可知，它满足上下两个表面上 $(\tau_{xy})_{y=\pm\frac{h}{2}}=0$ 的条件。在左侧及右侧表面上，利用圣维南原理，其边界条件亦可满足。

由此可知，只有当 σ_y 由式(3)确定时，材料力学所得到的解答才能满足平衡方程和边界条件，即为满足弹性力学基本方程的解。

例 7.3 有一线弹性杆件，其长度为 2，弹性模量为 E，横截面面积为 A，如图 7.17 所示，在其中点受有一个集中力 F，若忽略体积力，采用虚功原理对该问题进行求解。

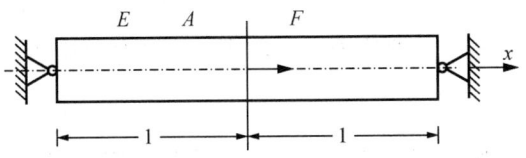

图 7.17 夹持杆结构受中点载荷的作用

解：取夹持杆的位移试函数为：

$$u(x)=c\sin\frac{\pi x}{2}$$

式中，c 为待定系数，可以看出它满足相应的位移边界条件，则它的虚位移 $\delta u=\delta c\sin\frac{\pi x}{2}$，对应的虚应变 $\delta\varepsilon=\frac{\mathrm{d}\delta u(x)}{\mathrm{d}x}=\frac{\pi}{2}\cos\frac{\pi x}{2}\cdot\delta c$ 应力 $\sigma=E\frac{\mathrm{d}u(x)}{\mathrm{d}x}=\frac{\pi}{2}E\cos\frac{\pi x}{2}\cdot\delta c$。

计算相应的虚应变能为：

$$\delta U=\int_{\Omega}\sigma\delta\varepsilon\,\mathrm{d}\Omega=\int_0^2 EAc\cos^2\frac{\pi x}{2}\mathrm{d}x\cdot\delta c=EAc\frac{\pi^2}{4}\cdot\delta c$$

而外力虚功为：

$$\delta W=F\cdot\delta u(x=1)=F\cdot\delta c$$

根据虚功原理 $\delta U=\delta W$，有：

$$EAc\frac{\pi^2}{4}\cdot\delta c=F\cdot\delta c$$

进一步，有：

$$\left(EAc\frac{\pi^2}{4}-F\right)\cdot\delta c=0$$

由于 δc 的任意性，因此，有：

$$EAc\frac{\pi^2}{4} - F = 0$$

得到：

$$c = \frac{4F}{EA\pi^2}$$

得到本题的答案为：

$$\begin{cases} u(x) = \dfrac{4F}{EA\pi^2}\sin\dfrac{\pi x}{2} \\ \varepsilon(x) = \dfrac{\mathrm{d}u(x)}{\mathrm{d}x} = \dfrac{2F}{EA\pi}\cos\dfrac{\pi x}{2} \\ \sigma(x) = E\dfrac{\mathrm{d}u(x)}{\mathrm{d}x} = \dfrac{2F}{A\pi}\cos\dfrac{\pi x}{2} \end{cases}$$

若取 $E=1$，$A=1$，$F=1$，计算该夹持杆结构受中点载荷作用的位移及应力，将结果与精确解进行比较，见图 7.18。

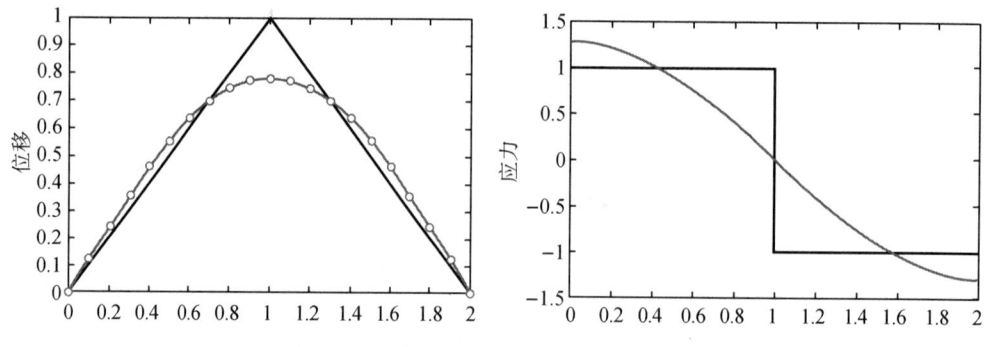

图 7.18 夹持杆结构受中点载荷作用的结果与比较

7.2 弹性力学一维问题——杆的基本力学方程

杆件是工程中最常用的承力结构，它主要承受轴向力，并且杆件的两端一般都与其他结构铰接，所以无法传递和承受弯矩。如图 7.19 所示，有一个左端固定的杆件结构，它的右端承受一个大小为 F 的拉力。此杆件结构的长度为 l，横截面面积为 A，弹性模量为 E，该问题属于一维问题，下面讨论该问题的力学方程与求解。

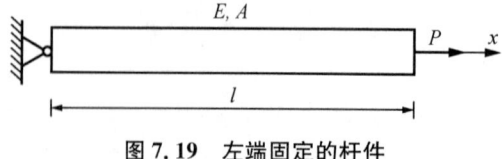

图 7.19 左端固定的杆件

如图 7.19 所示，以向右为 x 轴正方向，在此问题中，只有沿 x 方向的基本变量。假设沿

x 方向的移动为位移 $u(x)$，沿 x 方向的相对伸长量(缩短量)为应变 $\varepsilon_x(x)$，沿 x 方向的单位截面上所受的力为应力 $\sigma_x(x)$。

截取杆件的任意一个截面，根据力的平衡条件可以得到平衡微分方程为：

$$\frac{d\sigma_x}{dx}=0 \text{ 或 } \sigma_x=c_1 \tag{7.72}$$

式中，c_1 为待定常数。

取出杆件 x 位置处的一段长度 dx，假设它的伸长量为 du，则它的相对伸长量为：

$$\varepsilon_x=\frac{du}{dx} \tag{7.73}$$

根据广义胡克定律，得到它的物理方程为：

$$\sigma_x=E\varepsilon_x \tag{7.74}$$

分别列出位移边界条件和力边界条件：

$$u(x)|_{x=0}=0 \tag{7.75}$$

$$\sigma_x(x)|_{x=l}=\frac{F}{A} \tag{7.76}$$

从求解思路来说，上述问题可以用两类方法进行求解，即直接求解方法和基于试函数的间接求解方法。直接求解方法就是直接通过三个已知方程求解三个未知变量；基于试函数的间接求解方法是先选取某个变量(位移)作为待求变量，将其他变量都用这个待求向量来表达，关键是对未知位移变量假设一种**满足位移边界条件的可能解**(其中包含一些待定系数)，称之为试函数，采用最小势能原理或者虚功原理的方法来求出试函数中的待定系数。

7.2.1 一维杆件问题的直接求解

对式(7.72)—式(7.76)直接进行求解，可以得到：

$$\left.\begin{array}{l}\sigma_x(x)=c_1 \\ \varepsilon_x(x)=\dfrac{c_1}{E} \\ u(x)=\dfrac{c_1}{E}x+c_2\end{array}\right\} \tag{7.77}$$

式中，c_1 与 c_2 为待定系数，根据边界条件式(7.75)和式(7.76)，可解得 c_1 与 c_2 的值为：

$$c_1=\frac{F}{A}, \quad c_2=0 \tag{7.78}$$

故得到该问题的最终结果为：

$$\left.\begin{array}{l}\sigma_x(x)=\dfrac{F}{A} \\ \varepsilon_x(x)=\dfrac{F}{EA} \\ u(x)=\dfrac{F}{EA}x\end{array}\right\} \tag{7.79}$$

7.2.2 一维杆件问题的虚功原理求解

图 7.19 所示杆件,设有满足位移边界条件的位移场:

$$u(x) = cx \tag{7.80}$$

可以验证:它满足位移边界条件。这是一个待定函数,也称为试函数,待定系数 c 可以根据虚功原理得到。基于式(7.80)的试函数,则它的应变、虚位移以及虚应变为:

$$\left. \begin{array}{l} \varepsilon(x) = c \\ \delta u(x) = \delta c \cdot x \\ \delta \varepsilon(x) = \delta c \end{array} \right\}$$

其中,δc 为待定系数的增量。计算出虚应变能以及外力虚功为:

$$\begin{array}{l} \delta U = \int_\Omega \sigma_x \delta \varepsilon_x \mathrm{d}\Omega = \int_0^l \int_A E \cdot \varepsilon_x \delta \varepsilon_x \mathrm{d}A \cdot \mathrm{d}x = E \cdot c \cdot \delta c \cdot A \cdot l \\ \delta W = P \cdot \delta u(x=l) = P \cdot \delta c \cdot l \end{array} \tag{7.81}$$

根据虚功原理,有:

$$E \cdot c \cdot \delta c \cdot A \cdot l = P \cdot \delta c \cdot l \tag{7.82}$$

得到:

$$c = \frac{P}{EA} \tag{7.83}$$

将 c 的值代回式(7.80)中,可以得到该问题的解。

7.2.3 一维杆件问题的虚位移原理求解

设有满足位移边界条件 $BC(u)$ 的许可位移场 $u(x)$,计算该系统的势能为:

$$\prod(u) = U - W \tag{7.84}$$

式中 U——应变能;
W——外力功。

对于图 7.19 所示的算例,有:

$$\left. \begin{array}{l} U = \dfrac{1}{2} \int_\Omega \sigma_x [u(x)] \cdot \varepsilon[u(x)] \mathrm{d}\Omega \\ W = P \cdot u(x=l) \end{array} \right\}$$

对于含有待定系数的试函数 $u(x)$ 而言,真实的位移函数 $u(x)$ 应使得该系统的势能取得极小值,即:

$$\min_{u(x) \in BC(u)} \left[\prod(u) = U - W \right] \tag{7.85}$$

下面应用最小势能原理来具体求解如图 7.19 所示的一端固定的拉杆问题,同样取满足位

移边界条件的位移场如式(7.80),则计算应力、应变为:

$$\left.\begin{array}{l}\varepsilon_x(x)=\dfrac{\mathrm{d}u}{\mathrm{d}x}=c \\ \sigma_x=E\cdot\varepsilon_x(x)=Ec\end{array}\right\} \quad (7.86)$$

根据式(7.84)计算出该系统的势能为:

$$\prod(u)=U-W=\frac{1}{2}Ec^2Al-Pcl \quad (7.87)$$

根据式(7.87)求极值,即:

$$\frac{\partial \prod(u)}{\partial c}=0 \quad (7.88)$$

得到:

$$c=\frac{P}{EA} \quad (7.89)$$

由以上计算可以看出,基于试函数的方法,包括虚功原理以及最小势能原理,仅计算系统的能量,实际上就是计算积分,然后转化为求解线性方程,不需求解微分方程,这样就大大地降低了求解难度。其关键就是构造出符合所求问题边界条件的位移试函数,并且该构造方法还应具有规范性以及标准化,基于"单元"的构造方法就可以完全满足这些要求。

7.3 弹性力学一维问题——梁的基本力学方程

设有一个受均布载荷作用的简支梁如图 7.20(a)所示,由于简支梁的宽度较小,外载沿宽度方向无变化,该问题可以认为是一个 xOy 平面内的问题,有两种方法来建立基本方程:一是采用一般的建模及分析方法,即从对象取出 $\mathrm{d}x\mathrm{d}y$ 微元体进行分析,建立最一般的方程,采用这种方法所用的变量较多,且过程复杂;二是针对细长梁采用"特征建模"的简化方法来推导三大方程,其基本思想是采用工程宏观特征量来进行问题的描述。

图 7.20(a)所示问题的特征为:①梁为细长梁,因此可只用 x 坐标来刻画;②主要变形为垂直于 x 的挠度,可只用挠度来描述位移场。针对这两个特征,可以对梁沿高度方向的变形做出以下设定:①变形后的直线假定;②小变形假定。

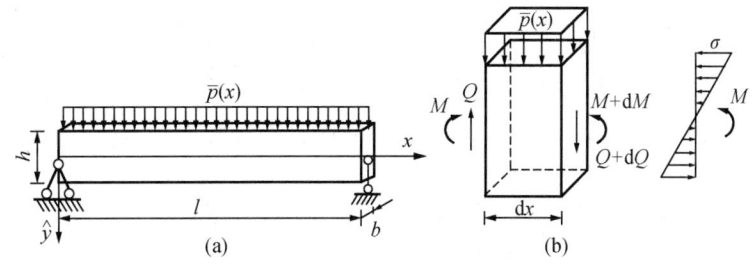

图 7.20 受均布载荷的简支梁

7.3.1 平面梁的基本变量

位移：$v(x, \hat{y}=0)$（中性层的挠度，即横向位移）。
应力：$\sigma(\sigma_x$，其他应力分量很小，忽略），该变量对应于梁截面上的弯矩 M。
应变：$\varepsilon(\varepsilon_x$，沿高度方向满足直线假定）。
下面选取具有全高度梁的 $\mathrm{d}x$ "微段"来推导三大方程（图 7.21）。

7.3.2 平面梁的基本方程

上述问题的三大类基本方程和边界条件如下。

1. 平衡方程

针对图 7.20(b)中的"微段"，有三个平衡方程，首先由 x 方向的合力为零，即 $\sum X=0$，有：

$$M = \int_A \sigma_x \cdot \hat{y} \cdot \mathrm{d}A \tag{7.90}$$

式中 $\hat{y}$ ——以梁的中性层为起点的 y 坐标；
M——截面上的弯矩。

然后由 y 方向的合力等效 $\sum Y=0$，有 $\mathrm{d}Q + \bar{p}(x) \cdot \mathrm{d}x = 0$，即：

$$\frac{\mathrm{d}Q}{\mathrm{d}x} + \bar{p} = 0 \tag{7.91}$$

式中，Q 为截面上的剪力，再由弯矩平衡 $\sum M_0 = 0$，有 $\mathrm{d}M - Q\mathrm{d}x = 0$，即：

$$Q = \frac{\mathrm{d}M}{\mathrm{d}x} \tag{7.92}$$

2. 几何方程

梁问题"微段" $\mathrm{d}x$ 的弯曲变形分析见图 7.21。

考虑梁的纯弯变形，如图 7.21 所示。由变形后的几何关系，可得到位于 $\hat{y}$ 处纤维层的应变（即相对伸长量）为：

$$\varepsilon_x(\hat{y}) = \frac{(R-\hat{y}) \cdot \mathrm{d}\theta - R \cdot \mathrm{d}\theta}{R \cdot \mathrm{d}\theta} = -\frac{\hat{y}}{R} \tag{7.93}$$

式中，R 为曲率半径，而曲率 κ 与曲率半径 R 的关系为：

$$\kappa = \frac{\mathrm{d}\theta}{\mathrm{d}s} = \frac{\mathrm{d}\theta}{R\mathrm{d}\theta} = \frac{1}{R} \tag{7.94}$$

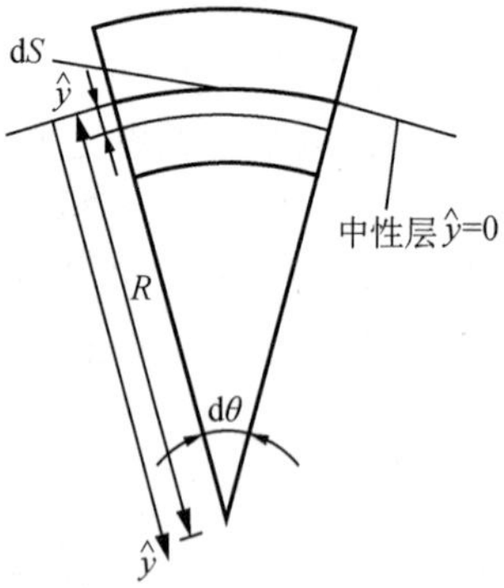

对于梁的挠度函数 $v(x, \hat{y}=0)$，它的曲率 κ 的计算公式为：

$$\kappa = \pm \frac{v''(x)}{[1+v'(x)^2]} \approx \pm v''(x) \tag{7.95}$$

对于图 7.21 所示的情形，得到：

图 7.21 微段 $\mathrm{d}x$ 的弯曲变形

$$\kappa = \frac{\mathrm{d}^2 v}{\mathrm{d}x^2} \tag{7.96}$$

$$\varepsilon_x(x, \hat{y}) = -\hat{y}\frac{\mathrm{d}^2 v}{\mathrm{d}x^2} \tag{7.97}$$

3. 物理方程

根据胡克定律:

$$\sigma_x = E\varepsilon_x \tag{7.98}$$

整理以上方程,得到描述平面梁弯曲问题的基本方程:

$$-EI\frac{\mathrm{d}^4 v}{\mathrm{d}x^4} + \bar{p}(x) = 0 \tag{7.99}$$

$$M(x) = \int_A \sigma_x \hat{y}\,\mathrm{d}A = \int_A -\hat{y}^2 E v''\,\mathrm{d}A = -EI\frac{\mathrm{d}^2 v}{\mathrm{d}x^2} \tag{7.100}$$

$$\sigma_x(x) = -E\hat{y}\frac{\mathrm{d}^2 v}{\mathrm{d}x^2} \tag{7.101}$$

$$\varepsilon_x(x, \hat{y}) = -\hat{y}\frac{\mathrm{d}^2 v}{\mathrm{d}x^2} \tag{7.102}$$

式(7.100)中,$I = \int_A \hat{y}^2 \mathrm{d}A$ 为梁截面的惯性矩,可以看出将原始基本变量定为中性层的挠度 $v(x, \hat{y}=0)$,而其他力学参量都可以基于它来表达。

4. 边界条件

图 7.20(a)所示简支梁的边界为梁的两端,由于在建立平衡方程时已考虑了分布外载 $\bar{p}(x)$,见式(7.99),因此不能再作为力的边界条件。

两端的位移边界:

$$BC(u) \quad v|_{x=0} = 0, \ v|_{x=l} = 0 \tag{7.103}$$

两端的力(弯矩)边界:

$$BC(p) \quad M|_{x=0} = 0, \ M|_{x=l} = 0 \tag{7.104}$$

由式(7.100),可将弯矩以挠度的二阶导数来表示,即:

$$BC(p) \quad v''|_{x=0} = 0, \ v''|_{x=l} = 0 \tag{7.105}$$

7.3.3 简支梁问题的求解方法

1. 简支梁的微分方程解

若用基于 $\mathrm{d}x\mathrm{d}y$ 微元体所建立的原始方程(即原平面应力问题中的三大类方程)进行直接求解,不仅过于繁琐,而且不易求解,若用基于以上"特征建模"简化方法所得到的基本方程进行直接求解则比较简单,对如图 7.20(a)所示的均匀分布外载的情况,其基本方程为:

$$-EI\frac{\mathrm{d}^4 v}{\mathrm{d}x^4} + \bar{p}_0 = 0 \tag{7.106}$$

$$BC(u) \quad v|_{x=0}=0, v|_{x=l}=0 \tag{7.107}$$

$$BC(p) \quad M|_{x=0}=0, M|_{x=l}=0 \tag{7.108}$$

这是一个常微分方程,其解的形式为:

$$v(x)=\frac{1}{EI}(c_4x^4+c_3x^3+c_2x^2+c_1x+c_0) \tag{7.109}$$

式中,c_0,…,c_4 为待定系数,可由四个边界条件求出,将边界条件代入可得到:

$$v(x)=\frac{\bar{p}_0}{24EI}(x^4-2lx^3+l^3x) \tag{7.110}$$

2. 简支梁的虚功原理求解

计算出平面梁弯曲问题有关能量方面的物理量应变能 U、外力功 W 和势能 $\prod$ 如下:

$$U=\frac{1}{2}\int_\Omega \sigma_x\varepsilon_x\mathrm{d}\Omega=\frac{1}{2}\int_\Omega\left(-E\hat{y}\frac{\mathrm{d}^2v}{\mathrm{d}x^2}\right)\left(-\hat{y}\frac{\mathrm{d}^2v}{\mathrm{d}x^2}\right)\mathrm{d}A\mathrm{d}x=\frac{1}{2}\int_l EI_z\left(\frac{\mathrm{d}^2v}{\mathrm{d}x^2}\right)^2\mathrm{d}x$$

$$W=\int_l \bar{p}(x)\cdot v(x)\mathrm{d}x$$

$$\prod=U-W=\frac{1}{2}\int_l EI_z\left(\frac{\mathrm{d}^2v}{\mathrm{d}x^2}\right)^2\mathrm{d}x-\int_l \bar{p}(x)\cdot v(x)\mathrm{d}x \tag{7.111}$$

以图 7.20(a)所示的简支梁为例,假设有一个只满足位移边界条件 $BC(u)$ 的位移场 $\hat{v}(x)$ 为:

$$\hat{v}(x)=c_1\cdot\sin\frac{\pi x}{l} \tag{7.112}$$

式中,c_1 为待定系数。则虚位移场为:

$$\delta\hat{v}(x)=\delta c_1\cdot\sin\frac{\pi x}{l} \tag{7.113}$$

δc_1 为微小变化量,可以验证,式(7.112)满足位移边界条件 $BC(u)$,将满足位移边界条件 $BC(u)$ 的试函数叫作许可位移。

该简支梁的虚应变能为:

$$\delta U=\int_\Omega \sigma_x\delta\varepsilon_x\mathrm{d}\Omega=\int_0^l\int_A E\varepsilon_x\delta\varepsilon_x\mathrm{d}A\mathrm{d}\Omega \tag{7.114}$$

式中,A 为梁的横截面,对于梁的弯曲问题,得到几何方程:

$$\varepsilon_x(x,\hat{y})=-\hat{y}\frac{\mathrm{d}^2\hat{v}}{\mathrm{d}x^2} \tag{7.115}$$

将其代入虚应变能方程中,有:

$$\delta U = \int_0^l E(\int_A \hat{y}^2 dA) \cdot \left(\frac{d^2 \hat{v}}{dx^2}\right)^2 \cdot \left(\frac{d^2 \delta \hat{v}}{dx^2}\right) dx$$

$$= \int_0^l EI\left(\frac{\pi}{l}\right)^2 \cdot c_1 \sin\frac{\pi x}{l} \cdot \left(\frac{\pi}{l}\right)^2 \cdot \sin\frac{\pi x}{l} \cdot \delta c_1 \cdot dx$$

$$= \frac{EIl}{2}\left(\frac{\pi}{l}\right)^4 c_1 \delta c_1 \tag{7.116}$$

该简支梁的外力虚功为:

$$\delta W = \int_0^l \bar{p}_0 \delta \hat{v} dx = \bar{p}_0 \cdot \delta c_1 \cdot \int_0^l \sin\frac{\pi x}{l} dx = \frac{2l\bar{p}_0}{\pi} \delta c_1 \tag{7.117}$$

根据虚功原理,有:

$$\frac{2l\bar{p}_0}{\pi} \delta c_1 = \frac{EIl}{2}\left(\frac{\pi}{l}\right)^4 c_1 \delta c_1 \tag{7.118}$$

得到:

$$c_1 = \frac{4l^4}{EI\pi^5} \bar{p}_0 \tag{7.119}$$

那么,由式(7.112)所表示的位移模式中,真实的一组为满足虚功原理时的位移,即:

$$\hat{v}(x) = \frac{4l^4}{EI\pi^5} \bar{p}_0 \sin\frac{\pi x}{l} \tag{7.120}$$

3. 简支梁的最小势能原理求解

仍以如图 7.20(a)所示的平面简支梁的弯曲问题为例,为提高计算精度,可以选取多项函数的组合,此处假设满足位移边界条件 $BC(u)$ 的许可位移场 $\hat{v}(x)$ 为:

$$\hat{v}(x) = c_1 \sin\frac{\pi x}{l} + c_2 \sin\frac{3\pi x}{l} \tag{7.121}$$

式中,c_1 和 c_2 为待定系数;其应变能 U 为:

$$U = \frac{1}{2}\int_\Omega \sigma_x \varepsilon_x d\Omega = \frac{1}{2}\int_0^l EI\left(\frac{d^2\hat{v}}{dx^2}\right)^2 dx = \frac{EI}{2}\left[c_1^2\left(\frac{\pi}{l}\right)^4 \frac{l}{2} + c_2^2\left(\frac{3\pi}{l}\right)^4 \frac{l}{2}\right] \tag{7.122}$$

相应的外力功 W 为:

$$W = \int_0^l \bar{p}_0\left(c_1 \sin\frac{\pi x}{l} + c_2 \sin\frac{3\pi x}{l}\right) dx = \bar{p}_0\left(c_1 \frac{2l}{\pi} + c_2 \frac{2l}{3\pi}\right) \tag{7.123}$$

系统的总势能为 $\prod = U - W$ 根据最小势能原理,为使 $\prod$ 取最小值,得到:

$$\left.\begin{array}{l}\dfrac{\partial \prod}{\partial c_1} = \dfrac{EI}{2}\left[2c_1\left(\dfrac{\pi}{l}\right)^4 \dfrac{l}{2}\right] - \bar{p}_0 \dfrac{2l}{\pi} = 0 \\[2ex] \dfrac{\partial \prod}{\partial c_2} = \dfrac{EI}{2}\left[2c_2\left(\dfrac{3\pi}{l}\right)^4 \dfrac{l}{2}\right] - \bar{p}_0 \dfrac{2l}{3\pi} = 0\end{array}\right\} \tag{7.124}$$

求出 c_1 和 c_2，得到：

$$\hat{v}(x) = \frac{4\bar{p}_0 l^4}{\pi^5 EI}\sin\left(\frac{\pi x}{l}\right) + \frac{4\bar{p}_0 l^4}{243\pi^5 EI}\sin\left(\frac{3\pi x}{l}\right) \tag{7.125}$$

可以看出，该方法得到的第一项与前面虚功原理求解出来的结果相同，与精确解(7.110)相比，该结果比前面由虚功原理得到的结果更为精确，这是因为选取两项函数作为试函数，这也是提高计算精度的重要途径。

*7.4　材料破坏的力学准则

对于承受外载荷作用的结构，需要在获得力学信息后对它的安全性进行评判。目前主要是通过应力状态来判断材料的破坏状态。弹性力学方法和有限元法求解复杂工程问题后，已知危险点的应力状态 $\sigma = (\sigma_x \quad \sigma_y \quad \sigma_z \quad \tau_{xy} \quad \tau_{yz} \quad \tau_{zx})^T$，这称为复杂应力状态，可以求出三个主应力 σ_1、σ_2、σ_3。主应力是判断材料是否破坏的主要参数，对于不同类型的材料，如韧性材料、脆性材料等，将有不同的判断准则，几种典型的屈服或破坏准则如图 7.22 所示。下面将给出相应的表达式。

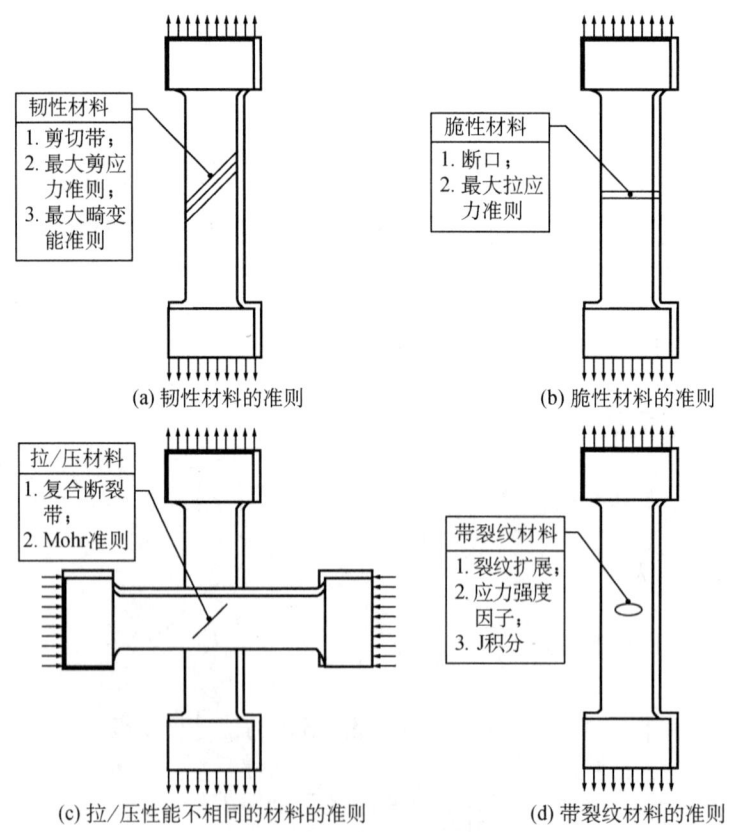

(a) 韧性材料的准则　　(b) 脆性材料的准则

(c) 拉/压性能不相同的材料的准则　　(d) 带裂纹材料的准则

图 7.22　典型破坏准则

由于材料的破坏实验基本上都是通过材料的单向拉伸来实现的，因此，对于复杂应力状态,各个破坏准则中的材料临界值都要与单位拉伸试验测试的临界值建立联系。

7.4.1 最大剪应力准则

当材料的最大剪应力达到该材料的剪应力极限时,则该材料会发生屈服(或剪断)。该准则称为Tresca准则,主要适用于韧性材料。

由于最大剪应力 τ_{max} 为:

$$\tau_{max} = \frac{\sigma_1 - \sigma_3}{2} \tag{7.126}$$

则Tresca准则可准确表述为:

$$\tau_{max} \leqslant [\tau] \tag{7.127}$$

式中,$[\tau]$为材料的许用剪应力,可由材料的单向拉伸试验来确定。对于材料的单向拉伸试验,有 $\sigma_3 = 0$,因此,由式(7.126)所知,有:

$$[\tau] = \frac{[\sigma]}{2} \tag{7.128}$$

式中,$[\sigma]$为单向拉伸试验的许用应力。将式(7.126)和式(7.128)代入式(7.127)中,则以主应力形式来表达的最大剪应力准则为:

$$\sigma_1 - \sigma_3 \leqslant [\sigma] \tag{7.129}$$

7.4.2 最大畸变能准则

当材料的最大畸变能达到该材料的畸变能极限值时,材料会发生屈服(或剪断)。该准则称为von Mises准则,主要适用于韧性材料。以主应力形式来表达的最大畸变能准则为:

$$\sqrt{\frac{1}{2}[(\sigma_1-\sigma_2)^2+(\sigma_2-\sigma_3)^2+(\sigma_1-\sigma_3)^2]} \leqslant [\sigma] \tag{7.130}$$

或者写成更为普遍的形式,有:

$$\sqrt{\frac{1}{2}[(\sigma_x-\sigma_y)^2+(\sigma_y-\sigma_z)^2+(\sigma_z-\sigma_x)^2+6(\tau_{xy}^2+\tau_{yz}^2+\tau_{zx}^2)]} \leqslant [\sigma] \tag{7.131}$$

令:

$$\begin{aligned}\sigma_{eq} &= \sqrt{\frac{1}{2}[(\sigma_1-\sigma_2)^2+(\sigma_2-\sigma_3)^2+(\sigma_1-\sigma_3)^2]} \\ &= \sqrt{\frac{1}{2}[(\sigma_x-\sigma_y)^2+(\sigma_y-\sigma_z)^2+(\sigma_z-\sigma_x)^2+6(\tau_{xy}^2+\tau_{yz}^2+\tau_{zx}^2)]}\end{aligned} \tag{7.132}$$

则称 σ_{eq} 为 von Mises 等效应力,也称为应力强度。由式(7.132)可以看出,该等效应力反映了材料受力变形畸变能的平方根。

7.4.3 最大拉应力准则

当材料的最大拉应力达到该材料的拉应力极限值时,材料会发生断裂破坏。该准则称为 Rankine 准则,主要适用于脆性材料。最大拉应力准则为:

$$\sigma_1 \leqslant [\sigma] \tag{7.133}$$

式中,$[\sigma]$ 为材料的许用应力,由材料的单向拉伸试验和安全系数确定,即 $[\sigma] = \dfrac{\sigma_b}{n}$,其中,$\sigma_b$ 为单向拉伸试验得到的强度极限,n 为安全系数。

7.4.4 Mohr 准则

铸铁、混凝土等材料拉伸和压缩的材料强度值 σ_b 不相同。试验表明,这类材料的强度准则既不服从最大剪应力准则,也不服从最大畸变能准则,而是服从 Mohr 准则,即:

$$\sigma_1 - \frac{[\sigma]_T}{[\sigma]_C} \sigma_3 \leqslant [\sigma]_T \tag{7.134}$$

式中 $[\sigma]_T$ ——材料拉伸时的许用应力;
    $[\sigma]_C$ ——材料压缩时的许用应力。

7.5 本章小结

本章介绍了弹性体的基本力学方程(平衡微分方程、几何方程和物理方程),介绍了平面应力问题和平面应变问题以及二者之间的差别;以平面应力问题为例,讨论了平面问题求解的逆解法,列出了两类典型一维问题(杆和梁)的基本力学方程,为后面介绍有限单元法打下了良好的基础,最后介绍了材料破坏的力学准则,以便理解采用有限元计算二维、三维问题时如何判定此类复杂应力状态下的安全性。

思考题

7.1 什么是平面应力问题?什么是平面应变问题?
7.2 采用位移解法,是否还要满足变形协调条件?试说明原因。
7.3 应力函数的量纲是什么?
7.4 什么是圣维南原理?弹性力学有哪几类边界条件?
7.5 弹性力学一维问题中,杆和梁之间的差别是什么?

习 题

7.1 任意形状的物体,其表面受均布压力 q 的作用,若不计体力,试验证应力分量:

$$\sigma_x = \sigma_y = \sigma_z = -q, \quad \tau_{xy} = \tau_{yz} = \tau_{zx} = 0$$

是否满足平衡微分方程和静力边界条件。

7.2 如图所示的一个两端固定的杆件承受变化的体力,假设位移场 $u = a_0 + a_1 x + a_2 x^2$,采用虚功原理求解相应的位移场 $u(x)$ 和应力场 $\sigma(x)$。

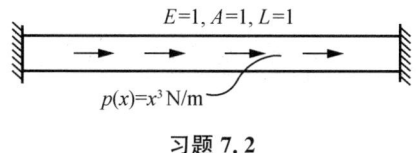

习题 7.2

7.3 在平面应变问题中，其应力状态为 $\sigma_x=30$ MPa, $\sigma_y=-15$ MPa, $\tau_{xy}=-30$ MPa，材料的参数为 $E=210$ GPa, $\mu=0.3$，求垂直方向上应力 σ_z 的值。

7.4 如图所示的几何形状为平行四边形的金属薄膜厚度为 1 mm，四周承受均匀张力，试分析它的应力状态；若该金属薄膜的许用应力 $[\sigma]=300$ MPa，试用最大剪应力准则、最大畸变能准则、最大拉应力准则分析该结构的安全性。

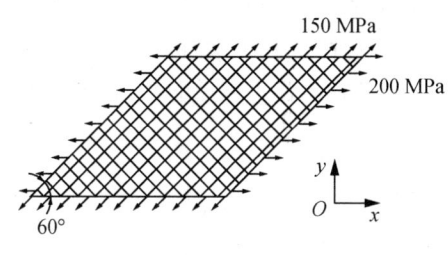

习题 7.4

7.5 有平面应力状态的几种受力状态如下，若所采用材料的单向拉伸的许用应力为 150 MPa，试用最大剪应力准则、最大畸变能准则计算各种情况下的安全系数。
(1) $\sigma_x=50$ MPa, $\sigma_y=50$ MPa, $\tau_{xy}=50$ MPa；
(2) $\sigma_x=40$ MPa, $\sigma_y=-80$ MPa, $\tau_{xy}=-50$ MPa；
(3) $\sigma_x=-40$ MPa, $\sigma_y=80$ MPa, $\tau_{xy}=0$；
(4) $\sigma_x=0$, $\sigma_y=0$, $\tau_{xy}=-50$ MPa。

第 8 章　杆系结构的有限元法

实际工程中,杆或梁组成的杆系结构得到了广泛运用,这也是结构力学的研究对象,在有限元分析中,这些结构均由两种基本单元,即杆单元(link)和梁单元(beam)组成,只要研究这两种单元即可计算由它们组成的各种杆系结构。

杆系结构本身就有离散化的特点,因此对于由等直杆组成的杆系结构而言,不存在离散化引起的误差。可以视情况取杆中任意点为"节点"。对于变截面梁和曲杆等可以根据计算精度的要求,在杆上取若干节点,每两个节点间的部分可以视为等直杆,如图 8.1 所示。这样一来,曲杆与变截面杆问题就可以使用等直杆单元来求解了。直接使用有限元方法建立曲杆单元与变截面杆单元也是可行的,这还可以避免等直杆单元离散带来的误差。

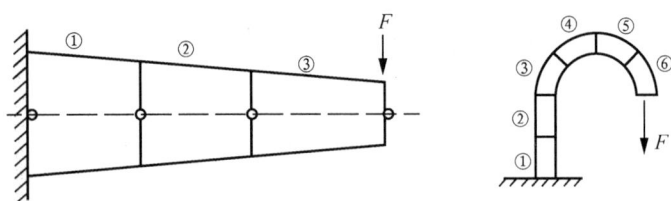

图 8.1　变截面梁和曲杆的离散

8.1　杆单元的有限元法

8.1.1　局部坐标系中的杆单元描述

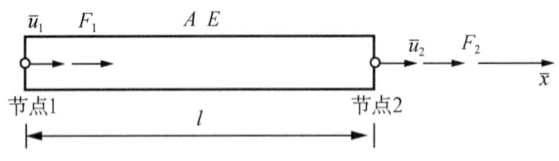

图 8.2　局部坐标系中的杆单元

如图 8.2 所示,杆单元有两个端节点(节点 1 和节点 2),基本变量为节点位移向量 $\{\bar{\Delta}\}$:

$$\{\bar{\Delta}\} = \{\bar{u}_1 \quad \bar{u}_2\}^{\mathrm{T}} \tag{8.1}$$

若每一个描述物体位置状态的独立变量称为一个自由度,则式(8.1)中的节点位移为两个自由度。同理,节点力向量 $\{\bar{F}\}$:

$$\{\bar{F}\} = \{\bar{F}_1 \quad \bar{F}_2\}^{\mathrm{T}} \tag{8.2}$$

若该单元承受有沿轴向分布的外载荷,可以将其等效到节点上,即式(8.2)所示的节点力。利用函数插值、几何方程、物理方程以及势能计算公式,能够将单元的力学参数用节点位移向量$\{\bar{\Delta}\}$表示出来。

单元内各点的位移按照线性函数的模式,即:

$$u(x)=a_0+a_1x \tag{8.3}$$

而单元刚度矩阵为:

$$[\bar{K}]=\frac{EA}{l}\begin{bmatrix} 1 & -1 \\ -1 & 1 \end{bmatrix} \tag{8.4}$$

式中,E,A,l分别为杆的弹性模量、横截面面积和长度。按照虚位移原理所建立的单元刚度方程为:

$$[\bar{K}]\{\bar{\Delta}\}=\{\bar{F}\} \tag{8.5}$$

8.1.2 杆单元的坐标变换

在工程实际中,杆单元可能位于整体坐标系中的任意位置,如图8.3所示。如此一来,就需要将基于单元自身局部坐标系得到的单元表达等价变换到整体坐标系(结构坐标系)中。这样,才能将不同位置的单元按照公共的基准进行集成和装配。图8.3中的整体坐标系为(xOy),杆单元的局部坐标系为$(\bar{x}O\bar{y})$。

按照式(8.1),局部坐标系中的节点位移$\{\bar{\Delta}\}=\{\bar{u}_1 \quad \bar{u}_2\}^T$;整体坐标系中的节点位移$\{\Delta\}$为:

$$\{\Delta\}=\{u_1 \quad u_2 \quad v_1 \quad v_2\}^T \tag{8.6}$$

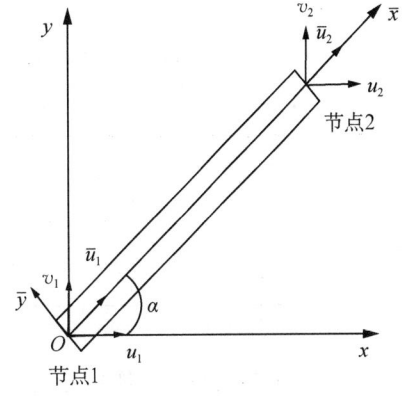

图8.3 整体坐标系中的杆单元

如图8.3所示,在节点1处,整体坐标系下的节点位移u_1和v_1合成的结果等效于局部坐标系中的$\bar{u}_1$。同理,在节点2处,节点位移u_2和v_2合成的结果等效于局部坐标系中的$\bar{u}_2$。即存在以下的等价变换关系:

$$\begin{cases} \bar{u}_1=u_1\cos\alpha+v_1\sin\alpha \\ \bar{u}_2=u_2\cos\alpha+v_2\sin\alpha \end{cases} \tag{8.7}$$

写成矩阵形式有:

$$\{\bar{\Delta}\}=\begin{Bmatrix} \bar{u}_1 \\ \bar{u}_2 \end{Bmatrix}=\begin{bmatrix} \cos\alpha & \sin\alpha & 0 & 0 \\ 0 & 0 & \cos\alpha & \sin\alpha \end{bmatrix}\begin{Bmatrix} u_1 \\ v_1 \\ u_2 \\ v_2 \end{Bmatrix}=[T]\{\Delta\} \tag{8.8}$$

式中,$[T]$为坐标变换矩阵,即:

$$[T] = \begin{bmatrix} \cos\alpha & \sin\alpha & 0 & 0 \\ 0 & 0 & \cos\alpha & \sin\alpha \end{bmatrix} \tag{8.9}$$

整体坐标系下的刚度方程：

$$[K] = [T]^{\mathrm{T}}[\bar{K}][T] \tag{8.10}$$

$$\{F\} = [T]^{\mathrm{T}}\{\bar{F}\} \tag{8.11}$$

对于图8.3所示的杆单元，其整体坐标系下的刚度方程可由式(8.11)得出：

$$[K] = \frac{EA}{l}\begin{bmatrix} \cos^2\alpha & \cos\alpha\sin\alpha & -\cos^2\alpha & -\cos\alpha\sin\alpha \\ \cos\alpha\sin\alpha & \sin^2\alpha & -\cos\alpha\sin\alpha & -\sin^2\alpha \\ -\cos^2\alpha & -\cos\alpha\sin\alpha & \cos^2\alpha & \cos\alpha\sin\alpha \\ -\cos\alpha\sin\alpha & -\sin^2\alpha & \cos\alpha\sin\alpha & \sin^2\alpha \end{bmatrix} \tag{8.12}$$

例 8.1 如图8.4所示结构，各杆完全相同，弹性模量 $E = 210$ GPa，横截面积 $A = 1.5 \times 10^{-4}$ m^2，长度 l 为 5 m。求该结构的各单元刚度矩阵和总体刚度矩阵。

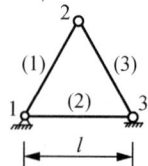

图 8.4 例 8.1 图

解：

(1) 单元的连通性见表8.1。

表 8.1 各单元的连通性

单元编号	节点 i	节点 j	α
(1)	1	2	60°
(2)	1	3	0°
(3)	2	3	−60°

说明：α 取值时与节点编号顺序有关，即单元按照顺时针方向与 x 轴正方向之间的夹角大小。

(2) 各单元的单元刚度矩阵。

按照式(8.12)，本题 E，A，l 取值均相同，$\alpha = 60°$，所以：

$$[K]^{(1)} = \frac{EA}{l}\begin{bmatrix} \cos^2\alpha & \cos\alpha\sin\alpha & -\cos^2\alpha & -\cos\alpha\sin\alpha \\ \cos\alpha\sin\alpha & \sin^2\alpha & -\cos\alpha\sin\alpha & -\sin^2\alpha \\ -\cos^2\alpha & -\cos\alpha\sin\alpha & \cos^2\alpha & \cos\alpha\sin\alpha \\ -\cos\alpha\sin\alpha & -\sin^2\alpha & \cos\alpha\sin\alpha & \sin^2\alpha \end{bmatrix}$$

$$= \frac{210 \times 10^9 \times 1.5 \times 10^{-4}}{5}\begin{bmatrix} \dfrac{1}{4} & \dfrac{\sqrt{3}}{4} & -\dfrac{1}{4} & -\dfrac{\sqrt{3}}{4} \\ \dfrac{\sqrt{3}}{4} & \dfrac{3}{4} & -\dfrac{\sqrt{3}}{4} & -\dfrac{3}{4} \\ -\dfrac{1}{4} & -\dfrac{\sqrt{3}}{4} & \dfrac{1}{4} & \dfrac{\sqrt{3}}{4} \\ -\dfrac{\sqrt{3}}{4} & -\dfrac{3}{4} & \dfrac{\sqrt{3}}{4} & \dfrac{1}{4} \end{bmatrix}$$

$$= 10^6 \times \begin{bmatrix} 1.575 & 2.728 & -1.575 & -2.728 \\ 2.728 & 4.725 & -2.728 & -4.725 \\ -1.575 & -2.728 & 1.575 & 2.728 \\ -2.728 & -4.725 & 2.728 & 4.725 \end{bmatrix}$$

同理,可求得单元(2)和单元(3)的刚度矩阵:

$$[K]^{(2)} = 10^6 \times \begin{bmatrix} 6.3 & 0 & -6.3 & 0 \\ 0 & 0 & 0 & 0 \\ -6.3 & 0 & 6.3 & 0 \\ 0 & 0 & 0 & 0 \end{bmatrix}$$

$$[K]^{(3)} = 10^6 \times \begin{bmatrix} 1.575 & -2.728 & -1.575 & 2.728 \\ -2.728 & 4.725 & 2.728 & -4.725 \\ -1.575 & 2.728 & 1.575 & -2.728 \\ 2.728 & -4.725 & -2.728 & 4.725 \end{bmatrix}$$

(3) 总体刚度矩阵。

有三个节点,因此整个结构的刚度矩阵的维数为 6×6,按照 6.4 节讲过的直接刚度法可得总体刚度矩阵如下:

$$[K] = 10^6 \times \begin{bmatrix} 7.875 & 2.728 & -1.575 & -2.728 & -6.300 & 0 \\ 2.728 & 4.725 & -2.728 & -4.725 & 0 & 0 \\ -1.575 & -2.728 & 3.150 & 0 & -1.575 & 2.728 \\ -2.728 & -4.725 & 0 & 9.450 & 2.728 & -4.725 \\ -6.300 & 0 & -1.575 & 2.728 & 7.875 & -2.728 \\ 0 & 0 & 2.728 & -4.725 & -2.728 & 4.725 \end{bmatrix}$$

8.1.3 杆结构分析的算例

例 8.2 如图 8.5 所示,两跨桁架各杆完全相同,弹性模量 $E = 210 \text{ GPa}$,横截面积 $A = 1.5 \times 10^{-4} \text{ m}^2$,杆的长度为 5 m。载荷 F 竖直向下,大小为 20 kN。求:

(1) 该桁架的总体刚度矩阵;
(2) 各节点的节点位移;
(3) 各杆的应力。

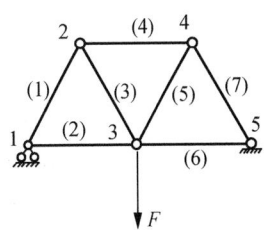

图 8.5 例 8.2 图

解:
根据第 1 章中有限元法的步骤有:
(1) 离散化域。

由前可知,桁架按照各杆离散,因此可得五个节点,七个单元(例 8.2 图已给出)。它们的连通性见表 8.2。

表 8.2　　　　　　　　　　　　　　　　单元的连通性

单元编号	节点 i	节点 j	α
(1)	1	2	60°
(2)	1	3	0°
(3)	2	3	−60°
(4)	2	4	0°
(5)	3	4	60°
(6)	3	5	0°
(7)	4	5	−60°

（2）求出单元刚度矩阵。

由式(8.13)可知,各单元的单元刚度矩阵为：

$$[K]^{(1)} = 10^6 \times \begin{bmatrix} 1.575 & 2.728 & -1.575 & -2.728 \\ 2.728 & 4.725 & -2.728 & -4.725 \\ -1.575 & -2.728 & 1.575 & 2.728 \\ -2.728 & -4.725 & 2.728 & 4.725 \end{bmatrix}$$

$$[K]^{(2)} = 10^6 \times \begin{bmatrix} 6.3 & 0 & -6.3 & 0 \\ 0 & 0 & 0 & 0 \\ -6.3 & 0 & 6.3 & 0 \\ 0 & 0 & 0 & 0 \end{bmatrix}$$

$$[K]^{(3)} = 10^6 \times \begin{bmatrix} 1.575 & -2.728 & -1.575 & 2.728 \\ -2.728 & 4.725 & 2.728 & -4.725 \\ -1.575 & 2.728 & 1.575 & -2.728 \\ 2.728 & -4.725 & -2.728 & 4.725 \end{bmatrix}$$

$$[K]^{(4)} = 10^6 \times \begin{bmatrix} 6.3 & 0 & -6.3 & 0 \\ 0 & 0 & 0 & 0 \\ -6.3 & 0 & 6.3 & 0 \\ 0 & 0 & 0 & 0 \end{bmatrix}$$

$$[K]^{(5)} = 10^6 \times \begin{bmatrix} 1.575 & 2.728 & -1.575 & -2.728 \\ 2.728 & 4.725 & -2.728 & -4.725 \\ -1.575 & -2.728 & 1.575 & 2.728 \\ -2.728 & -4.725 & 2.728 & 4.725 \end{bmatrix}$$

$$[K]^{(6)} = 10^6 \times \begin{bmatrix} 6.3 & 0 & -6.3 & 0 \\ 0 & 0 & 0 & 0 \\ -6.3 & 0 & 6.3 & 0 \\ 0 & 0 & 0 & 0 \end{bmatrix}$$

$$[K]^{(7)} = 10^6 \times \begin{bmatrix} 1.575 & -2.728 & -1.575 & 2.728 \\ -2.728 & 4.725 & 2.728 & -4.725 \\ -1.575 & 2.728 & 1.575 & -2.728 \\ 2.728 & -4.725 & -2.728 & 4.725 \end{bmatrix}$$

（3）组装总体刚度矩阵。

该桁架有五个节点，因此整个结构的刚度矩阵的维数为 10×10，按照总体刚度矩阵的组装方法有：

$$[K] = 10^6 \times \begin{bmatrix} 7.875 & 2.728 & -1.575 & -2.728 & -6.300 & 0 & 0 & 0 & 0 & 0 \\ 2.728 & 4.725 & -2.728 & -4.725 & 0 & 0 & 0 & 0 & 0 & 0 \\ -1.575 & -2.728 & 9.450 & 0 & -1.575 & 2.728 & -6.300 & 0 & 0 & 0 \\ -2.728 & -4.725 & 0 & 9.450 & 2.728 & -4.725 & 0 & 0 & 0 & 0 \\ -6.300 & 0 & -1.575 & 2.728 & 15.750 & 0 & -1.575 & -2.728 & -6.300 & 0 \\ 0 & 0 & 2.728 & -4.725 & 0 & 9.450 & -2.728 & -4.725 & 0 & 0 \\ 0 & 0 & -6.300 & 0 & -1.575 & -2.728 & 9.450 & 0 & -1.575 & 2.728 \\ 0 & 0 & 0 & 0 & -2.728 & -4.725 & 0 & 9.450 & 2.728 & -4.725 \\ 0 & 0 & 0 & 0 & -6.300 & 0 & -1.575 & 2.728 & 7.875 & -2.728 \\ 0 & 0 & 0 & 0 & 0 & 0 & 2.728 & -4.725 & -2.728 & 4.725 \end{bmatrix}$$

（4）施加边界条件。

本题的边界条件如下：

$$u_{1x} = u_{1y} = u_{5y} = 0;$$
$$F_{2x} = F_{2y} = F_{3x} = F_{3x} = F_{3y} = F_{5x} = 0;$$
$$F_{3y} = -20\,000$$

代入该结构整体方程组，有：

$$10^6 \times \begin{bmatrix} 7.875 & 2.728 & -1.575 & -2.728 & -6.300 & 0 & 0 & 0 & 0 & 0 \\ 2.728 & 4.725 & -2.728 & -4.725 & 0 & 0 & 0 & 0 & 0 & 0 \\ -1.575 & -2.728 & 9.450 & 0 & -1.575 & 2.728 & -6.300 & 0 & 0 & 0 \\ -2.728 & -4.725 & 0 & 9.450 & 2.728 & -4.725 & 0 & 0 & 0 & 0 \\ -6.300 & 0 & -1.575 & 2.728 & 15.750 & 0 & -1.575 & -2.728 & -6.300 & 0 \\ 0 & 0 & 2.728 & -4.725 & 0 & 9.450 & -2.728 & -4.725 & 0 & 0 \\ 0 & 0 & -6.300 & 0 & -1.575 & -2.728 & 9.450 & 0 & -1.575 & 2.728 \\ 0 & 0 & 0 & 0 & -2.728 & -4.725 & 0 & 9.450 & 2.728 & -4.725 \\ 0 & 0 & 0 & 0 & -6.300 & 0 & -1.575 & 2.728 & 7.875 & -2.728 \\ 0 & 0 & 0 & 0 & 0 & 0 & 2.728 & -4.725 & -2.728 & 4.725 \end{bmatrix} \begin{Bmatrix} 0 \\ 0 \\ u_{2x} \\ u_{2y} \\ u_{3x} \\ u_{3y} \\ u_{4x} \\ u_{4y} \\ u_{5x} \\ 0 \end{Bmatrix}$$

$$= \begin{Bmatrix} F_{1x} \\ F_{1y} \\ 0 \\ 0 \\ 0 \\ -2 \times 10^4 \\ 0 \\ 0 \\ 0 \\ F_{5y} \end{Bmatrix}$$

(5) 解方程。

先求节点位移,取总体刚度矩阵第 3 到第 9 列,位移向量和力向量的第 3 到第 9 行,有:

$$10^6 \times \begin{bmatrix} 9.45 & 0 & -1.575 & 2.728 & -6.3 & 0 & 0 \\ 0 & 9.45 & 2.728 & -4.725 & 0 & 0 & 0 \\ -1.575 & 2.728 & 15.75 & 0 & -1.575 & -2.728 & -6.3 \\ 2.728 & -4.725 & 0 & 9.45 & -2.728 & -4.725 & 0 \\ -6.3 & 0 & -1.575 & -2.728 & 9.45 & 0 & -1.575 \\ 0 & 0 & -2.728 & -4.725 & 0 & 9.45 & 2.728 \\ 0 & 0 & -6.3 & 0 & -1.575 & 2.728 & 7.875 \end{bmatrix} \begin{Bmatrix} u_{2x} \\ u_{2y} \\ u_{3x} \\ u_{3y} \\ u_{4x} \\ u_{4y} \\ u_{5x} \end{Bmatrix}$$

$$= \begin{Bmatrix} 0 \\ 0 \\ 0 \\ -20\,000 \\ 0 \\ 0 \\ 0 \end{Bmatrix}$$

解得:

$$\{u_{2x} \quad u_{2y} \quad u_{3x} \quad u_{3y} \quad u_{4x} \quad u_{4y} \quad u_{5x}\}^T$$
$$= \{0.001\,8 \quad -0.003\,2 \quad 0.000\,9 \quad -0.005\,8 \quad 0 \quad -0.003\,2 \quad 0.001\,8\}^T$$

(6) 后处理。

由第五步可得节点位移为:

$$\{\Delta\} = \{u_{1x} \quad u_{1y} \quad u_{2x} \quad u_{2y} \quad u_{3x} \quad u_{3y} \quad u_{4x} \quad u_{4y} \quad u_{5x} \quad u_{5y}\}^T$$
$$= \{0 \quad 0 \quad 0.001\,8 \quad -0.003\,2 \quad 0.000\,9 \quad -0.005\,8 \quad 0 \quad -0.003\,2 \quad 0.001\,8 \quad 0\}^T$$

单元节点力可按照下式求得:

$$\{F\}^{(e)} = \frac{EA}{l}[-\cos\alpha \quad -\sin\alpha \quad \cos\alpha \quad \sin\alpha]\{\Delta\}^{(e)}$$

式中 $\{\Delta\}$ 为整体坐标中的单元节点位移向量。然后将得到的单元力除以截面积 A 即可得到单元应力 σ:

$$\sigma^{(e)} = \frac{F}{A} = \frac{E}{l}[-\cos\alpha \quad -\sin\alpha \quad \cos\alpha \quad \sin\alpha]\{\Delta\}^{(e)}$$

对于单元1,节点位移为 $\{\Delta\}^{(1)} = [0 \quad 0 \quad 0.001\,8 \quad -0.003\,2]^T$,$\alpha = 60°$,代入上式可得:$\sigma^{(1)} = -76.98$ MPa,即杆1受压应力,大小为 76.98 MPa。同理可得,杆2到杆7的应力大小分别为:38.49 MPa、76.98 MPa、76.98 MPa、76.98 MPa、38.49 MPa 和 76.98 MPa;其中杆4和杆7为压应力,杆3、4、5为拉应力。更进一步,还可以通过应力或者直接通过刚度矩阵计算出各个杆件的内力,并与第3章的桁架内力计算方法得出的结果进行比较。

8.2 梁单元的有限元法

8.2.1 局部坐标系中的平面梁单元

图 8.6 为一局部坐标系中的纯弯梁单元,长度为 l,弹性模量为 E,横截面的惯性矩为 I。

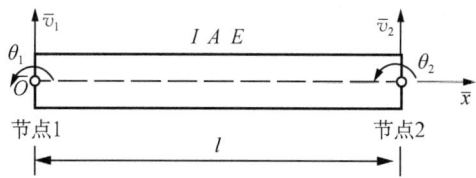

图 8.6 局部坐标系中的梁单元

与杆单元类似,假设该梁单元有两个端节点,那么节点位移向量 $\{\bar{\Delta}\}$ 为:

$$\{\bar{\Delta}\} = \{\bar{v}_1 \quad \theta_1 \quad \bar{v}_2 \quad \theta_2\}^{\mathrm{T}} \tag{8.13}$$

显然,该单元的节点位移有四个自由度,节点力向量 $\{\bar{F}\}$ 为:

$$\{\bar{F}\} = \{\bar{F}_{v1} \quad \bar{M}_1 \quad \bar{F}_{v2} \quad \bar{M}_2\}^{\mathrm{T}} \tag{8.14}$$

式中,$\bar{v}_1, \bar{\theta}_1, \bar{v}_2, \bar{\theta}_2$ 分别为各节点的挠度和转角。

若该单元承受有分布外载,可以将其等效到节点上,即式(8.14)所示的节点力向量。

同样利用函数插值、几何方程、物理方程以及势能计算公式,可以将单元的所有力学参数利用节点位移向量 $\{\bar{\Delta}\}$ 以及相关的插值函数来表示。

(1) 单元位移场的表达。

因为梁单元有四个自由度,因此可以假设纯弯梁单元的位移场(挠度)为具有四个待定系数的多项式函数,即:

$$f(\bar{x}) = a_0 + a_1 \bar{x} + a_2 \bar{x}^2 + a_3 \bar{x}^3 \tag{8.15}$$

式中,a_0, a_1, a_2, a_3 为待定系数。根据该单元的节点位移条件:

$$\begin{cases} f(0) = \bar{v}_1, \quad \dfrac{\mathrm{d}f}{\mathrm{d}x}\bigg|_{x=0} = \theta_1 \\ f(l) = \bar{v}_2, \quad \dfrac{\mathrm{d}f}{\mathrm{d}x}\bigg|_{x=l} = \theta_2 \end{cases} \tag{8.16}$$

代入式(8.15)可得:

$$a_0 = \bar{v}_1, \quad a_1 = \theta_1, \quad a_2 = \frac{1}{l^2}(-3\bar{v}_1 - 2\theta_1 l + 3\bar{v}_2 - \theta_2 l),$$

$$a_3 = \frac{1}{l^3}(2\bar{v}_1 + \theta_1 l - 2\bar{v}_2 + \theta_2 l) \tag{8.17}$$

将式(8.17)代入式(8.13)，令 $\xi = \dfrac{\bar{x}}{l}$，则有：

$$f(\bar{x}) = (1 - 3\xi^2 + 2\xi^3)\bar{v}_1 + l(\xi - 2\xi^2 + \xi^3)\theta_1 + (3\xi^2 - 2\xi^3)\bar{v}_2 + l(\xi^3 - \xi^2)\theta_2$$

$$= [N_1(\xi) \quad N_2(\xi) \quad N_3(\xi) \quad N_4(\xi)]\{\bar{\Delta}\}$$

$$= [N(\xi)]\{\bar{\Delta}\} \tag{8.18}$$

式中，$[N(\xi)]$ 为单元的形函数矩阵，即：

$$[N(\xi)] = [N_1(\xi) \quad N_2(\xi) \quad N_3(\xi) \quad N_4(\xi)]$$

$$= [(1 - 3\xi^2 + 2\xi^3) \quad l(\xi - 2\xi^2 + \xi^3) \quad (3\xi^2 - 2\xi^3) \quad l(\xi^3 - \xi^2)] \tag{8.19}$$

（2）单元应变场的表达。

由纯弯梁的几何方程可得，梁的应变为：

$$\varepsilon(\bar{x}, y) = -y \dfrac{\mathrm{d}^2 f(\bar{x})}{\mathrm{d}\bar{x}^2}$$

$$= -y \left[\dfrac{1}{l^2}(12\xi - 6) \quad \dfrac{1}{l}(6\xi - 4) \quad -\dfrac{1}{l^2}(12\xi - 6) \quad \dfrac{1}{l}(6\xi - 2) \right]\{\bar{\Delta}\}$$

$$= [B(\xi)]\{\bar{\Delta}\} \tag{8.20}$$

式中　y——以中性层为起点的 y 方向的坐标；

$[B(\xi)]$——单元的应变矩阵，即：

$$[B(\xi)] = -y \left[\dfrac{1}{l^2}(12\xi - 6) \quad \dfrac{1}{l}(6\xi - 4) \quad -\dfrac{1}{l^2}(12\xi - 6) \quad \dfrac{1}{l}(6\xi - 2) \right]$$

$$= -y[B_1(\xi) \quad B_2(\xi) \quad B_3(\xi) \quad B_4(\xi)] \tag{8.21}$$

式中：

$$B_1 = \dfrac{1}{l^2}(12\xi - 6), \quad B_2 = \dfrac{1}{l}(6\xi - 4),$$

$$B_3 = -\dfrac{1}{l^2}(12\xi - 6), \quad B_4 = \dfrac{1}{l}(6\xi - 2)$$

（3）单元应力场的表达。

由梁的物理方程可得：

$$\sigma(\bar{x}, y) = E \cdot \varepsilon(\bar{x}, y) = E \cdot [B(\bar{x}, y)]\{f\} = [S(\bar{x}, y)]\{\bar{\Delta}\} \tag{8.22}$$

式中　E——弹性模量；

$[S(\bar{x}, y)]$——单元的应力函数矩阵。

（4）虚位移原理。

由虚位移原理可得：

$$\delta U - \delta W = 0 \tag{8.23}$$

式中，δU 为虚应变能：

$$\begin{aligned}
\delta U &= \int_0^l \int_A \varepsilon^T(\bar{x}, y) \cdot \sigma(\bar{x}, y) \cdot dA \cdot d\bar{x} \\
&= \{\delta\}^T \left[\int_0^l \int_A [B]^T \cdot E \cdot [B] \cdot dA \cdot d\bar{x} \right] \{\delta\} \\
&= \{\delta\}^T [\bar{K}] \{\delta\}
\end{aligned} \tag{8.24}$$

式中，$\{\delta\}$ 为节点虚位移：

$$\{\delta\} = \{ \begin{array}{cccc} \delta\bar{v}_1 & \delta\theta_1 & \delta\bar{v}_2 & \delta\theta_2 \end{array} \} \tag{8.25}$$

$[\bar{K}]$ 为单元刚度矩阵，将式(8.21)代入有：

$$\begin{aligned}
[\bar{K}] &= \int_0^l \int_A (-y)[B_1 \quad B_2 \quad B_3 \quad B_4]^T \cdot E \cdot (-y) \cdot [B_1 \quad B_2 \quad B_3 \quad B_4] dA \cdot d\bar{x} \\
&= \int_A (-y)^2 dA \cdot E \cdot \int_0^l \begin{bmatrix} B_1^2 & B_1 B_2 & B_1 B_3 & B_1 B_4 \\ B_1 B_2 & B_2^2 & B_2 B_3 & B_2 B_4 \\ B_1 B_3 & B_2 B_3 & B_3^2 & B_3 B_4 \\ B_1 B_4 & B_2 B_4 & B_3 B_4 & B_4^2 \end{bmatrix} \cdot d\bar{x} \\
&= \frac{EI}{l^3} \begin{bmatrix} 12 & 6l & -12 & 6l \\ 6l & 4l^2 & -6l & 2l^2 \\ -12 & -6l & 12 & -6l \\ 6l & 2l^2 & -6l & 4l^2 \end{bmatrix}
\end{aligned} \tag{8.26}$$

式中，I 为惯性矩。

式(8.23)中的虚外力功为：

$$\delta W = \bar{F}_{v1} \cdot \delta\bar{v}_1 + \bar{M}_1 \cdot \delta\theta_1 + \bar{F}_{v2} \cdot \delta\bar{v}_2 + \bar{M}_2 \cdot \delta\theta_2 = \{\bar{F}\}^T \{\delta\} \tag{8.27}$$

式中，$\{\bar{F}\}$ 为节点力向量，即式(8.14)。

(5) 单元的刚度方程。

由式(8.23)、式(8.24)以及式(8.26)，可得单元刚度方程：

$$[\bar{K}]_{4\times 4} \{\bar{\Delta}\}_{4\times 1} = \{\bar{F}\}_{4\times 1} \tag{8.28}$$

式中，刚度矩阵 $[\bar{K}]$ 和力向量 $\{\bar{F}\}$ 分别见式(8.12)和式(8.14)，式中下标为矩阵的维数。

上述内容均针对纯弯梁单元，而对于局部坐标系中的一般平面梁单元，如图8.7所示，在纯弯梁单元的基础上叠加轴向位移(根据小变形弹性前提，满足叠加原理)，此时的节点位移自由度数为六个。

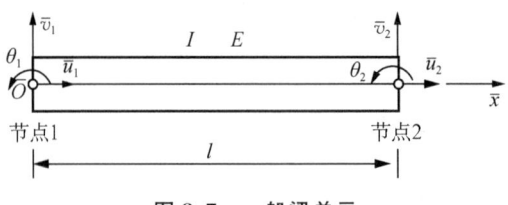

图 8.7 一般梁单元

图 8.7 所示平面梁单元的节点位移向量 $\{\bar{\Delta}\}$ 和节点力向量 $\{\bar{F}\}$ 分别为：

$$\{\bar{\Delta}\} = \{\bar{u}_1 \quad \bar{v}_1 \quad \theta_1 \quad \bar{u}_2 \quad \bar{v}_2 \quad \theta_2\}^{\mathrm{T}} \tag{8.29}$$

$$\{\bar{F}\} = \{\bar{F}_{u1} \quad \bar{F}_{v1} \quad \bar{M}_1 \quad \bar{F}_{u2} \quad \bar{F}_{v2} \quad \bar{M}_2\}^{\mathrm{T}} \tag{8.30}$$

类似地，其单元刚度方程为：

$$[\bar{K}]_{6\times6}\{\bar{\Delta}\}_{6\times1} = \{\bar{F}\}_{6\times1} \tag{8.31}$$

按照图 8.4 中的节点位移以及式(8.29)中的节点位移向量的排列次序，将杆单元刚度矩阵与纯弯梁单元刚度矩阵进行组合，即可得到式(8.32)中的单元刚度矩阵：

$$[\bar{K}]_{6\times6} = \begin{bmatrix} \dfrac{EA}{l} & 0 & 0 & -\dfrac{EA}{l} & 0 & 0 \\ 0 & \dfrac{12EI}{l^3} & \dfrac{6EI}{l^2} & 0 & -\dfrac{12EI}{l^3} & \dfrac{6EI}{l^2} \\ 0 & \dfrac{6EI}{l^2} & \dfrac{4EI}{l} & 0 & -\dfrac{6EI}{l^2} & \dfrac{2EI}{l} \\ -\dfrac{EA}{l} & 0 & 0 & \dfrac{EA}{l} & 0 & 0 \\ 0 & -\dfrac{12EI}{l^3} & -\dfrac{6EI}{l^2} & 0 & \dfrac{12EI}{l^3} & -\dfrac{6EI}{l^2} \\ 0 & \dfrac{6EI}{l^2} & \dfrac{2EI}{l} & 0 & -\dfrac{6EI}{l^2} & \dfrac{4EI}{l} \end{bmatrix} \tag{8.32}$$

8.2.2 平面梁单元的坐标变换

设位于整体坐标系中的一梁单元，其有两个端节点，梁的长度为 l，弹性模量为 E，横截面积为 A，惯性矩为 I，如图 8.8 所示。

该梁单元在局部坐标系 $\bar{x}O\bar{y}$ 中的节点位移向量可参见式(8.29)。现设其在整体坐标系 xOy 中的节点位移向量为：

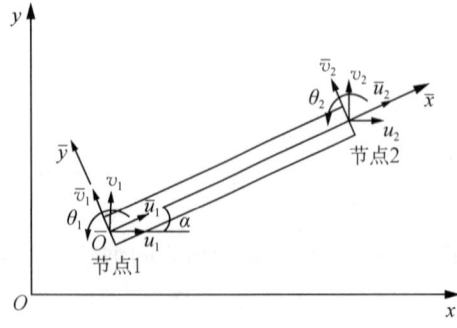

图 8.8 整体坐标系中的梁单元

$$\{\Delta\} = \{u_1 \quad v_1 \quad \theta_1 \quad u_2 \quad v_2 \quad \theta_2\}^{\mathrm{T}} \tag{8.33}$$

需要注意的是,转角 θ_1 和 θ_2 在两个坐标系中是相同的。

参照 6.2 节,二者之间关系写成矩阵形式有:

$$\{\bar{\Delta}\}_{6\times1} = [T]_{6\times6}\{\Delta\}_{6\times1} \tag{8.34}$$

式中,$[T]$ 为梁单元的坐标变换矩阵:

$$[T]_{6\times6} = \begin{bmatrix} \cos\alpha & \sin\alpha & 0 & 0 & 0 & 0 \\ -\sin\alpha & \cos\alpha & 0 & 0 & 0 & 0 \\ 0 & 0 & 1 & 0 & 0 & 0 \\ 0 & 0 & 0 & \cos\alpha & \sin\alpha & 0 \\ 0 & 0 & 0 & -\sin\alpha & \cos\alpha & 0 \\ 0 & 0 & 0 & 0 & 0 & 1 \end{bmatrix} \tag{8.35}$$

与平面杆单元的坐标变换类似,梁单元在整体坐标系中的刚度方程为:

$$[K]_{6\times6}\{\Delta\}_{6\times1} = \{F\}_{6\times1} \tag{8.36}$$

式中下标为矩阵的维数,其中:

$$[K]_{6\times6} = [T]_{6\times6}^{\mathrm{T}} [\bar{K}]_{6\times6} [T]_{6\times6} \tag{8.37}$$

$$\{F\}_{6\times1} = [T]_{6\times6}^{\mathrm{T}} \{\bar{F}\}_{6\times1} \tag{8.38}$$

例 8.3 如图 8.8 所示刚架结构,假定 $E = 210$ GPa,$I = 5\times10^{-5}$ m^4,$L = 5$ m,$A = 0.04$ m^2 求该刚架结构单元(1)和(2)的刚度矩阵。

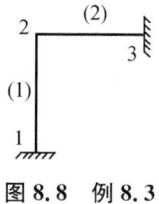

图 8.8 例 8.3

解: 由图可知,E,I,L 均相同,所以按照式(8.32):

$$[K]^{(1)} = [K]^{(2)}$$

$$= 10^9 \times \begin{bmatrix} 1.68 & 0 & 0 & -1.68 & 0 & 0 \\ 0 & 0.001\,008 & 0.002\,520 & 0 & -0.001\,008 & -0.002\,52 \\ 0 & 0.002\,52 & 0.008\,4 & 0 & -0.002\,52 & 0.004\,2 \\ -1.68 & 0 & 0 & 1.68 & 0 & 0 \\ 0 & -0.001\,008 & -0.002\,52 & 0 & 0.001\,008 & 0.002\,52 \\ 0 & 0.002\,52 & 0.004\,2 & 0 & -0.002\,52 & 0.008\,4 \end{bmatrix}$$

而 $\alpha_1 = 90°$,$\alpha_2 = 0°$,由式(8.35)可得:

$$[T]^{(1)} = \begin{bmatrix} 0 & 1 & 0 & 0 & 0 & 0 \\ -1 & 0 & 0 & 0 & 0 & 0 \\ 0 & 0 & 1 & 0 & 0 & 0 \\ 0 & 0 & 0 & 0 & 1 & 0 \\ 0 & 0 & 0 & -1 & 0 & 0 \\ 0 & 0 & 0 & 0 & 0 & 1 \end{bmatrix} \quad [T]^{(2)} = \begin{bmatrix} 1 & 0 & 0 & 0 & 0 & 0 \\ 0 & 1 & 0 & 0 & 0 & 0 \\ 0 & 0 & 1 & 0 & 0 & 0 \\ 0 & 0 & 0 & 1 & 0 & 0 \\ 0 & 0 & 0 & 0 & 1 & 0 \\ 0 & 0 & 0 & 0 & 0 & 1 \end{bmatrix}$$

由式(8.37)可得：

$$[K]^{(1)} = \{[T]^{(1)}\}^{\mathrm{T}} [\overline{K}]^{(1)} [T]^{(1)}$$

$$= 10^9 \times \begin{bmatrix} 0.001\,008 & 0 & -0.002\,52 & -0.001\,008 & 0 & -0.002\,52 \\ 0 & 1.68 & 0 & 0 & -1.68 & 0 \\ -0.002\,52 & 0 & 0.008\,4 & 0.002\,52 & 0 & 0.004\,2 \\ -0.001\,008 & 0 & 0.002\,52 & 0.001\,008 & 0 & 0.002\,52 \\ 0 & -1.68 & 0 & 0 & 1.68 & 0 \\ -0.002\,52 & 0 & 0.004\,2 & 0.002\,52 & 0 & 0.008\,4 \end{bmatrix}$$

$$[K]^{(2)} = \{[T]^{(2)}\}^{\mathrm{T}} [\overline{K}]^{(1)} [T]^{(2)}$$

$$= 10^9 \times \begin{bmatrix} 1.68 & 0 & 0 & -1.68 & 0 & 0 \\ 0 & 0.001\,008 & 0.002\,520 & 0 & -0.001\,008 & -0.002\,52 \\ 0 & 0.002\,52 & 0.008\,4 & 0 & -0.002\,52 & 0.004\,2 \\ -1.68 & 0 & 0 & 1.68 & 0 & 0 \\ 0 & -0.001\,008 & -0.002\,52 & 0 & 0.001\,008 & 0.002\,52 \\ 0 & 0.002\,52 & 0.004\,2 & 0 & -0.002\,52 & 0.008\,4 \end{bmatrix}$$

8.2.3 梁结构分析的算例

例 8.4 如图 8.9 所示的梁结构。假定 $E = 2.1 \times 10^{11}$ Pa，$I = 5 \times 10^{-5}$ m^4，$F = 15$ kN，$L = 3$ m。求：

(1) 该结构的总体刚度矩阵；
(2) 节点 2 的垂直位移；
(3) 节点 1 和节点 2 的转角；
(4) 节点 1 和节点 3 的支反力；
(5) 每个单元的力(剪力和弯矩)。

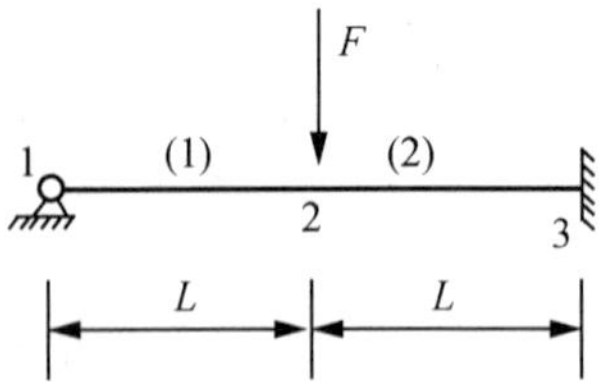

图 8.9 例 8.4 图

解：

按照有限元方法，本例仍然分为六步完成。需要注意的是，由于本例为纯弯梁模型，因此采用式(8.28)。

(1) 离散化。

按照图中所示，将该结构离散化为三个节点，两个单元，它们之间的连通性见表 8.3。

表 8.3 各单元的连通性

单元编号	节点 i	节点 j
(1)	1	2
(2)	2	3

(2) 求单元刚度矩阵。

按照式(8.12),可得单元 1 和单元 2 的单元刚度矩阵分别为:

$$[K]^{(1)} = 10^6 \times \begin{bmatrix} 4.6667 & 7.0000 & -4.6667 & 7.0000 \\ 7.0000 & 14.0000 & -7.0000 & 7.0000 \\ -4.6667 & -7.0000 & 4.6667 & -7.0000 \\ 7.0000 & 7.0000 & -7.0000 & 14.0000 \end{bmatrix}$$

$$[K]^{(2)} = 10^6 \times \begin{bmatrix} 4.6667 & 7.0000 & -4.6667 & 7.0000 \\ 7.0000 & 14.0000 & -7.0000 & 7.0000 \\ -4.6667 & -7.0000 & 4.6667 & -7.0000 \\ 7.0000 & 7.0000 & -7.0000 & 14.0000 \end{bmatrix}$$

(3) 组装总刚矩阵。

由于该结构有三个节点,所以其总刚矩阵为 6×6 矩阵:

$$[K] = 10^6 \times \begin{bmatrix} 4.6667 & 7.0000 & -4.6667 & 7.0000 & 0 & 0 \\ 7.0000 & 14.0000 & -7.0000 & 7.0000 & 0 & 0 \\ -4.6667 & -7.0000 & 9.3333 & 0 & -4.6667 & 7.0000 \\ 7.0000 & 7.0000 & 0 & 28.0000 & -7.0000 & 7.0000 \\ 0 & 0 & -4.6667 & -7.0000 & 4.6667 & -7.0000 \\ 0 & 0 & 7.0000 & 7.0000 & -7.0000 & 14.0000 \end{bmatrix}$$

(4) 施加边界条件。

得到总刚矩阵之后,即可进一步得到该结构的方程组:

$$10^6 \times \begin{bmatrix} 4.6667 & 7.0000 & -4.6667 & 7.0000 & 0 & 0 \\ 7.0000 & 14.0000 & -7.0000 & 7.0000 & 0 & 0 \\ -4.6667 & -7.0000 & 9.3333 & 0 & -4.6667 & 7.0000 \\ 7.0000 & 7.0000 & 0 & 28.0000 & -7.0000 & 7.0000 \\ 0 & 0 & -4.6667 & -7.0000 & 4.6667 & -7.0000 \\ 0 & 0 & 7.0000 & 7.0000 & -7.0000 & 14.0000 \end{bmatrix} \begin{Bmatrix} v_1 \\ \theta_1 \\ v_2 \\ \theta_2 \\ v_3 \\ \theta_3 \end{Bmatrix} = \begin{Bmatrix} P_{v1} \\ M_1 \\ P_{v2} \\ M_2 \\ P_{v3} \\ M_3 \end{Bmatrix}$$

由题意可得,本题的边界条件为:

$$v_1 = v_3 = \theta_3 = 0, \quad M_1 = M_2 = 0, \quad F_{v2} = -15 \text{ kN}$$

将边界条件代入方程组中,得:

$$10^6 \times \begin{bmatrix} 4.6667 & 7.0000 & -4.6667 & 7.0000 & 0 & 0 \\ 7.0000 & 14.0000 & -7.0000 & 7.0000 & 0 & 0 \\ -4.6667 & -7.0000 & 9.3333 & 0 & -4.6667 & 7.0000 \\ 7.0000 & 7.0000 & 0 & 28.0000 & -7.0000 & 7.0000 \\ 0 & 0 & -4.6667 & -7.0000 & 4.6667 & -7.0000 \\ 0 & 0 & 7.0000 & 7.0000 & -7.0000 & 14.0000 \end{bmatrix} \begin{Bmatrix} 0 \\ \theta_1 \\ v_2 \\ \theta_2 \\ 0 \\ 0 \end{Bmatrix}$$

$$= \begin{Bmatrix} P_{v1} \\ 0 \\ -15\,000 \\ 0 \\ P_{v3} \\ M_3 \end{Bmatrix}$$

(5) 解方程。

手动分解上述方程可得:

$$10^6 \times \begin{bmatrix} 14 & -7 & 7 \\ -7 & 9.3333 & 0 \\ 7 & 0 & 28 \end{bmatrix} \begin{Bmatrix} \theta_1 \\ v_2 \\ \theta_2 \end{Bmatrix} = \begin{Bmatrix} 0 \\ -15\,000 \\ 0 \end{Bmatrix}$$

解得:

$$\{\theta_1 \quad v_2 \quad \theta_2\}^T = \{-0.0016 \quad -0.0028 \quad 0.0004\}^T$$

(6) 后处理。

由方程结果可知:

$$\{\Delta\} = \{0 \quad -0.0016 \quad -0.0028 \quad 0.0004 \quad 0 \quad 0\}^T$$

力向量为:

$$\{F\} = [K]\{\Delta\} = 10^3 \times \{4.6875 \quad 0 \quad 15 \quad 0 \quad 10.3125 \quad -16.8750\}^T$$

对于单元 1,有:

$$\{\Delta^{(1)}\} = \{0 \quad -0.0016 \quad -0.0028 \quad 0.0004\}^T$$
$$\{F^{(1)}\} = [K]_{12}\{\Delta^{(1)}\} = 10^3 \times \{4.6875 \quad 0 \quad -4.6875 \quad 14.0625\}^T$$

即对于单元 1 而言,节点 1 受力竖直向上,大小为 4.6875 kN,弯矩为 0;节点 2 受力竖直向下,大小为 4.6875 kN,弯矩为逆时针方向,大小为 14.0625 kN·m。

同理,对于单元 2:

$$\{\Delta^{(2)}\} = \{-0.0028 \quad 0.0004 \quad 0 \quad 0\}^T$$
$$\{F^{(2)}\} = [K]_{23}\{\Delta^{(2)}\} = 10^3 \times \{-10.3125 \quad -14.0625 \quad 10.3125 \quad -16.8750\}^T$$

即对于单元 2 而言,节点 2 受力方向竖直向下,大小为 10.3125 kN,弯矩为顺时针方向,大小为 14.062 5 kN·m；节点 3 受力方向竖直向上，大小为 10.312 5 kN，弯矩为顺时针方向，大小为 16.875 kN·m。

8.3 本章小结

本章主要讲述了两种基本单元：杆单元和梁单元。具体包括节点位移模式、单元刚度矩阵、坐标变换，并用实例说明了基本计算方法。

思考题

8.1 平面杆系和空间杆系中每个单元杆有几个自由度？如何形成单元刚度矩阵？

8.2 请仿照例 3 的过程求解例 1 中的各杆单元应力和节点位移，并与结构力学所得结果进行比较。

8.3 请仿照例 3 的过程求解例 2 中的各单元应力和节点位移，并将结果与结构力学所得结果进行比较。

习 题

8.1 如图所示的桁架，已知弹性模量 $E=210$ GPa，横截面积 $A=2\times10^{-4}$ m^2，水平杆长度为 3 m。求各单元的刚度矩阵。

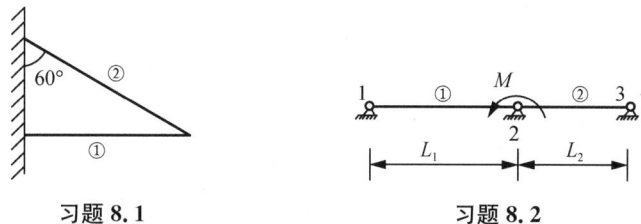

习题 8.1　　　　　　　　　习题 8.2

8.2 如图所示的梁，已知 $E=210$ GPa，$I=5\times10^{-5}$ m^4，$L_1=5$ m，$L_2=3$ m，求各单元的刚度矩阵。

8.3 如图所示的梁，$E=210$ GPa，$L_1=5$ m，$L_2=3$ m，$I=4\times10^{-5}$ m^4，$M=20$ kN·m，$F=30$ kN。求各单元的刚度矩阵，并写出结构刚度方程。

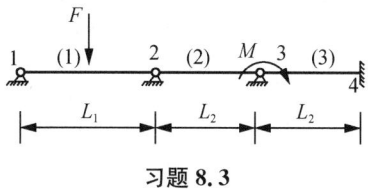

习题 8.3

8.4 如图所示的刚架，已知 $E=210$ GPa，$I=8\times10^{-5}$ m^4，$A=2\times10^{-2}$ m^2，各单元长均为 $L=4$ m，求该刚架结构各单元的刚度矩阵。

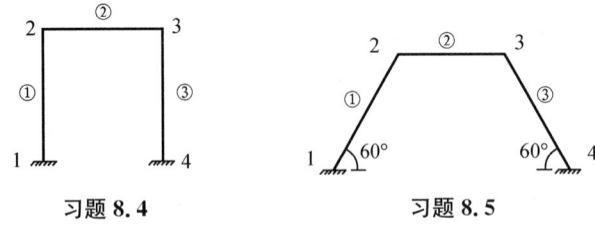

习题 8.4　　　　　习题 8.5

8.5　如图所示的刚架,已知 $E=210\text{ GPa}$, $I=6\times10^{-5}\text{ m}^4$, $A=3\times10^{-2}\text{ m}^2$,各单元长分别为 4 m,3 m,4 m,求该刚架结构各单元的刚度矩阵。

第 9 章　平面结构的有限元法

在弹性力学中,把物体假设为由无限多个无限小的六面体(称为微元体)组合而成。通过对任一微元体的分析,导出了弹性力学的基本方程,结合边界条件求解这些基本方程就得到了描述物体应力、应变和位移的解析解。

但是弹性力学中的基本方程一般都是高阶的偏微分方程组,要在满足边界条件下精确地求出它们的解,在数学上是相当困难的,现在也只是对某些简单的问题有了解答。在大量的工程实际问题中,特别是对于结构的几何形状、载荷情况等比较复杂的问题,要严格按照弹性力学的基本方程精确求解非常困难,有时甚至是不可能的。因此在工程实际中往往不得不采用近似解法和数值解法,以求得问题的近似解答。

在各种近似解法和数值解法中,有限单元法(有限元法)已成为目前最为有效的结构分析的数值解法,它为弹性力学进一步应用于工程实践赋予了新活力。与解析方法中把弹性体认为由无限多微元体组成,相反,有限单元法把弹性体划分为有限大小的、彼此只在有限个节点相连接的有限个单元的组合体来分析。也就是说,有限单元法是用一个有限个单元组成离散结构来代替连续体。依据被分析物体的几何形状、所受载荷的特点,单元可能是平面的,也可能是空间的;有三角形的、四边形的;有四面体的、六面体的;也可能是直边或曲边等。各单元由边、角上所设置的点构成,这种构成单元的点一般叫节点。相邻单元为仅在节点处相联接,载荷的传递也仅通过节点进行,这样就把原来的一个连续体变成了由有限个单元组成的离散体,同时也就把原来是无限多自由度的体系简化为有限多自由度的体系了。这是真实结构的一个近似力学模拟,整个数值计算就将在这个离散化的模型上进行。但是,在每个单元的内部仍然是弹性连续体,满足弹性力学的一切法则。

现在一般都取离散体中每个节点的位移作为基本未知量进行力学模拟,该方法称为有限单元位移法。连续体离散化后,先从单元分析着手选择简单的函数组来近似表示每个单元上真实位移的分布和变化,建立每个单元的刚度方程。然后再组集各单元以建立整个结构的总刚度方程。引入边界约束条件后,求解刚度方程便得到各节点的位移,以此又可计算各单元的应力。

只要按照一定的原则进行离散化,合理地选择描述单元的数学模型,当网格逐渐加密时,离散体就能更真实地模拟原来的结构。通过求解总刚度方程(代数方程组)所得的数值结果,虽然是近似的,还是能够反映原来结构的力学状态,满足工程上的需要。

有限单元法的三个主要工作就是连续体的离散化、单元分析和整体分析。

9.1　连续体的网格划分

所谓连续体的离散化,就是假想把分析对象剖分成由有限个单元组成的集合体。这些单元仅在节点处连接,单元之间的力仅靠节点传递。所以连续体的离散化又称为<u>网格划分</u>。

在平面问题的有限元法中，最简单而且最常用的单元是三角形单元和矩形单元。如图 9.1(a)所示的一均匀拉伸的带孔等厚度薄板，我们可以将其划分为三角形网格，每个单元都是等厚度三角形平板，连接单元的节点都假想是光滑的**平面铰**，它只传递集中力，不受弯且不传递弯矩。当单元处于曲线边界(这里是圆弧孔边)时，可近似地用直线代替曲线作为三角形的一边。每个单元所受的载荷也要等效移置到节点上，成为节点载荷(具体移置方法后面要讨论)。同时还要把物体所受的各种形式的约束条件简化到约束处的节点上去。实际上，约束简化也可以看作一种载荷移置，因为从受力角度来看，约束的简化就是把约束反力移置到节点上去。本例中固定边 AB 各点的位移均为零，所以在 AB 边上的各节点处应设置固定铰支座，见图 9.1(b)。

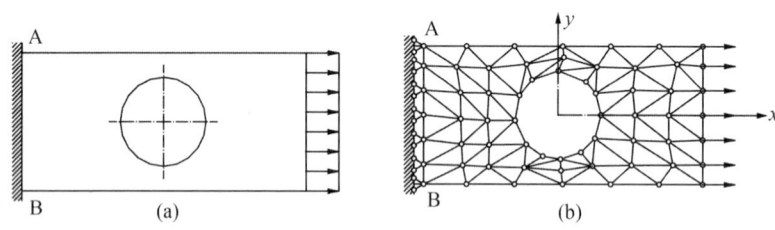

图 9.1　平面问题的三角形网格划分

这样，通过单元分割、载荷移置与约束简化，就可把一个形状各异、受各种形式载荷和各种形式约束的连续弹性体离散为一个仅在节点连接、仅靠节点传力、仅受节点载荷、仅在节点处约束的单元组合体。

把弹性连续体离散为有限单元组合体的过程，是综合运用工程判断力的过程。在这个过程中，要决定单元的形状、大小(网格的疏密)、数目、单元的排列以及约束的设置等，其总的目标是使原来的物体或结构尽可能精确地得到模拟，因为这关系到整个计算的精度，要特别予以注意。

在进行有限单元离散即划分网格时，首先要考虑的是单元类型的选择。这主要取决于结构的几何形状、载荷的类型、对计算精度的要求以及描述该问题所必需的独立空间坐标的数目。例如，对于等厚度薄板，当载荷作用线平行于板中面时，一般可作为平面问题并采用三角形单元、矩形单元等，而当载荷垂直于板中面时，则应采用壳单元。对同一平面问题，精度要求不高时可用三角形单元，精度要求高时则应采用矩形单元或三角形六节点单元。

选择确定单元类型后，接着要考虑单元的大小(即网格的疏密)，它首先是根据精度的要求和计算机的速度与容量来决定。从理论上看，单元越小，网格越密，计算结果精度越高，但势必要求计算机容量也越大，因此在满足工程要求、保证必要精度条件下，网格划分可粗些，单元数可少一些。在估计应力水平较高、或应力梯度变化较大的部位和重要的部位，单元分割应小些，网格划分也应密些。反之，在应力水平较低、变化平缓的位置或次要的部位，单元可取得大些，网格也就稀一些。如图 9.2 所示结构，在接近椭圆孔处由于应力集中，应力梯度变化大，孔周围的单元就取得小些，网格划分得密些；在离孔较远处，应力变化平缓，单元就取得大些。

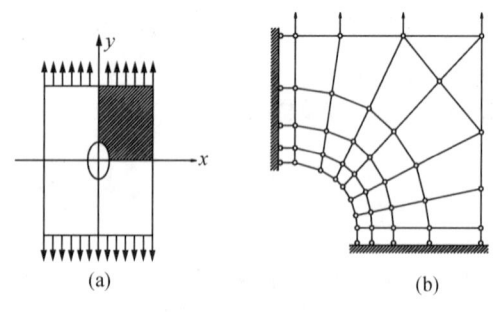

图 9.2　结构网格划分疏密示意

在分析对象的厚度或者材料性质有突变之处,应把突变线作为单元的边界线,同时单元也应取小些;当结构在某些部位受分布载荷或集中载荷作用时,在这些部位的单元同样应当取得小些,并尽可能在载荷作用处布置节点以使应力的突变得到一定程度的反映。同一个结构上的网格疏密、单元大小要有过渡,避免大小悬殊的单元相邻。还要注意的是,划分单元时各单元的边长尽可能不要相差太大,因为这是影响计算精度的一个重要原因。故应尽量避免取狭长的单元,在图 9.3 所示的两种分割中,应取图 9.3(a)的方式而要避免图 9.3(b)的划分方式。当然任一三角形单元的顶点必须同时为相邻三角形单元的顶点,而不能为相邻三角形单元边上的内点,图 9.4(a)是错误的,应如图 9.4(b)所示。

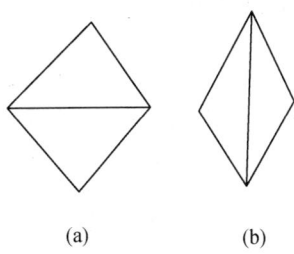
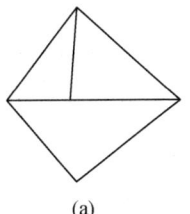
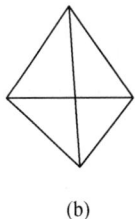

图 9.3 两种三角形单元分割方式　　　　图 9.4 两种三角形单元顶点划分方式

9.2 三角形单元分析

现在开始分析图 9.1 网格上三角形单元的力学特性,从结构的离散体中任意选取一个单元 e,如图 9.5 所示。三个节点按坐标系的右手法则顺序编号为 i,j,m,节点坐标分别为 (x_i, y_i),(x_j, y_j),(x_m, y_m)。

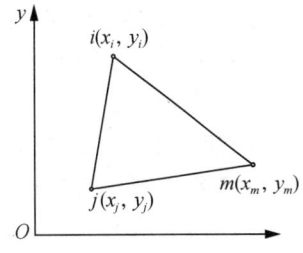

图 9.5 平面三角形单元

9.2.1 单元的节点位移矩阵和节点力矩阵

由弹性力学的平面问题可知,每个节点在其单元平面内的位移可以有两个分量,即:

$$\{\Delta_i^e\} = \begin{Bmatrix} u_i \\ v_i \end{Bmatrix}, \quad \{\Delta_j^e\} = \begin{Bmatrix} u_j \\ v_j \end{Bmatrix}, \quad \{\Delta_m^e\} = \begin{Bmatrix} u_m \\ v_m \end{Bmatrix} \tag{9.1}$$

式中,u_i,v_i 是节点 i 在 x 轴和 y 轴方向的位移分量,u_j,v_j,u_m,v_m 的含义由此类推。

整个三角形单元共有六个节点位移分量,如图 9.6(a)所示,用列阵表示为:

$$\{\Delta\}^e = \begin{bmatrix} \{\Delta_i^e\}^T & \{\Delta_j^e\}^T & \{\Delta_m^e\}^T \end{bmatrix} = \begin{bmatrix} u_i & v_i & u_j & v_j & u_m & v_m \end{bmatrix}^T \tag{9.2}$$

这就是三角形单元的节点位移矩阵。

与节点位移相对应,每个节点在其单元平面内也有两个节点力分量,即:

$$\{F_i^e\} = \begin{bmatrix} X_i^e \\ Y_i^e \end{bmatrix}, \quad \{F_j^e\} = \begin{bmatrix} X_j^e \\ Y_j^e \end{bmatrix}, \quad \{F_m^e\} = \begin{bmatrix} X_m^e \\ Y_m^e \end{bmatrix} \tag{9.3}$$

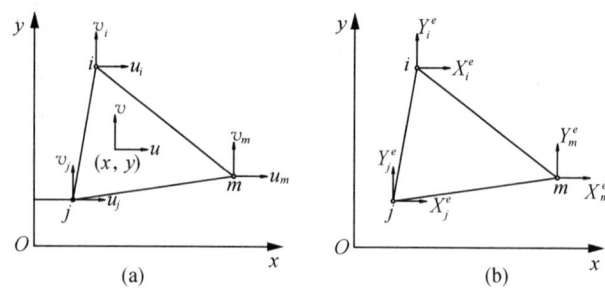

图 9.6 三节点三角形单元的节点位移与节点力

式中，X_i^e，Y_i^e 分别是 i 节点力在 x 轴和 y 轴方向的分量，X_j^e，Y_j^e，X_m^e，Y_m^e 的含义可类推。

整个三角形单元也就有六个节点力分量，如图 9.6(b)所示，用列阵表示，组成三角形单元的节点力矩阵：

$$\{F\}^e = [\{F_i^e\}^T \quad \{F_j^e\}^T \quad \{F_m^e\}^T] = [X_i^e \quad Y_i^e \quad X_j^e \quad Y_j^e \quad X_m^e \quad Y_m^e]^T \tag{9.4}$$

在有限元位移法中，节点位移为基本未知量。单元分析的基本任务是建立单元节点力与节点位移之间的关系。

9.2.2 单元位移模式

有限单元法是把原来的连续体用离散化的若干个单元来代替，单元与单元之间仅靠节点相连和传递载荷，这样弹性力学"假设物体是连续的"已不再满足。但是在每一单元内部，则仍符合弹性力学基本假设，因此弹性力学的基本方程在单元内部同样适用。

根据弹性力学基本方程，如果弹性体内的位移分量已知，则可由几何方程求得应变分量，再由物理方程求得应力分量。这就要求知道单元内的位移变化规律，如果只知道每个单元节点的位移，是不能直接求得应变分量和应力分量的。为此，必须首先假定单元内的一个位移函数，即单元位移模式，也即假定单元内各点位移分量是坐标的某种函数。

由于在整个弹性体内各点的位移变化情况是非常复杂的，在整个区域里很难选取一个适当的位移函数来表示位移的复杂变化。现在已将整个区域分割成许多单元组成的离散体，由于每个单元比较小，在每个单元的局部范围内就可以采用比较简单的函数来近似表达单元内的真实位移，然后把各单元的位移函数连接起来，就可以近似表示整个区域内真实的位移函数，这就像一条光滑曲线可以用许多足够小的直线段连接成的折线来模拟一样。这种化繁为简，联合局部逼近整体的思想是有限单元法关键。

1. 单元位移模式的选取

在选取单元位移模式时，最简单的是将单元内任一点的位移分量 u，v 取为坐标 x，y 的多项式。假设其为 x，y 的线性函数，即：

$$\begin{aligned} u(x, y) &= \alpha_1 + \alpha_2 x + \alpha_3 y \\ v(x, y) &= \alpha_4 + \alpha_5 x + \alpha_6 y \end{aligned} \tag{9.5}$$

式中，α_1，α_2，…，α_6 为待定常数。

因为基本未知量是节点位移，所以式(9.5)也要用节点位移矩阵$\{\Delta^e\}$来表示。由于式(9.5)为三角形单元内任一点的位移表达式，所以也适用于节点i,j,m。把节点i,j,m的坐标$(x_i,y_i),(x_j,y_j),(x_m,y_m)$代入，有：

$$\begin{aligned}u_i&=\alpha_1+\alpha_2 x_i+\alpha_3 y_i\\ u_j&=\alpha_1+\alpha_2 x_j+\alpha_3 y_j\\ u_m&=\alpha_1+\alpha_2 x_m+\alpha_3 y_m\\ v_i&=\alpha_4+\alpha_5 x_i+\alpha_6 y_i\\ v_j&=\alpha_4+\alpha_5 x_j+\alpha_6 y_j\\ v_m&=\alpha_4+\alpha_5 x_m+\alpha_6 y_m\end{aligned} \tag{9.6}$$

三个节点的六个位移分量的表达式恰好可以确定六个待定常数$\alpha_1,\alpha_2,\cdots,\alpha_6$。求解以上方程，有：

$$\begin{aligned}\alpha_1&=(a_i u_i+a_j u_j+a_m u_m)/2A\\ \alpha_2&=(b_i u_i+b_j u_j+b_m u_m)/2A\\ \alpha_3&=(c_i u_i+c_j u_j+c_m u_m)/2A\\ \alpha_4&=(a_i v_i+a_j v_j+a_m v_m)/2A\\ \alpha_5&=(b_i v_i+b_j v_j+b_m v_m)/2A\\ \alpha_6&=(c_i v_i+c_j v_j+c_m v_m)/2A\end{aligned} \tag{9.7}$$

式中：

$$\begin{aligned}a_i&=(x_j y_m-x_m y_j),\ b_i=y_j-y_m,\ c_i=x_m-x_j\\ a_j&=(x_m y_i-x_i y_m),\ b_j=y_m-y_i,\ c_j=x_i-x_m\\ a_m&=(x_i y_j-x_j y_i),\ b_m=y_i-y_j,\ c_m=x_j-x_i\end{aligned} \tag{9.8}$$

$$A=\frac{1}{2}\begin{vmatrix}1&x_i&y_i\\1&x_j&y_j\\1&x_m&y_m\end{vmatrix}=\frac{1}{2}(x_j y_m+x_m y_i+x_i y_j-x_m y_j-x_i y_m-x_j y_i) \tag{9.9}$$

式中，A为三角形单元e的面积。将式(9.7)代入式(9.5)，有：

$$\begin{aligned}u(x,y)&=\frac{1}{2A}[(a_i u_i+a_j u_j+a_m u_m)+(b_i u_i+b_j u_j+b_m u_m)x+(c_i u_i+c_j u_j+c_m u_m)y]\\ &=\frac{1}{2A}[(a_i+b_i x+c_i y)u_i+(a_j+b_j x+c_j y)u_j+(a_m+b_m x+c_m y)u_m]\\ &=N_i u_i+N_j u_j+N_m u_m\end{aligned} \tag{9.10}$$

同理：

$$v(x,y)=N_i v_i+N_j v_j+N_m v_m \tag{9.11}$$

这就是用单元节点位移表示的单元位移模式，用矩阵表示为：

$$\{f\}^e = \begin{Bmatrix} u(x, y) \\ v(x, y) \end{Bmatrix}$$
$$= \begin{bmatrix} N_i(x, y) & 0 & N_j(x, y) & 0 & N_m(x, y) & 0 \\ 0 & N_i(x, y) & 0 & N_j(x, y) & 0 & N_m(x, y) \end{bmatrix} \{\Delta\}^e$$
(9.12a)

也可简写为:

$$\{f\}^e = \begin{bmatrix} IN_i & IN_j & IN_m \end{bmatrix} \{\Delta\}^e \quad (9.12b)$$
$$= [N]\{\Delta\}^e$$

式中,I 为二阶单位矩阵。而 N_i, N_j, N_m 由式(9.13)轮换得出:

$$N_i(x, y) = (a_i + b_i x + c_i y)/2A \quad (i, j, m) \quad (9.13)$$

再讨论一下 N_i, N_j, N_m 的性质,把式(9.8)代入 N_i,有:

$$N_i(x, y) = \frac{1}{2A}[x_j y_m - x_m y_j + (y_j - y_m)x + (x_m - x_j)y]$$

在 i, j, m 三个节点上,形函数 $N_i(x, y)$ 的取值可如下求得:

$$N_i(x_i, y_i) = \frac{1}{2A}(x_j y_m + x_m y_i + x_i y_j - x_m y_j - x_i y_m - x_j y_i) = 1$$
$$N_i(x_j, y_j) = \frac{1}{2A}(x_j y_m - x_m y_j + y_j x_i - y_m x_j + x_m y_j - x_j y_j) = 0 \quad (9.14)$$
$$N_i(x_m, y_m) = \frac{1}{2A}(x_j y_m - x_m y_j + y_j x_m - y_m x_m + x_m y_m - x_j y_m) = 0$$

同理可得 N_j, N_m 在 i, j, m 三个节点上的值分别为:

$$\begin{aligned} N_j(x_i, y_i) &= 0, N_j(x_j, y_j) = 1, N_j(x_m, y_m) = 0 \\ N_m(x_i, y_i) &= 0, N_m(x_j, y_j) = 0, N_m(x_m, y_m) = 1 \end{aligned} \quad (9.15)$$

这就是 N_i, N_j, N_m 在节点处的性质。再对照式(9.12)可以看出,单元位移模式可以直接通过单元节点位移 $\{\Delta\}^e$ 插值表现出来,所以形函数 N_i, N_j, N_m 也称为位移插值函数。

再来看一下 N_i, N_j, N_m 的物理意义。在式(9.10)中,令 $u_i = 1, u_j = 0, u_m = 0$,则:

$$u(x, y) = N_i \quad (9.16)$$

这就表明了 N_i 为 i 节点发生单位位移时,在单元内部位移的分布规律(图9.7)。由于 N_i, N_j, N_m 反映了单元 ijm 的形态,所以称之为形态函数,简称为**形函数**。而:

$$[N] = \begin{bmatrix} N_i & 0 & N_j & 0 & N_m & 0 \\ 0 & N_i & 0 & N_j & 0 & N_m \end{bmatrix} \quad (9.17)$$

称为形态矩阵或形函数矩阵。

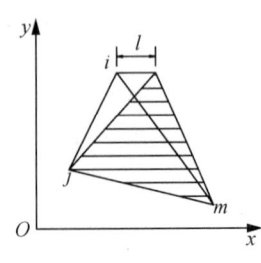

图 9.7 单元内的位移分布

2. 收敛性讨论

在有限单元法中，应力矩阵和单元刚度矩阵的建立以及节点载荷的移置等，都依赖于单元位移模式。因此，为了能从有限单元法中得到正确的解答，单元位移模式必须满足收敛条件，从而能够正确反映弹性体中的真实位移形状。

所谓收敛性是指当单元划分越来越细，网格越来越密时，或者当单元大小固定，而每个单元的自由度数越多时，有限单元的解答越收敛于精确解。有限单元法收敛条件如下：

(1) 在单元内位移模式必须是连续的，而在相邻单元公共边界上位移必须协调。

这就要求用来构造单元的位移模式是单值连续的，并在公共节点上具有相同的位移，使得在整个公共边界上具有相同的位移，相邻单元在受力以后既不互相脱离，见图9.8(b)，也不互相侵入，见图9.8(c)，使得变形后作为有限元计算模型的离散结构仍然保持为连续弹性体。

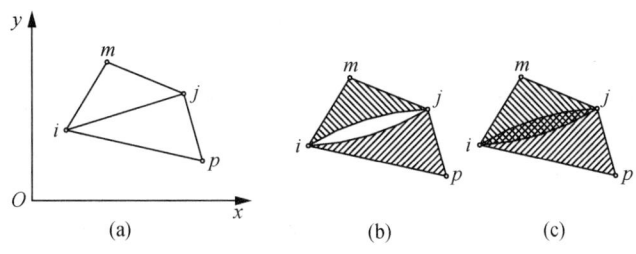

图 9.8 位移在边界上的情况

(2) 位移模式必须能反映单元的刚体位移。

每个单元的位移总可以分解为自身变形位移和与本身变形无关的刚体位移两部分。由于一个单元牵连在另一些单元上，其他单元发生变形时必将带动该单元作刚性位移。如悬臂梁的自由端单元跟随相邻单元作刚体位移(图9.9)。因此为模拟一个单元的真实位移，选取的单元位移模式，必须包括该单元的刚体位移。

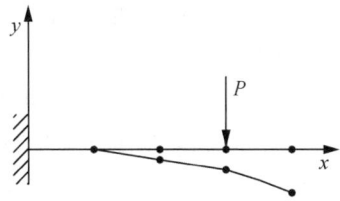

图 9.9 悬臂梁自由端单元随相邻单元作刚体位移

(3) 位移模式必须能反映单元的常量应变。

每一个单元的应变状态总可以分解为不依赖于单元内各点位置的常应变项和由各点位置决定的变量应变。而且当单元的尺寸较小时，单元中各点的应变趋于相等，单元的变形比较均匀，因而常量应变就成为应变的主要部分。为了正确反映单元的应变状态，单元位移模式必须包括单元的常应变项。

现在来说明前面所选取的位移模式是满足这些条件的。首先位移函数式(9.5)含多项式，当然在单元内是坐标 x,y 的连续函数，这就保证了位移在单元内的连续性。而在任意两个相邻单元 ijm 和 ipj 的公共边界 ij 上，见图9.8(a)，显然在 i 和 j 节点上的位移各是 u_i,v_i 和 u_j,v_j，都是相同的，而式(9.5)所示的位移分量在每个单元中都是坐标的线性函数，在公共边

界 y 上当然也是线性变化,所以上述两个相邻单元在 y 上的任意一点都具有相同的位移,这就保证了相邻单元之间位移的连续性。

现在再来说明,位移模式(9.5)同时反映了三角形单元的刚体位移和常量应变,为此把式(9.5)改写成:

$$\begin{cases} u = \alpha_1 + \alpha_2 x - \dfrac{\alpha_5 - \alpha_3}{2} y + \dfrac{\alpha_5 + \alpha_3}{2} y \\ v = \alpha_4 + \alpha_6 y + \dfrac{\alpha_5 - \alpha_3}{2} x + \dfrac{\alpha_5 + \alpha_3}{2} x \end{cases} \tag{9.18}$$

比较式(9.18)与式(7.31),可见:

$$u_0 = \alpha_1, \quad v_0 = \alpha_4, \quad \omega = \dfrac{\alpha_5 - \alpha_3}{2}$$

即 α_1 和 α_4 反映了刚体平动,而 α_3 和 α_5 反映了刚体转动。另外,将式(9.5)代入几何方程,得:

$$\varepsilon_x = \dfrac{\partial u}{\partial x} = \alpha_2, \quad \varepsilon_y = \dfrac{\partial v}{\partial y} = \alpha_6, \quad \gamma_{xy} = \dfrac{\partial u}{\partial y} + \dfrac{\partial v}{\partial x} = \alpha_3 + \alpha_5 \tag{9.19}$$

即常量 $\alpha_2, \alpha_6, \alpha_3, \alpha_5$ 反映了单元的常应变项。

由上述可得,单元位移模式(9.5)全部满足收敛性的三个条件。

通常把满足收敛性第一个条件的单元,称为协调(或连续的)单元。满足收敛性第二与第三条件的,称为完备单元。理论和实践都已证明:条件(2)和(3)是有限单元法收敛于正确解答的必要条件,而再加上条件(1)就是充分条件。

从有限元发展看,条件(1)不满足也可以收敛(称为不协调单元),甚至有时比与它密切相关的协调单元更好。其原因就在于有限元近似解的性质。由于计算时假设了单元的位移模式,就相当于给单元加了约束条件,要单元的变形服从该约束,这样的<u>离散结构模型比真实结构更刚</u>一些。但是,由于不协调单元允许单元分离、重叠,相当于单元又变软了或者形成了铰。这两种影响可能会利弊抵消,从而使不协调单元有时会得到很好的效果。

9.2.3 面积坐标

面积坐标是附着在单元本身上的局部坐标。对某些积分运算,面积坐标可使计算简化。也可利用面积坐标来构造单元位移模式,对有些问题比用直角坐标方便简单。

1. 形函数的几何意义

如图9.10所示,在三角形单元内任取一点 $P(x, y)$,并分别与三顶点 i, j, m 相连,则将三角形的面积 A 分割成三个小三角形,其面积相应记为 A_i, A_j 和 A_m。显然:

$$A = A_i + A_j + A_m \tag{9.20}$$

而根据形函数的定义,有:

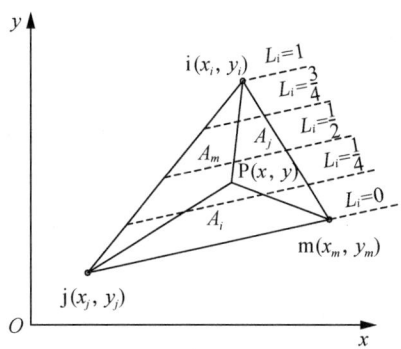

图 9.10 面积坐标

$$N_i = \frac{1}{2A}(a_i + b_i x + c_i y)$$

$$= \frac{1}{2A}[x_j y_m - x_m y_j + (y_j - y_m)x + (x_m - x_j)y] \tag{9.21a}$$

$$= \frac{1}{2A}\begin{vmatrix} 1 & x & y \\ 1 & x_j & y_j \\ 1 & x_m & y_m \end{vmatrix} = \frac{A_i}{A}$$

同理：

$$N_j = \frac{A_j}{A}, \ N_m = \frac{A_m}{A} \tag{9.21b}$$

因此单元形函数 N_i, N_j, N_m 有着明显的几何意义：单元内任一点 $P(x, y)$ 的形函数等于该点与三角形顶点连接后形成的小三角形的相应面积与单元面积之比。

2. 面积坐标的定义

如果定义三个量 L_i, L_j, L_m, 并使：

$$L_i = \frac{A_i}{A}, \ L_j = \frac{A_j}{A}, \ L_m = \frac{A_m}{A} \tag{9.22}$$

则称 L_i, L_j, L_m 为点 $P(x, y)$ 的面积坐标。即当这三个比值确定后，P 点的位置也就确定了。

根据上述定义，表明三角形单元中的形函数 N_i, N_j, N_m 实际就是面积坐标 L_i, L_j, L_m。

而由定义，明显有：

$$L_i + L_j + L_m = 1 \tag{9.23}$$

所以，确定 P 点位置独立的量只有两个，如同用 x, y 两个参数就可确定 P 点位置一样。

根据定义，也可看到面积坐标是依附在单元上的，是一种局部坐标(也称自然坐标)。

3. 面积坐标的特征

根据面积坐标的定义，可直接得到在单元三个节点处的面积坐标为：

节点 i：$L_i=1$，$L_j=0$，$L_m=0$；
节点 j：$L_i=0$，$L_j=1$，$L_m=0$；
节点 m：$L_i=0$，$L_j=0$，$L_m=1$。

从图 9.10 也可看出，在平行于 $\overline{jm}$ 边的直线上所有各点有相同的 L_i 值，并且这个值就等于该直线到 jm 边的距离与节点 i 至 jm 边的距离的比值。

面积坐标与直角坐标间的关系，也可以由面积坐标定义直接得到：

$$L_i=\frac{A_i}{A}=\frac{1}{2A}(a_i+b_ix+c_iy) \quad (i,j,m) \tag{9.24}$$

即：

$$\left\{\begin{array}{c}L_i\\L_j\\L_m\end{array}\right\}=\frac{1}{2A}\begin{bmatrix}a_i & b_i & c_i\\a_j & b_j & c_j\\a_m & b_m & c_m\end{bmatrix}\left\{\begin{array}{c}1\\x\\y\end{array}\right\} \tag{9.25}$$

式(9.25)是用直角坐标表示面积坐标，有时需要用面积坐标来表示直角坐标。这时，只要将 L_i，L_j 和 L_m 分别乘上 x_i，x_j 和 x_m，然后相加，并注意到常数 a_i，b_i，c_i，a_j，b_j，c_j，a_m，b_m，c_m 分别表示三角形面积 A 的行列式(9.9)的代数余子式，不难验证：

$$x=x_iL_i+x_jL_j+x_mL_m \tag{9.26}$$

同理，有：

$$y=y_iL_i+y_jL_j+y_mL_m \tag{9.27}$$

注意到：

$$L_i+L_j+L_m=1 \tag{9.28}$$

则可得到面积坐标与直角坐标之间的变换公式：

$$\begin{bmatrix}1\\x\\y\end{bmatrix}\begin{bmatrix}1 & 1 & 1\\x_i & x_j & x_m\\y_i & y_j & y_m\end{bmatrix}\begin{bmatrix}L_i\\L_j\\L_m\end{bmatrix} \tag{9.29}$$

当面积坐标的函数 $f(L_i,L_j,L_m)$ 对直角坐标 (x,y) 求导数时，根据复合函数求导法则有：

$$\frac{\partial f}{\partial x}=\frac{\partial L_i}{\partial x}\frac{\partial f}{\partial L_i}+\frac{\partial L_j}{\partial x}\frac{\partial f}{\partial L_j}+\frac{\partial L_m}{\partial x}\frac{\partial f}{\partial L_m}=\frac{1}{2A}\left(b_i\frac{\partial f}{\partial L_i}+b_j\frac{\partial f}{\partial L_j}+b_m\frac{\partial f}{\partial L_m}\right)$$

$$\frac{\partial f}{\partial y}=\frac{\partial L_i}{\partial y}\frac{\partial f}{\partial L_i}+\frac{\partial L_j}{\partial y}\frac{\partial f}{\partial L_j}+\frac{\partial L_m}{\partial y}\frac{\partial f}{\partial L_m}=\frac{1}{2A}\left(c_i\frac{\partial f}{\partial L_i}+c_j\frac{\partial f}{\partial L_j}+c_m\frac{\partial f}{\partial L_m}\right) \tag{9.30}$$

在计算面积坐标的幂函数在三角形单元上的积分时，可以应用以下积分公式：

$$\iint L_i^\alpha L_j^\beta L_m^\gamma \mathrm{d}x\,\mathrm{d}y=\frac{\alpha!\beta!\gamma!}{(\alpha+\beta+\gamma+2)!}2A \tag{9.31}$$

式中,α,β,γ 为整数。

在计算面积坐标的幂函数沿三角形单元某一边积分时,可以应用公式:

$$\iint L_i^\alpha L_j^\beta \mathrm{d}s = \frac{\alpha!\beta!}{(\alpha+\beta+1)!}l \quad (i,j,m) \tag{9.32}$$

式中 s——三角形某边上的积分变量;
l——该边的长度。

9.2.4 单元刚度矩阵

本节将利用几何方程、物理方程、虚功方程来推导用节点位移表示单元应变、单元应力和节点力,最终建立单元刚度矩阵。

1. 单元应变与单元节点位移的关系

由几何方程(7.24),并代入单元位移模式(9.5),有:

$$\{\varepsilon\} = \begin{Bmatrix} \varepsilon_x \\ \varepsilon_y \\ \gamma_{xy} \end{Bmatrix} = \begin{bmatrix} \dfrac{\partial}{\partial x} & 0 \\ 0 & \dfrac{\partial}{\partial y} \\ \dfrac{\partial}{\partial y} & \dfrac{\partial}{\partial x} \end{bmatrix} \begin{Bmatrix} u \\ v \end{Bmatrix} = \frac{1}{2A}\begin{bmatrix} b_i & 0 & b_j & 0 & b_m & 0 \\ 0 & c_i & 0 & c_j & 0 & c_m \\ c_i & b_i & c_j & b_j & c_m & b_m \end{bmatrix}\begin{Bmatrix} u_i \\ v_i \\ u_j \\ v_j \\ u_m \\ v_m \end{Bmatrix} \tag{9.33a}$$

可以简写成:

$$\{\varepsilon\} = [B]\{\Delta\}^e \tag{9.33b}$$

其中的矩阵[B]可写成分块形式:

$$[B] = [[B_i] \quad [B_j] \quad [B_m]] \tag{9.34}$$

而其子块矩阵为:

$$[B_i] = \frac{1}{2A}\begin{bmatrix} b_i & 0 \\ 0 & c_i \\ c_i & b_i \end{bmatrix} \quad (i,j,m) \tag{9.35}$$

式(9.33b)即单元应变与单元节点位移的关系,矩阵[B]称为**应变矩阵**。对于三角形单元,它的元素都只是与单元的几何性质有关的常量。由式(9.33)可知,单元内各点的应变量也都是常量,因此把三节点单元称为平面问题的常应变单元。

2. 单元应力与单元节点位移的关系

由物理方程:

$$\{\sigma\} = [D]\{\varepsilon\} \tag{9.36}$$

把式(9.33b)代入后,可得到用节点位移表示单元应力的表达式:

$$\{\sigma\} = [D][B]\{\Delta\}^e = [S]\{\Delta\}^e \tag{9.37}$$

式中，$[S]$ 为应力矩阵，反映了单元应力与节点位移之间的关系，用分块矩阵表示为：

$$[S] = [D][B] = [D][[B_i] \quad [B_j] \quad [B_m]] \eqno(9.38)$$
$$= [[D][B_i] \quad [D][B_j] \quad [D][B_m]] = [[S_i] \quad [S_j] \quad [S_m]]$$

其中各矩阵分块为：

$$[S_i] = [D][B_i] = \frac{E}{1-\mu^2} \begin{bmatrix} 1 & \mu & 0 \\ \mu & 1 & 0 \\ 0 & 0 & \frac{1-\mu}{2} \end{bmatrix} \cdot \frac{1}{2A} \begin{bmatrix} b_i & 0 \\ 0 & c_i \\ c_i & b_i \end{bmatrix}$$

$$= \frac{E}{2(1-\mu^2)A} \begin{bmatrix} b_i & \mu c_i \\ \mu b_i & c_i \\ \frac{1-\mu}{2}c_i & \frac{1-\mu}{2}b_i \end{bmatrix} \quad (i, j, m) \eqno(9.39)$$

对于平面应变问题，只需在上式中把 E 换为 $\frac{E}{1-\mu^2}$，μ 换为 $\frac{\mu}{1-\mu}$ 即可。

从式(9.39)可看到，由于弹性矩阵和应变矩阵中的元素都为常量，所以应力矩阵中的元素也为常量。也就是说，在每一单元中，应力分量都是常量，一般把它看作单元形心处的值。通常，不同的单元，应力是不同的。因此在相邻两单元的公共边界上，应力将有突变，并不连续，这是有限元位移法的不足之处，是应力近似计算的一种表现。但应力突变值，随单元的细分而急剧减小，精度会改善，不影响有限元解答的收敛性。

3. 单元刚度矩阵

这里直接利用虚功方程来建立刚度方程，因为虚功方程是以功能形式表述的平衡条件。

图 9.11(a)表示了作用于单元 e 上的节点力 $\{F\}^e$，以及相应的应力分量 $\{\sigma\}$ 它们使单元处于平衡状态。

假设单元节点由于某种原因发生虚位移 $\{\Delta^*\}^e$，在单元内部引起的虚应变为：

$$\{\varepsilon^*\} = \{\varepsilon_x^* \quad \varepsilon_y^* \quad \gamma_{xy}^*\} \eqno(9.40)$$

如图 9.11(b)所示。现在单元上只作用单元节点力 $\{F\}^e$，应用虚功方程，得：

$$(\{\Delta^*\})^T\{F\}^e = \iint_A \{\varepsilon^*\}^T\{\sigma\} h \, dx \, dy \eqno(9.41)$$

其中，A 代表三角形面积，由几何方程：

$$\{\varepsilon^*\} = [B]\{\Delta^*\}^e \eqno(9.42)$$

代入后，有：

$$([\Delta^*]^e)^T[F]^e = \iint_A ([B][\Delta^*]^e)^T[D][B][\Delta]^e h \, dx \, dy \eqno(9.43)$$

$$([\Delta^*]^e)^T[F]^e = ([\Delta^*]^e)^T \left(\iint_A [B]^T[D][B] h \, dx \, dy \right) [\Delta]^e \eqno(9.44)$$

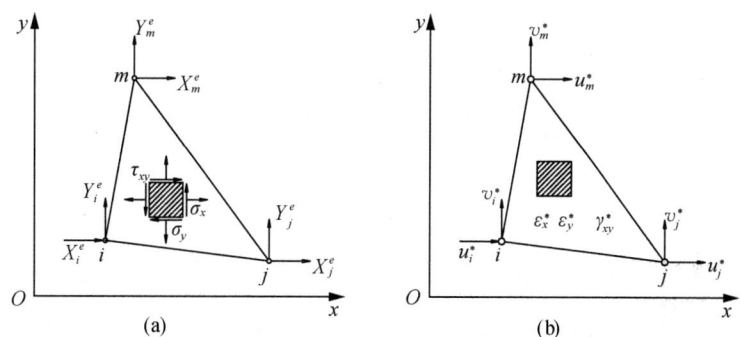

图 9.11 建立单元刚度矩阵

由于虚位移 $\{\Delta^*\}^e$ 是任意的,根据矩阵运算规则,有:

$$\{F\}^e = \left(\iint_A [B]^T[D][B] h \, dx \, dy\right) \{\Delta\}^e \tag{9.45a}$$

令:

$$[K]^e = \iint_A [B]^T[D][B] h \, dx \, dy \tag{9.46}$$

则式(9.46)为:

$$\{F\}^e = [K]^e \{\Delta\}^e \tag{9.45b}$$

这就是单元刚度方程,它反映了单元节点力和节点位移之间的关系。这也是单元分析的目的。

矩阵 $[K]^e$ 称为单元刚度矩阵。由于三角形单元的应变矩阵 $[B]$ 和弹性矩阵 $[D]$ 都是常量阵,所以式(9.46)为:

$$[K]^e = [B]^T[D][B] h \iint_A dx \, dy = [B]^T[D][B] hA \tag{9.47}$$

式中 h——单元厚度;
A——单元面积。

矩阵 $[K]^e$ 写成分块矩阵形式为:

$$[K]^e = [B]^T[D][B]hA = hA \begin{bmatrix} [B_i]^T \\ [B_j]^T \\ [B_m]^T \end{bmatrix} [D] [[B_i][B_j][B_m]]^T$$

$$= \begin{bmatrix} [K_{ii}^e] & [K_{ij}^e] & [K_{im}^e] \\ [K_{ji}^e] & [K_{jj}^e] & [K_{jm}^e] \\ [K_{mi}^e] & [K_{mj}^e] & [K_{mm}^e] \end{bmatrix} \tag{9.48}$$

对平面应力问题,其子块矩阵为:

$$[K_{rs}^e] = [B_r]^T[D][B_s]hA$$

$$= \frac{Eh}{4(1-\mu^2)A} \begin{bmatrix} b_r b_s + \frac{1-\mu}{2}c_r c_s & \mu c_r b_s + \frac{1-\mu}{2}b_r c_s \\ \mu c_r b_s + \frac{1-\mu}{2}b_r c_s & c_r c_s + \frac{1-\mu}{2}b_r b_s \end{bmatrix} \quad (r=i,j,m;s=i,j,m)$$

(9.49)

而对平面应变问题,只要将式(9.49)中的把 E 换为 $\frac{E}{1-\mu^2}$,μ 换为 $\frac{\mu}{1-\mu}$ 即可得到。

从以上的推导过程中,我们可以看到节点位移、单元应变、单元应力、节点力四个物理量之间的转换关系,以及联系节点位移和节点力的单元刚度矩阵形成过程,即:

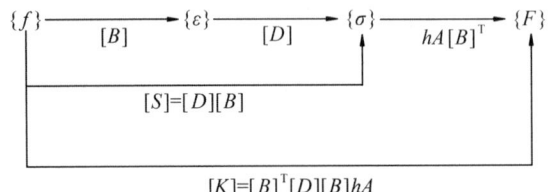

图9.12 单元刚度矩阵形成过程(以定节点三角形单元为例)

再来看一下单元刚度矩阵中的子块矩阵和元素的力学意义。

把单元刚度方程(9.45)按子块矩阵的形式写,有:

$$\begin{Bmatrix} \{F_i\}^e \\ \{F_j\}^e \\ \{F_m\}^e \end{Bmatrix} = \begin{bmatrix} [K_{ii}^e] & [K_{ij}^e] & [K_{im}^e] \\ [K_{ji}^e] & [K_{jj}^e] & [K_{jm}^e] \\ [K_{mi}^e] & [K_{mj}^e] & [K_{mm}^e] \end{bmatrix} \begin{Bmatrix} \{\Delta_i^e\} \\ \{\Delta_j^e\} \\ \{\Delta_m^e\} \end{Bmatrix}$$

(9.50)

展开第一行,有:

$$\{F_i\}^e = [K_{ii}^e]\{\Delta_i^e\} + [K_{ij}^e]\{\Delta_j^e\} + [K_{im}^e]\{\Delta_m^e\}$$

(9.51)

令 $\{\Delta_i^e\} = \{\Delta_m^e\} = \{0\}$,$\{\Delta_j^e\} = I$。即 i 节点和 m 节点的位移分量均为零,而 j 节点的各位移分量产生一单位位移。代入式(9.51)后,有:

$$\{F_i\}^e = [K_{ij}^e] \cdot I$$

(9.52)

式(9.52)说明,$[K_{ij}^e]$ 某列的力学意义是当 j 节点产生单位节点位移时,在 i 节点上产生的节点力。不失一般性,单元刚度矩阵中的子矩阵块 $[K_{rs}^e]$ 某列表示节点 s 节点产生位移时在 r 节点上产生的节点力。

进一步展开(9.51),有:

$$\{F_i\}^e = \begin{Bmatrix} X_i^e \\ Y_i^e \end{Bmatrix} = \begin{bmatrix} K_{ii}^{11} & K_{ii}^{12} \\ K_{ii}^{21} & K_{ii}^{22} \end{bmatrix} \begin{Bmatrix} u_i \\ v_i \end{Bmatrix} + \begin{bmatrix} K_{ij}^{11} & K_{ij}^{12} \\ K_{ij}^{21} & K_{ij}^{22} \end{bmatrix} \begin{Bmatrix} u_j \\ v_j \end{Bmatrix} + \begin{bmatrix} K_{im}^{11} & K_{im}^{12} \\ K_{im}^{21} & K_{im}^{22} \end{bmatrix} \begin{Bmatrix} u_m \\ v_m \end{Bmatrix}$$

(9.53)

并展开式(9.53)第一行,可得:

$$X_i^e = K_{ii}^{11}u_i + K_{ii}^{12}v_i + K_{ij}^{11}u_j + K_{ij}^{12}v_j + K_{im}^{11}u_m + K_{im}^{12}v_m$$

(9.54)

令 $u_i = v_i = v_j = u_m = v_m = 0$，$u_j = 1$，则：

$$X_i^e = k_{ij}^{11} \tag{9.55}$$

而令 $u_i = v_i = u_j = u_m = v_m = 0$，$v_j = 1$，则：

$$X_i^e = k_{ij}^{12} \tag{9.56}$$

式(9.55)和式(9.56)可说明单元刚度矩阵中元素的力学意义是：k_{ij}^{11} 表示 j 节点 x 方向产生单位位移时 i 节点 x 方向产生的节点力；k_{ij}^{12} 表示 j 节点 y 方向产生单位位移时在 i 节点 x 方向产生的节点力分量。

不失一般性，单元刚度矩阵中元素 k_{mn}^{pq} 表示 n 节点 q 方向（q 取值为 1 或 2，1 代表 x 方向，2 代表 y 方向）产生单位位移时在 m 节点 p 方向（取值含义同 q）产生的节点力分量。

单元刚度矩阵有下述性质：

(1) 单元刚度矩阵取决于该单元的形状、大小、方位及材料的弹性常数，而与单元的位置无关，即不随单元或坐标轴的平行移动而改变。同时，单元刚度矩阵还特别与所假设的单元位移模式有关，不同的位移模式，将带来不同的单元刚度矩阵。所以用有限单元法求解，选择适当的单元位移模式和单元形状是提高计算精度的关键。

(2) 单元刚度矩阵是对称阵，即 $k_{pq}^e = k_{qp}^e$，这可用功的互等定理给出，就是 q 处单位位移给出的 p 处的节点力等于 p 处单位位移在 q 处产生的节点力。

(3) 单元刚度矩阵是奇异矩阵，即单刚 $[K]^e$ 所对应的行列式 $|K|^e$ 的值等于零。从物理学上讲，由于单元的六个节点力分量组成了一个平衡力系，所以它们的主矢量为零。例如：

$$X_i^e + X_j^e + X_m^e = 0 \tag{9.57}$$

或 $(k_{ii}^{11} + k_{ji}^{11} + k_{mi}^{11})u_i + (k_{ii}^{12} + k_{ji}^{12} + k_{mi}^{12})v_i + \cdots + (k_{im}^{22} + k_{jm}^{22} + k_{mm}^{22})v_m = 0 \tag{9.58}$

由于 $\{\Delta\}^e$ 不恒等于零，所以上式中各项系数必同时为零。也就是单元刚度矩阵中任一列的第 1,3,5 行元素的代数和或者第 2,4,6 行元素的代数和为零。由行列式性质（某行或某列所有的元素乘以同一个数，加至另一行或另一列的对应元素上，该行列式的值不变），可见任一列元素的代数和为零。这样单元刚度矩阵所对应的行列式的值为零，即不存在逆矩阵。

从另一角度讲，由式(9.45)给定节点位移，可确定节点力。但是若给出节点力，却由于无逆矩阵，求不出节点位移。这是由于单元节点位移由两部分组成，其中的刚体运动也会引起节点位移。由于没有消除刚体位移也说明了单元刚度矩阵是一奇异矩阵。

9.3 非节点载荷的移置

根据有限单元法的基本原理，载荷都必须作用在节点上。但是在工程实际中，实际载荷往往不都作用在节点上，如自重、惯性力、风载荷等。因此必须把非节点载荷移置到节点上，变换为等效节点载荷，才能进行有限元分析。

非节点载荷的移置，通常按照静力等效原则。所谓静力等效原则，是指原来作用在单元上的载荷与移置到节点上的等效载荷，在单元的任何虚位移上所作的虚功应相等。载荷作这样的变换,会引起误差。但由圣维南原理,这种误差是局部性的,对整体结构影响不大,而且随着单元的逐渐加密,这一影响将逐步缩小。

9.3.1 计算等效节点载荷的一般公式

设在单元 e 内部作用体积力 $\{P_V\} = \{X \quad Y\}^T$,沿单元边界作用分布面力 $\{P_A\} = \{\overline{X} \quad \overline{Y}\}^T$,而在单元中间某点 b 作用集中力 $\{Q\} = \{Q_x \quad Q_y\}^T$,见图 9.13(a)。

设上述载荷向节点移置后,其相应的单元等效节点载荷矩阵为:

$$\{F\}^e = \{X_i^e \quad Y_i^e \quad X_j^e \quad Y_j^e \quad X_m^e \quad Y_m^e\}^T \tag{9.59}$$

假想单元由于某种原因发生了虚位移,如图 9.13(b) 所示,此时的单元节点虚位移为:

$$\{\Delta^*\}^e = \{u_i^* \quad v_i^* \quad u_j^* \quad v_j^* \quad u_m^* \quad v_m^*\}^T \tag{9.60}$$

由位移模式,单元内任一点的虚位移为:

$$\{f^*\}^e = \{u^* \quad v^*\}^T = [N]\{\Delta^*\}^e \tag{9.61}$$

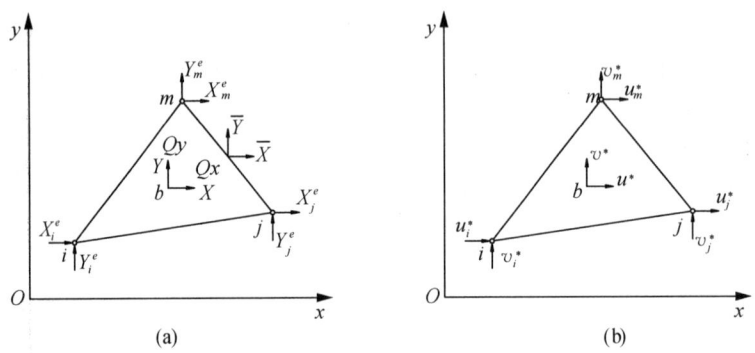

图 9.13 等效节点载荷示例

根据上述静力等效原则,有:

$$(\{\Delta^*\}^e)^T\{F\}^e = (\{f^*\}_b^e)^T\{Q\} + \int_S (\{f^*\}^e)^T\{P_A\}h\,ds + \iint_A \{f^*\}^e)^T\{P_V\}h\,dx\,dy \tag{9.62}$$

式中,$\{f^*\}_b^e$ 表示单元位移函数在集中力作用点 b 处取值。把式(9.12)代入,有:

$$(\{\Delta^*\}^e)^T\{F\}^e = (\{\Delta^*\}^e)^T([N]_b^T)\{Q\} + \int_S [N]^T\{P_A\}h\,ds + \iint_A [N]^T\{P_V\}h\,dx\,dy \tag{9.63}$$

由于 $\{\Delta^*\}^e$ 是任意的,所以上述等式两边与其相乘的矩阵应相等,这样就有:

$$\{F\}^e = [N]_b^T\{Q\} + \int_S [N]^T\{P_A\}h\,ds + \iint_A [N]^T\{P_V\}h\,dx\,dy \tag{9.64}$$

这就是等效节点载荷计算公式。从中可以看到,等效节点载荷与形函数,即单元位移模式密切相关。

9.3.2 常用载荷的移置

1. 集中力

设在单元的 ij 边界上 d 点作用有沿 x 方向的载荷 Q_x，作用点 d 分别距节点 i,j 为 l_i 和 l_j，见图 9.14。

由式(9.64)，可得：

$$\{F\}^e = [N]_d^T \{Q\} = \begin{bmatrix} N_i & 0 \\ 0 & N_i \\ N_j & 0 \\ 0 & N_j \\ N_m & 0 \\ 0 & N_m \end{bmatrix} \begin{Bmatrix} Q_x \\ 0 \end{Bmatrix} = \begin{Bmatrix} Q_x N_i \\ 0 \\ Q_x N_j \\ 0 \\ Q_x N_m \\ 0 \end{Bmatrix} \quad (9.65)$$

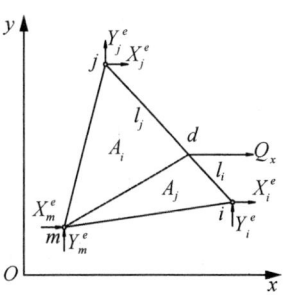

图 9.14 集中载荷的等效

根据形函数与面积坐标的性质，在 d 点，有：

$$N_i = L_i = \frac{A_i}{A} = \frac{l_j}{l}, \quad N_j = L_j = \frac{A_j}{A} = \frac{l_i}{l}, \quad N_m = 0 \quad (9.66)$$

式中，l 为三角形单元 ij 边的长度。代入式(9.65)后，有：

$$\{F\}^e = \frac{Q_x}{l}\{l_j \quad 0 \quad l_i \quad 0 \quad 0 \quad 0\}^T \quad (9.67)$$

式(9.67)表明，作用在单元边界上的集中力只移置到其相邻的节点上，第三个节点不受力。

移置的结果也表明，它与直接按"合力相等，合力矩相等"原则求等效节点力的结果是相同的。所以也可以利用这一点，对一些简单的非节点载荷用"直接法"求等效节点载荷，这样更方便。

2. 分布面力

设在单元的 ij 边界上作用有线性分布的 x 方向的载荷，在 i 节点上为 q，而 j 节点处为零，如图 9.15 所示。

取 ij 边界上距 j 节点为 s 的微线段 ds，则 ds 段中的载荷可看作集中力，设为：

$$\{dQ_s\} = \begin{Bmatrix} \dfrac{q}{l}s\,ds \\ 0 \end{Bmatrix} \quad (9.68)$$

由前述边界上集中力的移置规律，该微线段上的载荷转化为节点载荷是：

$$\{dF\}^e = \frac{qs\,ds}{l^2}\{s \quad 0 \quad l-s \quad 0 \quad 0 \quad 0\}^T \quad (9.69)$$

式中,l 为 ij 边界的长度。这样,对式(9.69)积分可得到等效节点载荷矩阵:

$$\{F\}^e = \int_0^l \{s \quad 0 \quad l-s \quad 0 \quad 0 \quad 0\}^T \frac{q}{l^2} s\,ds = \frac{ql}{2}\left\{\frac{2}{3} \quad 0 \quad \frac{1}{3} \quad 0 \quad 0 \quad 0\right\}^T \quad (9.70)$$

式(9.70)表明,在 ij 边界上线性分布面力的合力 $\frac{ql}{2}$,$\frac{2}{3}$ 分配到节点 i,$\frac{1}{3}$ 分配到节点 j,而且与外载荷一样,都是 x 方向。这结果也与直接按"合力相等,合力矩相等"的转换结果相同。

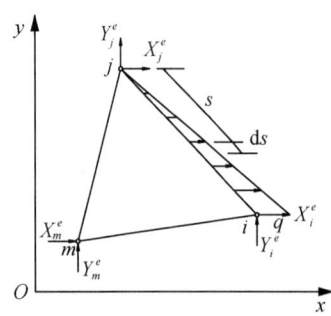
图 9.15 三角形单元的分布面力

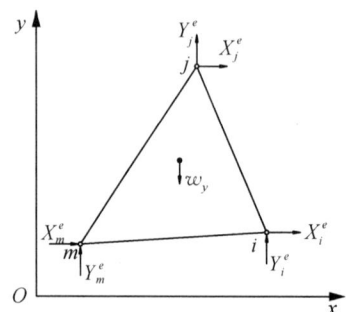
图 9.16 三角形单元分布体力的等效

3. 分布体力

设在单元内只作用单位体积的体力 $\{P_V\} = \{0 \quad -w_y\}^T$,如图 9.16 所示。由式(9.64)可得相应的等效节点载荷矩阵为:

$$\{F\}^e = \iint_A [N]\{P_V\} h\,dx\,dy$$

$$= \iint_A \begin{bmatrix} N_i & 0 \\ 0 & N_i \\ N_j & 0 \\ 0 & N_j \\ N_m & 0 \\ 0 & N_m \end{bmatrix} \begin{Bmatrix} 0 \\ -w_y \end{Bmatrix} h\,dx\,dy \quad (9.71)$$

$$= \iint_A -w_y \{0 \quad N_i \quad 0 \quad N_j \quad 0 \quad N_m\}^T h\,dx\,dy$$

式中,w_y 为常量,分别对 N_i,N_j,N_m 进行积分计算。由形函数与面积坐标的关系,以及根据面积坐标的积分公式,得:

$$\iint_A N_i\,dx\,dy = \iint_A L_i\,dx\,dy = \iint_A L_i\,dx\,dy = \frac{1!}{(1+2)!} \cdot 2A = \frac{A}{3} \quad (9.72)$$

同理:

$$\iint_A N_j\,dx\,dy = \frac{A}{3}, \quad \iint_A N_m\,dx\,dy = \frac{A}{3} \quad (9.73)$$

代入式(9.71),得:

$$\{F\}^e = -Ahw_y \left\{ 0 \quad \frac{1}{3} \quad 0 \quad \frac{1}{3} \quad 0 \quad \frac{1}{3} \right\}^T \tag{9.74}$$

设 $W_y = Ahw_y$ 为单元的总体力,则:

$$\{F\}^e = \left\{ 0 \quad -\frac{1}{3}W_y \quad 0 \quad -\frac{1}{3}W_y \quad 0 \quad -\frac{1}{3}W_y \right\}^T \tag{9.75}$$

式(9.75)表明,三角形三节点单元均布体积力的移置规律是把单元重力平均地分配到三个节点上。

9.4 总刚度方程

经过单元分析,建立了各单元的单元刚度矩阵和节点力矩阵后,就可以进行结构的整体分析。结构的整体分析必须遵循以下两个原则:

第一,整个离散体系的各单元在变形后必须在节点处协调地连接起来。例如,与节点 i 相连接的有 n 个单元,则这 n 个单元在该节点 i 处必须具有相同的节点位移(节点位移连续条件),即:

$$\{\Delta_i^{①}\} = \{\Delta_i^{②}\} = \cdots = \{\Delta_i^{ⓝ}\} = \{\Delta_i\} \tag{9.76}$$

第二,组成离散体的各节点必须满足平衡条件。如与 i 节点直接相连的所有各单元作用于该节点上的节点力,应与作用在该节点上的节点载荷保持平衡,用公式表示为:

$$\sum_e \{F_i^e\} - \{R_i\} = 0 \tag{9.77}$$

式中, $\{F_i^e\} = \{X_i^e \quad Y_i^e\}^T$ 表示单元 e 的 i 节点的节点力矢量。如与 i 节点直接相连的所有各单元求和。$\{R_i\}$ 表示节点 i 上的节点外载荷,它包括两部分:一是直接作用在节点 i 上的集中力 $\{Q_i\} = \{Q_{ix} \quad Q_{iy}\}^T$;二是各单元在节点 i 处的等效节点载荷的和,即:

$$\{R_i\} = \{Q_i\} + \sum_e \{F_i^e\} \tag{9.78}$$

如果在 i 节点上既无集中力作用,直接与 i 节点相连接的各单元也没有等效节点载荷分配到 i 节点上,则 $\{R_i\}$ 为零矢量,即 $\{R_i\} = \{0 \quad 0\}^T$。

整体分析的目的就是根据上述原则建立用节点位移表示的整个离散体系的平衡方程组,即总刚度方程。

9.4.1 总刚度方程的形成

现以图 9.16 所示的离散体系为例,来说明总刚度方程的形成过程。首先应求出各单元的刚度矩阵,这样各单元的刚度方程分别为:

单元①: $i=1, j=2, m=3$

$$\begin{Bmatrix} \{F_1^①\} \\ \{F_2^①\} \\ \{F_3^①\} \end{Bmatrix} = \begin{bmatrix} [K_{11}^①] & [K_{12}^①] & [K_{13}^①] \\ [K_{21}^①] & [K_{22}^①] & [K_{23}^①] \\ [K_{31}^①] & [K_{32}^①] & [K_{33}^①] \end{bmatrix} \begin{Bmatrix} \{\Delta_1^①\} \\ \{\Delta_2^①\} \\ \{\Delta_3^①\} \end{Bmatrix} \qquad (9.79a)$$

单元②: $i=2, j=5, m=3$

$$\begin{Bmatrix} \{F_2^②\} \\ \{F_5^②\} \\ \{F_3^②\} \end{Bmatrix} = \begin{bmatrix} [K_{22}^②] & [K_{25}^②] & [K_{23}^②] \\ [K_{52}^②] & [K_{55}^②] & [K_{53}^②] \\ [K_{32}^②] & [K_{35}^②] & [K_{33}^②] \end{bmatrix} \begin{Bmatrix} \{\Delta_2^②\} \\ \{\Delta_5^②\} \\ \{\Delta_3^②\} \end{Bmatrix} \qquad (9.79b)$$

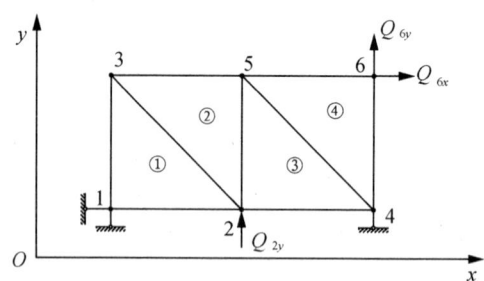

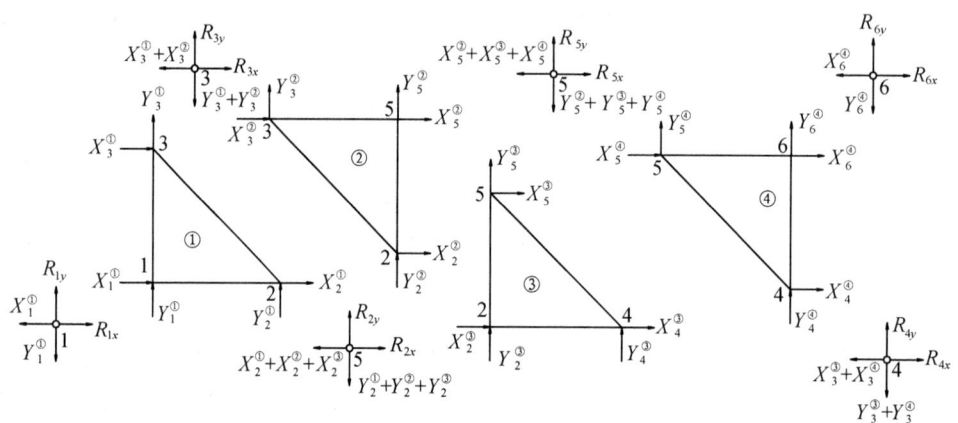

图 9.17 总刚度矩阵形成示例

单元③: $i=4, j=5, m=2$

$$\begin{Bmatrix} \{F_4^③\} \\ \{F_5^③\} \\ \{F_2^③\} \end{Bmatrix} = \begin{bmatrix} [K_{44}^③] & [K_{45}^③] & [K_{42}^③] \\ [K_{54}^③] & [K_{55}^③] & [K_{52}^③] \\ [K_{24}^③] & [K_{25}^③] & [K_{22}^③] \end{bmatrix} \begin{Bmatrix} \{\Delta_4^③\} \\ \{\Delta_5^③\} \\ \{\Delta_2^③\} \end{Bmatrix} \qquad (9.79c)$$

单元④: $i=4, j=6, m=5$

$$\begin{Bmatrix} \{F_4^④\} \\ \{F_6^④\} \\ \{F_5^④\} \end{Bmatrix} = \begin{bmatrix} [K_{44}^④] & [K_{46}^④] & [K_{45}^④] \\ [K_{64}^④] & [K_{66}^④] & [K_{65}^④] \\ [K_{54}^④] & [K_{56}^④] & [K_{55}^④] \end{bmatrix} \begin{Bmatrix} \{\Delta_4^④\} \\ \{\Delta_6^④\} \\ \{\Delta_5^④\} \end{Bmatrix} \qquad (9.79d)$$

接着可建立各节点的平衡方程。由图 9.17 可得到用矩阵形式表示的平衡方程为：

$$\begin{aligned}
&\{F_1^{①}\} = \{R_1\} \\
&\{F_2^{①}\} + \{F_2^{②}\} + \{F_2^{③}\} = \{R_2\} \\
&\{F_3^{①}\} + \{F_3^{②}\} = \{R_3\} \\
&\{F_4^{③}\} + \{F_4^{④}\} = \{R_4\} \\
&\{F_5^{②}\} + \{F_5^{③}\} + \{F_5^{④}\} = \{R_5\} \\
&\{F_6^{④}\} = \{R_6\}
\end{aligned} \quad (9.80)$$

对应本例情况，$\{R_1\} = \{Q_{1x} \quad Q_{1y}\}^T$，$\{R_4\} = \{0 \quad Q_{4y}\}^T$，其中节点力分量理解为支反力，而 $\{R_2\} = \{0 \quad Q_{2y}\}^T$，$\{R_6\} = \{Q_{6x} \quad Q_{6y}\}^T$ 为节点外载荷（集中力），其余 $\{R_3\}$ 和 $\{R_5\}$ 均为零矢量。

将各单元刚度方程式(9.79a)—式(9.79d)，按节点力展开，并代入式(9.80)中，利用节点位移连续条件(9.76)，即：

$$\begin{aligned}
&\{\Delta_1^{①}\} = \{\Delta_1\}, \quad \{\Delta_2^{①}\} = \{\Delta_2^{②}\} = \{\Delta_2^{③}\} = \{\Delta_2\} \\
&\{\Delta_3^{①}\} = \{\Delta_3^{②}\} = \{\Delta_3\}, \quad \{\Delta_4^{③}\} = \{\Delta_4^{④}\} = \{\Delta_4\} \\
&\{\Delta_5^{②}\} = \{\Delta_5^{③}\} = \{\Delta_5^{④}\} = \{\Delta_5\}, \quad \{\Delta_6^{④}\} = \{\Delta_6\}
\end{aligned} \quad (9.81)$$

可以得到用节点位移表示的各节点的平衡方程：

$[K_{11}^{①}]\{\Delta_1\} + [K_{12}^{①}]\{\Delta_2\} + [K_{13}^{①}]\{\Delta_3\} = \{R_1\}$

$[K_{21}^{①}]\{\Delta_1\} + ([K_{22}^{①}] + [K_{22}^{②}] + [K_{22}^{③}])\{\Delta_2\} + ([K_{23}^{①}] + [K_{23}^{②}])\{\Delta_3\} + [K_{24}^{③}]\{\Delta_4\} +$
$\quad ([K_{25}^{②}] + [K_{25}^{③}])\{\Delta_5\} = \{R_2\}$

$[K_{31}^{①}]\{\Delta_1\} + ([K_{32}^{①}] + [K_{32}^{②}])\{\Delta_2\} + ([K_{33}^{①}] + [K_{33}^{②}])\{\Delta_3\} + [K_{35}^{②}]\{\Delta_5\} = \{R_3\}$

$[K_{42}^{③}]\{\Delta_2\} + ([K_{44}^{③}] + [K_{44}^{④}])\{\Delta_4\} + ([K_{45}^{③}] + [K_{45}^{④}])\{\Delta_5\} + [K_{46}^{④}]\{\Delta_6\} = \{R_4\}$

$([K_{52}^{②}] + [K_{52}^{③}])\{\Delta_2\} + [K_{53}^{②}]\{\Delta_3\} + ([K_{54}^{③}] + [K_{54}^{④}])\{\Delta_4\}$
$\quad + ([K_{55}^{②}] + [K_{55}^{③}] + [K_{55}^{④}])\{\Delta_5\} + [K_{56}^{④}]\{\Delta_6\} = \{R_5\}$

$[K_{64}^{④}]\{\Delta_4\} + [K_{65}^{④}]\{\Delta_5\} + [K_{66}^{④}]\{\Delta_6\} = \{R_6\}$

$$(9.82)$$

设：

$$[K_{ij}] = \sum_e [K_{ij}^e] \quad (i = 1, 2, \cdots, 6, \ j = 1, 2, \cdots, 6) \quad (9.83)$$

即：

$[K_{11}] = [K_{11}^{①}], \quad [K_{12}] = [K_{12}^{①}], \quad [K_{13}] = [K_{13}^{①}]$

$[K_{21}] = [K_{21}^{①}], \quad [K_{22}] = [K_{22}^{①}] + [K_{22}^{②}] + [K_{22}^{③}], \quad [K_{23}] = [K_{23}^{①}] + [K_{23}^{②}]$

$[K_{24}] = [K_{24}^{③}], \quad [K_{25}] = [K_{25}^{②}] + [K_{25}^{③}]$

$[K_{31}] = [K_{31}^{①}], \quad [K_{32}] = [K_{32}^{①}] + [K_{32}^{②}], \quad [K_{33}] = [K_{33}^{①}] + [K_{33}^{②}], \quad [K_{35}] = [K_{35}^{②}]$

$[K_{42}] = [K_{42}^{③}], \quad [K_{44}] = [K_{44}^{③}] + [K_{44}^{④}], \quad [K_{45}] = [K_{45}^{③}] + [K_{45}^{④}], \quad [K_{46}] = [K_{46}^{④}]$

$$[K_{52}]=[K_{52}^{②}]+[K_{52}^{③}], \quad [K_{53}]=[K_{53}^{②}], \quad [K_{54}]=[K_{54}^{③}]+[K_{54}^{④}]$$
$$[K_{55}]=[K_{55}^{②}]+[K_{55}^{③}]+[K_{55}^{④}], \quad [K_{56}]=[K_{56}^{④}]$$
$$[K_{64}]=[K_{64}^{④}], \quad [K_{65}]=[K_{65}^{④}], \quad [K_{66}]=[K_{66}^{④}] \tag{9.84}$$

这样,式(9.82)可写成:

$$\sum_{s=1}^{6}[K_{ps}]\{\Delta_s\}=\{R_p\} \quad (p=1,2,\cdots,6) \tag{9.85a}$$

式中,如果$\{\Delta_s\}$没有出现,则意味所对应的$[K_{ps}]=[0]$。

写成矩阵形式,即:

$$\begin{bmatrix} [K_{11}] & [K_{12}] & [K_{13}] & & & \\ [K_{21}] & [K_{22}] & [K_{23}] & [K_{24}] & [K_{25}] & \\ [K_{31}] & [K_{32}] & [K_{33}] & & [K_{35}] & \\ & [K_{42}] & & [K_{44}] & [K_{45}] & [K_{46}] \\ & [K_{52}] & [K_{53}] & [K_{54}] & [K_{55}] & [K_{56}] \\ & & & [K_{64}] & [K_{65}] & [K_{66}] \end{bmatrix} \begin{Bmatrix} \{\Delta_1\} \\ \{\Delta_2\} \\ \{\Delta_3\} \\ \{\Delta_4\} \\ \{\Delta_5\} \\ \{\Delta_6\} \end{Bmatrix} = \begin{Bmatrix} \{R_1\} \\ \{R_2\} \\ \{R_3\} \\ \{R_4\} \\ \{R_5\} \\ \{R_6\} \end{Bmatrix} \tag{9.85b}$$

式(9.85b)可简写成:

$$[K]\{\Delta\}=\{R\} \tag{9.85c}$$

该式称为结构的总刚度方程,或称为结构的整体平衡方程,式中$\{\Delta\}$为结构的节点位移矩阵,$\{R\}$为结构的节点载荷矩阵,它的组成由式(9.78)所规定,即:

$$\{R_i\}=\{Q_i\}+\sum_{e}\{F_i^e\} \tag{9.86}$$

而将$[K]$称为结构的总刚度矩阵。

9.4.2 总刚度矩阵的形成与特征

从总刚度方程的构成可以看到,总刚度方程中关键是结构总刚度矩阵的形成。由上面的实例,不失一般性,可以看出总刚度矩阵中各子块矩阵的组成规律是:矩阵$[K]$中的子阵$[K_{ij}]$是与i,j节点直接相连的各单元刚度矩阵中出现的相应子矩阵$[K_{ij}^e]$的叠加,即:

$$[K_{ij}]=\sum_{e}[K_{ij}^e] \tag{9.87}$$

如上例中$[K_{25}]$是与节点"2""5"直接相连的单元②、③的刚度矩阵中子块$[K_{25}^{②}]$和$[K_{25}^{③}]$叠加的结果。

按照上述特点,在计算出单元刚度矩阵之后,就可以按上述方法直接形成总刚度矩阵。为说明便捷起见,仍以图9.17所示的例子加以说明。

(1) 计算出结构中所有单元的单元刚度矩阵;

(2) 根据结构的节点总数n,画一个$n \times n$的表格,上例中$n=6$,则画一个6×6的表格。

表格中每一行与每一列分别用 1, 2, ···, n 编号, 则每一方格可表示为总刚度矩阵中的一块子矩阵 $[K_{ij}]$ ($i=1, 2, ···, n$, $j=1, 2, ···, n$)。

	1	2	3	4	5	6
1	$[K_{11}^{①}]$	$[K_{12}^{①}]$	$[K_{13}^{①}]$			
2	$[K_{21}^{①}]$	$[K_{22}^{①}][K_{22}^{②}][K_{22}^{③}]$	$[K_{23}^{①}][K_{23}^{②}]$	$[K_{24}^{③}]$	$[K_{25}^{②}][K_{25}^{③}]$	
3	$[K_{31}^{①}]$	$[K_{32}^{①}][K_{32}^{②}]$	$[K_{33}^{①}][K_{33}^{②}]$		$[K_{35}^{②}]$	
4		$[K_{42}^{③}]$		$[K_{44}^{③}][K_{44}^{④}]$	$[K_{45}^{③}][K_{45}^{④}]$	$[K_{46}^{④}]$
5		$[K_{52}^{②}][K_{52}^{③}]$	$[K_{53}^{②}]$	$[K_{54}^{③}][K_{54}^{④}]$	$[K_{55}^{②}][K_{55}^{③}][K_{55}^{④}]$	$[K_{56}^{④}]$
6				$[K_{64}^{④}]$	$[K_{65}^{④}]$	$[K_{66}^{④}]$

(3) 将每一单元的单元刚度矩阵中的子块矩阵 $[K_{ij}^e]$ 按其下标依次填入上述表格中的第 i 行第 j 列的位置上, 这一步称为"对号入座", 实例见表格。

(4) 将表中同一位置的各子块矩阵相叠加, 就得到总刚度矩阵中相应的子块矩阵。表中一些格子内无子块矩阵(即为空格)时, 则刚度矩阵中相对应的子矩阵块为零矩阵。

这种"对号入座"组集总刚度矩阵的方法, 称为直接刚度法。

上述总刚度矩阵中每一子块矩阵 $[K_{ij}]$, 对平面问题而言, 应当展开为如下的 2×2 阶矩阵, 即:

$$[K_{ij}] = \begin{bmatrix} k_{ij}^{11} & k_{ij}^{12} \\ k_{ij}^{21} & k_{ij}^{22} \end{bmatrix} \quad (i, j = 1, 2, ···, 6) \tag{9.88}$$

这样, 总刚度矩阵应是 $2n\times2n$ 阶矩阵 (n 为结构的节点总数)。对图 9.17 所示的实例, 总刚度方程可展开为:

$$\begin{Bmatrix} k_{11}^{11} & k_{11}^{12} & k_{12}^{11} & k_{12}^{12} & k_{13}^{11} & k_{13}^{12} & & & & & & \\ k_{11}^{21} & k_{11}^{22} & k_{12}^{21} & k_{12}^{22} & k_{13}^{21} & k_{13}^{22} & & & & & & \\ k_{21}^{11} & k_{21}^{12} & k_{22}^{11} & k_{22}^{12} & k_{23}^{11} & k_{23}^{12} & k_{24}^{11} & k_{24}^{12} & k_{25}^{11} & k_{25}^{12} & & \\ k_{21}^{21} & k_{21}^{22} & k_{22}^{21} & k_{22}^{22} & k_{23}^{21} & k_{23}^{22} & k_{24}^{21} & k_{24}^{22} & k_{25}^{21} & k_{25}^{22} & & \\ k_{31}^{11} & k_{31}^{12} & k_{32}^{11} & k_{32}^{12} & k_{33}^{11} & k_{33}^{12} & & & k_{35}^{11} & k_{35}^{12} & & \\ k_{31}^{21} & k_{31}^{22} & k_{32}^{21} & k_{32}^{22} & k_{33}^{21} & k_{33}^{22} & & & k_{35}^{21} & k_{35}^{22} & & \\ & & k_{42}^{11} & k_{42}^{12} & & & k_{44}^{11} & k_{44}^{12} & k_{45}^{11} & k_{45}^{12} & k_{46}^{11} & k_{46}^{12} \\ & & k_{42}^{21} & k_{42}^{22} & & & k_{44}^{21} & k_{44}^{22} & k_{45}^{21} & k_{45}^{22} & k_{46}^{21} & k_{46}^{22} \\ & & k_{52}^{11} & k_{52}^{12} & k_{53}^{11} & k_{53}^{12} & k_{54}^{11} & k_{54}^{12} & k_{55}^{11} & k_{55}^{12} & k_{56}^{11} & k_{56}^{12} \\ & & k_{52}^{21} & k_{52}^{22} & k_{53}^{21} & k_{53}^{22} & k_{54}^{21} & k_{54}^{22} & k_{55}^{21} & k_{55}^{22} & k_{56}^{21} & k_{56}^{22} \\ & & & & & & k_{64}^{11} & k_{64}^{12} & k_{65}^{11} & k_{65}^{12} & k_{66}^{11} & k_{66}^{12} \\ & & & & & & k_{64}^{21} & k_{64}^{22} & k_{65}^{21} & k_{65}^{22} & k_{66}^{21} & k_{66}^{22} \end{Bmatrix} \begin{Bmatrix} u_1 \\ v_1 \\ u_2 \\ v_2 \\ u_3 \\ v_3 \\ u_4 \\ v_4 \\ u_5 \\ v_5 \\ u_6 \\ v_6 \end{Bmatrix} = \begin{Bmatrix} R_{1x} \\ R_{1y} \\ R_{2x} \\ R_{2y} \\ R_{3x} \\ R_{3y} \\ R_{4x} \\ R_{4y} \\ R_{5x} \\ R_{5y} \\ R_{6x} \\ R_{6y} \end{Bmatrix}$$

$$(9.89)$$

根据上述推导及式(9.83)、式(9.88)、式(9.89), 可以看到总刚度矩阵的特征如下:

(1) 总刚度矩阵中非零的子块矩阵基本集中分布于对角线附近, 在大型结构中形成"带状"。这是因为一个节点的平衡方程除与本身的节点位移有关外,还与那些和它直接相连的单元节点的节点位移有关,而不在同一单元上的两个节点之间相互没有影响。在图 9.17 所示结构中,节点 3 与单元①、②直接相连接,它的平衡方程除与节点 3 的位移有关外,还与节点 1、2、5 的节点位移有关,但节点 3 与节点 4、6 无关,所以 $[K_{34}]$、$[K_{36}]$ 为零。因此,在大型结构的有限元分析中,与一个节点直接相连的单元总是不多的,这样总刚度矩阵总是呈稀疏的带状分布。

通常把从每一行的第一个非零元素起,至该行的对角线上最后一个非零元素称为总刚度矩阵在该行的"带宽"。带宽以外的元素全为零。带宽的大小,除与相关节点的位移个数有关外,还与相邻节点编号之差值有关。利用总刚度矩阵具有的稀疏带状的性质,在编制程序中只需存放带宽内的元素,可以大量地节省计算机容量。减少带宽的措施是尽量减少相邻节点编号之差值。在大型通用有限元分析程序中,大多有带宽优化功能,即给节点重新编号,使带宽尽可能地小。

(2) 总刚度矩阵是对称阵。

为此只要证明 $[K_{rs}]=[K_{sr}]^T$。 由式(9.78)、式(9.83):

$$[K_{sr}]^T = \sum_e [K_{sr}]^T = \sum_e ([B_s]^T[D][B_r]^T)hA \\ = \sum_e ([B_r]^T[D][B_s]^T)hA = \sum_e [K_{rs}] = [K_{rs}] \tag{9.90}$$

所以,总刚度矩阵是对称矩阵。这样在实际计算时,只需计算在对角线上及其一侧的元素。

(3) 总刚度矩阵是奇异矩阵。

由于结构在外载荷作用下处于平衡状态,因此节点载荷矩阵 $\{R\}$ 的分量要满足三个静力平衡方程,即总刚度矩阵 $[K]$ 中就存在三个线性相关的行或列,这同单元刚度矩阵类似,所以它是奇异的,不存在逆矩阵。

从另外一个角度讲,分析至此我们还没有引进约束条件,即结构还存在着刚体位移,这也是通过式(9.85)我们还求不出节点位移的原因。所以在求解总刚度方程前,需要根据约束条件,修正总刚度方程,消除总刚度矩阵的奇异性,然后才能求出节点位移。

(4) 总刚度矩阵中主对角线上的元素总是正的。

如总刚度矩阵 $[K]$ 中的元素 k_{33}^{11} 表示节点 3 在 x 方向产生单位位移而其他位移为零时,在节点 3 的 x 方向上产生的力,它自然应顺着位移方向,因而为正号。

9.5 边界条件的处理

由于总刚度矩阵是奇异矩阵,不存在逆阵。因此要求得唯一解,必须利用给定的边界条件对总刚度方程进行处理,消除总刚度矩阵的奇异性。边界约束条件的处理实质就是消除结构的刚体位移,使能求得节点位移。

有限单元法中的边界条件也是假定在节点上受到约束。限制线位移的约束是支座链杆。每一个约束条件,将提供一个位移方程 $u_i = \alpha$(α 为已知量),这使结构少一个特定的位移未知量,但增加了一个待定的支承反力 R_i。当 $\alpha = 0$ 时,我们称之为零位移约束,这时的支座链杆为刚性支杆;而当 $\alpha \neq 0$ 时,称之为非零位移约束。当然非零位移约束也可能是弹性支承,对它的处理以后会讲到。

边界约束条件的处理方法有三种。

9.5.1 划行划列法

划行划列法,又称消行降阶法,适用于结构只受零位移约束的情况。当结构的边界条件均是零位移约束时,对如图9.17所示结构,在节点1为固定铰支座,节点4为y方向活动铰支座,即:

$$u_1 = v_1 = v_4 = 0 \tag{9.91}$$

把以上条件引入总刚度方程(9.89)后,在节点位移矩阵$\{\Delta\}$中相应项为零,在总刚度矩阵中,与位移为零的项所对应的行和列的元素,在求其他节点的位移时将不起作用,因而可以从矩阵$[K]$中划去。这样原来的12阶线性方程就降低为9阶线性方程组,见式(9.92)。

$$\begin{Bmatrix} k_{11}^{11} & k_{11}^{12} & k_{12}^{11} & k_{12}^{12} & k_{13}^{11} & k_{13}^{12} & - & - & - & - & - & - \\ k_{11}^{21} & k_{11}^{22} & k_{12}^{21} & k_{12}^{22} & k_{13}^{21} & k_{13}^{22} & - & - & - & - & - & - \\ k_{21}^{11} & k_{21}^{12} & k_{22}^{11} & k_{22}^{12} & k_{23}^{11} & k_{23}^{12} & k_{24}^{11} & k_{24}^{12} & k_{25}^{11} & k_{25}^{12} & & \\ k_{21}^{21} & k_{21}^{22} & k_{22}^{21} & k_{22}^{22} & k_{23}^{21} & k_{23}^{22} & k_{24}^{21} & k_{24}^{22} & k_{25}^{21} & k_{25}^{22} & & \\ k_{31}^{11} & k_{31}^{12} & k_{32}^{11} & k_{32}^{12} & k_{33}^{11} & k_{33}^{12} & - & - & k_{35}^{11} & k_{35}^{12} & & \\ k_{31}^{21} & k_{31}^{22} & k_{32}^{21} & k_{32}^{22} & k_{33}^{21} & k_{33}^{22} & - & - & k_{35}^{21} & k_{35}^{22} & & \\ - & - & k_{42}^{11} & k_{42}^{12} & - & - & k_{44}^{11} & k_{44}^{12} & k_{45}^{11} & k_{45}^{12} & k_{46}^{11} & k_{46}^{12} \\ - & - & k_{42}^{21} & k_{42}^{22} & - & - & k_{44}^{21} & k_{44}^{22} & k_{45}^{21} & k_{45}^{22} & k_{46}^{21} & k_{46}^{22} \\ & & k_{52}^{11} & k_{52}^{12} & k_{53}^{11} & k_{53}^{12} & k_{54}^{11} & k_{54}^{12} & k_{55}^{11} & k_{55}^{12} & k_{56}^{11} & k_{56}^{12} \\ & & k_{52}^{21} & k_{52}^{22} & k_{53}^{21} & k_{53}^{22} & k_{54}^{21} & k_{54}^{22} & k_{55}^{21} & k_{55}^{22} & k_{56}^{21} & k_{56}^{22} \\ & & & & & & k_{64}^{11} & k_{64}^{12} & k_{65}^{11} & k_{65}^{12} & k_{66}^{11} & k_{66}^{12} \\ & & & & & & k_{64}^{21} & k_{64}^{22} & k_{65}^{21} & k_{65}^{22} & k_{66}^{21} & k_{66}^{22} \end{Bmatrix} \begin{Bmatrix} u_1 \\ v_1 \\ u_2 \\ v_2 \\ u_3 \\ v_3 \\ u_4 \\ v_4 \\ u_5 \\ v_5 \\ u_6 \\ v_6 \end{Bmatrix} = \begin{Bmatrix} R_{1x} \\ R_{1y} \\ R_{2x} \\ R_{2y} \\ R_{3x} \\ R_{3y} \\ R_{4x} \\ R_{4y} \\ R_{5x} \\ R_{5y} \\ R_{6x} \\ R_{6y} \end{Bmatrix}$$

(9.92)

这种修正总刚度方程的办法,明显降低了矩阵的阶数,对于单元较少的结构、采用手算时是比较适用的。但是由于在处理的同时,也明显改变了总刚度方程的排列顺序,使计算机程序变得复杂,又是不可取的。实际有限元程序通常不采用此方法来处理边界约束条件。

9.5.2 划0置1法

划0置1法,又称消行修正法。当边界条件不一定是零位移约束,而是已知值时,对如图9.17所示结构,有:

$$u_1 = \bar{\alpha}, \ v_1 = \bar{\beta}, \ v_4 = \bar{\gamma} \tag{9.93}$$

其中,$\bar{\alpha}$,$\bar{\beta}$,$\bar{\gamma}$均为已知值,当然也可以为0。用划0置1法可以这样处理:

(1) 在总刚度矩阵$[K]$中,把与给定节点位移相对应的主对角元上的元素置为1,而该行该列上的其余元素置为0。对式(9.41),则应在$[K]$中把k_{11}^{11},k_{11}^{22},k_{44}^{22}置为1,而第一行和第一列、第二行和第二列、第八行和第八列中的其余元素均取为0,见式(9.44)。

$$\begin{bmatrix} 1 & 0 & 0 & 0 & 0 & 0 & 0 & 0 & 0 & 0 \\ 0 & 1 & 0 & 0 & 0 & 0 & 0 & 0 & 0 & 0 \\ 0 & 0 & k_{22}^{11} & k_{22}^{12} & k_{23}^{11} & k_{23}^{12} & k_{24}^{11} & 0 & k_{25}^{11} & k_{25}^{12} & 0 & 0 \\ 0 & 0 & k_{22}^{21} & k_{22}^{22} & k_{23}^{21} & k_{23}^{22} & k_{24}^{21} & 0 & k_{25}^{21} & k_{25}^{22} & 0 & 0 \\ 0 & 0 & k_{32}^{11} & k_{32}^{12} & k_{33}^{11} & k_{33}^{12} & 0 & 0 & k_{35}^{11} & k_{35}^{12} & 0 & 0 \\ 0 & 0 & k_{32}^{21} & k_{32}^{22} & k_{33}^{21} & k_{33}^{22} & 0 & 0 & k_{35}^{21} & k_{35}^{22} & 0 & 0 \\ 0 & 0 & k_{42}^{11} & k_{42}^{12} & k_{43}^{11} & k_{43}^{12} & k_{44}^{11} & 0 & k_{45}^{11} & k_{45}^{12} & k_{46}^{11} & k_{46}^{12} \\ 0 & 0 & 0 & 0 & 0 & 0 & 0 & 1 & 0 & 0 & 0 & 0 \\ 0 & 0 & k_{52}^{11} & k_{52}^{12} & k_{53}^{11} & k_{53}^{12} & k_{54}^{11} & 0 & k_{55}^{11} & k_{55}^{12} & k_{56}^{11} & k_{56}^{12} \\ 0 & 0 & k_{52}^{21} & k_{52}^{22} & k_{53}^{21} & k_{53}^{22} & k_{54}^{21} & 0 & k_{55}^{21} & k_{55}^{22} & k_{56}^{21} & k_{56}^{22} \\ 0 & 0 & 0 & 0 & 0 & 0 & k_{64}^{11} & 0 & k_{65}^{11} & k_{65}^{12} & k_{66}^{11} & k_{66}^{12} \\ 0 & 0 & 0 & 0 & 0 & 0 & k_{64}^{21} & 0 & k_{65}^{21} & k_{65}^{22} & k_{66}^{21} & k_{66}^{22} \end{bmatrix} \begin{Bmatrix} u_1 \\ v_1 \\ u_2 \\ v_2 \\ u_3 \\ v_3 \\ u_4 \\ v_4 \\ u_5 \\ v_5 \\ u_6 \\ v_6 \end{Bmatrix} = \begin{Bmatrix} \bar{\alpha} \\ \bar{\beta} \\ R_{2x} - k_{21}^{11}\bar{\alpha} - k_{21}^{12}\bar{\beta} - k_{24}^{12}\bar{\gamma} \\ R_{2y} - k_{21}^{21}\bar{\alpha} - k_{21}^{22}\bar{\beta} - k_{24}^{22}\bar{\gamma} \\ R_{3x} - k_{31}^{11}\bar{\alpha} - k_{31}^{12}\bar{\beta} - k_{34}^{12}\bar{\gamma} \\ R_{3y} - k_{31}^{21}\bar{\alpha} - k_{31}^{22}\bar{\beta} - k_{34}^{22}\bar{\gamma} \\ R_{4x} - k_{41}^{11}\bar{\alpha} - k_{41}^{12}\bar{\beta} - k_{44}^{12}\bar{\gamma} \\ \bar{\gamma} \\ R_{5x} - k_{51}^{11}\bar{\alpha} - k_{51}^{12}\bar{\beta} - k_{54}^{12}\bar{\gamma} \\ R_{5y} - k_{51}^{21}\bar{\alpha} - k_{51}^{22}\bar{\beta} - k_{54}^{22}\bar{\gamma} \\ R_{6x} - k_{61}^{11}\bar{\alpha} - k_{61}^{12}\bar{\beta} - k_{64}^{12}\bar{\gamma} \\ R_{6y} - k_{61}^{21}\bar{\alpha} - k_{61}^{22}\bar{\beta} - k_{64}^{22}\bar{\gamma} \end{Bmatrix}$$

(9.94)

(2) 在节点载荷矩阵$\{R\}$中,把相应的项用给定的位移值代替。而其余元素,则应从中减去给定的节点位移与$[K]$中相应的项的乘积,见式(9.94)。

这样的处理,由式(9.94),马上可得到:

$$u_1 = \bar{\alpha}, \quad v_1 = \bar{\beta}, \quad v_4 = \bar{\gamma} \tag{9.95}$$

而且保留了总刚度方程的原有阶数,自然也没有变更方程组的排列顺序。

9.5.3 乘大数法

乘大数法,又称对角元扩大法,该办法也用于边界条件不一定为零位移约束的情形。对图9.17所示结构,也有类似式(9.93)的假定。它的处理办法是:

(1) 把总刚度矩阵$[K]$中给定节点位移相对应的主对角线上的元素乘以相当大的一个数,如1×10^{15},$[K]$中其他元素不变,见式(9.96)。

$$\begin{Bmatrix} k_{11}^{11} \times 10^{15} & k_{11}^{12} & k_{12}^{11} & k_{12}^{12} & k_{13}^{11} & k_{13}^{12} & & & & & & \\ k_{11}^{21} & k_{11}^{22} \times 10^{15} & k_{12}^{21} & k_{12}^{22} & k_{13}^{21} & k_{13}^{22} & & & & & & \\ k_{21}^{11} & k_{21}^{12} & k_{22}^{11} & k_{22}^{12} & k_{23}^{11} & k_{23}^{12} & k_{24}^{11} & k_{24}^{12} & k_{25}^{11} & k_{25}^{12} & & \\ k_{21}^{21} & k_{21}^{22} & k_{22}^{21} & k_{22}^{22} & k_{23}^{21} & k_{23}^{22} & k_{24}^{21} & k_{24}^{22} & k_{25}^{21} & k_{25}^{22} & & \\ k_{31}^{11} & k_{31}^{12} & k_{32}^{11} & k_{32}^{12} & k_{33}^{11} & k_{33}^{12} & & & k_{35}^{11} & k_{35}^{12} & & \\ k_{31}^{21} & k_{31}^{22} & k_{32}^{21} & k_{32}^{22} & k_{33}^{21} & k_{33}^{22} & & & k_{35}^{21} & k_{35}^{22} & & \\ & & k_{42}^{11} & k_{42}^{12} & & & k_{44}^{11} & k_{44}^{12} & k_{45}^{11} & k_{45}^{12} & k_{46}^{11} & k_{46}^{12} \\ & & k_{42}^{21} & k_{42}^{22} & & & k_{44}^{21} & k_{44}^{22} \times 10^{15} & k_{45}^{21} & k_{45}^{22} & k_{46}^{21} & k_{46}^{22} \\ & & k_{52}^{11} & k_{52}^{12} & k_{53}^{11} & k_{53}^{12} & k_{54}^{11} & k_{54}^{12} & k_{55}^{11} & k_{55}^{12} & k_{56}^{11} & k_{56}^{12} \\ & & k_{52}^{21} & k_{52}^{22} & k_{53}^{21} & k_{53}^{22} & k_{54}^{21} & k_{54}^{22} & k_{55}^{21} & k_{55}^{22} & k_{56}^{21} & k_{56}^{22} \\ & & & & & & k_{64}^{11} & k_{64}^{12} & k_{65}^{11} & k_{65}^{12} & k_{66}^{11} & k_{66}^{12} \\ & & & & & & k_{64}^{21} & k_{64}^{22} & k_{65}^{21} & k_{65}^{22} & k_{66}^{21} & k_{66}^{22} \end{Bmatrix} \begin{Bmatrix} u_1 \\ v_1 \\ u_2 \\ v_2 \\ u_3 \\ v_3 \\ u_4 \\ v_4 \\ u_5 \\ v_5 \\ u_6 \\ v_6 \end{Bmatrix}$$

$$=\begin{Bmatrix} \bar{\alpha} \times k_{11}^{11} \times 10^{15} \\ \bar{\beta} \times k_{11}^{22} \times 10^{15} \\ R_{2x} \\ R_{2y} \\ R_{3x} \\ R_{3y} \\ R_{4x} \\ \bar{\gamma} \times k_{44}^{22} \times 10^{15} \\ R_{5x} \\ R_{5y} \\ R_{6x} \\ R_{6y} \end{Bmatrix} \quad (9.96)$$

(2) 把节点载荷矩阵$\{R\}$中的对应项用给定的节点位移与相应的主对角线元素、同一相当大的数(如1×10^{15})这三项的乘积代替,见式(9.82)。

这样处理后,如展开式(9.96)的第一个方程,有:

$$k_{11}^{11} \times 10^{15} u_1 + k_{11}^{12} v_1 + k_{12}^{11} u_2 + k_{12}^{12} v_2 + k_{13}^{11} u_3 + k_{13}^{12} v_3 + k_{14}^{11} u_4 + \\ k_{14}^{12} v_4 + k_{15}^{11} u_5 + k_{15}^{12} v_5 + k_{16}^{11} u_6 + k_{16}^{12} v_6 = \bar{\alpha} \times k_{11}^{11} \times 10^{15} \quad (9.97)$$

式(9.97)中由于除包含大数1×10^{15}的两项外,其余各项相对都很小,可以略去,即:

$$k_{11}^{11} \times 10^{15} \gg k_{ij} \quad (j = 1, 2, \cdots, 6) \quad (9.98)$$

因此,式(9.98)就可写为:

$$k_{11}^{11} \times 10^{15} \times u_1 \approx \bar{\alpha} \times k_{11}^{11} \times 10^{15} \\ u_1 = \bar{\alpha} \quad (9.99)$$

同理可以得到:

$$v_1 = \bar{\beta} \\ v_4 = \bar{\gamma} \quad (9.100)$$

均满足已知位移边界条件。

比较划0置1法和乘大数法可以看到,这两种方法都适用于零位移约束和非零位移约束边界条件。但是,当边界条件为零位移约束时,用划0置1法更为简捷;而对非零位移约束,用乘大数法更为方便。

用以上方法进行边界条件约束处理后,总刚度方程也得到修正,成为:

$$[K^*]\{\Delta\} = \{R^*\} \quad (9.101)$$

这时可以求解,得到节点位移。

9.6 计算结果整理及解题步骤

在进行边界约束条件处理后,求解节点位移,这将归结于求解一个大型联立线性方程组。求解方程组在有限元分析过程中将占据绝大部分的计算时间。

求解大型联立线性方程组的方法很多。最常用的是直接法和迭代法。为了避免直接求逆的计算负担,直接法利用矩阵 $[K]$ 的稀疏和对称特性将它分解为几个子矩阵,它们的结果等于原始矩阵。然后通过简单的返回置换获得解向量。迭代法是引入试探解后迭代直到达到平衡位置(解矢量无变化)。尽管迭代法有减少存储空间的优点,但运算次数大大高于直接法。在众多方法中最适合的应是能充分利用总刚度矩阵对称、稀疏和带状特性,以便极大地减少计算的存储量和求解时间。自然,在小型计算机上计算时更注重于减少计算存储量,而大型计算机则着重于减小计算时间。

求解总刚度方程,得到节点位移后,代入式(9.37)即可求得单元应力。

计算出的节点位移就是结构上各离散点的位移值,据此可直接画出结构的位移分布图,即变形图。在大部分有限元通用程序的后处理中,均能显示出结构计算前后的变形图,一目了然显示出各部位的变形大小。

而对应力计算结果,则必须进行整理。这是因为对常应变三角形单元,单元中应力也是常量,而不是某一点的应力值,通常把它作为三角形单元形心处的应力。为了由计算结果推出结构上某一点的接近实际的应力值,通常可采用绕节点平均法或两单元平均法。

所谓绕节点平均法,就是把环绕某一节点的各单元常应力加以平均,用以表示该节点的应力。如图 9.18 中节点 1 的应力,可认为:

$$\{\sigma_1\} = \frac{1}{6}\sum_{e=1}^{6}\{\sigma\}^e \tag{9.102}$$

为了使绕节点平均应力能较真实地表示节点处的实际应力,环绕该节点的各个单元的面积不能相差太大。绕节点平均法比较适用于内节点应力的推算。对边界节点,绕节点法的误差将较大。一般边界节点的应力可由内节点的应力通过插值推算。如图 9.18 中节点 4 的应力,可先用绕节点平均法计算出内节点 1,2,3 的应力,再由这三点的应力用抛物线插值公式推算出节点 4 的应力。

所谓两单元平均法,就是把两个相邻单元之中的常应力加以平均,用来表示公共边界中点处的应力。在图 9.18 中,A,B 点的应力为:

$$\begin{aligned}\{\sigma\}_A &= \frac{1}{2}(\{\sigma\}^{⑨} + \{\sigma\}^{⑪}) \\ \{\sigma\}_B &= \frac{1}{2}(\{\sigma\}^{⑩} + \{\sigma\}^{⑫})\end{aligned} \tag{9.103}$$

为了使两单元平均法所推算的应力具有较好的表征性,两个相邻单元的面积不应相差太大。

在求出各点的应力分量 σ_x,σ_y,γ_{xy} 后,还可求出主应力 σ_1,σ_2 及主方向。这些值都可在

图上表述出来,显示出结构内应力分布情况。在大型通用有限单元分析程序中,都可以等应力线的形式给出各种应力分量的分布图,供设计人员分析研究。

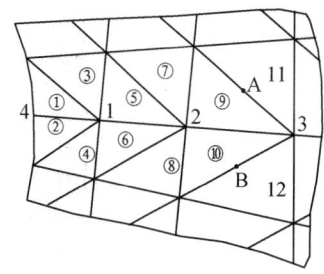

图 9.18 某点应力的确定

通过以上应用常应变三角形单元求解平面问题的论述,可以归纳出有限单元法分析步骤大致如下:

(1) 根据具体分析对象,作出结构简图。在此基础上进行有限元离散化,即网格划分,目的是得到分析对象的数学模型。包括:①选择坐标系,选择单元;②确定的网格大小与疏密程度,画出网格图;③边界约束条件和载荷的简化与确定。

(2) 单元分析,目的是求出各单元的刚度矩阵及等效节点载荷矩阵。

一般可直接根据各种类型单元的刚度矩阵表达式求出。如对常应变三角形单元,可根据节点坐标值,计算出各单元的面积及常系数 b_i, c_i, b_j, c_j, b_m, c_m 的值,代入式(9.24)后求出各单元的刚度矩阵。

根据各单元所受载荷,利用式(9.29)移置到各节点上,形成等效节点载荷矩阵。

(3) 整体分析,就是将各单元的分析结果组集成一整体,形成总刚度矩阵 $[K]\{\Delta\} = \{R\}$。包括:①组集总刚度矩阵 $[K]$,可利用直接刚度法或其他方法;②组集结构节点载荷矩阵。这一步也可结合单元分析形成各单元等效节点载荷矩阵后直接组集。

(4) 边界约束条件处理,修正总刚度方程,并由此求解得到各节点位移 $\{\Delta\}$。

(5) 求单元应力和节点应力。整理计算结果后给出结构变形图及各种应力分量的等值曲线。

*9.7 平面高次单元

上面讨论的三角形单元简单、适应性强,能够容易适应曲线边界及随意改变单元大小,但是由于只能采用线性位移模式,它的计算精度有限。为了满足一定的精度要求,需要将单元划分得很小,增加单元数。分析表明:采用高次单元位移模式可以提高计算速度,从而大大减少单元的数目。

本节引入两种平面高次单元:六节点三角形单元和矩形单元。

9.7.1 六节点三角形单元

六节点三角形单元是三角形单元的基础上,把三条边的中点也取为节点而形成的。规定节点 i,j,m 在三角形的三个顶点上,其排列仍按坐标系右手法则定。节点 1,2,3 分别在 i,j,m 的对边上,图 9.19(b) 呈现其节点编号及节点的面积坐标。单元的节点位移矩阵 $\{\Delta\}^e$ 和单元节点力矩阵 $\{F\}^e$ 分别为:

$$\{\Delta\}^e = \{\{\Delta_i^e\}^T \quad \{\Delta_j^e\}^T \quad \{\Delta_m^e\}^T \quad \{\Delta_1^e\}^T \quad \{\Delta_2^e\}^T \quad \{\Delta_3^e\}^T\}^T \quad (9.104)$$

$$\{F\}^e = \{\{F_i^e\}^T \quad \{F_j^e\}^T \quad \{F_m^e\}^T \quad \{F_1^e\}^T \quad \{F_2^e\}^T \quad \{F_3^e\}^T\}^T \quad (9.105)$$

$$\{\Delta_i^e\} = \begin{Bmatrix} u_i \\ v_i \end{Bmatrix} \quad (i,j,m), \quad \{\Delta_1^e\} = \begin{Bmatrix} u_1 \\ v_1 \end{Bmatrix} \quad (1,2,3) \quad (9.106)$$

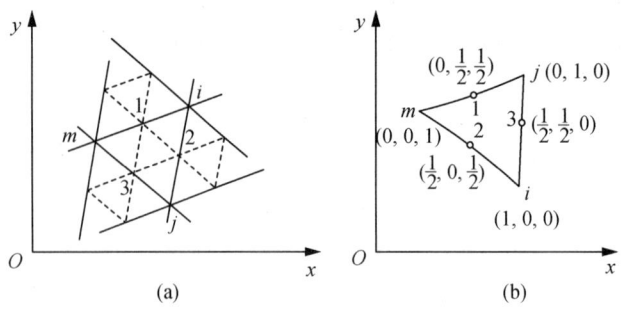

图 9.19 六节点三角形单元

$$\{F_i^e\} = \begin{Bmatrix} X_i^e \\ Y_i^e \end{Bmatrix} \quad (i,j,m), \quad \{F_1^e\} = \begin{Bmatrix} X_1^e \\ Y_1^e \end{Bmatrix} \quad (1,2,3) \tag{9.107}$$

1. 单元位移模式

六节点三角形单元有六个节点,单元位移模式可假设为完全的二次多项式:

$$\begin{cases} u = \alpha_1 + \alpha_2 x + \alpha_3 y + \alpha_4 x^2 + \alpha_5 xy + \alpha_6 y^2 \\ v = \alpha_7 + \alpha_8 x + \alpha_9 y + \alpha_{10} x^2 + \alpha_{11} xy + \alpha_{12} y^2 \end{cases} \tag{9.108}$$

式中,$\alpha_i (i = 1, 2, \cdots, 12)$ 为待定常数。

先讨论一下位移模式的收敛性问题。系数 $\alpha_1, \alpha_2, \alpha_3$ 与 $\alpha_7, \alpha_8, \alpha_9$,由三节点三角形单元位移模式的收敛性讨论可知,它们反映了单元的刚体位移和常应变,满足解答收敛的完备条件。

为了说明位移模式在相邻单元之间的连续性,设在单元边界上利用:

$$x = x_i + s\cos\alpha, \quad y = y_i + s\sin\alpha \tag{9.109}$$

把式(9.108)中第一式的 x, y 坐标变换成自然坐标 s(图 9.20),经整理后该式成为:

$$u = \beta_1 + \beta_2 s + \beta_3 s^2 \tag{9.110}$$

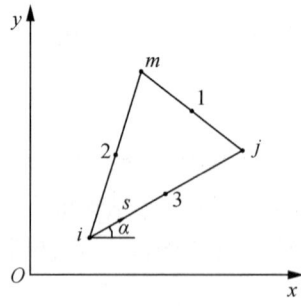

图 9.20 六节点三角形单元的自然坐标 s

可见,在单元边界 ij 上,利用三个节点 $i, j, 3$ 的位移分量 u_i, u_j, u_3 可以确定 $\beta_1, \beta_2, \beta_3$。因此,在两个相邻单元的公共边界 ij 上,两个单元具有相同的位移函数 u,这就保证了位移模式 u 在相邻单元之间的连续性。同样也可证明位移模式 v 能保证相邻单元之间的连续性。

因此,所假设的六节点三角形单元的位移模式满足收敛性条件,其位移解答是收敛的。

接着进一步分析单元位移模式(9.50)中 12 个待定常数。仿照三节点三角形单元的分析,可以用六个节点的位移分量来决定 12 个待定常数,然后再代回式(9.50)求出形函数 $N_r(r=i,j,m,1,2,3)$ 这一过程是非常繁复的。利用面积坐标的定义以及形函数的性质,我们可以直接将单元位移模式直接用形函数表示:

$$\{f\}^e = [N]\{\Delta\}^e \tag{9.111}$$

式中,形函数矩阵为:

$$[N] = \begin{bmatrix} N_i & 0 & N_j & 0 & N_m & 0 & N_1 & 0 & N_2 & 0 & N_3 & 0 \\ 0 & N_i & 0 & N_j & 0 & N_m & 0 & N_1 & 0 & N_2 & 0 & N_3 \end{bmatrix} \tag{9.112}$$

$$N_i = L_i(2L_i - 1) \quad (i,j,m)$$

$$N_1 = 4L_j L_m \quad (1,j,m; 2,i,m; 3,i,j) \tag{9.113}$$

式中,$L_r(r=i,j,m,1,2,3)$ 分别为节点 $i,j,m,1,2,3$ 的面积坐标。显然把它们代入式(9.111)后,立即可得出相应节点的节点位移 $u_r, v_r(r=i,j,m,1,2,3)$。

由于形函数 $N_r(r=i,j,m,1,2,3)$ 是面积坐标 L_i, L_j, L_m 的二次式,根据直角坐标和面积坐标的转换关系式(9.25)、式(9.29)可见,式(9.111)和式(9.108)是等同的,同样满足解答的收敛性。

2. 单元刚度矩阵

把位移模式(9.108)代入几何方程,有:

$$\{\varepsilon\} = \begin{Bmatrix} \varepsilon_x \\ \varepsilon_y \\ \gamma_{xy} \end{Bmatrix} = \begin{Bmatrix} \dfrac{\partial u}{\partial x} \\ \dfrac{\partial v}{\partial y} \\ \dfrac{\partial u}{\partial y} + \dfrac{\partial v}{\partial x} \end{Bmatrix} = [B]\{\Delta\}^e \tag{9.114}$$

由于:

$$\varepsilon_x = \frac{\partial u}{\partial x} = \frac{\partial N_i}{\partial x}u_i + \frac{\partial N_j}{\partial x}u_j + \frac{\partial N_m}{\partial x}u_m + \frac{\partial N_1}{\partial x}u_1 + \frac{\partial N_2}{\partial x}u_2 + \frac{\partial N_3}{\partial x}u_3$$

$$\varepsilon_y = \frac{\partial v}{\partial y} = \frac{\partial N_i}{\partial y}v_i + \frac{\partial N_j}{\partial y}v_j + \frac{\partial N_m}{\partial y}v_m + \frac{\partial N_1}{\partial y}v_1 + \frac{\partial N_2}{\partial y}v_2 + \frac{\partial N_3}{\partial y}v_3$$

$$\gamma_{xy} = \frac{\partial u}{\partial y} + \frac{\partial u}{\partial x} = \frac{\partial N_i}{\partial y}u_i + \frac{\partial N_i}{\partial x}v_i + \frac{\partial N_j}{\partial y}u_j + \frac{\partial N_j}{\partial x}v_j + \frac{\partial N_m}{\partial y}u_m + \frac{\partial N_m}{\partial x}v_m$$

$$+ \frac{\partial N_1}{\partial y}u_1 + \frac{\partial N_1}{\partial x}v_1 + \frac{\partial N_2}{\partial y}u_2 + \frac{\partial N_2}{\partial x}v_2 + \frac{\partial N_3}{\partial y}u_3 + \frac{\partial N_3}{\partial x}v_3$$

$$\tag{9.115}$$

所以:

$$[B]=[[B_i][B_j][B_m][B_1][B_2][B_3]] \tag{9.116}$$

式中：

$$[B_i]=\begin{bmatrix} \dfrac{\partial N_i}{\partial x} & 0 \\ 0 & \dfrac{\partial N_i}{\partial y} \\ \dfrac{\partial N_i}{\partial y} & \dfrac{\partial N_i}{\partial x} \end{bmatrix} \quad (i,j,m); \quad [B_1]=\begin{bmatrix} \dfrac{\partial N_1}{\partial x} & 0 \\ 0 & \dfrac{\partial N_1}{\partial y} \\ \dfrac{\partial N_1}{\partial y} & \dfrac{\partial N_1}{\partial x} \end{bmatrix} \quad (1,2,3) \tag{9.117}$$

由式(9.113)，并注意到 $L_i=\dfrac{a_i+b_i x+c_i y}{2A}$ (i,j,m)，有：

$$\dfrac{\partial N_i}{\partial x}=\dfrac{\partial N_i}{\partial L_i}\dfrac{\partial L_i}{\partial x}=(4L_i-1)\dfrac{b_i}{2A}=\dfrac{b_i}{2A}(4L_i-1) \quad (i,j,m)$$

$$\dfrac{\partial N_1}{\partial x}=\dfrac{\partial N_1}{\partial L_j}\dfrac{\partial L_j}{\partial x}+\dfrac{\partial N_1}{\partial L_m}\dfrac{\partial L_m}{\partial x}$$

$$=4L_m\dfrac{b_j}{2A}+4L_j\dfrac{b_m}{2A}=\dfrac{4(b_j L_m+b_m L_j)}{2A} \quad (1,j,m;2,i,m;3,i,j) \tag{9.118}$$

同理：

$$\dfrac{\partial N_i}{\partial y}=\dfrac{c_i}{2A}(4L_i-1) \quad (i,j,m)$$

$$\dfrac{\partial N_1}{\partial y}=\dfrac{4(c_j L_m+c_m L_j)}{2A} \quad (1,j,m;2,i,m;3,i,j) \tag{9.119}$$

所以：

$$[B_i]=\dfrac{1}{2A}\begin{bmatrix} b_i(4L_i-1) & 0 \\ 0 & c_i(4L_i-1) \\ c_i(4L_i-1) & b_i(4L_i-1) \end{bmatrix} \quad (i,j,m)$$

$$[B_1]=\dfrac{1}{2A}\begin{bmatrix} 4(b_j L_m+b_m L_j) & 0 \\ 0 & 4(c_j L_m+c_m L_j) \\ 4(c_j L_m+c_m L_j) & 4(b_j L_m+b_m L_j) \end{bmatrix} \quad (1,j,m;2,i,m;3,i,j)$$

$$\tag{9.120}$$

由上面二式可知，应变分量是面积坐标的一次式，因而也是 x,y 的一次式。也就是说，单元内的应变是线性变化的，不再是常量。

把应变表达式代入物理方程，可得到单元应力表达式：

$$\{\sigma\}=[D]\{\varepsilon\}=[D][B]\{\Delta\}^e=[S]\{\Delta\}^e \tag{9.121}$$

其中,应力矩阵:

$$[S] = [D][B] = [[S_i][S_j][S_m][S_1][S_2][S_3]] \qquad (9.122)$$

其中子块矩阵为:

$$[S_i] = [D][B_i] = \frac{Eh(4L_i-1)}{4(1-\mu^2)A} \begin{bmatrix} 2b_i & 2\mu c_i \\ 2\mu b_i & 2c_i \\ (1-\mu)c_i & (1-\mu)b_i \end{bmatrix} \quad (i,j,m) \qquad (9.123)$$

$$[S_1] = [D][B_1] = \frac{Eh(4L_i-1)}{4(1-\mu^2)A} \begin{bmatrix} 8(b_j L_m + b_m L_j) & 8\mu(c_j L_m + c_m L_j) \\ 8\mu(b_j L_m + b_m L_j) & 8(c_j L_m + c_m L_j) \\ 4(1-\mu)(b_m L_j + b_j L_m) & 4(1-\mu)8\mu(b_j L_m + b_m L_j) \end{bmatrix}$$
$$(i,j,m;2,m,i;3,i,j) \qquad (9.124)$$

应力矩阵$[S]$同样是面积坐标x,y坐标的一次式。也说明了单元中的应力是线性变化的,也不再是常量。

单元刚度矩阵的一般表达式:

$$[K]^e = \iint_A [B]^T [D][B] h \, dx \, dy \qquad (9.125)$$

将应变矩阵$[B]$的表达式代入,并运用积分公式:

$$\iint_A L_i^a L_j^b L_m^c \, dx \, dy = \frac{a!b!c!}{(a+b+c+2)!} 2A \qquad (9.126)$$

又注意到关系式:

$$b_i + b_j + b_m = y_j - y_m + y_m - y_i + y_i - y_j = 0$$
$$c_i + c_j + c_m = 0 \qquad (9.127)$$

可得单元刚度矩阵为:

$$[K]^e = \frac{Eh}{24(1-\mu^2)A} \begin{bmatrix} F_i & P_{ij} & P_{im} & 0 & -4P_{im} & -4P_{ij} \\ P_{ji} & F_j & P_{jm} & -4P_{jm} & 0 & -4P_{ji} \\ P_{mi} & P_{mj} & F_m & -4P_{mj} & -4P_{mi} & 0 \\ 0 & -4P_{mj} & -4P_{jm} & G_i & Q_{ij} & Q_{im} \\ -4P_{mi} & 0 & -4P_{im} & Q_{ji} & G_j & Q_{jm} \\ -4P_{ji} & -4P_{ij} & 0 & Q_{mi} & Q_{mi} & G_m \end{bmatrix}$$
$$(9.128)$$

其中:

$$F_i = \begin{bmatrix} 6b_i^2 + 3(1-\mu)c_i^2 & 3(1+\mu)b_i c_i \\ 3(1+\mu)b_i c_i & 6c_i^2 + 3(1-\mu)b_i^2 \end{bmatrix} \quad (i,j,m) \qquad (9.129)$$

$$G_i = \begin{bmatrix} 16(b_i^2 - b_j b_m) + 8(1-\mu)(c_i^2 - c_j c_m) & 4(1+\mu)(b_i c_i + b_j c_j + b_m c_m) \\ 4(1+\mu)(b_i c_i + b_j c_j + b_m c_m) & 16(c_i^2 - c_j c_m) + 8(1-\mu)(b_i^2 - b_j b_m) \end{bmatrix} \quad (i,j,m)$$

$$[P_{rs}] = \begin{bmatrix} -2b_r b_s - (1-\mu)c_r c_s & -2\mu b_r c_s - (1-\mu)c_r b_s \\ -2\mu c_r b_s - (1-\mu)b_r c_s & -2c_r c_s - (1-\mu)b_r b_s \end{bmatrix} \quad (r=i,j,m;\ s=i,j,m)$$

$$[Q_{rs}] = \begin{bmatrix} 16 b_r b_s + 8(1-\mu)c_r c_s & 4(1+\mu)(c_r b_s + b_r c_s) \\ 4(1+\mu)(c_r b_s + b_r c_s) & 16 c_r c_s + 8(1-\mu)b_r b_s \end{bmatrix} \quad (r=i,j,m;\ s=i,j,m)$$

(9.130)

对于平面应变问题，只须在应力矩阵$[S]$和单元刚度矩阵$[K]^e$中将E换成$\dfrac{E}{1-\mu^2}$，μ换成$\dfrac{\mu}{1-\mu}$即可。

3. 等效节点载荷的计算

由于六节点三角形单元的位移模式是非线性的，所以必须用非节点载荷向节点移置的一般公式来求等效节点载荷：

$$\{F\}^e = [N]^T\{Q\} + \int_s [N]^T\{P_A\}h\,\mathrm{d}s + \iint_A [N]^T\{P_V\}h\,\mathrm{d}x\mathrm{d}y \tag{9.131}$$

(1) 体力的移置。

设单元受体力w_y作用，如图9.21所示，则：

$$\{P_V\} = \begin{Bmatrix} 0 \\ -w_y \end{Bmatrix} \tag{9.132}$$

由式(9.131)，单元的等效节点载荷矩阵为：

$$\begin{aligned}
\{F\}^e &= \iint_A [N]^T\{P_V\}h\,\mathrm{d}x\mathrm{d}y \\
&= \iint_A \begin{bmatrix} N_i & 0 & N_j & 0 & N_m & 0 & N_1 & 0 & N_2 & 0 & N_3 & 0 \\ 0 & N_i & 0 & N_j & 0 & N_m & 0 & N_1 & 0 & N_2 & 0 & N_3 \end{bmatrix} \begin{Bmatrix} 0 \\ -w_y \end{Bmatrix} h\,\mathrm{d}x\mathrm{d}y \\
&= -h w_y \iint_A \{0 \ N_i \ 0 \ N_j \ 0 \ N_m \ 0 \ N_1 \ 0 \ N_2 \ 0 \ N_3\}^T \mathrm{d}x\mathrm{d}y \\
&= -\frac{A h w_y}{3}\{0\ 0\ 0\ 0\ 0\ 0\ 0\ 1\ 0\ 1\ 0\ 1\}^T
\end{aligned}$$

(9.133)

设单元的总重量为$W_y = -Ahw_y$则节点等效载荷矩阵为：

$$\{F\}^T = \left\{0\ \ 0\ \ 0\ \ 0\ \ 0\ \ 0\ \ 0\ \ \frac{1}{3}W_y\ \ 0\ \ \frac{1}{3}W_y\ \ 0\ \ \frac{1}{3}W_y\right\}^T \tag{9.134}$$

式(9.134)表明，单元的总体力是平均分配到各边中点的节点1,2,3上，而在三角形三个顶点的节点上为零。

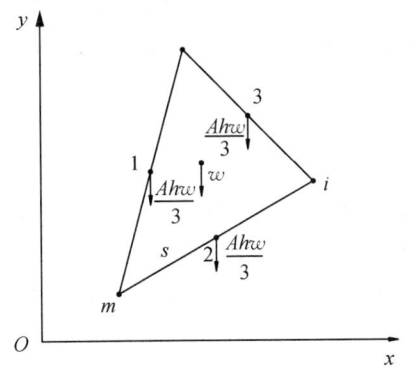

图 9.21 六节点三角形单元体力的移置

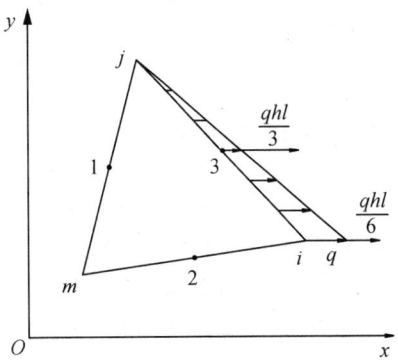

图 9.22 六节点三角形单元面力的移置

(2) 面力载荷的移置。

设在单元 ij 边界上,作用沿 x 方向的按线性变化的面力,在节点 i 上的强度为 q,在节点 j 上的强度为零,如图 9.22 所示,根据非节点载荷移置一般公式得:

$$\{P\}^e = \int_{ij} [N]_{ij}^{\mathrm{T}} \begin{Bmatrix} qL_i \\ 0 \end{Bmatrix} h\,\mathrm{d}s \tag{9.135}$$

式(9.135)沿 ij 边进行积分。由于 ij 边上面积坐标 $L_m=0$ 所以形函数就简化为:

$$N_i = L_i(2L_i - 1),\ N_j = L_j(2L_j - 1),\ N_m = 0 \tag{9.136}$$
$$N_1 = 0,\ N_2 = 0,\ N_3 = 4L_iL_j$$

代入式(9.135)后,有:

$$\{P\}^e = \iint_l \begin{bmatrix} N_i & 0 & N_j & 0 & 0 & 0 & 0 & 0 & 0 & 0 & N_3 & 0 \\ 0 & N_i & 0 & N_j & 0 & 0 & 0 & 0 & 0 & 0 & 0 & N_3 \end{bmatrix}^{\mathrm{T}} \begin{Bmatrix} qL_i \\ 0 \end{Bmatrix} h\,\mathrm{d}s$$

$$= qh \int_l \{N_iL_i\ \ 0\ \ N_jL_i\ \ 0\ \ 0\ \ 0\ \ 0\ \ 0\ \ 0\ \ N_3L_i\ \ 0\ \ 0\}^{\mathrm{T}}\mathrm{d}s \tag{9.137}$$

利用面积坐标的幂函数沿三角形单元某一边的积分公式:

$$\int L_i^a L_j^b \mathrm{d}s = \frac{a!b!}{(a+b+1)!} l \quad (i,j,m) \tag{9.138}$$

式(9.138)有:

$$\{P\}^e = \frac{lhq}{2} \left\{ \frac{1}{3}\ \ 0\ \ 0\ \ 0\ \ 0\ \ 0\ \ 0\ \ 0\ \ 0\ \ \frac{2}{3}\ \ 0 \right\}^{\mathrm{T}} \tag{9.139}$$

式中,l 为边 ij 的长度。

式(9.139)表明,总面力为 $\dfrac{lhq}{2}$ 的 $\dfrac{1}{3}$ 是移置到节点 i 上,而 $\dfrac{2}{3}$ 是移置到 ij 边中点 3。其余节点载荷分量均为零。

求出六节点三角形单元的单元刚度矩阵和等效节点载荷矩阵后，即可按前面所述的方法组集成结构总刚度方程，约束处理后求解得节点位移，再代入物理方程求出单元应力。方法基本是相同的，这里不再重复阐述。

9.7.2 四节点矩形单元

当结构外形比较规则时，可以采用四节点平面矩形单元。这也是一种精度较高的单元。

假设从离散体系中取出一矩形单元，见图9.23(a)。为了简便，矩形单元的边界平行坐标轴 x 和 y 轴。局部坐标 ξ, η。坐标原点取在单元的形心上，ξ 轴和 η 轴分别平行于 x 轴和 y 轴。局部坐标 ξ, η 与整体坐标 x, y 的转换关系为：

$$\xi = \frac{1}{a}(x - x_0), \quad x_0 = \frac{1}{2}(x_i + x_j), \quad 2a = x_j - x_i$$
$$\eta = \frac{1}{b}(y - y_0), \quad y_0 = \frac{1}{2}(y_i + y_p), \quad 2b = y_p - y_i \tag{9.140}$$

根据式(9.140)，可得到节点 i, j, m, p 的局部坐标分别是 $(-1, 1), (1, -1), (1, 1),(-1, 1)$，如图9.23(b)所示。

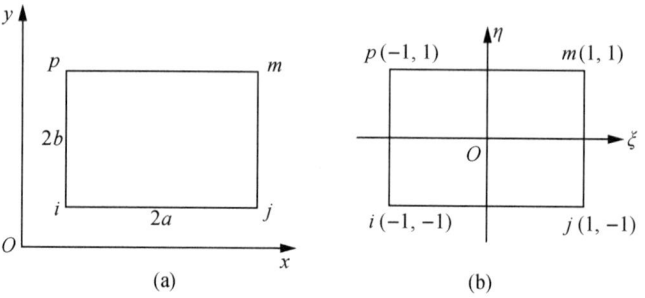

图9.23 四节点平面矩形单元及其局部坐标系

矩形单元的节点位移矩阵 $\{\Delta\}^e$ 和单元节点力矩阵 $\{F\}^e$ 分别为：

$$\{\Delta\}^e = \{\{\Delta_i^e\}^T \quad \{\Delta_j^e\}^T \quad \{\Delta_m^e\}^T \quad \{\Delta_p^e\}^T\}^T \tag{9.141}$$

$$\{F\}^e = \{\{F_i^e\}^T \quad \{F_j^e\}^T \quad \{F_m^e\}^T \quad \{F_p^e\}^T\}^T \tag{9.142}$$

其中：

$$\{\Delta_i^e\}^T = \begin{Bmatrix} u_i \\ v_i \end{Bmatrix} \quad (i, j, m, p) \tag{9.143}$$

$$\{F_i^e\}^T = \begin{Bmatrix} X_i^e \\ Y_i^e \end{Bmatrix} \quad (i, j, m, p) \tag{9.144}$$

1. 单元位移模式

由于矩形单元有四个节点，有八个自由度，所以取单元位移模式为双线性函数，即：

$$\begin{cases} u = \alpha_1 + \alpha_2 \xi + \alpha_3 \eta + \alpha_4 \xi\eta \\ u = \alpha_5 + \alpha_6 \xi + \alpha_7 \eta + \alpha_8 \xi\eta \end{cases} \tag{9.145}$$

式中，$\alpha_i(i=1,2,\cdots,8)$ 为待定常数。

为求出 α_i，可把四个节点的局部坐标值代入，有：

$$\begin{cases} u_i = \alpha_1 - \alpha_2 - \alpha_3 + \alpha_4 \\ u_j = \alpha_1 + \alpha_2 - \alpha_3 - \alpha_4 \\ u_m = \alpha_1 + \alpha_2 + \alpha_3 + \alpha_4 \\ u_p = \alpha_1 - \alpha_2 + \alpha_3 - \alpha_4 \end{cases} \tag{9.146}$$

求解上述方程式，得：

$$\begin{aligned} \alpha_1 &= \frac{1}{4}(u_i + u_j + u_m + u_p) \\ \alpha_2 &= \frac{1}{4}(-u_i + u_j + u_m - u_p) \\ \alpha_3 &= \frac{1}{4}(-u_i - u_j + u_m + u_p) \\ \alpha_4 &= \frac{1}{4}(u_i - u_j + u_m - u_p) \end{aligned} \tag{9.147}$$

代入式(9.145)后，并整理得：

$$\begin{aligned} u(\xi, \eta) &= \frac{1}{4}(1-\xi)(1-\eta)u_i + \frac{1}{4}(1+\xi)(1-\eta)u_j + \frac{1}{4}(1+\xi)(1+\eta)u_m \\ &\quad + \frac{1}{4}(1-\xi)(1+\eta)u_p \\ &= N_i u_i + N_j u_j + N_m u_m + N_p u_p \end{aligned} \tag{9.148}$$

同理也可求得：

$$v(\xi, \eta) = N_i v_i + N_j v_j + N_m v_m + N_p v_p \tag{9.149}$$

其中：

$$N_i = \frac{1}{4}(1+\xi_i\xi)(1+\eta_i\eta) \quad (i, j, m, p) \tag{9.150}$$

这样，单元的位移模式可写为：

$$\{f\} = \begin{Bmatrix} u \\ v \end{Bmatrix} = \begin{bmatrix} N_i & 0 & N_j & 0 & N_m & 0 & N_p & 0 \\ 0 & N_i & 0 & N_j & 0 & N_m & 0 & N_p \end{bmatrix}^{\mathrm{T}} \{\Delta\}^e = [N]\{\Delta\}^e \tag{9.151}$$

下面讨论位移模式的收敛性问题。由于式(9.145)中包含常数项和 ξ,η 的一次项，所以与三角形常应变单元分析一样可知，它们反映了单元的刚体位移和常应变状态，满足解答收敛的完备条件。在单元的四条边界上，ξ 或 η 为常量，因而单元位移函数在边界上分别是 ξ 与 η 的线性函数。这样相邻单元公共边界上的位移可由该边界上的两个节点的位移完全确定，也是线性变化的。这就保证了相邻单元在公共边上位移的连续性,满足解答收敛的协调条件。因此矩形单元是完备的协调单元。

2. 单元刚度矩阵

将单元位移模式(9.145)代入几何方程,可得单元应变为:

$$\{\varepsilon\} = \left\{ \begin{array}{c} \varepsilon_x \\ \varepsilon_y \\ \gamma_{xy} \end{array} \right\} = \left\{ \begin{array}{c} \dfrac{\partial u}{\partial x} \\ \dfrac{\partial v}{\partial y} \\ \dfrac{\partial v}{\partial x} + \dfrac{\partial u}{\partial y} \end{array} \right\} = \left\{ \begin{array}{c} \dfrac{\partial u}{\partial \xi} \dfrac{\partial \xi}{\partial x} \\ \dfrac{\partial v}{\partial \eta} \dfrac{\partial \eta}{\partial y} \\ \dfrac{\partial v}{\partial \xi} \dfrac{\partial \xi}{\partial y} + \dfrac{\partial u}{\partial \eta} \dfrac{\partial \eta}{\partial x} \end{array} \right\} = \dfrac{1}{ab} \left\{ \begin{array}{c} b \dfrac{\partial u}{\partial \xi} \\ a \dfrac{\partial v}{\partial \eta} \\ a \dfrac{\partial u}{\partial \eta} + b \dfrac{\partial v}{\partial \xi} \end{array} \right\}$$

$$= [[B_i][B_j][B_m][B_p]]\{\Delta\}^e = [B]\{\Delta\}^e$$

(9.152)

式中,子块矩阵$[B_i]$为:

$$[B_i] = \dfrac{1}{ab} \begin{bmatrix} b\dfrac{\partial N_i}{\partial \xi} & 0 \\ 0 & a\dfrac{\partial N_i}{\partial \eta} \\ a\dfrac{\partial N_i}{\partial \eta} & b\dfrac{\partial N_i}{\partial \xi} \end{bmatrix} = \dfrac{1}{4ab} \begin{bmatrix} b\xi_i(1+\eta_i\eta) & 0 \\ 0 & a\eta_i(1+\xi_i\xi) \\ a\eta_i(1+\xi_i\xi) & b\xi_i(1+\eta_i\eta) \end{bmatrix} \quad (i,j,m,p)$$

(9.153)

由物理方程可得单元应力为:

$$\{\sigma\} = [D]\{\varepsilon\} = [D][B]\{\Delta\}^e = [D][[B_i][B_j][B_m][B_p]]\{\Delta\}^e$$
$$= [[S_i][S_j][S_m][S_p]]\{\Delta\}^e = [S]\{\Delta\}^e$$

(9.154)

对平面应力问题,应力子块矩阵$[S_i]$为:

$$[S_i] = [D][B_i] = \dfrac{E}{4ab(1-\mu^2)} \begin{bmatrix} b\xi_i(1+\eta_i\eta) & \mu a\eta_i(1+\xi_i\xi) \\ \mu b\xi_i(1+\eta_i\eta) & a\eta_i(1+\xi_i\xi) \\ \dfrac{1-\mu}{2}a\eta_i(1+\xi_i\xi) & \dfrac{1-\mu}{2}\dfrac{1-\mu}{2} \end{bmatrix} \quad (i,j,m,p)$$

(9.155)

对于平面应变问题,只需在上式中将E代之以$\dfrac{E}{1-\mu^2}$,μ代之以$\dfrac{\mu}{1-\mu}$即可。

由式(9.153)和式(9.155)可见矩形单元的应变与应力都是线性变化的,所以它比三角形常应变单元能较好地反映结构内实际的应力和位移变化情况,计算精度通常比三角形常应变单元高些。

单元刚度矩阵可由虚功方程导出的一般形式得到,其中注意到局部坐标与整体坐标的关系式,有:

$$[K]^e = \iint_A [B]^T[D][B]h\,\mathrm{d}x\,\mathrm{d}y$$

$$= abh\int_{-1}^{1}\int_{-1}^{1}\begin{bmatrix}[B_i]^T\\ [B_j]^T\\ [B_m]^T\\ [B_p]^T\end{bmatrix}[D][[B_i][B_j][B_m][B_p]]\mathrm{d}\xi\mathrm{d}\eta \quad (9.156)$$

$$=\begin{bmatrix}[K_{ii}^e]&[K_{ij}^e]&[K_{im}^e]&[K_{ip}^e]\\ [K_{ji}^e]&[K_{jj}^e]&[K_{jm}^e]&[K_{jp}^e]\\ [K_{mi}^e]&[K_{mj}^e]&[K_{mm}^e]&[K_{mp}^e]\\ [K_{pi}^e]&[K_{pj}^e]&[K_{pm}^e]&[K_{pp}^e]\end{bmatrix}$$

其中,每一块子矩阵具体表示为:

$$[K_{rs}^e] = abh\int_{-1}^{1}\int_{-1}^{1}[B_r]^T[D][B_s]\mathrm{d}\xi\mathrm{d}\eta$$

$$=\frac{E}{4(1-\mu^2)}\begin{bmatrix}\dfrac{b}{a}\xi_r\xi_s\left(1+\dfrac{1}{3}\eta_r\eta_s\right) & \mu\xi_r\eta_s+\dfrac{1-\mu}{2}\xi_s\eta_r \\ +\dfrac{1-\mu}{2}\dfrac{b}{a}\eta_r\eta_s\left(1+\dfrac{1}{3}\xi_r\xi_s\right) & \\ & \dfrac{b}{a}\eta_r\eta_s\left(1+\dfrac{1}{3}\xi_r\xi_s\right) \\ \mu\xi_s\eta_r+\dfrac{1-\mu}{2}\xi_r\eta_s & +\dfrac{1-\mu}{2}\dfrac{b}{a}\xi_r\xi_s\left(1+\dfrac{1}{3}\eta_r\eta_s\right)\end{bmatrix}$$

$$r,s = i,j,m,p$$

(9.157)

对平面应变问题,也是在上式中将 E 用 $\dfrac{E}{1-\mu^2}$ 代, μ 用 $\dfrac{\mu}{1-\mu}$ 代即可。

3. 等效节点力的计算

1) 体力的移置

设单元受均匀体力 $\{P_V\} = \begin{Bmatrix}X\\Y\end{Bmatrix}$ 作用(图 9.24),则等效节点力矩阵为:

$$\{F\}^e = \iint_A [N]^T\{P_V\}h\,\mathrm{d}x\mathrm{d}y = \int_{-1}^{1}\int_{-1}^{1}\begin{bmatrix}N_i & 0\\ 0 & N_i\\ N_j & 0\\ 0 & N_j\\ N_m & 0\\ 0 & N_m\\ N_p & 0\\ 0 & N_p\end{bmatrix}\begin{Bmatrix}X\\Y\end{Bmatrix}hab\,\mathrm{d}\xi\mathrm{d}\eta \quad (9.158)$$

$$=\left\{\dfrac{W_x}{4} \quad \dfrac{W_y}{4} \quad \dfrac{W_x}{4} \quad \dfrac{W_y}{4} \quad \dfrac{W_x}{4} \quad \dfrac{W_y}{4} \quad \dfrac{W_x}{4} \quad \dfrac{W_y}{4}\right\}^T$$

式中,$W_x = 2a \times 2bhX$,$W_y = 2a \times 2bhY$ 分别为单元在 x 方向与 y 方向的总体力。

式(9.158)表明,整个物体上所受体力平均移置到四个节点上。

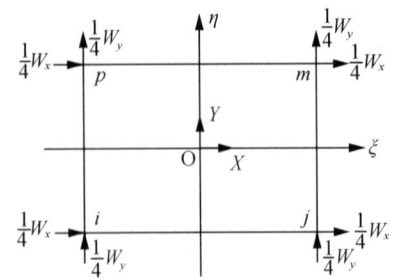
图 9.24 四节点平面矩形单元体力的移置

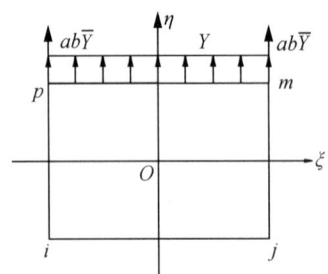
图 9.25 四节点平面矩形单元均匀面力的移置

2) 均匀面力的移置

如图 9.25 所示,设单元在 $\eta = 1$ 边界上作用均匀表面力 $\{P_A\} = \begin{Bmatrix} 0 \\ \overline{Y} \end{Bmatrix}$,则等效节点载荷矩阵为:

$$\{F\}^e = \int_s [N]^{\mathrm{T}} \{P_A\} h \, \mathrm{d}s = \int_{-1}^{1} [N]^{\mathrm{T}}_{\eta=1} \begin{Bmatrix} 0 \\ \overline{Y} \end{Bmatrix} ha \, \mathrm{d}\xi \tag{9.159}$$

注意到在边界 $\eta = 1$ 上,形函数 N_i,N_j 为 0,

$$N_i(\xi, 1) = \frac{1}{4}(1 + \xi_i \xi)(1 - 1) = 0 \quad (i, j)$$

$$\int_{-1}^{1} N_m(\xi, 1) \mathrm{d}\xi = \int_{-1}^{1} \frac{1}{4}(1 + \xi_m \xi)(1 + 1) \mathrm{d}\xi = 1 \quad (m, p) \tag{9.160}$$

所以代回后,有:

$$\begin{aligned} \{F\}^e &= \left\{ 0 \quad 0 \quad 0 \quad 0 \quad 0 \quad \frac{1}{2}(2ah\overline{Y}) \quad 0 \quad \frac{1}{2}(2ah\overline{Y}) \right\}^{\mathrm{T}} \\ &= \left\{ 0 \quad 0 \quad 0 \quad 0 \quad 0 \quad \frac{1}{2}\overline{W}_y \quad 0 \quad \frac{1}{2}\overline{W}_y \right\} \end{aligned} \tag{9.161}$$

式中,$\overline{W}_y = 2ah\overline{Y}$ 为单元 $\eta = 1$ 边界上 y 方向的总面力。

矩形单元比常应变的三节点三角形单元有较高的精度,但是由于它不能适应曲线边界和斜边界,也不便于在不同部位采用不同大小分级的单元,因此在工程实际中的使用不多。一般它可与三角形单元混合使用或用任意四边形的等参元。

9.8 典型例题

例 9.1 如图 9.26 所示为一平面应力状态的直角三角形单元,设 $\mu = \dfrac{1}{6}$。试求:

(1) 形函数矩阵 $[N]$;
(2) 应变矩阵 $[B]$;
(3) 应力矩阵 $[S]$;
(4) 单元刚度矩阵 $[K]^e$。

解:(1) 将 i, j, m 的坐标代入式(9.8)得:

$$a_i = 0, a_j = 0, a_m = ab$$
$$b_i = b, b_j = 0, b_m = -b$$
$$c_i = 0, c_j = a, c_m = -b$$

且 $A = \dfrac{1}{2}ab$。所以有:

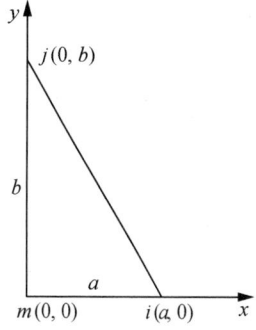

图 9.26 例 9.1 图

$$N_i = \frac{1}{2A}(a_i + b_i x + c_i y) = \frac{x}{a}$$

$$N_j = \frac{1}{2A}(a_j + b_j x + c_j y) = \frac{y}{b}$$

$$N_m = \frac{1}{2A}(a_m + b_m x + c_m y) = 1 - \frac{x}{a} - \frac{y}{b}$$

得形函数矩阵:

$$[N] = \begin{bmatrix} N_i & 0 & N_j & 0 & N_m & 0 \\ 0 & N_i & 0 & N_j & 0 & N_m \end{bmatrix}$$

$$= \begin{bmatrix} \dfrac{x}{a} & 0 & \dfrac{y}{b} & 0 & 1-\dfrac{x}{a}-\dfrac{y}{b} & 0 \\ 0 & \dfrac{x}{a} & 0 & \dfrac{y}{b} & 0 & 1-\dfrac{x}{a}-\dfrac{y}{b} \end{bmatrix}$$

(2) 求应变矩阵 $[B]$。

$$[B] = \frac{1}{2A} \begin{bmatrix} b_i & 0 & b_j & 0 & b_m & 0 \\ 0 & c_i & 0 & c_j & 0 & c_m \\ c_i & b_i & c_j & b_j & c_m & b_m \end{bmatrix} = \begin{bmatrix} \dfrac{1}{a} & 0 & 0 & 0 & -\dfrac{1}{a} & 0 \\ 0 & 0 & 0 & \dfrac{1}{b} & 0 & -\dfrac{1}{b} \\ 0 & \dfrac{1}{a} & \dfrac{1}{b} & 0 & -\dfrac{1}{b} & -\dfrac{1}{a} \end{bmatrix}$$

(3) 求应力矩阵 $[S]$。

由于：
$$[S]=[D][B]$$

其中：
$$[D]=\frac{E}{1-\mu^2}\begin{bmatrix} 1 & \mu & 0 \\ \mu & 1 & 0 \\ 0 & 0 & \frac{1-\mu}{2} \end{bmatrix}$$

所以：
$$[S]=[D][B]=\frac{E}{1-\mu^2}\begin{bmatrix} 1 & \mu & 0 \\ \mu & 1 & 0 \\ 0 & 0 & \frac{1-\mu}{2} \end{bmatrix}\begin{bmatrix} \frac{1}{a} & 0 & 0 & 0 & -\frac{1}{a} & 0 \\ 0 & 0 & 0 & \frac{1}{b} & 0 & -\frac{1}{b} \\ 0 & \frac{1}{a} & \frac{1}{b} & 0 & -\frac{1}{b} & -\frac{1}{a} \end{bmatrix}$$

$$=\frac{E}{1-\mu^2}\begin{bmatrix} \frac{1}{a} & 0 & 0 & \frac{\mu}{b} & -\frac{1}{a} & -\frac{\mu}{b} \\ \frac{\mu}{a} & 0 & 0 & \frac{1}{b} & -\frac{\mu}{a} & -\frac{1}{b} \\ 0 & \frac{1-\mu}{2a} & \frac{1-\mu}{2b} & 0 & -\frac{1-\mu}{2b} & -\frac{1-\mu}{2a} \end{bmatrix}$$

当 $\mu=\frac{1}{6}$ 时：

$$[S]=\frac{36E}{35}\begin{bmatrix} \frac{1}{a} & 0 & 0 & \frac{\mu}{b} & -\frac{1}{a} & -\frac{1}{6b} \\ \frac{1}{6a} & 0 & 0 & \frac{1}{b} & -\frac{1}{6a} & -\frac{1}{b} \\ 0 & \frac{5}{12a} & \frac{5}{12b} & 0 & -\frac{5}{12b} & -\frac{5}{12a} \end{bmatrix}$$

(4) 求单元刚度矩阵 $[K]^e$。

由于：
$$[K]^e=[B]^{\mathrm{T}}[S]tA$$

所以：

$$[K]^e = \frac{ab}{2}t\frac{36E}{35}\begin{bmatrix} \frac{1}{a} & 0 & 0 \\ 0 & 0 & \frac{1}{a} \\ 0 & 0 & \frac{1}{b} \\ 0 & \frac{1}{b} & 0 \\ -\frac{1}{a} & 0 & -\frac{1}{b} \\ 0 & -\frac{1}{b} & -\frac{1}{a} \end{bmatrix}\begin{bmatrix} \frac{1}{a} & 0 & 0 & \frac{1}{6b} & -\frac{1}{a} & -\frac{1}{6b} \\ \frac{1}{6a} & 0 & 0 & \frac{1}{b} & -\frac{1}{6a} & -\frac{1}{b} \\ 0 & \frac{5}{12a} & \frac{5}{12b} & 0 & -\frac{5}{12b} & -\frac{5}{12a} \end{bmatrix}$$

$$= \frac{18}{35}Etab\begin{bmatrix} \frac{1}{a^2} & 0 & 0 & \frac{1}{6ab} & -\frac{1}{a^2} & -\frac{1}{6ab} \\ 0 & \frac{5}{12a^2} & \frac{5}{12ab} & 0 & -\frac{5}{12ab} & -\frac{5}{12a^2} \\ 0 & \frac{5}{12ab} & \frac{5}{12b^2} & 0 & -\frac{5}{12b^2} & -\frac{5}{12ab} \\ \frac{1}{6ab} & 0 & 0 & \frac{1}{b^2} & -\frac{1}{6ab} & -\frac{1}{b^2} \\ -\frac{1}{a^2} & -\frac{5}{12ab} & -\frac{5}{12b^2} & -\frac{1}{6ab} & \left(\frac{1}{a^2}+\frac{5}{12b^2}\right) & \frac{7}{12ab} \\ -\frac{1}{6ab} & -\frac{5}{12a^2} & -\frac{5}{12ab} & -\frac{1}{b^2} & \frac{7}{12ab} & \left(\frac{1}{b^2}+\frac{5}{12a^2}\right) \end{bmatrix}$$

例 9.2 已知如图 9.27(a)所示的悬臂梁，在右端面作用着均匀分布的拉力，其合力为 P。采用如图 9.27(b)所示的简单网格，设 $\mu=1/3$，厚度 t，试求节点位移。

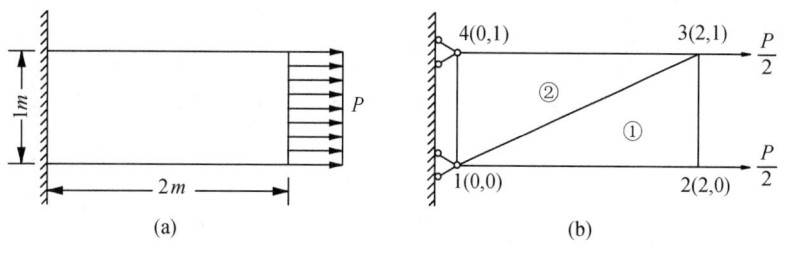

图 9.27 例 9.2 图

解：对于单元①i,j,m 相当于 1，2，3。

$$b_i = y_j - y_m = -1m, \quad b_j = y_m - y_i = 1m, \quad b_m = y_i - y_j = 0$$
$$c_i = x_m - x_j = 0, \quad c_j = x_i - x_m = -2m, \quad b_m = x_j - x_i = 2m$$

$$A = 1m^2$$

本题属于平面应力问题:$[K]^e$ 的系数为:

$$\frac{Et}{4(1-\mu^2)A} = \frac{9Et}{32}$$

则:

$$[K^①]^e = \begin{bmatrix} K_{11}^① & K_{12}^① & K_{13}^① \\ K_{21}^① & K_{22}^① & K_{23}^① \\ K_{31}^① & K_{32}^① & K_{33}^① \end{bmatrix} = \frac{3Et}{32} \begin{bmatrix} 3 & 0 & -3 & 2 & 0 & -2 \\ 0 & 1 & 2 & -1 & -2 & 0 \\ -3 & 2 & 7 & -4 & -4 & 2 \\ 2 & -1 & -4 & 13 & 2 & -12 \\ 0 & -2 & -4 & 2 & 4 & 0 \\ -2 & 0 & 2 & -12 & 0 & 12 \end{bmatrix}$$

对于单元② i, j, m 相当于 1, 3, 4。

$$b_i = y_j - y_m = 0, \quad b_j = y_m - y_i = 1m, \quad b_m = y_i - y_j = -1m$$
$$c_i = x_m - x_j = -2m, \quad c_j = x_i - x_m = 0, \quad c_m = x_j - x_i = 2m$$

$$[K^②]^e = \begin{bmatrix} [K_{11}^②] & [K_{13}^②] & [K_{14}^②] \\ [K_{31}^②] & [K_{33}^②] & [K_{34}^②] \\ [K_{41}^②] & [K_{43}^②] & [K_{44}^②] \end{bmatrix} = \frac{3Et}{32} \begin{bmatrix} 4 & 0 & 0 & -2 & -4 & 2 \\ 0 & 12 & -2 & 0 & 2 & -12 \\ 0 & -2 & 3 & 0 & -3 & 2 \\ -2 & 0 & 0 & 1 & 2 & -1 \\ -4 & 2 & -3 & 2 & 7 & -4 \\ 2 & -12 & 2 & -1 & -4 & 13 \end{bmatrix}$$

集成总刚度矩阵为:

$$[K] = \begin{bmatrix} K_{11}^① + K_{11}^② & K_{12}^① & K_{13}^① + K_{13}^② & K_{14}^② \\ & K_{22}^① & K_{23}^① & 0 \\ & & K_{33}^① + K_{33}^② & K_{34}^② \\ 对称 & & & K_{44}^② \end{bmatrix}$$

由此可得:

$$\frac{3Et}{32} \begin{bmatrix} 7 & 0 & -3 & 2 & 0 & -4 & -4 & 2 \\ 0 & 13 & 2 & -1 & -4 & 0 & 2 & -12 \\ -3 & 2 & 7 & -4 & -4 & 2 & 0 & 0 \\ 2 & -1 & -4 & 13 & 2 & -12 & 0 & 0 \\ 0 & -4 & -4 & 2 & 7 & 0 & -3 & 2 \\ -4 & 0 & 2 & -12 & 0 & 13 & 2 & -1 \\ -4 & 2 & 0 & 0 & -3 & 2 & 7 & -4 \\ 2 & -12 & 0 & 0 & 2 & -1 & -4 & 13 \end{bmatrix} \begin{Bmatrix} u_1 \\ v_1 \\ u_2 \\ v_2 \\ u_3 \\ v_3 \\ u_4 \\ v_4 \end{Bmatrix} = \begin{Bmatrix} U_1 \\ V_1 \\ U_2 \\ V_2 \\ U_3 \\ V_3 \\ U_4 \\ V_4 \end{Bmatrix}$$

根据约束条件得到:$u_1 = v_1 = u_4 = v_4 = 0$,则非零位移只剩下 4 个,利用划行划列法划去

相应的行与列后,代入节点载荷得到:

$$\frac{3Et}{32}\begin{bmatrix} 7 & -4 & -4 & 2 \\ -4 & 13 & 2 & -12 \\ -4 & 2 & 7 & 0 \\ 2 & -12 & 0 & 13 \end{bmatrix}\begin{Bmatrix} u_2 \\ v_2 \\ u_3 \\ v_3 \end{Bmatrix}=\begin{Bmatrix} \frac{P}{2} \\ 0 \\ \frac{p}{2} \\ 0 \end{Bmatrix}$$

所以:

$$7u_2-4v_2-4u_3+2v_3=5.33\frac{P}{Et},$$
$$-4u_2+13v_2+2u_3-12v_3=0,$$
$$-4u_2-2v_2+7u_3=5.33\frac{P}{Et},$$
$$2u_2-12v_2+13v_3=0$$

解以上联立方程得到:

$$\begin{Bmatrix} u_2 \\ v_2 \\ u_3 \\ v_3 \end{Bmatrix}=\begin{Bmatrix} 1.98 \\ 0.333 \\ 1.80 \\ 0 \end{Bmatrix}\frac{P}{Et}$$

9.9 本章小结

本章介绍了三种不同形式的平面单元。三种单元在使用中各有优缺点:从对非均匀性及曲线边界的适应性讲,三节点三角形单元最好,六节点三角形单元次之,矩形单元适应性最差;而从计算精度以及单元数(同一问题,节点数大致相同时)来讲,六节点三角形单元最好,三角形单元较差,单元数也多。但由于六节点三角形单元节点多,因此在刚度方程中关联的节点位移也多,在总刚度矩阵中带宽较大,占用计算机的容量也大。所以在选择单元时,还应综合考虑结构几何形状、计算精度要求及计算机容量等多方面的因素。

此外,本章还介绍了有限单元法的形函数、自然坐标、应变矩阵、应力矩阵、单元刚度矩阵、整体刚度矩阵以及非节点载荷移置等有限单元法的主要概念和主要方法。在实际应用中,形函数的阶次会影响有限元分析结果与真实值之间的误差,采用更接近于真实变形的形函数,通过有限元法得到的结果将更加接近于真实值。

思考题

9.1 有限单元法的主要思想是什么?
9.2 有限单元法的一般步骤是什么?
9.3 进行网格划分时应该注意什么?

9.4 建立总刚度矩阵的原则是什么？

9.5 有限单元法中为什么要进行非节点载荷的移置？

9.6 处理边界条件的目的是什么？

习 题

9.1 已知如图所示的某单元，其节点编号为 i,j,m。其坐标分别为 $(2,2),(6,3),(5,6)$。试根据三角形单元的性质写出其形函数 N_i，N_j，N_m 及单元的应变矩阵 $[B]$。

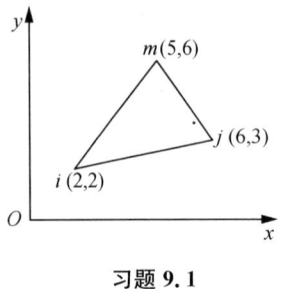

习题 9.1　　　　　习题 9.2

9.2 已知如图所示的三角形单元，其厚度为 t，弹性模量为 E，设泊松比 $\mu=0$，试求：

(1) 形函数矩阵 $[N]$；

(2) 应变矩阵 $[B]$；

(3) 应力矩阵 $[S]$；

(4) 单元刚度矩阵 $[K]^e$。

9.3 如图所示的矩形单元，边长分别为 $2a$ 和 $2b$，局部坐标系的坐标原点取在单元的形心。设位移函数为：

$$u=\alpha_1+\alpha_2 x+\alpha_3 y+\alpha_4 xy$$
$$v=\alpha_5+\alpha_6 x+\alpha_7 y+\alpha_8 xy$$

试导出单元内部任一点的位移 u,v 与四个节点位移之间的关系式。

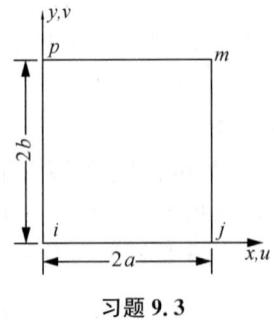 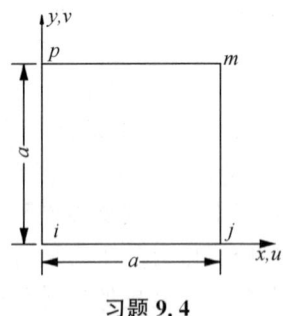

习题 9.3　　　　　习题 9.4

9.4 已知如图所示的正方形单元，边长为 a，该单元的厚度为单位厚度，泊松比 $\mu=0.2$。设位移函数为：

$$u=\alpha_1+\alpha_2 x+\alpha_3 y+\alpha_4 xy$$
$$v=\alpha_5+\alpha_6 x+\alpha_7 y+\alpha_8 xy$$

试具体计算出此正方形单元在平面应变时的单元刚度矩阵。

9.5 已知如图(a)所示的悬臂深梁,在右端作用着均匀分布的剪力,其合力为 P,采用如题图(b)所示的简单网格,设 $\mu=1/3$,厚度为 t,试求节点位移。

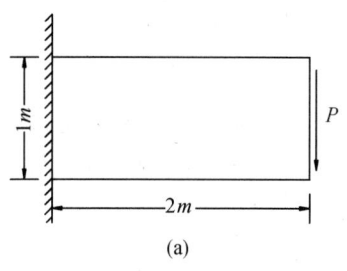
(a)

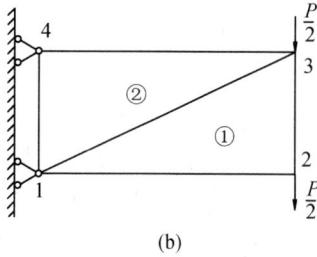
(b)

习题 9.5

第 10 章 结构连接计算

机械结构一般由板材和型材等采用某种方式加以连接形成。实践表明,机械结构的不少事故发生在连接处,而连接处的加固比构件本身的加固更为困难,因此连接是机械结构的重要环节,必须对机械结构连接设计给予足够的重视。

机械结构常用的连接方法有铆接、焊接、螺栓连接和销轴连接等,其中焊接是目前机械结构的主要连接方法。由于铆接具有工艺复杂、费工费料、削弱被连接件截面等缺点,随着焊接技术的不断发展和完善,在机械结构中,焊接已逐渐取代了铆接。因此,本章重点介绍焊接和螺栓连接的构造和计算。

10.1 焊接连接

焊接是 20 世纪初发展起来的新技术。焊接具有省工省料、不削弱构件截面、易于采用自动化作业、可用于复杂形状构件的连接等优点。焊接的缺点是质量检验费事、连接刚度大、在热应力影响下容易引起结构的残余变形。焊接构件的厚度,对于碳素钢一般不超过 40 mm;对于低合金钢一般不超过 30 mm。

现代机械结构所采用的焊接主要是电焊和气焊两类。电焊分为电弧焊、电阻焊(焊薄钢板)和电渣焊(焊厚度和截面较大的构件),其中以电弧焊应用最广。气焊主要用于焊接薄钢板。

10.1.1 焊接接头的型式

连接两块板件的焊接接头主要有三种型式,即对接、搭接和顶接(T 字形接头和角接头统称顶接),如图 10.1 所示。传递轴力的构件通常用对接接头或搭接接头;主要承受弯曲的组合箱形截面构件通常用顶接。

在接头设计时应避免焊缝立体交叉或在一处焊缝大量集中,同时焊缝应尽可能对称于构件的重心布置,尽量采用较小的焊缝尺寸。

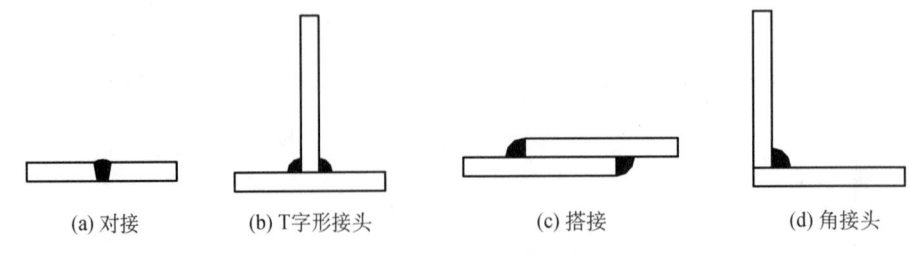

图 10.1 焊接接头型式

10.1.2 焊缝的种类及构造

机械结构主要采用对接焊缝和角焊缝两种,极少用槽焊缝和电焊铆钉。对接焊缝在对接、顶接中都有应用,其特点是板边要刨削加工成各种形状的坡口。角焊缝不需开坡口且不要求刨削板件,气割或剪切后即可施焊,故加工较简单;用于搭接接头时,则不要求尺寸很精确以便于安装。

在施工图上要用焊缝符号标记焊缝的种类和尺寸。焊缝符号主要包括基本符号、指引线、补充符号和尺寸符号等。有关焊缝符号问题可参看《焊缝符号表示法》(GB/T 324—2008)。

1. 对接焊缝

对接焊缝焊接在同一平面内两块钢板对齐的边缘。施焊时两板边缘之间应保持等宽的间隙,且板边应加工成一定形状的坡口。常用对接焊缝形式参看表 10.1 所示的四种。

表 10.1 常用对接焊缝坡口及标注方法

焊缝名称	焊缝型式	标注方法	焊缝名称	焊缝型式	标注方法
I形(不开坡口)	焊缝表面隆高 b $\delta<8$	b	U形	α R p δ b $\delta=20\sim60$	$\alpha\cdot b$ $p\cdot R$
V形	α p δ b $\delta=8\sim25$	$\alpha\cdot b$ p	X形	α p δ b $\delta=12\sim60$	$\alpha\cdot b$ p

注:p—钝边高度;α—坡口角度;b—根部间隙;R—根部半径。

用手工焊时,若板厚 δ 小于 8 mm,可制成不开坡口的直边焊而间隙 $b=0.3\delta$;若 $\delta=8\sim25$ mm,则用 V 形坡口其夹角 $\alpha=60°$;若 δ 大于 25 mm,可用双面开坡口的 X 形焊缝,或用单面开坡口斜度较陡的 U 形焊缝。用埋弧自动焊时,由于加热强烈而熔深大,板边加工要求与手工焊略有不同。若板厚 $\delta\leqslant16$ mm,且从两面施焊时一般可不开坡口。板厚较大时则需开坡口,但坡口的斜度比手工焊时略大。关于坡口的形状尺寸参看 GB/T 985—2008 和 GB/T 985.2—2008。

对接焊缝的厚度一般不小于所连接板件中较薄的板厚,这样可保证对接焊缝的强度不低于基材。对接焊缝一般应采用双面施焊,即从一面施焊后,翻过来再焊另一面。双面施焊的焊缝截面积较单面焊时小得多,焊后的凸凹变形也易控制。不得已时也可单面施焊,但须保证焊缝根部完全焊透。不同宽度或厚度(相差 4 mm 以上)的构件对接时,为使传力平顺,减少应力集中,应将较宽或较厚板从一侧或两侧加工成小于或等于 1:4 的过渡斜度(图 10.2)。

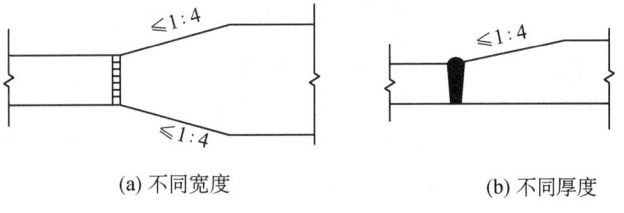

(a) 不同宽度　　　(b) 不同厚度

图 10.2 不同宽度或厚度的构件对接

2. 角焊缝

角焊缝连接不在同一平面内的两块钢板,并在相交处施焊(图10.3)。当角焊缝夹角为90°时,称为直角角焊缝,即一般所指的角焊缝。夹角大于120°或小于60°的斜角角焊缝,不宜用作受力焊缝,钢管结构除外。角焊缝的截面形式有凸形和凹形两种。用手工焊时,由于熔深小,角焊缝的表面常做成凸形或接近直线形。用埋弧自动焊时则熔深较大,角焊缝的表面可以做成凹形,或接近直线形。凹形焊缝传力时应力集中小。

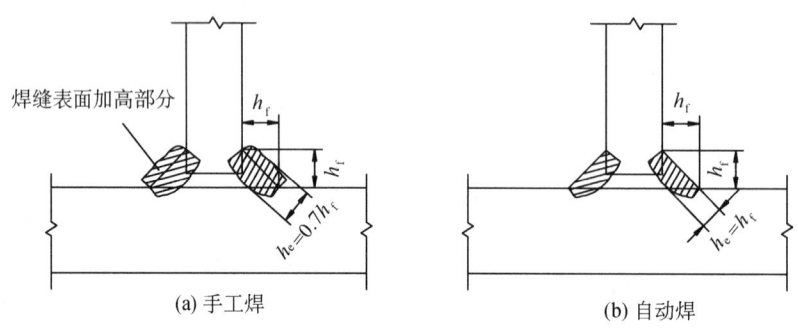

(a) 手工焊　　　　(b) 自动焊

图 10.3　角焊缝的型式

角焊缝中的实际应力情况非常复杂,计算时通常把角焊缝的截面视为等腰直角三角形(图10.4),其直角边的长度称为角焊缝的焊脚尺寸,用 h_f 表示。直角三角形斜边上的高度称为角焊缝的计算厚度或有效厚度,用 h_e 表示,$h_e = h_f \sin 45° = 0.7 h_f$,这是手工焊角焊缝的计算厚度。自动焊时由于熔深较大,对直线形焊缝通常取 $h_e = h_f$,而凹形焊缝取 $h_e = 0.7 h_f$。若角焊缝二直角边不等,则焊脚尺寸按短边计算,这样偏于安全。

角焊缝的尺寸应符合下列要求:

(1) 最小焊脚尺寸 $h_f \geqslant 1.5\sqrt{t_{max}}$ (mm)(t_{max} 为连接件中较厚板的厚度),当被连接件厚度 $t_{max} \leqslant 4$ mm 时,取 $h_f = t_{max}$。

(2) 最大焊脚尺寸 $h_f \leqslant 1.2 t_{min}$ (t_{min} 为被连接件中较薄板的厚度)。

(3) 角焊缝最小计算长度 $l_f \geqslant 40$ mm 及 $8 h_f$。

(4) 侧焊缝最大计算长度 $l_f \leqslant 60 h_f$ (承受静载荷时)或 $40 h_f$ (承受动载荷时)。若焊缝长度超过上述规定,则超过部分在计算中不予考虑。若内力沿焊缝全长分布(如梁的翼缘焊缝),则计算长度不受此限。

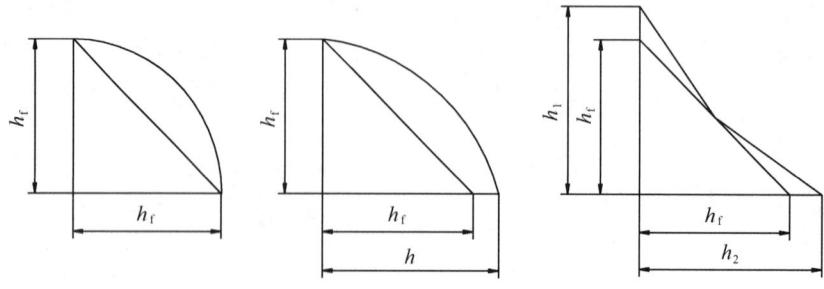

图 10.4　角焊缝的计算截面

10.1.3 焊缝计算

焊缝的受力状况比较复杂,要精确计算由载荷引起的焊缝应力是很困难的。焊缝的破坏往往和焊缝中有气孔、裂纹等缺陷而引起的应力集中以及焊接残余应力有关,这就给精确计算焊缝带来许多困难。长期工程实践表明,现实可行的办法是人为引入计算截面(或称有效截面)的概念,并假定应力在计算截面上均匀分布建立基本计算公式,再根据实验数据,规定按此基本公式计算时的许用应力值。

1. 对接焊缝

对接焊缝的计算截面积等于焊缝计算厚度与焊缝计算长度的乘积。一般取对接焊缝的计算厚度等于被连接件的板厚;当被连接的两板厚度不等时,则取较薄的板厚。未采用引弧板施焊时,焊缝的计算长度取实际长度减去 10 mm,这是因为焊缝的起点和终点附近有未焊透处或未填平的火口等,因此将起点和终点各减去 5 mm。为增大焊缝的计算长度,宜用小引弧板将焊缝的起点和终点引出钢板之外(图 10.5),

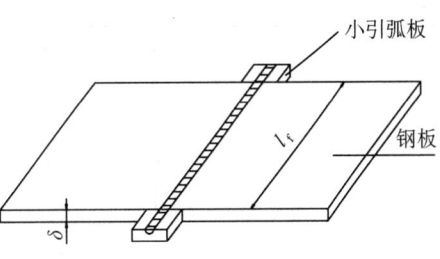

图 10.5 焊接时的小引弧板示意图

待焊完后再将小引弧板切除。这样焊缝的计算长度等于焊缝实际长度,对接焊缝的计算截面近似等于被连接板件的截面。

(1) 承受轴心拉力或压力的对接焊缝计算(图 10.6)。

焊缝截面应力按下式验算:

对接正焊缝

$$\sigma = \frac{N}{l_f \cdot \delta} \leqslant [\sigma_h] \tag{10.1}$$

对接斜焊缝

$$\left. \begin{array}{ll} 正应力 & \sigma = \dfrac{N \cdot \sin \alpha}{l_f \cdot \delta} \leqslant [\sigma_h] \\ 剪应力 & \tau = \dfrac{N \cdot \cos \alpha}{l_f \cdot \delta} \leqslant [\tau_h] \end{array} \right\} \tag{10.2}$$

式中 N——轴心拉力或压力;

l_f——焊缝计算长度,采用引弧板时,取焊缝实长,否则取焊缝实长减 10 mm;

δ——焊缝计算厚度,取连接件中较薄板的厚度;

α——斜焊缝与构件轴线的夹角;

$[\sigma_h]$,$[\tau_h]$——对接焊缝的许用正应力、剪应力,由表 10.2 查取。

目前,由于焊接技术的不断发展和完善,采用自动焊时一般能保证焊透,使对接正焊缝与基材等强度。若用半自动焊或手工焊时为保证焊透,要求焊完正面焊缝之后,再用火焰或其他方法在反面清除焊根,直到看到正面的焊肉为止,然后再进行反面施焊。对接斜焊缝比较费料,在焊接工艺能保证对接正焊缝与基材等强度的情况下,一般不采用对接斜焊缝。

在焊接工艺不够完善的情况下，无法保证对接焊缝与基材等强度，建议采用 $\alpha=45°$ 的斜对接焊缝，此时也不必进行焊缝强度验算。

表 10.2　　　　　　　　　　　　焊缝的许用应力

焊缝种类	应力种类	符号	用普通检查方法的手工焊	自动焊或用精确检查方法的手工焊
对接焊缝	拉伸及压缩应力	$[\sigma_h]$	$0.8[\sigma]$	$[\sigma]$
对接及角焊缝	剪切应力	$[\tau_h]$	$\dfrac{0.8[\sigma]}{\sqrt{2}}$	$\dfrac{[\sigma]}{\sqrt{2}}$

注：(1) 表中 $[\sigma]$ 为基材的许用应力，可查表取得。
　　(2) 表中焊缝许用应力是计算静强度时采用的数值。

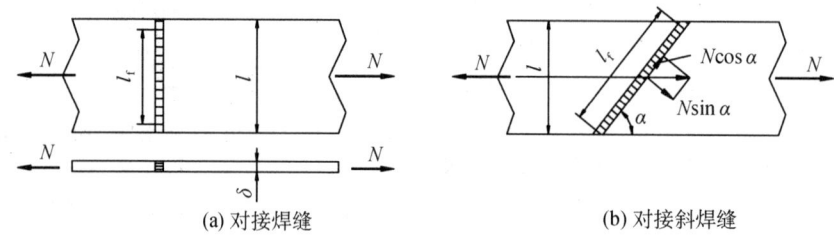

(a) 对接焊缝　　　　　　　　(b) 对接斜焊缝

图 10.6　对接焊缝计算图

(2) 承受弯矩和剪力共同作用时的对接焊缝计算。

如图 10.7 所示，以工字钢对接为例，对接焊缝的截面亦为工字形，在弯矩 M 和剪力 Q 作用下，对接焊缝的强度按下列公式计算：

最大正应力（图示计算点 1）：

$$\sigma_1=\frac{M}{W_f}\leqslant[\sigma_h] \tag{10.3}$$

式中，W_f 为焊缝截面的抗弯模量。

最大剪应力（图示计算点 0）：

$$\tau_0=\frac{QS_f}{I_f\cdot\delta}\leqslant[\tau_h] \tag{10.4}$$

式中　I_f——焊缝截面对中性轴的惯性矩；
　　　S_f——焊缝截面中性轴以上部分对中性轴的静面矩。

对于焊缝中正应力和剪应力都比较大的地方（图示计算点 2），根据《起重机设计规范》(GB/T 3811—2008)，对接焊缝折算应力按式(10.5)计算：

$$\sqrt{\sigma_2^2+2\tau_2^2}\leqslant[\sigma_h] \tag{10.5}$$

式中，σ_2，τ_2 分别为计算点 2 的正应力和剪应力。

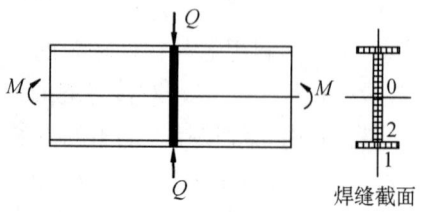

图 10.7　受弯矩和剪力作用的对接焊缝图

2. 角焊缝

角焊缝分为侧焊缝和端焊缝两种。侧焊缝平行于所传递的力,而端焊缝垂直于所传递的力。侧焊缝也称为纵向焊缝,端焊缝则称为横向焊缝。两种焊缝联合使用而形成围焊缝。侧焊缝的破坏主要是受剪破坏(图 10.8),因此按剪切验算其强度。端焊缝受拉、弯、剪作用,应力状况比较复杂。为简化计算,端焊缝也按剪切验算强度,这样偏于安全,同时使端焊缝采用与侧焊缝相同的公式验算强度。

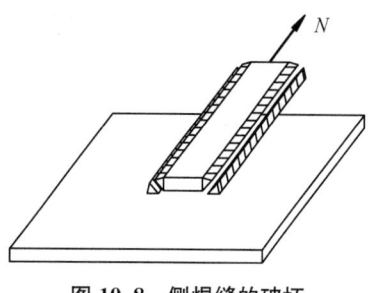

图 10.8 侧焊缝的破坏

(1) 承受轴向拉力(或压力)的角焊缝计算。

如图 10.9 所示,两块板件对齐而不对焊,两面加一对拼接板,再用角焊缝将拼接板和板件焊接。通常角焊缝计算时,一律取角焊缝 45°分角面(即计算厚度所在截面)为计算截面(有效截面),并假定剪应力在角焊缝的计算截面上是均匀分布的。

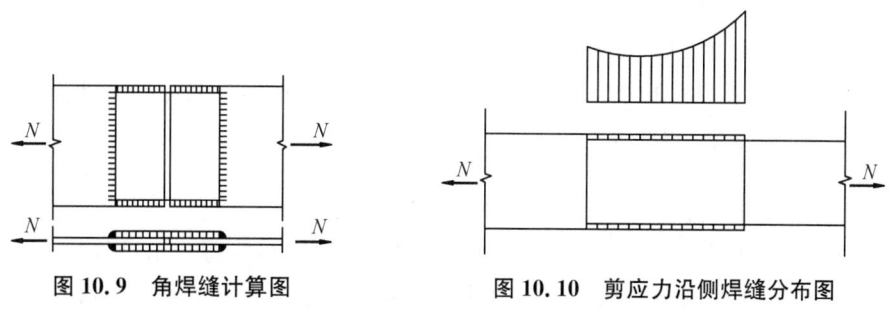

图 10.9 角焊缝计算图　　图 10.10 剪应力沿侧焊缝分布图

角焊缝的计算截面积为 $h_e \sum l_f$,其中 h_e 是角焊缝的计算厚度,手工焊时 $h_e = 0.7 h_f$,自动焊时 $h_e = h_f$;l_f 是角焊缝的计算长度,有引弧板时取焊缝实长,若无引弧板则每端各减去 5 mm,$\sum l_f$ 是接头中在焊缝一侧的各段角焊缝计算长度之和。

角焊缝按式(10.6)验算强度:

$$\tau = \frac{N}{h_e \sum l_f} \leqslant [\tau_h] \tag{10.6}$$

实验表明沿侧焊缝长度方向剪应力的分布是两端大中间小(图 10.10),焊缝愈长则两端剪应力与中间差别愈大。故规范规定,侧焊缝的最大计算长度不应超过 $60 h_f$(受静载时)或 $40 h_f$(受动载时)。

图 10.11(a)是钢板搭接接头,两块钢板上下搭接用角焊缝焊接。搭接接头施工简便,不要求加工板边,也无须准确地对位。但搭接接头受力情况不如对接接头,故只在轴力不大时采用。搭接接头中两板的重叠长度应不小于较薄板件厚度的 5 倍,以免两板上下偏心引起的附加弯矩太大,削弱焊缝的实际承载能力。搭接接头用端焊缝传力时,接头两端必须都有端焊缝,如图 10.11(a)所示,下图中只在接头一端有端焊缝的情况是不允许的,因为接头受力之后二板容易张开而扯坏焊缝。在搭接接头中,式(10.6)的 $\sum l_f$ 按接头中全部角焊缝的计算长度计算。

图 10.11(b)是角钢与节点板的搭接接头。用角焊缝连接角钢和节点板时,应注意使角钢

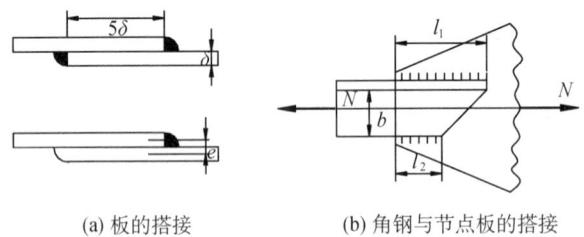

(a) 板的搭接　　　　(b) 角钢与节点板的搭接

图 10.11　搭接接头

肢尖焊缝所受之力 N_2 与肢背所受之力 N_1 的合力 N 位置在角钢的重心线上。由于肢尖和肢背焊缝的焊脚尺寸和计算厚度 δ 一般相同,故肢尖的焊缝长度 l_2 应小于肢背焊缝长度 l_1。通常取为:

等肢角钢　　$l_2 : l_1 = 0.3 : 0.7$
不等肢角钢并以短肢焊连节点板　　$l_2 : l_1 = 0.25 : 0.75$
不等肢角钢并以长肢焊连节点板　　$l_2 : l_1 = 0.35 : 0.65$

有时将角钢焊连节点板的肢斜切,而采用三边围焊。这时仍按上述比例计算 l_1 及 l_2 值,若斜边长度为 C,则将 $\left(l_1 - \dfrac{C}{2}\right)$ 布置在肢背,而将 $\left(l_2 - \dfrac{C}{2}\right)$ 布置在肢尖。

(2) 承受扭矩和剪力共同作用时的角焊缝计算。

图 10.12 是一种用角焊缝围焊成的托架结构用来承受偏心载荷。偏心载荷 $2P$ 由立柱两侧的钢板共同承受,若取其中一块板连同其上的角焊缝进行分析,应按承受载荷 P 计算。偏心载荷 P 可以转化为通过焊缝形心的轴力 P 和扭矩 $M_n = Pa$。通过焊缝形心的轴力 P 在焊缝计算截面上引起均布的剪应力 τ_p,其方向平行于轴力 P 而大小等于:

$$\tau_p = \frac{P}{h_e \sum l_f} \tag{10.7}$$

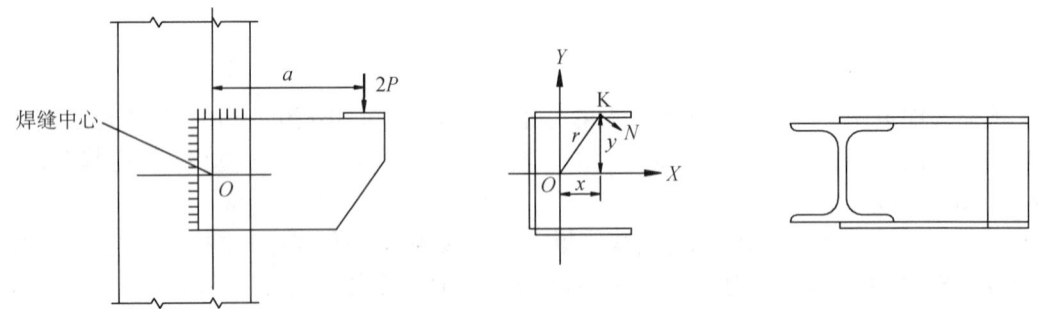

图 10.12　受扭矩和剪力共同作用时角焊缝计算图

关于扭矩 M_n 引起的焊缝应力,一般采用比较保守的弹性计算法,以下列假定作前提:

① 所连板件是绝对刚性的,而焊缝是弹性的。

② 在扭矩作用下,连接件产生绕焊缝形心的相对转动,焊缝上任一点的剪应力方向垂直于该点与形心的连线,其大小与此连线的长度成正比。

采用通过焊缝形心 O 点的坐标轴,令任一点 K 的坐标为 x 及 y,则连线 $\overline{OK}$ 的长度为:

$$r=\sqrt{x^2+y^2} \tag{10.8}$$

根据上述的假定①、②可得:

$$\tau=Cr \tag{10.9}$$

式中,C 为比例常数。

参看图 10.12,焊缝上 K 点所在微段 $\mathrm{d}l$(其面积为 $\mathrm{d}A=h_e\cdot\mathrm{d}l$)传递的剪力为:

$$\mathrm{d}Q=\tau\mathrm{d}A=Cr\mathrm{d}A \tag{10.10}$$

剪力 $\mathrm{d}N$ 绕 O 点的力矩为

$$\mathrm{d}M_n=r\mathrm{d}Q=Cr^2\mathrm{d}A \tag{10.11}$$

焊缝截面上各微段所传递剪力绕 O 点的总力矩与外扭矩 M_n 相平衡,故:

$$M_n=\int\mathrm{d}M_n=C\int r^2\mathrm{d}A=CI_p \tag{10.12}$$

由此求得比例常数为:

$$C=\frac{M_n}{I_p} \tag{10.13}$$

式中,I_p 为焊缝计算截面对其形心 O 点的极惯性矩,按式(10.14)计算:

$$I_p=\int r^2\mathrm{d}A=\int(x^2+y^2)\mathrm{d}A=I_x+I_y \tag{10.14}$$

式中　I_x——焊缝计算截面对 x 轴的惯性矩;

　　　I_y——焊缝计算截面对 y 轴的惯性矩。

因此焊缝上任一点 K 处的剪应力为:

$$\tau=\frac{M_n r}{I_p} \tag{10.15}$$

通常为计算方便起见,不直接求 τ,而是求剪应力 τ 沿坐标轴方向的分量 τ_x 及 τ_y,即:

$$\left.\begin{aligned}\tau_x=\tau\cdot\frac{y}{r}=\frac{M_n\cdot y}{I_p}\\ \tau_y=\tau\cdot\frac{x}{r}=\frac{M_n\cdot x}{I_p}\end{aligned}\right\} \tag{10.16}$$

通过焊缝形心 O 点的轴力 P 引起的剪应力 τ_p 应和 τ_y 叠加,故 K 点处的总剪应力为:

$$\tau=\sqrt{(\tau_p+\tau_y)^2+\tau_x^2}\leqslant[\tau_h] \tag{10.17}$$

应按最大剪应力验算焊缝强度,故应选择距 O 点最远点作为 K 点。

(3) 承受弯矩和剪力共同作用时的角焊缝计算。

图 10.13 所示 T 形截面支托与柱采用角焊缝连接,计算时通常假定剪力 Q 由腹板焊缝

(竖直焊缝)平均承受,弯矩 M 则由全部焊缝承受,弯矩在焊缝计算截面产生的剪应力 τ_M 与其至焊缝计算截面形心轴的距离 y 成正比。剪力 Q 及弯矩 M 引起的焊缝计算截面的剪应力分别按式(10.18)、式(10.19)计算:

$$\tau_Q = \frac{Q}{A'_f} \qquad (10.18)$$

$$\tau_M = \frac{My}{I_f} \qquad (10.19)$$

式中 A'_f——腹板连接焊缝(竖直焊缝)的计算截面面积;

I_f——焊缝计算截面的惯性矩;

y——焊缝截面上计算点至形心轴的距离。

τ_Q 与 τ_M 在焊缝计算截面上互相垂直,应计算二者在腹板焊缝上的向量和。腹板焊缝下边缘点的最大组合剪应力为:

$$\sqrt{\tau_Q^2 + \tau_M^2} \leqslant [\tau_h] \qquad (10.20)$$

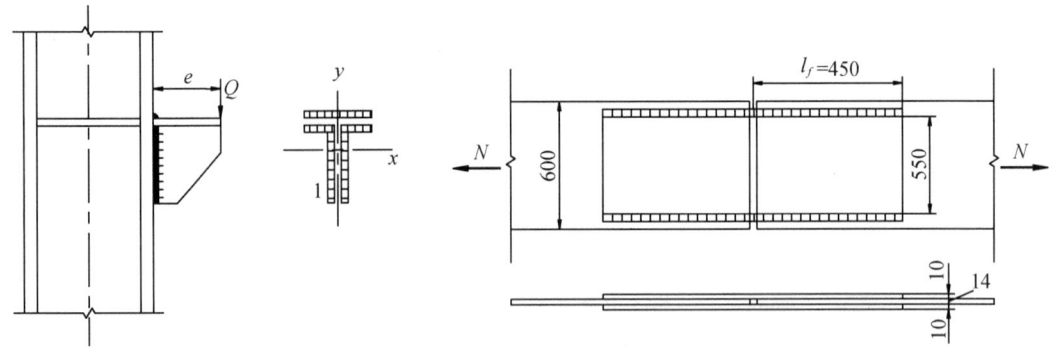

图 10.13 支托与柱的焊缝连接   图 10.14 用角焊缝和拼接板的接头

例 10.1 图 10.14 所示用角焊缝和拼接板连接两块钢板,拼接板的尺寸为 900 mm×550 mm×10 mm,材料为 Q235,$[\sigma_h]=180$ MPa,$[\tau_h]=100$ MPa,角焊缝焊脚尺寸 $h_f=8$ mm,试确定该拼接接头所能承受的最大拉力。

解:

(1) 连接焊缝所能承受的最大拉力:

$$N_1 = 0.7 h_f \cdot 4 l_f [\tau_h] = 0.7 \times 8 \times 4 \times 450 \times 100 = 1\,008 \text{ kN}$$

(2) 拼接板所能承受的最大拉力:

$$N_2 = 2 \times 10 \times 550 \times 180 = 1\,980 \text{ kN}$$

由此可见,该拼接接头的承载能力是由焊缝的承载能力决定的,所以该拼接接头所能承受的最大拉力为 1 008 kN。

例 10.2 图 10.11(b)所示角钢与节点板的搭接接头,角钢 2×130 mm×90 mm×10 mm 承受的拉力为 70 kN,不等肢角钢以长肢与节点板焊接,钢材为 Q235,角焊缝焊脚尺寸 $h_f=$

8 mm，试确定焊缝长度并加以分配。

解：所需焊缝长度按下式计算：

$$\sum l_f = \frac{N}{2h_e[\tau_h]} = \frac{70\,000}{2\times 0.7\times 8\times 100} = 437.5 \text{ mm}$$

角钢肢背焊缝长度：

$$l_1 = 437.5\times 0.65 + 10 = 294.4 \text{ mm},$$

取 $l_1 = 294$ mm。

角钢肢尖焊缝长度：

$$l_2 = 437.5\times 0.35 + 10 = 163.1 \text{ mm},$$

取 $l_2 = 163$ mm。

例 10.3 焊缝布置及几何尺寸如图 10.15 所示，偏心载荷 $P=100$ kN，焊缝计算厚度 $h_e=7$ mm，试验算焊缝强度。基材用 Q345 钢。$[\tau_h]=150$ MPa。

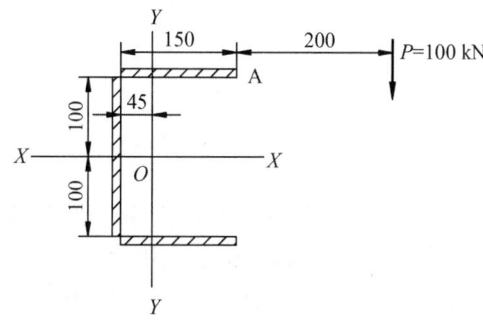

图 10.15 焊缝布置简图

解：先对 200 mm 的焊缝取矩以求焊缝形心位置：

$$\bar{x} = \frac{2\times 150\times 7}{7\times(2\times 150+200)} = 45 \text{ mm}$$

再计算 I_x，I_y 及 I_p 值：

$$I_x = \frac{1}{12}\times 7\times 200^3 + 2\times 150\times 7\times 100^2 = 2.57\times 10^7 \text{ mm}^4$$

$$I_y = 2\times\left(\frac{7}{12}\times 150^3 + 7\times 150\times 30^2\right) + 7\times 200\times 45^2 = 8.66\times 10^6 \text{ mm}^4$$

$$I_p = I_x + I_y = 2.57\times 10^7 + 8.66\times 10^6 = 3.436\times 10^7 \text{ mm}^4$$

距 O 点最远的点是焊缝的端点 A，则：

$$x_A = 105 \text{ mm 及 } y_A = 100 \text{ mm}$$

扭矩 $\qquad M_n = 100\,000\times(350-45) = 3.05\times 10^7$ N·mm

扭矩引起的剪应力分量：

$$\tau_{Ar}=\frac{3.05\times10^7\times100}{3.436\times10^7}=88.6\text{ MPa}$$

$$\tau_{Ay}=\frac{3.05\times10^7\times105}{3.436\times10^7}=93\text{ MPa}$$

过焊缝形心的轴力引起的剪应力：

$$\tau_p=\frac{10^5}{7\times500}=28.6\text{ MPa}$$

最大总剪应力：

$$\tau=\sqrt{(93+28.6)^2+88.6^2}=150\text{ MPa}=[\tau_h]$$

由于这里是按弹性法计算，只是个别点达到许用应力，而没有考虑焊缝能发生一定的塑性变形而使应力均化这个因素，所以偏于安全。

10.2 螺栓连接

10.2.1 概述

普通螺栓连接是最早出现的连接形式，其次是铆接和焊接，后来又出现高强度螺栓连接。

普通螺栓又分粗制和精制两种。粗制螺栓通过锻压制成，表面粗糙，尺寸不够准确，但成本低。一般孔径比栓径大 2～4 mm，故插入安装容易。由于配合间隙太大，受剪情况不好且连接变形也大，常用于不太重要的部位。

精制螺栓是经机械加工制成的，表面光洁，尺寸准确，但成本高。一般孔径比栓径大 0.3～0.5 mm，安装时须轻轻敲打才能装入。因此，精制螺栓安装比较困难，仅适用于受剪力的连接。

高强度螺栓分为摩擦型高强度螺栓和承压型高强度螺栓两种。高强度螺栓在受剪和受拉两方面的性能都比较好。它在安装时通过拧紧螺母使栓身中出现很大的预紧拉应力，从而在被连接件接触面间产生较大的摩擦力，靠这个摩擦力传递外力。采用高强度钢（常见有 45# 钢和 40B 钢）制造螺栓，并经热处理，就是希望预紧力以及摩擦力可以大一些。目前常用的高强度螺栓规格为 M20，M22 及 M24，M30 和 M36 的高强度螺栓也开始有较多应用。高强度螺栓通常用强度等级来标识，如 8.8，10.9 和 12.9 级等，一般印制在螺栓头顶部。其中小数点前面的数字表示抗拉强度，小数点后面的数字表示**屈强比**。例如，10.9 级表示螺栓的抗拉强度为 1 000 MPa，屈服强度为 900 MPa。

为了保证连接有较大的摩擦力，应对被连接件接触表面进行喷砂、喷小铁丸和酸洗等除锈处理，最好再涂以无机富锌漆，以防止生锈。

安装高强度螺栓时应设法保证各螺栓中的预拉力达到规定数值，避免超拉和欠拉。常用的拧紧方法有两种：一种是使用定扭矩扳手，在扭矩达到规定值时便发出响声或者自动打滑；另一种是先由人力拧到相当紧的程度，再用冲击式扳手将螺母拧过半圈即可。

每个高强度螺栓要配两个用高强度钢制造的垫圈，以防止被连接件表面被螺栓头和螺帽压陷或磨伤。

我国目前生产供应的高强度螺栓没有摩擦型和承压型之分,只是在确定承载能力时区分摩擦型与承压型,即按设计准则区分。摩擦型高强度螺板不允许外剪力超过被连接件接触面间的摩擦力,仅靠摩擦力传递外力;承压型高强度螺栓允许外剪力超过被连接件接触面间的摩擦力而产生滑移,使栓杆抵住孔壁,通过摩擦与承压共同传力,故其承载能力比摩擦型高50%以上。

美国刚开始使用高强度螺栓时,按完全靠摩擦传力设计。后来考虑到外力超过摩擦力而引起滑动,使栓身抵住孔壁,通过摩擦和承压的共同作用而传力。1969年后美国将高强度螺栓连接分为摩擦型和承压型两类,对于承受静力载荷且容许有较大的连接变形时,采用承压型;对于承受动载荷又要求较小的连接变形时,则宜用摩擦型。**起重机结构多用摩擦型高强度螺栓。**

10.2.2 螺栓连接的布置

选用恰当的螺栓直径并正确地布置螺栓,对于保证连接强度、方便制作是至关重要的。为了便于制造,通常整个结构最好只用一种直径的螺栓,不得已时才用多种直径。

螺栓孔的中心通常是布置在称为栓线的直线上,以便施工和制作。栓线的方向大多与构件轴线平行。沿栓线相邻螺栓的中心距称为栓距。相邻栓线间的距离为线距。靠边螺栓中心至板边的距离,顺着力的方向称为端距,垂直于力的方向称为边距,如图10.16所示。

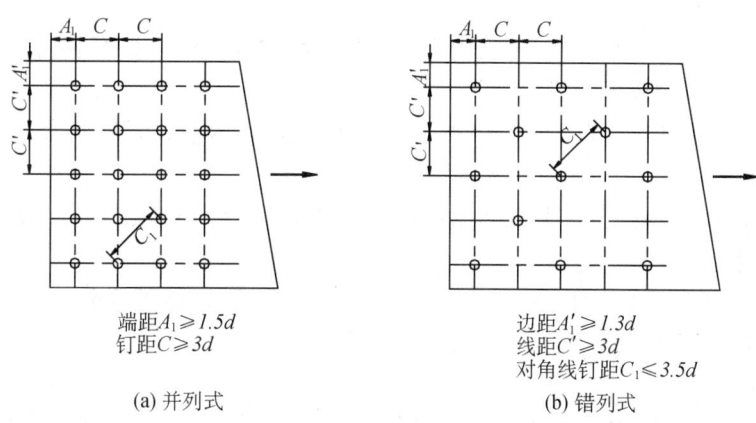

(a) 并列式
端距 $A_1 \geqslant 1.5d$
钉距 $C \geqslant 3d$

(b) 错列式
边距 $A_1' \geqslant 1.3d$
线距 $C' \geqslant 3d$
对角线钉距 $C_1 \leqslant 3.5d$

图 10.16 螺栓排列及其最小栓距

螺栓的布置分并列式和错列式两种。并列式比较简单,制造时划线钻孔方便,而且比较紧凑,省钢料,应用较多。错列式可以减少对钢板截面的削弱,因而可以少用螺栓。通常在型钢肢宽小而又需布置两条栓线时才应用。

螺栓布置的栓距、线距、端距和边距的最小值和最大值见表10.3。

表 10.3　　　　　　　　　　　　　螺栓的排列间距

名　称	距　离
螺栓在任何方向的中心距	
最小间距	$3d$
最大间距:外排	$8d$ 或 12δ
中间排:构件受压力	$12d$ 或 18δ
构件受拉力	$16d$ 或 24δ

续表

名　称	距　离
螺栓中心至构件边缘的距离 最小距离:顺着力方向 垂直力方向:切割边 　　　　　　轧制边 最大距离	2d 1.5d 2d 4d 或 8δ

注:(1) d 为螺栓孔直径。
　　(2) δ 为外层板件的板厚(两面不等时取较薄者)。

10.2.3　受剪螺栓连接的计算

1. 单栓抗剪承载力

(1) 普通螺栓的单栓抗剪承载力。

普通螺栓的预紧力较小或未作特殊要求,因此连接面的摩擦力较小,当受外力作用时发生滑动,使栓身抵住栓孔壁,靠螺栓的抗剪和承压能力来传递外力,故称承压型螺栓连接。承压型螺栓连接有下列几种破坏形式(图10.17)。

① 栓身被剪坏,见图10.17(a),较为常见,一般按抗剪计算螺栓数目。

② 板被剪坏,见图10.17(b),实验表明,若采用大于孔径2倍的端距可以防止孔前板被剪坏。

③ 栓身被压坏,见图10.17(c),比较少见,它出现在板材比栓身材料硬得多,而且板厚较小的情况。采用较厚的板可以避免。

④ 板被压坏,见图10.17(d),比较常见,其现象是栓孔一边被压坏,变为长形孔,一般按承压计算螺栓数目。

⑤ 栓身过度弯曲,见图10.17(e),出现在板较厚而栓径较小时,若板的总厚度不大于孔径的5倍可以避免。

⑥ 栓身被拉断,见图10.17(f),在普通螺栓连接中少见,高强度螺栓有时因拧螺帽的操作超过限度而拉断,好在能现场发觉及时换上新的螺栓。

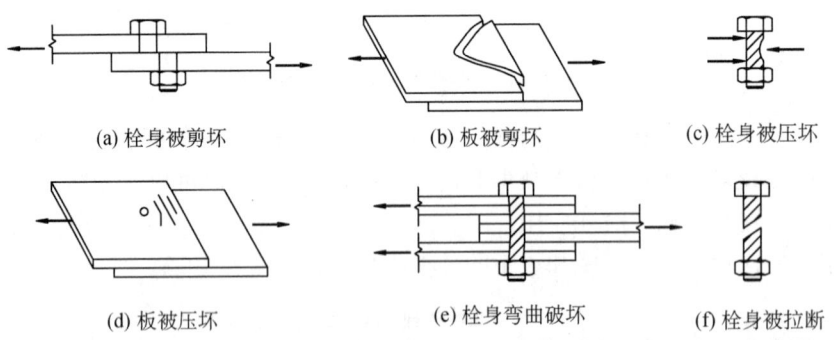

图 10.17　承压型螺栓连接的破坏型式

由此可见,在承压型螺栓连接计算中,只须考虑栓身被剪坏和板被压坏两项即可。

在承压型螺栓连接中,单栓容许承载能力是由承压条件和抗剪条件决定的。为简化计算,特假定承压应力在栓孔直径平面上是均布的,剪应力在栓身截面上也是均布的。并根据螺栓连接破坏的实验结果,按均布假定计算出相应的许用应力值。工程实践表明,用这种方法计算螺栓误差是不大的。

根据承压条件决定的单栓承载力为:

$$[N_c] = d \sum \delta \cdot [\sigma_c] \tag{10.21a}$$

根据抗剪条件决定的单栓承载力为:

$$[N_j] = n_j \cdot \frac{\pi d^2}{4} \cdot [\tau] \tag{10.21b}$$

式中 d——螺栓栓身直径;

$\sum \delta$——在同一方向承压的被连接件总厚度,取两个方向被连接件总厚度较小者;

n_j——剪切面数目,单剪 $n_j=1$,双剪 $n_j=2$;

$[\sigma_c]$——孔壁的许用承压应力,对粗制螺栓$[\sigma_c]=1.4[\sigma]$,对精制螺栓$[\sigma_c]=1.8[\sigma]$;$[\sigma]$为被连接件基材的许用正应力;

$[\tau]$——螺栓的许用剪应力,对粗制螺栓$[\tau]=0.6[\sigma]$,对精制螺栓$[\tau]=0.8[\sigma]$;$[\sigma]$为螺栓材料的许用正应力。

分别按承压条件和抗剪条件计算出单栓的承载能力,然后取二者中较小者作为单栓的抗剪承载力,即:

$$[N] = \min([N_c], [N_j]) \tag{10.22}$$

(2) 摩擦型高强度螺栓的单栓抗剪承载力。

在摩擦型高强度螺栓连接中,单栓的承载力是根据单栓提供的最大摩擦力除以安全系数 $K=1.42$ 求得,即:

$$[N] = \frac{P f n_m}{K} = 0.7 P f n_m \tag{10.23}$$

式中 P——单栓的预紧力,见表 10.4;

f——摩擦系数,见表 10.5;

n_m——传力摩擦面数,单剪 $n_m=1$,双剪 $n_m=2$。

表 10.4 高强度螺栓的预紧力(kN)

螺栓材料	螺栓规格		
	M20	M22	M24
45#钢	120	150	175
40B钢	160	200	230

表 10.5 摩擦系数 f

连接处构件接触面的处理方法	构件材料	
	Q235	Q345
喷砂	0.45	0.55
喷砂(或酸洗)后涂无机富锌漆	0.35	0.40
轧制表面、钢丝刷清理浮锈(或未经处理但轧制表面干净)	0.30	0.35

2. 轴心受剪螺栓连接的计算

传递轴力之螺栓连接常用接头型式如图 10.18 所示,图 10.18(a)是双面拼接板的对接接头,它的受力情况是对称的,不会发生挠曲和转动,而且螺栓受双剪,故承载能力高,因此是较好的连接形式。

图 10.18(b)是搭接接头,由于两个被连接件不在同一平面内,因此受力后便发生挠曲和转动,从而引起附加应力。这种连接螺栓受单剪,故承载能力较低,用于传力较小的场合。

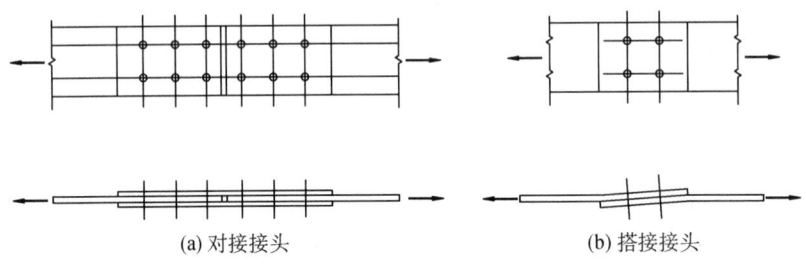

(a) 对接接头   (b) 搭接接头

图 10.18 传递轴力螺栓连接

计算传递轴力之螺栓连接时,假定各螺栓受力相等,故连接的承载力等于单个螺栓承载力乘以螺栓数。若根据外载荷计算出连接所传递的最大轴力为 N,则所需螺栓数目 Z 按式(10.24)计算:

$$Z = \frac{N}{[N]} \tag{10.24}$$

式中,$[N]$ 为单栓抗剪许用承载力。对普通螺栓 $[N]$ 按式(10.22)计算,对摩擦型高强度螺栓 $[N]$ 按式(10.23)计算,被连接件的强度按式(10.25)验算:

$$\sigma = \frac{N}{A_j} \leqslant [\sigma] \tag{10.25}$$

式中,A_j 为被连接件的净面积,螺栓并列布置时为第一列螺栓所在截面,即图 10.19 的 Ⅰ—Ⅰ 截面;错列布置时被连接件可能沿正交截面 Ⅰ—Ⅰ 或沿齿状截面 Ⅱ—Ⅱ 破坏,其净面积按式(10.26)计算:

$$\begin{aligned}&\text{Ⅰ—Ⅰ 截面} \quad A_j = \delta(b - nd),(\delta \text{ 为被连接件厚度}) \\ &\text{Ⅱ—Ⅱ 截面} \quad A_j = \delta[2e_1 + (n-1)\sqrt{a^2 + e^2} - nd]\end{aligned} \tag{10.26}$$

式中,n 为计算截面螺栓数目。

取两个截面中的较小者验算强度。

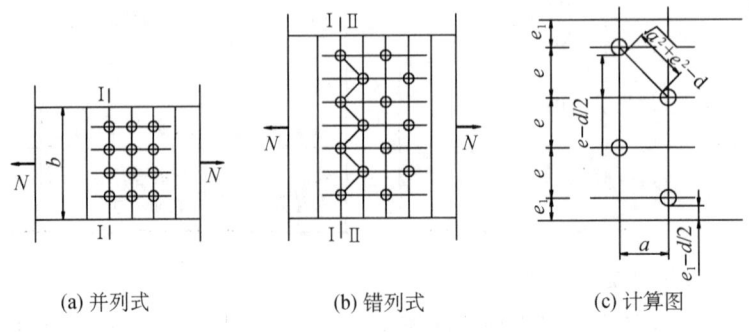

(a) 并列式   (b) 错列式   (c) 计算图

图 10.19 A_j 计算简图

对于传递轴力的高强度螺栓连接,经试验证明,在反复载荷作用下,高强度螺栓本身不发生疲劳破坏,但构件会在栓孔截面发生疲劳破坏。从受力情况分析,摩擦型高强度螺栓连接是靠被连接件接触面间摩擦力传力,栓杆不受挤压和反复弯曲,所以高强度螺栓不发生疲劳破坏是自然的。因此,对用高强度螺栓连接的构件,只需验算构件的疲劳强度。

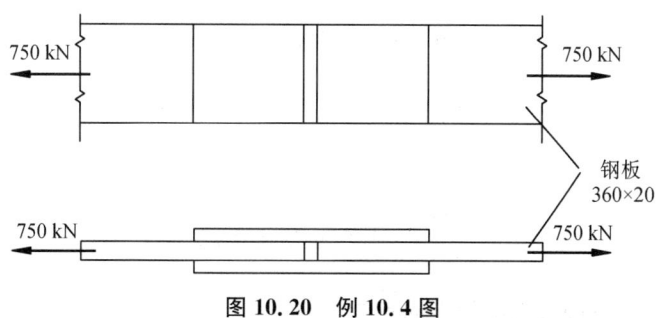

图 10.20　例 10.4 图

例 10.4　构件钢板尺寸与轴力如图 10.20 所示,构件材料为 Q235 钢,试设计双面用拼接板连接的对接接头。

解:

首先初估拼接板的厚度,通常两块拼接板的厚度略大于被连接板件的厚度,取 $2\delta = 24$ mm;选用 M20 的精制螺栓和高强度螺栓分别进行计算。

(1) 确定螺栓的数目 z。

① 精制螺栓(由 Q235 钢制造)。

按抗剪条件计算单栓承载力(本例是双剪):

$$[N_j] = n_j \cdot \frac{\pi d^2}{4} \cdot [\tau] = 2 \times \frac{\pi \times 20^2}{4} \times 140 = 87.96 \text{ kN}$$

按承压条件计算单栓承载力:

$$[N_c] = d \sum \delta \cdot [\sigma_c] = 20 \times 20 \times 320 = 128 \text{ kN}$$

因此抗剪是控制条件,故 $[N] = 87.96$ kN。

所需精制螺栓数目 z 为:

$$z = \frac{N}{[N]} = \frac{750}{87.96} = 8.5,\text{故取 } z = 9。$$

② 高强度螺栓(由 40B 钢制造)。

单栓承载力:

$$[N] = 0.7 P f n_m = 0.7 \times 160 \times 0.35 \times 2 = 78.4 \text{ kN}$$

所需高强度螺栓数目 z 为:

$$z = \frac{N}{[N]} = \frac{750}{78.4} = 9.566,\text{故取 } z = 10。$$

(2) 螺栓连接的布置(图 10.21)。

以精制螺栓数目 $z=9$ 为例进行布置,采用两种布置方式并加以比较。

第一方案为错列式布置,构件的净面积 A_j 分两种情况计算如下(精制螺栓孔径取为 $\phi 20.5$):

$$A_{jI} = \delta(b-nd) = 20(360-5\times 20.5) = 5\ 150\ \text{mm}^2$$

$$A_{jII} = \delta[2e_1 + (n-1)\sqrt{a^2+e^2} - nd]$$

$$= 20[2\times 40 + (9-1)\sqrt{70^2+35^2} - 9\times 20.5] = 10\ 432\ \text{mm}^2$$

构件强度校核:

$$\sigma = \frac{N}{A_{jI}} = \frac{750\ 000}{5\ 150} = 145.6\ \text{MPa} < [\sigma] = 180\ \text{MPa}$$

第二方案为并列式布置,构件的净面积为:

$$A_j = \delta(b-nd) = 20\times(360-3\times 20.5) = 5\ 970\ \text{mm}^2$$

构件强度校核:

$$\sigma = \frac{750\ 000}{5\ 970} = 125.6\ \text{MPa} < [\sigma]$$

由于拼接板厚度比板件厚,不必再验算强度。

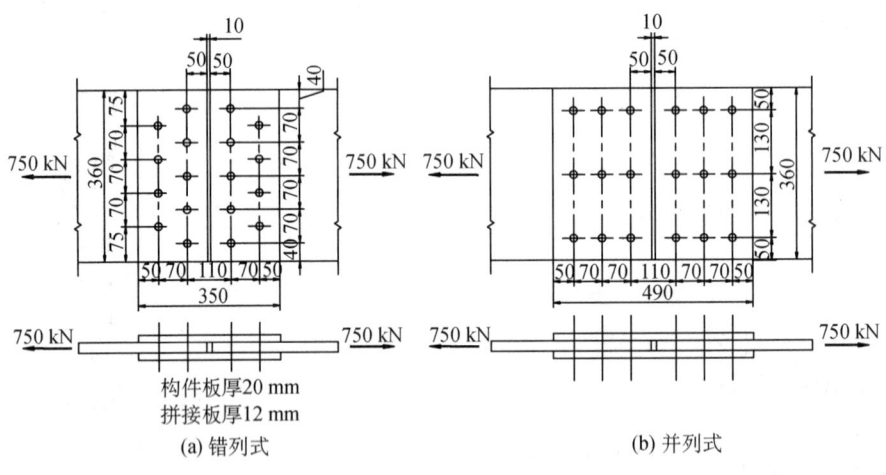

图 10.21 螺栓连接布置图

可见,第一方案所需拼接板尺寸比第二方案小,但螺栓排列较复杂。第二方案栓孔削弱得较小,强度富余较多。

高强度螺栓数目 $z=10$,可布置成两列,每列 5 个螺栓,这样布置比较简单。高强度螺栓孔径取为 $\phi 21.5$ mm。

3. 偏心受剪螺栓连接的计算

螺栓连接偏心受力(即外力不通过螺栓群重心)的情况是很常见的,如图 10.22 所示。

将偏心力 F 对螺栓连接的作用转化为扭矩 $M=Fe$ 及通过螺栓群重心的力 F 的作用。于是可分别计算螺栓在扭矩 M 及轴力 F 作用下螺栓的受力,然后进行向量叠加,即可得螺栓在偏心力 F 作用下所受的力。

根据前面假定,认为通过螺栓群重心的力 F 在各螺栓上是平均分配的。若螺栓群中螺栓的数目为 z,则每个螺栓所受剪力为:

$$N_F = \frac{F}{z} \tag{10.27}$$

其方向与力 F 平行。

扭矩 M 在各螺栓上的分配:在扭矩 $M=Fe$ 作用下,假定被连接构件的刚度很大,在扭矩 M 作用下绕螺栓群重心 O 点转动,见图 10.22(b),则任一螺栓受力的大小 N_{Mi} 与该螺栓到螺栓群重心 O 点的距离 r_i 成正比,其方向垂直于该螺栓与 O 点的连线。

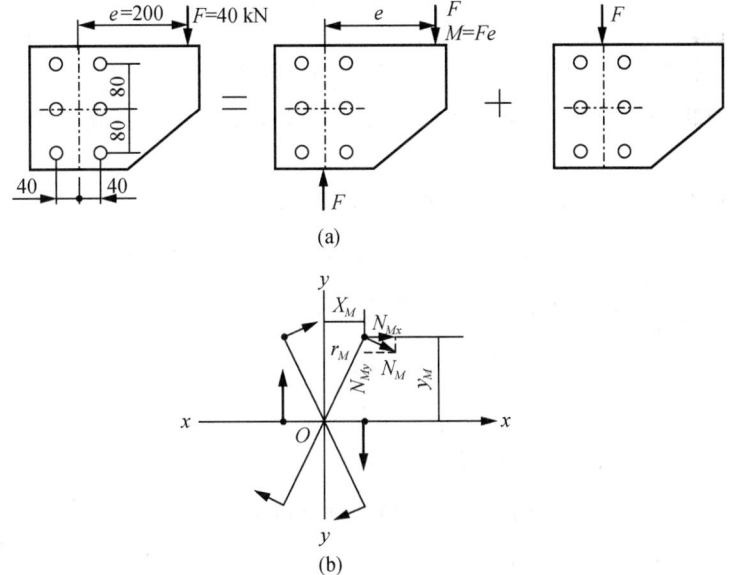

图 10.22 偏心受力之螺栓连接

根据平衡条件,可写出下列方程式:

$$M = \sum_{i=1}^{z} N_{Mi} \cdot r_i \tag{10.28}$$

又因 N_{Mi} 与 r_i 成正比,即 $N_{Mi} = k \cdot r_i$,故:

$$M = \sum_{i=1}^{z} k \cdot r_i^2 = k \sum_{i=1}^{z} (x_i^2 + y_i^2) = k(\sum x_i^2 + \sum y_i^2) \tag{10.29}$$

由此求得比例常数:

$$k = \frac{M}{\sum x_i^2 + \sum y_i^2} \tag{10.30}$$

所以:

$$N_{Mi}=k_i r_i=\frac{Mr_i}{\sum x_i^2+\sum y_i^2} \tag{10.31}$$

为计算方便起见,通常将力 N_{Mi} 分解为水平分力 N_{Mxi},及竖直分力 N_{Myi}。距 O 点最远的螺栓受力最大,该点以 A 表示,则:

$$\left. \begin{array}{l} N_{Mx_A}=\dfrac{My_A}{\sum x_i^2+\sum y_i^2} \\[2mm] N_{My_A}=\dfrac{Mx_A}{\sum x_i^2+\sum y_i^2} \end{array} \right\} \tag{10.32}$$

由轴力 F 及扭矩 M 共同作用,即由偏心力 F 作用所引起螺栓最大剪力为:

$$N=\sqrt{N_{Mx_A}^2+(N_F+N_{My_A})^2}\leqslant [N] \tag{10.33}$$

普通螺栓[N]按式(10.22)计算,高强度螺栓[N]按式(10.23)计算。

例 10.5 已知数据如图 10.22(a)所示,若采用 6 个由 45# 钢制成的 M20 高强度螺栓连接是否满足连接要求?

解:单栓承载力[N]按下式计算(本例是单剪,故 $n_m=1$):

$$[N]=0.7Pfn_m=0.7\times 120\times 0.35\times 1=29.6 \text{ kN}$$

通过螺栓群重心的力 F 引起的螺栓剪力为:

$$N_F=\frac{F}{z}=\frac{40}{6}=6.67 \text{ kN}$$

由扭矩 $M=Fe$ 引起的螺栓剪力的计算:

$$M=Fe=40\times 200=8\ 000 \text{ kN}\cdot\text{mm}$$

以右上角的螺栓作为 A 点,则:

$$x_A=40 \text{ mm};\ y_A=80 \text{ mm}$$

全连接共 6 个螺栓,故:

$$\sum x_i^2=6\times 40^2=9\ 600 \text{ mm}^2$$

$$\sum y_i^2=2\times(80^2+80^2)=25\ 600 \text{ mm}^2$$

则螺栓受力为:

$$N_{Mx_A}=\frac{My_A}{\sum x_i^2+\sum y_i^2}=\frac{8\ 000\times 80}{9\ 600+25\ 600}=18.2 \text{ kN}$$

$$N_{My_A}=\frac{Mx_A}{\sum x_i^2+\sum y_i^2}=\frac{8\ 000\times 40}{9\ 600+25\ 600}=9.1 \text{ kN}$$

由式(10.33)得:

$$N=\sqrt{N_{Mx_A}^2+(N_{My_A}+N_F)^2}=\sqrt{18.2^2+(9.1+6.67)^2}=24.1 \text{ kN}<[N]$$

满足连接要求。

10.2.4 受拉螺栓连接的计算

1. 受拉螺栓的单栓承载力

1) 普通螺栓

参看图 10.23,当螺栓没有承受外载荷时,螺栓中的拉力等于预紧力 P,被连接件承受螺栓传递给它的压力也等于 P,如图 10.23 所示 A 点。普通螺栓连接的预紧力 P 较小。当螺栓受较小的外拉力 T_1 作用时,螺栓被拉长,它给予被连接件的压力由 P 减少为 S,见图 10.23 的 B 点。当外拉力增大为 T_2 时,螺栓又被拉长,被连接件的压力减至为零,但接触面尚未分离,这时螺栓中的最大拉力为 T_2。当外拉力大于 T_2 时,则接触面分离,如图示当外拉力为 T_3 时,接触面间隙为 Δ。金属结构所采用的受拉普通螺栓一般属于这种情况。这时,螺栓中的最大拉力就等于外拉力,与预紧力无关。

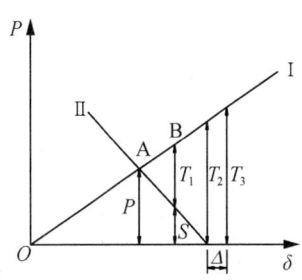

Ⅰ—螺栓;Ⅱ—被连接件

图 10.23 普通螺栓受力分析图

普通螺栓是在弹性阶段内工作,其单栓承载力按式(10.34)计算:

$$[N_t]=\frac{\pi d_1^2}{4} \cdot [\sigma_t]=\frac{\pi d_1^2}{4} \cdot 0.8[\sigma] \tag{10.34}$$

式中 d_1——螺纹内径;

$[\sigma]$——螺栓材料的许用应力。

受拉普通螺栓的强度校核条件为:

$$T \leqslant [N_t] \tag{10.35}$$

式中,T 为普通螺栓承受的最大外拉力。

2) 高强度螺栓

高强度螺栓当其预紧力达到规定的数值 P 时,螺栓中的应力已接近材料的屈服限(图 10.24)。当螺栓受到外拉力 T 作用时(图中 B 点)螺栓中拉力可近似认为不再增大仍等于 P,但螺栓却相应在伸长,被连接件接触面间的压力则由 P 降为 S。若外拉力 $T=P$,则被连接件接触面间的压力 $S=0$,连接就会离缝,这对高强度螺栓是不允许的。因此,规范中规定外拉力 T 不应超过高强度螺栓预紧力 P 的 70%。所以抗拉高强度螺栓的单栓承载力为:

$$[N_t]=0.7P \tag{10.36}$$

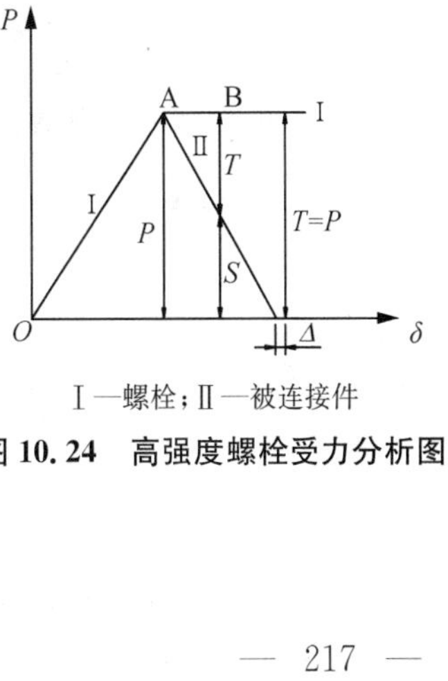

Ⅰ—螺栓;Ⅱ—被连接件

图 10.24 高强度螺栓受力分析图

受拉高强度螺栓的强度校核条件为:

$$T \leqslant [N_\text{t}] \tag{10.37}$$

2. 弯矩使螺栓受拉时螺栓连接的计算(图 10.25)

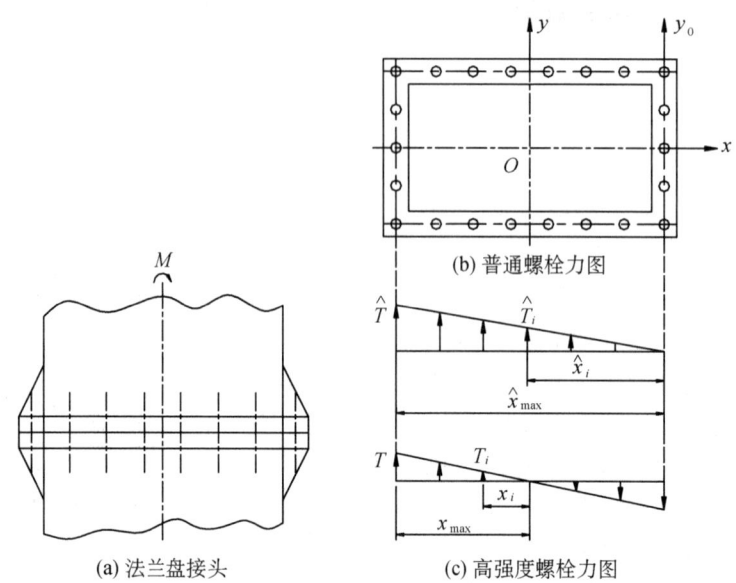

图 10.25 弯矩使螺栓受拉的图示

(1) 普通螺栓连接。

普通螺栓连接承受弯矩而使螺栓受拉时,由于螺栓的预紧力较小,受拉区会发生离缝现象,被连接件接触面不再接触。通常近似地认为法兰连接板的刚性足够并绕其边缘旋转,为计算方便起见,假定中性轴位于最右列螺栓的中心线上,如图 10.25(b)所示。螺栓承受拉力 T_i 的大小与该螺栓到中性轴的距离 $\hat{x}_i$ 成正比,若以 k 表示比例常数,则:

$$\hat{T}_i = k\hat{x}_i \tag{10.38}$$

若用 m_i 表示第 i 列螺栓的数目,则可写出平衡方程式:

$$M = \sum m_i \hat{T}_i \hat{x}_i = k \sum m_i \hat{x}_i^2 \tag{10.39}$$

于是可求得比例常数:

$$k = \frac{M}{\sum m_i \cdot \hat{x}_i^2} \tag{10.40}$$

故:

$$\hat{T}_i = k\hat{x}_i = \frac{M\hat{x}_i}{\sum m_i \hat{x}_i^2} \tag{10.41}$$

当 $\hat{x}_i = \hat{x}_\text{max}$ 时,可得螺栓承受的最大拉力验算式:

$$\hat{T} = \frac{M\hat{x}_{\max}}{\sum m_i \hat{x}_i^2} \leqslant [N_t] \tag{10.42}$$

(2) 高强度螺栓连接。

高强度螺栓承受弯矩而使部分螺栓受拉时,由于载荷拉力始终小于预紧力,故被连接件接触面未发生离缝现象,因此,可按中性轴位于螺栓群中心轴线上来计算,参见图 10.25(c)。

根据平衡条件可写出下列方程式:

$$M = 2\sum m_i T_i x_i = 2k \sum m_i x_i^2 \tag{10.43}$$

故

$$k = \frac{M}{2\sum m_i x_i^2} \tag{10.44}$$

高强度螺栓承受最大拉力的验算式为:

$$T = \frac{M x_{\max}}{2\sum m_i x_i^2} \leqslant [N_t] \tag{10.45}$$

式中 x_i——中性轴左边螺栓的横坐标;

m_i——第 i 列螺栓的数目。

10.2.5 同时受拉受剪螺栓连接的计算

1. 同时受拉、受剪螺栓连接的单栓承载力

(1) 普通螺栓。

普通螺栓在剪力和拉力共同作用下,应考虑下列两种可能的破坏形式:一是螺杆受剪兼受拉破坏;二是孔壁承压破坏。

根据试验结果,得到螺杆的计算式为:

$$\sqrt{\left(\frac{N}{[N_j]}\right)^2 + \left(\frac{T}{[N_t]}\right)^2} \leqslant 1 \tag{10.46}$$

式中 N、T——单栓所承受的剪力和拉力;

$[N_j]$,$[N_t]$——普通螺栓单栓抗剪和抗拉许用承载力。

孔壁承压的计算式为:

$$N \leqslant [N_c] \tag{10.47}$$

式中,$[N_c]$ 为孔壁承压许用承载力。

在拉力、剪力共同作用下的普通螺栓,应同时满足上两式,即:

$$\begin{cases} \sqrt{\left(\frac{N}{[N_j]}\right)^2 + \left(\frac{T}{[N_t]}\right)^2} \leqslant 1 \\ N \leqslant [N_c] \end{cases} \tag{10.48}$$

(2) 摩擦型高强度螺栓。

在外拉力 T 作用下,被连接件接触面间的压紧力由预紧力 P 减小到 $(P-T)$。根据试验,这时被连接件接触面上的摩擦系数 f 值也有所降低。为安全起见,规范规定被连接件接触面间的压紧力取为 $(P-1.4T)$。于是可得摩擦型高强度螺栓有拉力作用时的单栓抗剪承载力为:

$$[N_j] = 0.7 n_m f (P - 1.4T) \tag{10.49}$$

高强度螺栓的强度校核条件为:

$$\left.\begin{array}{l} N \leqslant [N_j] \\ T \leqslant 0.7P \end{array}\right\} \tag{10.50}$$

式中,N,T 分别为单栓所承受的剪力和拉力。

2. 同时受拉、受剪螺栓连接的计算

单纯受拉的螺栓连接在起重机结构中比较少见,而受拉又受剪的螺栓连接是常见的。例如,有些现代桥式起重机主梁与端梁的螺栓连接;单主梁龙门起重机主梁与支腿以及支腿与下横梁的螺栓连接都是属于受拉又受剪的螺栓连接。图 10.26 为单主梁龙门起重机主梁与支腿法兰盘螺栓连接的受力图。其计算方法介绍如下。

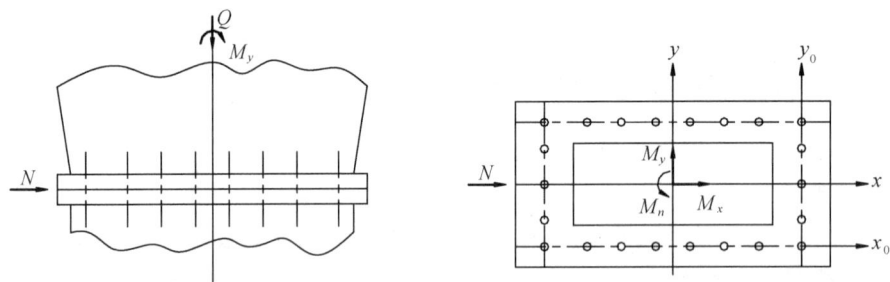

图 10.26 受拉又受剪之螺栓连接

弯矩 M_x 和 M_y 使角点上的螺栓 A 产生最大拉力,而垂直压力 Q 则使螺栓中的拉力减小。螺栓 A 中的最大拉力 T_A 计算如下:

普通螺栓

$$T_A = \frac{M_y \cdot \hat{x}_{\max}}{\sum m_i \hat{x}_i^2} + \frac{M_x \cdot \hat{y}_{\max}}{\sum m_i \hat{y}_i^2} - \frac{Q}{z} \leqslant [N_t] \tag{10.51}$$

高强度螺栓

$$T_A = \frac{M_y \cdot x_{\max}}{2\sum m_i x_i^2} + \frac{M_x \cdot y_{\max}}{2\sum m_i y_i^2} - \frac{Q}{z} \leqslant [N_t] \tag{10.52}$$

式中,z 为螺栓群中螺栓的数目,其余符号同前。

普通螺栓 $[N_t]$ 按式 (10.34) 计算,高强度螺栓 $[N_t]$ 按式 (10.36) 计算。

在剪力 N 及扭矩 M_n 作用下螺栓的计算,见式(10.33)。

在拉力和剪力共同作用下螺栓的计算,见式(10.48)—式(10.50)。

10.2.6 梁的拼接计算

受运输或安装条件的限制,梁有时需分段制造,然后在工地组装称为安装拼接。安装拼接多采用高强度螺栓连接且多用双拼接板(图 10.27)。

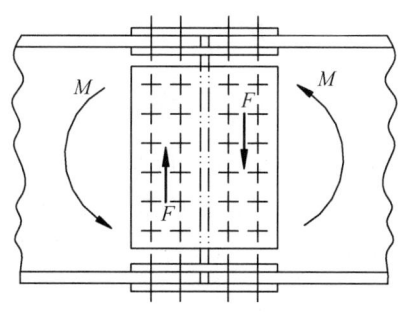

图 10.27 梁的安装拼接

翼缘板可按其传递的内力来计算拼接所需的螺栓数。

翼缘板在拼接处传递的内力:

$$N_y = \sigma A_y \tag{10.53}$$

式中 σ——翼缘板形心所受的正应力;

A_y——翼缘板的净截面面积。

翼缘板亦可按等强度条件计算拼接处传递的内力:

$$N_y = [\sigma] A_y \tag{10.54}$$

翼缘板拼接接缝一侧的螺栓数:

$$n = \frac{N_y}{[N]} \tag{10.55}$$

式中,$[N]$ 为单栓许用承载力。

腹板拼接一般预先布置好螺栓排列,然后进行螺栓承载能力的验算。腹板拼接按腹板同时承受梁拼接截面的全部剪力及部分弯矩来计算。腹板拼接处的弯矩按腹板与梁全截面的惯性矩之比确定:

$$M_f = \frac{I_f}{I} M \tag{10.56}$$

式中 M——梁拼接处的弯矩;

I_f——腹板的惯性矩;

I——整个截面的惯性矩。

剪力 F 由腹板承受,若接缝一侧螺栓数目为 z,则每个螺栓所承受的力为:

$$N_F = \frac{F}{z} \tag{10.57}$$

在 F 与 M_f 的共同作用下，距接缝一侧螺栓群重心最远点的螺栓受力最大，该点以 A 表示，则 A 点螺栓应满足式(10.33)的强度条件，即：

$$N = \sqrt{N_{M x_A}^2 + (N_F + N_{M y_A})^2} \leqslant [N] \tag{10.58}$$

若梁采用窄式拼接，即 $\frac{h}{b} > 3$ 时，式(10.58)可简化为：

$$N = \sqrt{N_{M x_A}^2 + N_F^2} \leqslant [N] \tag{10.59}$$

例 10.6 起重量 $Q = 10$ t、跨度 $L = 31.5$ m 的桥式起重机偏轨箱形主梁与端梁连接采用由 $45^\#$ 钢制成的高强度螺栓连接。选用 M24 高强度螺栓 12 个构成主梁一端的接头，螺栓的布置及起重小车行至连接处的载荷如图 10.28 所示。试验算高强度螺栓的强度。

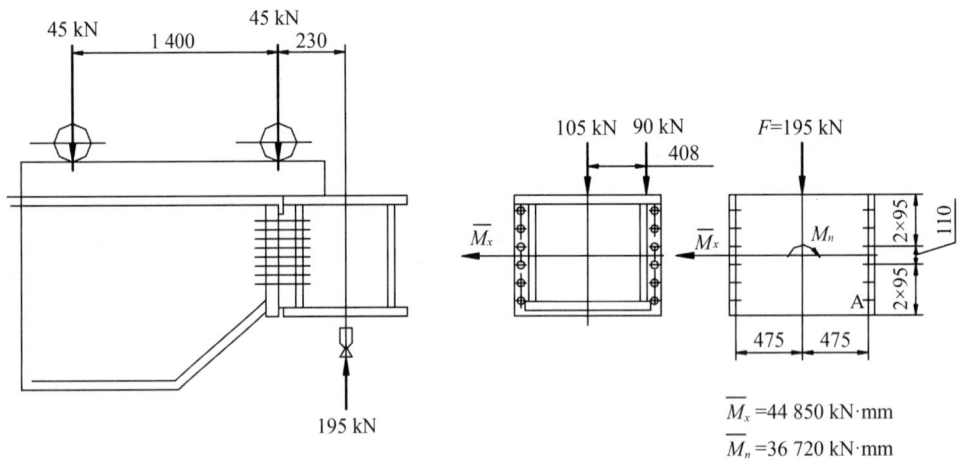

图 10.28 桥式起重机主梁与端梁的连接

解：
(1) 按式(10.52)进行最大拉力验算：

$$T_A = \frac{M_x y_{\max}}{2 \sum m_i \cdot y_i^2} = \frac{44\,850 \times 245}{2 \times (2 \times 55^2 + 2 \times 150^2 + 2 \times 245^2)} = 32 \text{ kN}$$

按式(10.36)计算受拉单栓承载力：

$$[N_t] = 0.7P = 0.7 \times 175 = 122.5 \text{ kN}$$

故 $T_A < [N_t]$，通过。

(2) 高强度螺栓抗剪力验算。

通过螺栓群重心的力 $F = 195$ kN，则每个螺栓承受的力：

$$N_F = \frac{F}{z} = \frac{195}{12} = 16.25 \text{ kN}$$

扭矩 $M_n=36\ 720$ kN·mm 在螺栓 A 上引起的力(式 10.23):

$$N_{M_{x_A}}=\frac{M_n \cdot y_A}{\sum x_i^2+\sum y_i^2}=\frac{36\ 720\times245}{2\times(6\times475^2+2\times55^2+2\times150^2+2\times245^2)}$$

$$=\frac{9\times10^6}{3.05\times10^6}=2.95\text{ kN}$$

$$N_{M_{y_A}}=\frac{M_n \cdot x_A}{\sum x_i^2+\sum y_i^2}=\frac{36\ 720\times475}{3.05\times10^6}=5.72\text{ kN}$$

故:

$$N_A=\sqrt{N_{M_{x_A}}^2+(N_{M_{y_A}}+N_F)^2}=\sqrt{2.95^2+(5.72+16.25)^2}=22.17\text{ kN}$$

按式(10.49)计算受拉高强度螺栓单栓抗剪承载力:

$$[N_j]=0.7(P-1.4T_A)fn_m=0.7\times(175-1.4\times32)\times0.3\times1=27.34\text{ kN}$$

则:

$$N_A<[N_j],\text{通过}。$$

10.3 销轴连接

销轴连接是机械结构常用的连接形式,如起重机臂架根部的连接,见图 10.29(a),以及拉杆或撑杆的连接等,见图 10.29(b),通常都采用销轴连接。销轴连接必须同时保证销轴的抗剪、抗弯强度,以及销孔自身的承压、抗拉能力。

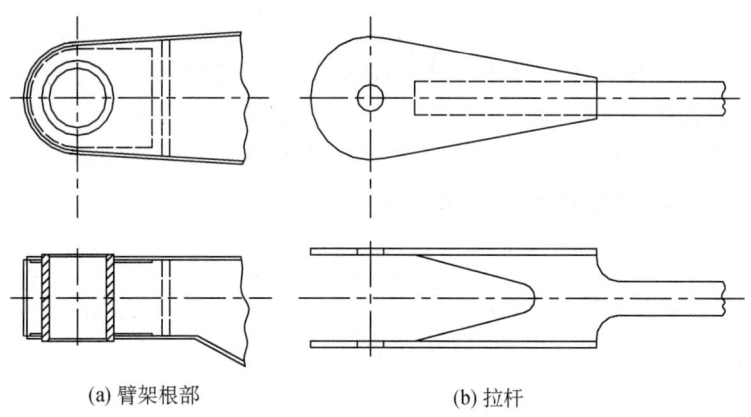

(a) 臂架根部　　　　　　(b) 拉杆

图 10.29　销轴连接示例

10.3.1　销轴计算

1. 销轴抗弯强度验算

$$\sigma_W=\frac{M}{W}\leqslant[\sigma_W] \tag{10.60}$$

式中　M——销轴承受的最大弯矩；

　　　W——销轴抗弯截面模数，$W=\dfrac{\pi d^3}{32}$；

　　　$[\sigma_w]$——许用弯曲应力，对于 45# 钢 $[\sigma_w]=360$ MPa。

2. 销轴抗剪强度验算

$$\tau_{max}=\frac{QS}{Ib}=\frac{Q\left(\dfrac{d^3}{12}\right)}{\left(\dfrac{\pi d^4}{64}\right)d}=\frac{16}{3}\cdot\frac{Q}{\pi d^2}\leqslant[\tau] \tag{10.61}$$

式中　Q——把销轴当作简支梁分析求得的最大剪力；

　　　$[\tau]$——销轴许用剪应力，45# 钢 $[\tau]=125$ MPa。

10.3.2　销孔拉板的计算

1. 销孔壁承压应力验算

$$\sigma_c=\frac{P}{d\cdot\delta}\leqslant[\sigma_c] \tag{10.62}$$

式中　P——构件的轴向拉力，即销孔拉板通过承压传给销轴的力；

　　　δ——销孔拉板的承压厚度；

　　　d——销孔的直径；

　　　$[\sigma_c]$——销孔拉板的承压许用应力，$[\sigma_c]=1.4[\sigma]$。

2. 销孔的强度计算

销孔孔壁上载荷分布规律的假设和销孔断面上应力分布规律的假定直接影响着销孔断面应力计算的正确性。

机械结构的销轴连接中，销孔有相当大的刚度，销孔和销轴间有一定的间隙，根据这一特点可假定孔壁上载荷按正弦规律分布，见图 10.30。据此可求出销孔危险截面，即图 10.31 中的 B—B 截面和 A—A 截面上的内力，并根据弹性曲梁公式，求得这两个截面上的最大应力值，于是便可对销孔进行强度校核，其计算公式为：

$$\sigma_{max}^b=\frac{4P}{\pi^2 A}+2Ph\frac{\left(\dfrac{1}{2}-\dfrac{4}{\pi^2}\right)}{2\delta\left(R\ln\dfrac{2R+h}{2R-h}-h\right)(2R-h)}\leqslant[\sigma] \tag{10.63}$$

$$\sigma_{max}^a=\frac{4P}{\pi^2 A}+2Ph\frac{\left(\dfrac{4}{\pi^2}-\dfrac{1}{\pi}\right)}{2\delta\left(R\ln\dfrac{2R+h}{2R-h}-h\right)(2R+h)}\leqslant[\sigma] \tag{10.64}$$

式中　P——销孔上所受的总的外力；

　　　A——销孔截面积，$A=\delta h$。其中 h 为销孔的截面高度，δ 为销孔的厚度，见图 10.30；

　　　R——销孔截面重心处的曲率半径，见图 10.30。

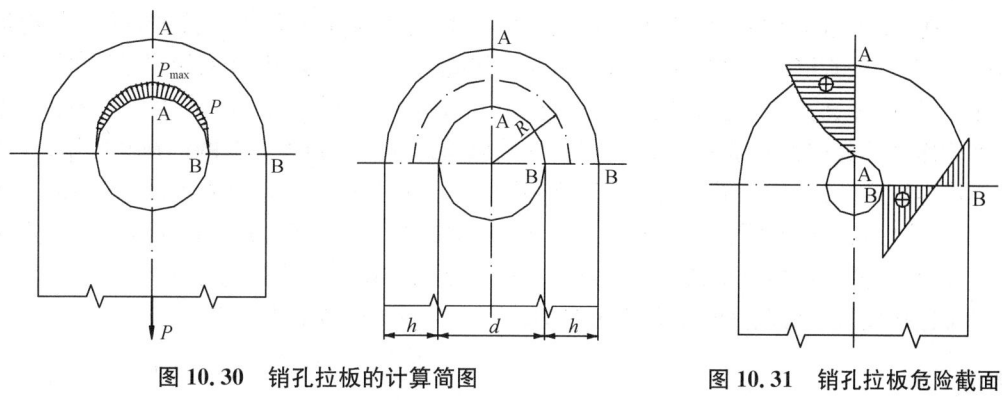

图 10.30 销孔拉板的计算简图   图 10.31 销孔拉板危险截面上的应力分布

例 10.7 已知 $P=200$ kN，$h=63$ mm，$\delta=25$ mm，$R=73.5$ mm，试求危险截面的应力。拉板材料为 Q345。

解：

$$\sigma_{max}^b = \frac{4P}{\pi^2 A} + 2Ph\frac{\left(\frac{1}{2}-\frac{4}{\pi^2}\right)}{2\delta\left(R\ln\frac{2R+h}{2R-h}-h\right)(2R-h)}$$

$$= \frac{4\times 200\,000}{\pi^2 h\delta} + 2\times 200\,000\times 0.063\times \frac{0.094\,7}{2\times 0.025\times 0.004\,3\times 0.084}$$

$$= 51.465 \text{ MPa} + 130.72 \text{ MPa}$$

$$= 182.19 \text{ MPa}$$

$$< [\sigma] = \frac{\sigma_s}{1.33} = 263 \text{ MPa}$$

$$\sigma_{max}^a = \frac{4P}{\pi^2 A} + 2Ph\frac{\left(\frac{1}{2}-\frac{4}{\pi^2}\right)}{2\delta\left(R\ln\frac{2R+h}{2R-h}-h\right)(2R+h)}$$

$$= \frac{4\times 200\,000}{\pi^2 h\delta} + 2\times 200\,000\times 0.063\times \frac{0.094\,7}{2\times 0.025\times 0.004\,3\times 0.210\,0}$$

$$= 51.465 \text{ MPa} + 52.288 \text{ MPa}$$

$$= 103.75 \text{ MPa}$$

$$< [\sigma] = 263 \text{ MPa}$$

销孔拉板危险截面上应力的分布如图 10.32 所示。

10.4 本章小结

本章介绍了机械结构的连接中常用的焊接、螺栓连接、销轴连接的原理及应用。

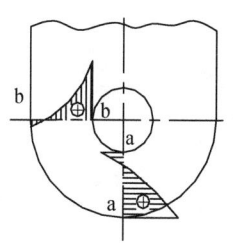

图 10.32

焊接连接部分主要说明焊接接头的形式、焊缝的种类及构造、常用的对接焊缝和角焊缝形式及其适用情况以及焊缝的尺寸要求等;重点介绍了焊缝的受力计算,分析了对接焊缝和角焊缝在外载荷(拉压力、弯矩、剪力、扭矩)作用下的承载机理,介绍了相应的计算公式和焊缝强度验算方法。

螺栓连接部分首先概述了螺栓的分类、安装以及螺栓连接布置方案的选择和应用;重点介绍了螺栓连接的计算,分析了普通螺栓和高强度螺栓在受拉、受剪或同时受拉受剪的情况下的单栓承载力,以及采用不同接头方式和排列布置时,螺栓组的强度验算公式和方法。需要注意的是,金属结构的连接螺栓承载能力验算方法通常是从计算单栓承载能力开始的。

销轴连接安装、拆卸方便,主要考虑销轴、销孔、拉板的承载能力计算。

思考题

10.1 焊接接头和焊缝各有哪些基本形式?主要有哪两种焊缝连接的计算方式?

10.2 焊缝的许用应力与哪些因素有关?

10.3 贴角焊缝采用侧缝形式时,为什么要规定侧焊缝的最大计算长度?

10.4 剪力螺栓连接有哪几种可能破坏模式?如何确定一个螺栓相应的许用承载能力?

10.5 受轴向力 N 作用的剪力螺栓连接应如何进行强度计算?

10.6 试述摩擦型高强度螺栓连接的工作原理、连接的特点和运用范围。

习 题

10.1 图示对接连接,钢材为 Q345,焊条为 E50 系列,施焊时未加引弧板,静力载荷 $N=750$ kN。试验算焊缝是否满足连接要求(图中单位为 mm)。

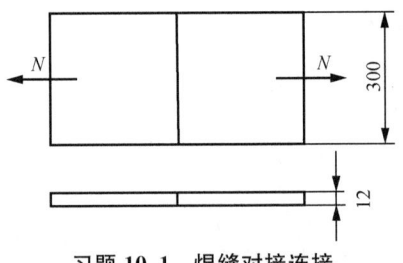

习题 10.1 焊缝对接连接

10.2 设计图示桁架杆件与节点板的连接焊缝。已知杆件由等肢双角钢 2∟100×100×8 制成,节点板厚 $\delta=10$ mm,材料均为 Q235,焊条型号 E43,焊缝许用应力 $[\tau_h]=100$ MPa,轴心拉力 $N=500$ kN。

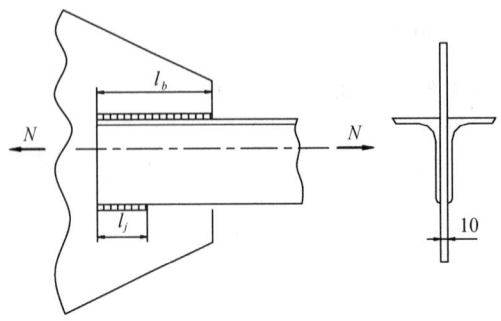

习题 10.2 节点板焊接

10.3 设图示周边焊缝的侧焊缝长度 $a=75$ mm,焊脚尺寸 $h_f=\delta=16$ mm,所受力矩 $M=14$ kN·m,材料 Q235,焊条型号 E43,焊缝许用应力 $[\tau_h]=100$ MPa,验算焊缝强度。

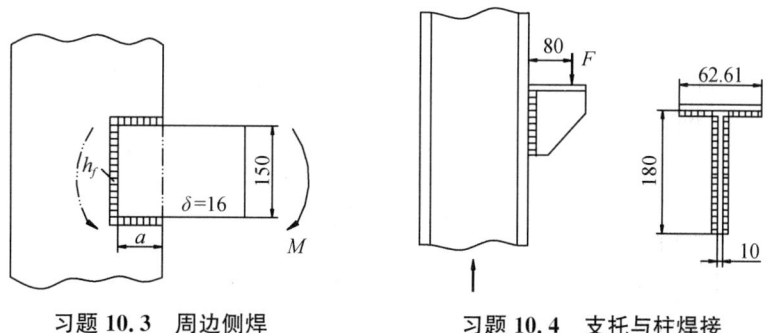

习题 10.3　周边侧焊　　　　习题 10.4　支托与柱焊接

10.4 支托与柱焊接(题 10.4 图),材料 Q235,焊条型号 E43,焊缝许用应力 $[\tau_h]=100$ MPa,$[\sigma_h]=140$ MPa,支托承受载荷 F,偏心距 $e=80$ mm:
(1) 支托用贴角焊缝,焊脚尺寸 $h_f=6$ mm;
(2) 支托开坡口焊透,并按焊脚尺寸 $h_f=6$ mm 的角焊缝封底。
试求两种情况的最大允许载荷 F。

10.5 如图所示连接,构件钢材为 Q345 钢,承受的轴心拉力设计值 $N=600$ kN。试分别按下列情况验算此连接是否安全。钢材 $[\sigma]=257$ MPa。
(1) 连接为普通螺栓的临时性连接,螺栓直径 $d=20$ mm,孔径 $d_0=21.5$ mm;
(2) 连接为高强度螺栓 M20(10.9 级)摩擦型螺栓(连接表面未经处理)。

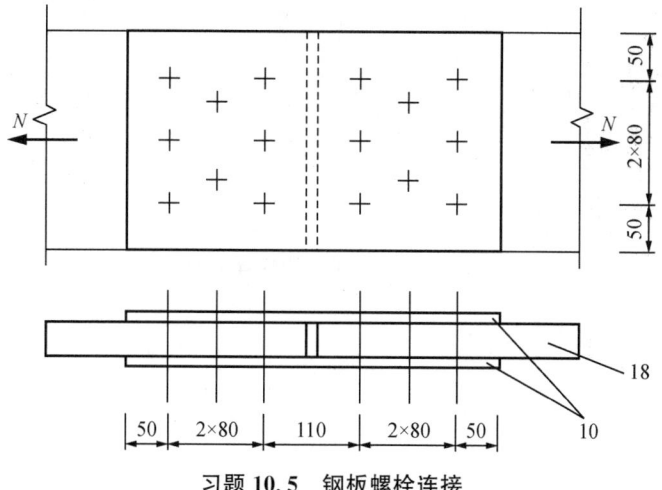

习题 10.5　钢板螺栓连接

10.6 试设计计算 L 形单梁龙门起重机主梁与支腿的连接螺栓(题 10.6 图)。已知:螺栓均布,螺栓数 $z=32$,采用 45# 钢精制螺栓。连接面所受内力:$P=200$ kN,$M_x=400$ kN·m,$M_y=600$ kN·m。

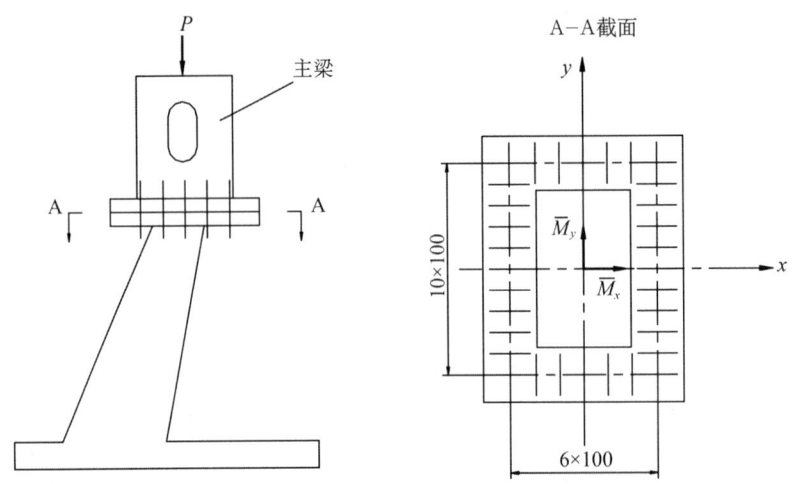

习题 10.6 主梁与支腿螺栓连接

10.7 如图示工字钢梁在某截面处拼接,该截面内力 $M_x = 170$ kN·m,剪力 $F = 140$ kN,采用 45# 钢 M20 摩擦型高强度螺栓连接,接触面喷砂处理,试设计翼缘板螺栓数,并验算腹板螺栓强度。

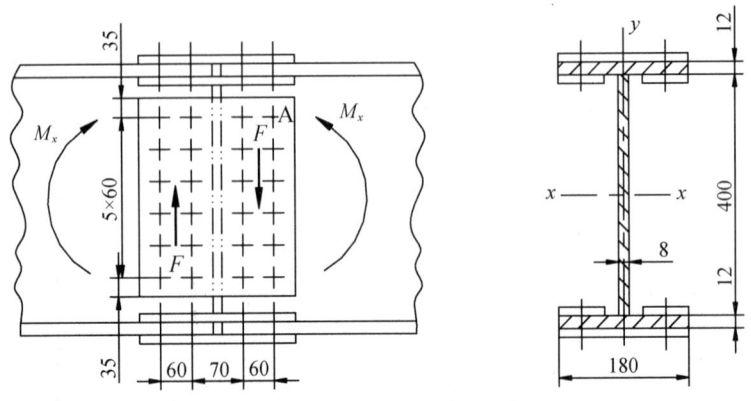

习题 10.7 工字梁螺栓连接

第 11 章 受弯构件设计计算

结构中主要承受横向载荷的基本构件称受弯构件。实腹式受弯构件简称为梁,格构式受弯构件简称为桁架。桁架的杆件作为轴心受力构件,用第 12 章的方法设计、验算。本章只讨论金属结构中广泛应用的实腹式受弯构件,介绍梁的类型、型钢梁的设计、组合梁的强度及刚性、整体稳定和局部稳定验算、梁的构造设计方法等,其中梁的稳定计算为重点内容。

11.1 梁的类型

梁按照其制作方法可分为型钢梁和组合梁两类。型钢梁由单根轧制型材如工字钢、槽钢等制成,分别如图 11.1(a),(b)所示,可直接作为构件使用,制造方便,成本较低,一般在跨度与载荷较小情况下优先采用。但由于受到轧制条件的限制,型钢截面尺寸和截面分布有一定局限性,同时型钢梁的刚度也不足。当型钢规格不能满足使用要求时,则需采用组合梁。

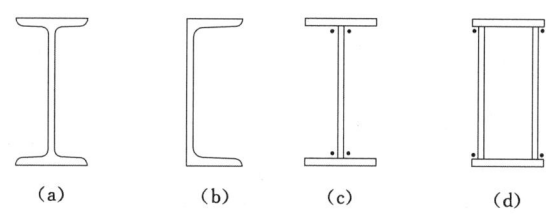

图 11.1 梁的截面型式

组合梁的优点是能按使用要求合理分配材料,但制造较费工。组合梁有铆接和焊接两种,目前在机械的金属结构中多采用焊接梁,由钢板、型钢用电焊连接而成。最常见的焊接组合梁是由一块或两块钢板(腹板)和上、下两块钢板(翼缘板)焊接的工字形截面和箱形截面,分别如图 11.1(c),(d)所示。箱形截面抗扭刚性大,稳定性好,常用于跨度大且梁的高度受到限制,或对截面侧向刚性和抗扭刚性要求较高的情况。

梁按支承条件可分为简支梁、连续梁、悬臂梁、固定梁等,其中简支梁尽管用料较多,但制造、安装、拆换都较方便,且不受支座沉陷和温度变化的影响,因此使用最为广泛。

按照载荷的作用情况,梁可分为仅在一个主平面内受弯的单向弯曲梁和在两个主平面内同时受弯的双向弯曲梁。

11.2 型钢梁的设计

由于型钢梁制造简单,因而在满足承载能力的条件下应尽量采用型钢梁。型钢梁的设计包括截面选择和验算,通常按以下步骤进行:

(1) 按照强度条件估算梁截面的抗弯模量 W_u。

(2) 按照刚性条件估算梁截面的惯性矩 I_u。

(3) 确定型钢截面型式,选择合适的型钢号。

(4) 验算梁的强度、刚性和整体稳定。型钢梁的局部稳定不必验算,这是因为轧制型钢梁的腹板和翼缘的宽厚比都不太大,局部稳定是有保证的。

下面分别讨论。

1. 按照强度条件估算型钢梁截面的抗弯模量 W_u

以简支梁为例,型钢梁所需的净抗弯模量 W_u 为:

$$W_u \geq \frac{M}{[\sigma]} \tag{11.1}$$

式中　M——根据梁的载荷、跨度和支承条件确定的梁的最大弯矩;

$[\sigma]$——钢材许用应力。

若梁上有钉孔削弱时,则毛抗弯模量为按照经验取为:

$$W = 1.2 W_u \tag{11.2}$$

2. 按照刚性条件估算型钢梁截面的惯性矩 I_u

型钢梁截面的惯性矩 I_u 一般由静刚度条件控制。例如,工程中常见的悬挂电动葫芦的单梁式起重机,可视为在集中载荷作用下的简支型钢梁,其跨中垂直静挠度计算式为:

$$f = \frac{PL^3}{48EI} \leq [f] \tag{11.3}$$

则型钢梁截面所需的惯性矩 I_u 为:

$$I_u \geq \frac{PL^3}{48E[f]} \tag{11.4}$$

式中　P——梁的集中载荷,不计动载系数;

L——梁的跨度;

E——钢材的弹性模量;

$[f]$——梁的许用挠度,可按不同机种查阅有关设计手册或规范,如《起重机设计规范》
　　　　(GB/T 3811—2008)等。

3. 确定型钢号

一般先根据需要确定型钢型式,如工字钢、槽钢等,然后按照由强度和刚性条件估算出的 W_u 和 I_u 值,从相应的型钢规格表中查取所需的型钢号以及有关的尺寸和截面特性参数。选定的型钢号的 W、I 应接近并且大于 W_u、I_u,因为上述估算公式中未计入梁的自重和梁截面可能削弱的因素。

4. 型钢梁的验算

1) 强度验算

(1) 正应力。

单向弯曲 $\qquad\qquad\qquad\qquad \sigma = \dfrac{M}{W_j} \leq [\sigma] \tag{11.5a}$

双向曲弯 $$\sigma = \frac{M_x}{W_{jx}} + \frac{M_y}{W_{jy}} \leqslant [\sigma] \tag{11.5b}$$

式中 M_x,M_y——同一梁截面内对主轴 x 和 y 的弯矩,其中应包括梁自重产生的弯矩;
W_{jx},W_{jy}——对应的梁净截面对主轴 x 和 y 的抗弯模量;
$[\sigma]$——钢材的许用应力。

(2) 剪应力。

$$\tau = \frac{QS}{I\delta} \leqslant [\tau] \tag{11.6}$$

式中 Q——根据梁的载荷、跨度和支承条件确定的梁的最大剪力;
S——与最大剪力对应的梁截面的面积矩;
I——同一梁截面的惯性矩;
δ——同一梁截面的腹板厚度;
$[\tau]$——钢材的许用剪应力。

(3) 局部挤压应力。

机械中的型钢梁有时要承受车轮压力,车轮沿梁纵向移动,是较大的集中载荷。梁在这种集中载荷作用下,除了轨道和梁的翼缘直接受力外,腹板也会承受局部挤压力。显然轮压下方腹板边缘的压力最大,两边的压力逐渐减小,压力分布状态如图11.2(b)所示。为计算简便,假定压力均匀分布在长度为 a 的腹板边缘上,并以45°的角度向两边扩散,取压力分布长度为 $z = a + 2h_y$,见图11.2(a),则局部挤压应力 σ_j 的验算公式为:

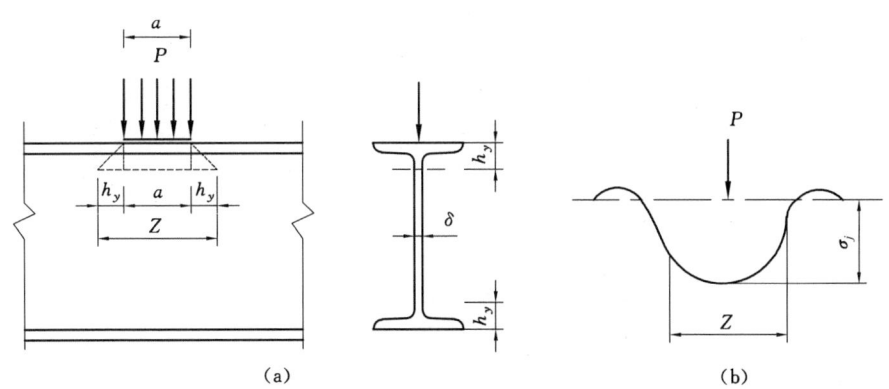

图 11.2 局部挤压应力

$$\sigma_j = \frac{P}{\delta \cdot z} = \frac{P}{\delta(a + 2h_y)} \leqslant [\sigma] \tag{11.7}$$

式中 P——一个车轮上的集中载荷,按照《起重机设计规范》(GB/T 3811—2008)不计起升动载系数及运行冲击系数;
δ——腹板厚度;
z——压力分布长度,$z = a + 2h_y$;
a——集中载荷作用长度,对车轮取 $a = 50$ mm;
h_y——集中载荷作用表面至腹板厚度开始变化处的垂直距离;

[σ]——钢材许用应力。

(4) 折算应力。

当型钢同时承受较大正应力 σ_1、较大剪应力 τ_1 和局部挤压应力 σ_j 时,见图 11.3,还必须验算折算应力 σ_{zs}:

$$\sigma_{zs}=\sqrt{\sigma_1^2+\sigma_j^2-\sigma_1\sigma_j+3\tau_1^2}\leqslant[\sigma] \tag{11.8}$$

式中 σ_1,σ_j,τ_1——验算点处的正应力、局部挤压力和剪应力,其中 σ_1,σ_j 需各带其正负号,即压应力取负号,拉应力取正号;

[σ]——钢材的许用应力。

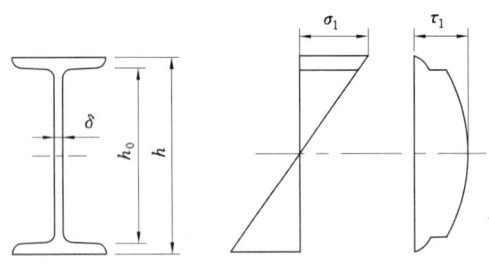

图 11.3 折算应力的验算点

2) 刚性验算

一般用限制梁的最大挠度值来保证刚性,要求满足条件:

$$f\leqslant[f] \tag{11.9}$$

对简支梁:当承受集中载荷 P,梁的最大挠度为:

$$f=\frac{PL^3}{48EI}\leqslant[f] \tag{11.10}$$

当承受均布载荷 q(如自重),梁的最大挠度为:

$$f=\frac{5qL^4}{384EI}\leqslant[f] \tag{11.11}$$

式中符号意义同式(11.4)。

3) 整体稳定性验算

梁在受载过程中,有可能出现离开最大刚性平面形成侧向弯曲和扭转的现象,并丧失继续承重的能力,这种现象称为丧失整体稳定。因此,设计梁时还需考虑整体稳定性。型钢梁不存在局部稳定性问题,无需考虑。规范规定,凡符合下列情况之一的受弯构件也可不验算整体稳定性:

(1) 有刚性较强的走台和铺板与梁的受压翼缘牢固相连,能阻止受压翼缘侧向位移时。

(2) 箱形梁的截面高度 h 与两腹板外侧之间的翼缘板宽度 b 的比值 $h/b\leqslant3$ 或 $h/b\leqslant6$ 且 $l/b\leqslant95\sqrt{\frac{235}{\sigma_s}}$($l$ 为梁的跨距),或梁截面足以保证其侧向刚性(如为空间桁架)时。

(3) 两端简支且端部支承不能扭转的等截面轧制 H 型钢或焊接工字形截面梁,其受压翼

缘的侧向支承间距 l（无侧向支承点者，则为构件的跨距）与其受压翼缘的宽度 b 之比满足以下条件：①无侧向支承且载荷作用在受压翼缘上时，$l/b \leqslant 13\sqrt{235/\sigma_s}$；②无侧向支承且载荷作用在受拉翼缘上时，$l/b \leqslant 20\sqrt{235/\sigma_s}$；③跨中受压翼缘有侧向支承时，$l/b \leqslant 16\sqrt{235/\sigma_s}$。

否则应按式(11.12)计算：

$$\sigma = \frac{M}{\varphi_w W} \leqslant [\sigma] \tag{11.12}$$

式中 M——绕梁强轴作用的最大弯矩；

W——按梁受压最大纤维确定的毛截面抗弯模量；

φ_w——绕梁强轴弯曲所确定的整体稳定系数。

轧制普通工字钢和槽钢的两端简支受弯构件的整体稳定系数介绍如下。

(1) 普通轧制工字钢简支梁的整体稳定系数，按表 11.1 查取。当所得的 φ_w 值大于 0.80 时，应按表 11.2 查出相应的 φ'_w 值代替 φ_w 值。

(2) 轧制槽钢简支梁的整体稳定系数，不论载荷形式和作用位置，均应按式(11.13)计算：

$$\varphi_w = \frac{570bt}{lh} \cdot \frac{235}{\sigma_s} \tag{11.13}$$

式中 b, t, h——分别为槽钢截面的翼缘宽度、厚度和截面高度；

l——梁受压翼缘的计算（自由）长度；

σ_s——钢材的屈服极限（MPa）。

按式(11.13)算得的 φ_w 值如果 $\geqslant 1.0$，则不需作整体稳定验算。

表 11.1　　　　　　　　　普通轧制工字钢简支梁的 φ_w 值

载荷情况			工字钢型号	自由长度 l/m								
				2	3	4	5	6	7	8	9	10
跨中无侧向支承点的构件	集中载荷作用于	上翼缘	10~20	2.0	1.30	0.99	0.80	0.68	0.58	0.53	0.48	0.43
			22~32	2.4	1.48	1.09	0.86	0.72	0.62	0.54	0.49	0.45
			36~63	2.8	1.60	1.07	0.83	0.68	0.56	0.50	0.45	0.40
		下翼缘	10~20	3.1	1.95	1.34	1.01	0.82	0.69	0.63	0.57	0.52
			22~40	—	2.80	1.84	1.37	1.07	0.86	0.73	0.64	0.56
			45~63	—	—	2.30	1.62	1.20	0.96	0.80	0.69	0.60
	均布载荷作用于	上翼缘	10~20	1.7	1.12	0.84	0.68	0.57	0.50	0.45	0.41	0.37
			22~40	2.1	1.30	0.93	0.73	0.60	0.51	0.45	0.40	0.36
			45~63	2.6	1.45	0.97	0.73	0.59	0.60	0.44	0.38	0.35
		下翼缘	10~20	2.5	1.55	1.08	0.83	0.68	0.56	0.52	0.47	0.42
			22~40	—	2.20	1.45	1.10	0.85	0.70	0.60	0.52	0.46
			45~63	—	—	1.80	0.25	0.95	0.78	0.65	0.55	0.49

续表

载荷情况	工字钢型号	自由长度 l/m								
		2	3	4	5	6	7	8	9	10
跨中有侧向支承点的构件(不论载荷作用点在截面高度上的位置)	10~20	3.2	1.39	1.01	0.79	0.66	0.57	0.52	0.47	0.42
	22~40	3.0	1.80	1.24	0.96	0.76	0.65	0.56	0.49	0.43
	45~63	—	2.20	1.38	1.01	0.80	0.66	0.56	0.49	0.43

注:(1) 集中载荷指一个或少数几个集中载荷位于跨中附近的情况,对其他情况的载荷均按均布载荷考虑。
(2) 载荷作用在上翼缘系指作用点在翼缘表面,方向指向截面形心;载荷作用在下翼缘也系指作用在翼缘表面,方向背向截面形心。
(3) φ_w 仅适用于 Q235 号钢;当用其他钢号时,查得的 φ_w 应乘以 $235/\sigma_s$。
(4) φ_w 不小于 2.5 时不需再验算其整体稳定性;表中大于 2.5 的 φ_w 值,为其他钢号换算查用。

表 11.2 整体稳定系数 φ'_w

φ_w	0.80	0.85	0.90	0.95	1.00	1.05	1.10	1.15	1.20	1.25	1.30
φ'_w	0.800	0.818	0.835	0.850	0.862	0.874	0.883	0.892	0.901	0.908	0.913
φ_w	1.35	1.40	1.45	1.50	1.55	1.60	1.80	2.00	2.20	2.40	≥250
φ'_w	0.919	0.925	0.930	0.934	0.938	0.941	0.953	0.961	0.968	0.973	1.000

注:按弹性力学稳定理论所求的临界应力若大于钢材的比例极限,则临界状态下梁内最大应力点周围的钢材已经进入弹塑性工作阶段,则此时需要修正,$\varphi'_b = \dfrac{\varphi_b^2}{0.16+\varphi'_b}$,部分结果如表 11.2 所示。

11.3 组合梁的截面设计

当型钢梁不能满足承载能力或使用条件时,应采用组合梁。机械中常用焊接组合梁的截面型式为工字形和箱形。组合梁的截面设计包括两方面内容:①选择截面;②确定截面尺寸。为了经济合理,对较长的梁应采用变截面。本章以讨论最常见的工字形组合梁为主,箱形组合梁的截面设计与工字形组合梁基本类似。

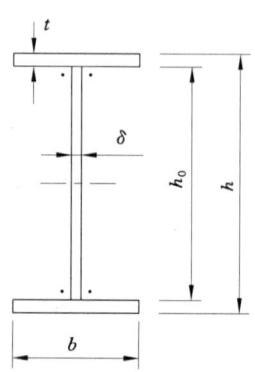

图 11.4 工字形截面

1. 组合梁的截面选择

工字形组合梁一般常用两块翼缘板和一块腹板焊接成双轴对称的截面(图 11.4)。对这种截面的选择,应根据已知设计条件,确定梁的截面高度、腹板尺寸和翼缘板尺寸,其中梁的高度是关键尺寸。

1) 梁高 h 的确定

确定梁高 h 时应综合考虑机械总体设计要求、梁的刚性要求和经济性要求,由此定出在总体设计给出的可能范围内,满足刚性条件的合理梁高,使梁的自重最轻。

(1) 梁的最大高度 h_{max}。

梁的最大高度 h_{max} 应满足机械总体布置的要求,一般在机械总体设计时给定。如果没给定,则梁的最大高度可不受限制。

(2) 梁的最小高度 h_{min}。

梁的最小高度 h_{min} 应满足由静挠度控制的刚性条件。梁的静挠度大小与载荷截面尺寸和跨度有关。受集中载荷 P 或受均布载荷 q 作用下跨度为 L 的简支梁,跨中静挠度 f 应分别满足式(11.10)或式(11.11)。由于最大弯矩 $M=\dfrac{PL}{4}$ 或 $M=\dfrac{qL^2}{8}$,截面惯性矩 $I=\dfrac{Wh}{2}$,许用应力 $[\sigma]=\dfrac{M}{W}$,代入公式后,可分别得到既满足静刚性条件,又充分发挥钢材强度的梁高:

受集中载荷作用: $$h_{\min}=\frac{L^2[\sigma]}{6E[f]} \tag{11.14}$$

受均布载荷作用: $$h_{\min}=\frac{5L^3[\sigma]}{24E[f]} \tag{11.15}$$

对动态刚性一般不作要求,当需要考虑动态刚性条件时,可参阅有关机械的设计规范。

(3) 梁的经济高度 h_j。

一般而言,在截面积一定的条件下,选用较大的梁高,可减少翼缘的重量 G_e,但腹板的重量 G_f 却要增加。而选用较小的梁高,则结果相反。按经济条件确定的截面高度应使梁的翼缘和腹板总重量 G 为最小。

设对称工字形梁单位长度的总重为:

$$G=G_f+G_e \tag{11.16}$$

由于梁高与腹板高度相差不大,可令 $h_0\approx h$,则腹板的重量:

$$G_f=\phi\delta h\gamma \tag{11.17}$$

式中 γ——钢的比重;

ϕ——考虑到腹板上有拼接、加筋板等附加重量而设置的大于1的构造系数。

翼缘板的重量 G_e 等于上下两块翼缘重量之和,即:

$$G_e=2A_e\gamma=2bt\gamma \tag{11.18}$$

下面以梁的抗弯强度条件来分析等截面梁单位长度的总重量 G。梁所需的截面抗弯模量为:

$$W=\frac{M}{[\sigma]} \tag{11.19}$$

梁的惯性矩为:

$$I=I_f+I_e=\frac{\delta h^3}{12}+2A_e\frac{h^2}{4} \tag{11.20}$$

由此式得:

$$A_e=\frac{2I}{h^2}-\frac{\delta h}{6}=\frac{W}{h}-\frac{\delta h}{6} \tag{11.21}$$

将 A_e 代入式(11.16),可得梁单位长度总重为:

$$G=\gamma\left(\frac{2W}{h}-\frac{\delta h}{3}+\phi\delta h\right) \tag{11.22}$$

由此可见，梁的重量是梁高的函数。为了确定最小重量的梁高，使总重量最轻，可对 h 求导数，并令 $\dfrac{\mathrm{d}G}{\mathrm{d}h}=0$，得：

$$\frac{\mathrm{d}G}{\mathrm{d}h}=\gamma\left(-\frac{W}{h^2}-\frac{\delta}{3}+\phi\delta\right)=0 \tag{11.23}$$

从而求得经济梁高为：

$$h_j=\sqrt{\frac{2W}{\delta\left(\phi-\dfrac{1}{3}\right)}}$$

$$h_j \leqslant K\sqrt{\frac{W}{\delta}} \tag{11.24}$$

式中 W——由梁的最大弯矩算得所需的截面抗弯模量；

K——与构造有关的系数，$K=\sqrt{\dfrac{2}{\phi-\dfrac{1}{3}}}$，一般可取 $1\sim1.5$。

用式(11.24)计算经济高度时，需先假定腹板厚度 δ，但 δ 又与梁的高度 h 有关。一般，可取 $\delta=\left(\dfrac{1}{100}\sim\dfrac{1}{240}\right)h$，或用凑算的方法定出 δ 和 h。

为了使用方便，经济梁高也可用经验公式来计算：

$$h_j=7\sqrt[3]{W}-30\text{ cm} \tag{11.25}$$

实际选用梁的高度 h 时，应满足上述三方面要求，即小于最大梁高 $h_{\max}$，大于最小梁高 $h_{\min}$，并尽可能等于或略小于经济高度 h_j：

$$\left.\begin{array}{l}h_{\min}\leqslant h\leqslant h_{\max}\\ h\approx h_j\end{array}\right\} \tag{11.26}$$

据统计，采用的梁高 h 与经济高度 h_j 相差不超过 20% 时，对重量的影响很小，仅增加 2.5%。因此在确定梁高 h 时，可以适当调整，通常向偏小调整。

2）腹板尺寸的确定

梁腹板的高度 h_0 根据所选定的梁高适当化整，一般 h_0 稍小于梁高 h，并应符合钢板规格，一般取 10 mm 的倍数。梁腹板的重量约占梁总重量的 40%~50%，其中腹板厚度的增加对梁截面的惯性矩影响不显著，但却会使整个梁的耗钢量明显增大。此外腹板在梁内承受弯矩很少，一般为整个截面的 15%~20%，其主要承受剪力，而梁的剪力一般不大。因此腹板厚度应尽可能取得小一些，以减轻梁的自重。减小腹板厚度的经济意义对低梁和高梁不同，梁高越高其经济意义越大，所以梁腹板的相对厚度 δ/h_0 随着梁高的增大应逐渐取小值。在满足抗剪强度和局部稳定的要求下，工字梁和箱型梁的腹板厚度可采用经验公式计算：

工字形梁：
$$\delta=6+\frac{2h}{1\,000}\text{mm} \tag{11.27}$$

箱形梁: $$\delta = 4 + \frac{2h}{1\,000}\text{mm} \tag{11.28}$$

式中 h——梁高(mm);

δ——腹板厚度(mm),按防锈蚀和耐久性要求,$\delta \geqslant 6$ mm。太薄易变形及锈蚀,常取 6~18 mm。

3) 翼缘尺寸的确定

确定了腹板尺寸后,可从梁截面所需惯性矩 I_u 中,扣除腹板部分的惯性矩 I_f,求得翼缘所需的惯性矩 I_e:

$$I_e = I_u - I_f \tag{11.29}$$

式中 I_u——梁截面所需惯性矩,$I_u = W\dfrac{h}{2}$;

I_f——腹板的惯性矩,$I_f = \dfrac{1}{12}\delta h_0^3$。

由翼缘惯性矩的近似公式 $I_e \approx 2bt\left(\dfrac{h_0}{2}\right)^2$,可得翼缘所需截面积:

$$A_e = bt \approx \frac{2(I_u - I_f)}{h_0^2} \tag{11.30}$$

式中,b 和 t 分别为翼缘的宽度和厚度。只要定出其中任一值,就可确定另一数值。一般翼缘宽度 b 不能太小,也不能太大。太小不利于梁的整体稳定,太大则翼缘中应力分布不均匀程度增大,因此必须满足整体稳定和局部稳定的条件。

按整体稳定性条件,工字形梁的翼缘宽度 b 常取梁高 h 的 $\dfrac{1}{5} \sim \dfrac{1}{2.5}$,即 $b = \left(\dfrac{1}{5} \sim \dfrac{1}{2.5}\right)h$;箱形梁两腹板间的宽度 b_0 应控制在 $b_0 \leqslant \dfrac{1}{3}h$ 范围内。

按局部稳定性条件,工字形翼缘的宽厚比 $\dfrac{b}{t}$ 应 $\leqslant 32\sqrt{\dfrac{235}{\sigma_s}}$;箱形梁翼缘伸出腹板外的宽度 b_e 不应大于 $16\sqrt{\dfrac{235}{\sigma_s}} \cdot t$;两腹板间的宽度 b_0 不应大于 $49\sqrt{\dfrac{235}{\sigma_s}} \cdot t$。

同样翼缘也不宜过厚,过厚不易保证板材的机械性能和焊接质量,因此要求翼缘厚度满足 $t \leqslant 40\sqrt{\dfrac{235}{\sigma_s}}$ 条件。

最终确定的翼缘宽度和厚度应化整为钢材的规格尺寸,其中翼缘宽度宜取为 10 mm 的倍数,厚度则以 2 mm 为间隔。

工字形梁和箱形梁的截面尺寸如图 11.5 所示。

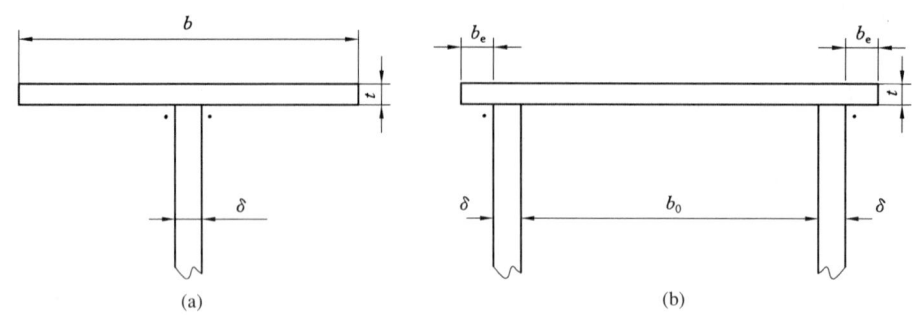

图 11.5 梁截面尺寸确定

2. 组合梁的变截面设计

从梁的截面选择可知,截面尺寸是按梁的最大弯矩设计的。从强度观点看,除了最大弯矩所在截面外,其他截面尺寸显然过大。因为无论在移动集中载荷还是固定载荷作用下,梁的弯矩总是沿着梁长度而改变。比如,对受均匀载荷的简支梁,其跨中弯矩最大,向梁的两端弯矩逐渐递减。可见,梁大部分截面未能充分发挥材料作用。为了减轻结构自重、节省钢材,可以根据强度条件将梁设计成变截面梁。最理想的梁,其截面应该是随弯矩而变化的,即截面抗弯模量按抛物线图形变化,做成下翼缘为曲线的鱼腹式等强度梁。但实际上,梁同时还受剪力作用,并且做成曲线形状也很费工费时。因此,通常采用如下两种改变截面尺寸的方法:一是改变梁高,即改变腹板高度;二是改变翼缘尺寸。但无论哪种方法都应避免截面出现突变而引起应力集中,尽量使截面平缓过渡。

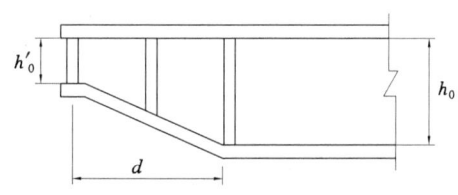

图 11.6 改变变截面梁的高度

1) 改变梁的高度

改变梁的高度是通过改变腹板高度来实现的,常采用梯形梁型式(图 11.6)。设梁的跨度为 l,梁高的变化起点至梁端的距离 d,可按经济效果确定。对均布载荷简支梁:

$$d = \left(\frac{1}{8} \sim \frac{1}{4}\right) l \tag{11.31}$$

对同时承受移动集中载荷 P 和均布载荷 q 的简支梁(如常见的桥式起重机主梁):

$$d = \frac{2(ql+P) \pm \sqrt{4(ql+P)^2 - 3q\left(\frac{ql}{2}+P\right)l}}{6q} \tag{11.32}$$

式(11.32)可解出两个 d 值,其中一个不符合实际情况可舍去,另一个 d 值即腹板高度变更位置。

梁高改变后,其支承处的腹板高度 h_0' 应满足抗剪强度的要求,且不宜小于跨中高度的一半,常取 $h_0' = \frac{1}{2} h_0$。

2) 改变梁的翼缘尺寸

无论改变翼缘宽度还是改变厚度,都能实现梁的变截面,这里只介绍对称地改变宽度。改变翼缘宽度一次可节省钢材 10%～12%,改变两次只能节约 3%～4%。由于变更两次的经济效果不明显,反而会带来制造麻烦,故通常只对称地改变一次翼缘宽度(图 11.7)。

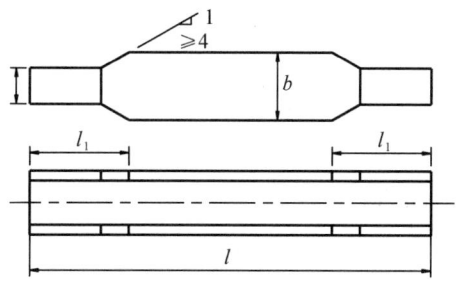

图 11.7　改变宽度的变截面梁

对受均布载荷 q 的简支梁,变截面点的位置:

$$l_1 = \frac{1}{6}l \tag{11.33}$$

对同时承受移动集中载荷 P 和均布载荷 q 的简支梁:

$$l_1 = \frac{2(ql+P) \pm \sqrt{4(ql+P)^2 - 3ql(ql+2P)}}{6q} \tag{11.34}$$

同样,式(11.34)的计算结果需舍去其中一个不符合实际情况的 l_1 值。

确定了翼缘宽度变更位置后,再根据该处梁的弯矩算出所需要的翼缘宽度 b_1。为了减少应力集中,必须将翼缘板上由截面改变位置以小于或等于 1∶4 的斜角向弯矩较小侧过渡,并与宽度 b_1 的窄板相连接。

3) 变截面梁的验算

梁截面改变处需对强度进行验算,其中还应包括对腹板边缘的折算应力的验算。梁的刚性一般因截面改变影响不大,可近似地按等截面梁计算挠度。

对受均布载荷的简支梁,跨中挠度应满足:

$$f = \frac{5ql^4}{384EI}(1+K\alpha) \leqslant [f] \tag{11.35}$$

式中　α —— $\alpha = \dfrac{I-I'}{I'}$,$I$,$I'$ 分别为梁跨中和支承端的惯性矩;

　　　K —— 系数,查表 11.3。

对集中载荷作用于跨中的简支梁,其跨中挠度可按等截面梁计算后,再乘 $(1+K\alpha)$,K 值见表 11.3。

变截面梁整体稳定一般由构造措施保证。如需验算的话,可近似按等截面梁计算。计算截面取跨中的截面,稳定系数 φ_w 应乘以降低系数 K_w。对于跨中无侧向支承的简支梁,当改变梁高时,$K_w=0.9\sim 0.95$;当改变翼缘宽度时 $K_w=0.8\sim 0.85$。

表 11.3　　　　　　　　　　　　　　　　K 系数

截面改变方式	改变腹板高度				改变翼缘宽度		
截面改变处到支承端的距离	$l/6$	$l/5$	$l/4$	$l/2$	$l/6$	$l/5$	$l/4$
K 值	0.005 4	0.009 4	0.017 5	0.120	0.051 9	0.087 0	0.162 5

11.4　组合梁的强度和刚性

1. 组合梁的强度

焊接组合梁的强度验算与型钢梁完全相同,需要考虑正应力、剪应力、局部挤压应力和折算应力,计算公式见式(11.5)—式(11.8)。但在验算局部挤压应力时要注意,需算到腹板边缘处,即式(11.7)中 h_y 为集中力作用表面(即轨顶)至腹板上边缘的垂直距离(图 11.8)。

2. 组合梁的刚性

焊接组合梁必须具有足够的刚性,以保证其不超过正常使用极限状态,因此对梁的最大挠度必须加以限制,即:

$$f \leqslant [f]$$

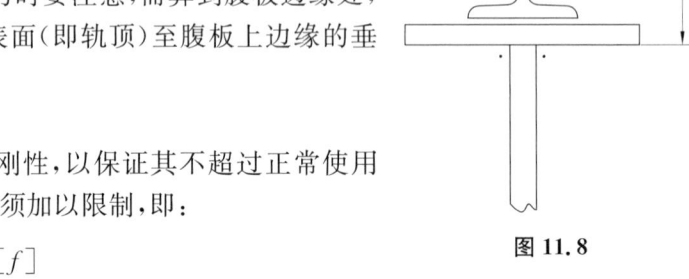

图 11.8

各种载荷作用下的不同支承组合梁的挠度 f,可应用材料力学或结构力学的知识进行计算。如简支梁在承受集中载荷或均布载荷下的挠度 f,可用式(11.10)或式(11.11)计算。
$[f]$ 为梁的许用挠度值,按不同机种查阅有关设计手册或规范。

11.5　组合梁的整体稳定

1. 梁整体稳定的概念

截面对称的工字形梁,在最大刚性平面内受到载荷作用时,会产生弯曲。如果载荷较小,虽然由于外界各种因素会使梁产生朝侧向弯曲的倾向,但一旦外界影响消除,就能恢复原状,故梁处于平面弯曲平衡状态。如果载荷增大到临界值时,梁的平衡状态变为不稳定时,就有可能离开最大刚性平面出现较大的侧向弯曲和扭转(图 11.9),即使外界因素消除后仍不能恢复到原来的平衡状态,从而丧失了继续承受载荷的能力,此时只要载荷稍微增大就会导致破坏。这种现象称为梁丧失整体稳定性。

梁由平面弯曲的稳定平衡转为平面弯曲的不稳定平衡的过渡状态称为临界状态。此状态下的外载荷称为临界载荷 P_0,而梁承受的最大弯矩称为临界弯矩 M_0,梁最大弯矩截面的最大压应力称为临界应力 σ_0。

由于梁在钢材达到屈服点 σ_s 之前就有可能出现整体失稳,而且整体失稳是突然发生的,并无明显的预兆,因而比通常的静强度破坏更为危险,所以必须验算其整体稳定性。

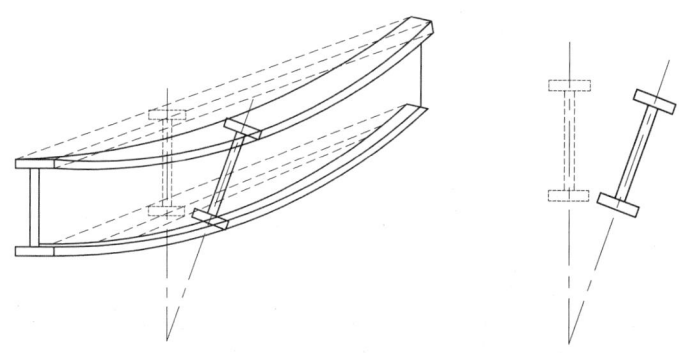

图 11.9 梁失去整体稳定的情况

2. 梁的临界弯矩和临界应力

梁的临界弯矩可用弹性稳定理论求解。对于双轴对称工字形截面简支梁的临界弯矩 M_0 和临界应力 σ_0，采用以下公式计算：

$$M_0 = K \frac{\sqrt{EI_y GI_k}}{l} \tag{11.36}$$

$$\sigma_0 = \frac{M_0}{W_x} = \frac{K\sqrt{EI_y GI_k}}{W_x l} \tag{11.37}$$

式中 l——梁受压翼缘的自由长度；

I_y——梁对 y 轴的毛截面惯性矩；

I_k——梁的毛截面抗扭惯性矩；

W_x——按梁受压最大纤维确定的毛截面抗弯模量；

E,G——钢材的弹性模量和剪切模量；

K——梁的整体屈曲系数，与梁的支承条件、截面形式、跨度、载荷类型和作用位置有关。

由式(11.36)可见，梁的临界弯矩 M_0 与梁的侧向抗弯刚性 EI_y、自由扭转刚性 GI_k 和受压翼缘自由长度 l 等有关。增大惯性矩 I_y，I_k 或减少梁受压翼缘自由长度 l 均可提高临界弯矩，也即提高梁的整体稳定性。

3. 保证梁整体稳定的措施

在了解梁的整体失稳现象和影响整体稳定的因素基础上，实际工程中往往采取一些措施来保证或提高梁的整体稳定性。如在梁的受压翼缘侧向增设支承点，或与其他结构相连，使梁不可能产生侧向弯曲；将梁的翼缘宽度适当加大，以增大截面的惯性矩 I_y 和 I_k，从而提高梁的侧向抗弯和抗扭能力等。

4. 梁整体稳定的验算

设计梁时，如果不能从构造上保证其整体稳定性，就必须进行整体稳定的验算。

梁的整体稳定性验算公式，建立在受压翼缘的临界应力 σ_0 应大于钢材的屈服强度 σ_s 的基础上。即只要梁的整体稳定条件优于梁的强度条件，梁就能保证不会整体失稳。设安全系数为 K，梁的受压翼缘的实际应力 σ 应满足式(11.38)的要求：

$$\sigma = \frac{M}{W} \leqslant \frac{\sigma_0}{K} = \frac{\sigma_0}{\sigma_s} \cdot \frac{\sigma_s}{K} = \varphi_w [\sigma]$$

或
$$\sigma = \frac{M}{\varphi_w W} \leqslant [\sigma] \tag{11.38}$$

式中　M——绕梁截面强轴作用的最大弯矩；

　　　W——按梁受压最大纤维确定的毛截面抗弯模量；

　　　φ_w——梁的整体稳定系数。

梁的整体稳定系数 φ_w，对轧制普通工字钢和槽钢简支梁，如前所述可查阅表 11.1 及表 11.4 和用式(11.12)确定。对承受端弯矩和横向载荷时的等截面焊接工字形组合截面和轧制 H 型钢构件简支梁的 φ_w 按下式计算：

$$\varphi_w = \beta_b \frac{4\,320 Ah}{\lambda_y^2 W_x} \left[k(2m-1) + \sqrt{1 + \left(\frac{\lambda_y t}{4.4h}\right)^2} \right] \frac{235}{\sigma_s} \tag{11.39}$$

式中　β_b——简支梁受横向载荷时考虑的等效临界弯矩系数，见表 11.4；

　　　λ_y——受弯构件（梁）对弱轴（y 轴）的长细比，$\lambda_y = \frac{l_{cy}}{r_y}$ [其中：l_{cy}——构件对通过截面形心的弱轴（y 轴）的计算长度，对简支构件而言就是其自由长度；r_y——构件毛截面对弱轴（轴）的回转半径，$r_y = \sqrt{\frac{I_y}{A}}$；$I_y$——构件对弱轴（$y$ 轴）的毛截面惯性矩]；

　　　A——构件截面的毛面积；

　　　h——构件截面的全高；

　　　W_x——截面按受压纤维确定的对强轴的抗弯模量；

　　　k——截面对称系数，对双轴对称截面取为 1，对单轴对称截面取为 0.8；

　　　m——受压翼缘对弱轴（y 轴）的惯性矩与全截面对弱轴（y 轴）的惯性矩之比，双轴对称为 0.5；

　　　t——构件截面的受压翼缘厚度；

　　　σ_s——钢材的屈服点。

在变截面构件中，计算 λ_y，A，h，t，W_x 时截面应取与确定计算长度相对应的截面。

表 11.4　H 型钢和等截面工字形简支梁的整体稳定等效临界弯矩系数 β_b

项次	侧向支承	载荷		$\xi \leqslant 2.0$	$\xi > 2.0$	适用范围
1	跨中无侧向支承	均布载荷作用在	上翼缘	$0.69+0.13\xi$	0.95	双轴对称焊接工字形截面、加强受压翼缘的单轴对称焊接工字形截面、轧制 H 型钢截面
2			下翼缘	$1.73-0.20\xi$	1.33	
3		集中载荷作用在	上翼缘	$0.73+0.18\xi$	1.09	
4			下翼缘	$2.23-0.28\xi$	1.67	
5	跨度中点有一个侧向支承点	均布载荷作用在	上翼缘	1.15		双轴对称焊接工字形截面、加强受压翼缘的单轴对称焊接工字形截面、加强受拉翼缘的单轴对称焊接工字形截面、轧制 H 型钢截面
6			下翼缘	1.40		
7		集中载荷作用在截面高度上任意位置		1.75		

续表

项次	侧向支承	载荷		$\xi\leqslant 2.0$	$\xi>2.0$	适用范围
8	跨中有不少于两个等距离侧向支承点	任意载荷作用在	上翼缘	1.20		
9			下翼缘	1.40		
10	梁端有弯矩,但跨中无载荷作用			$1.75-1.05\left(\dfrac{M_2}{M_1}\right)+0.3\left(\dfrac{M_2}{M_1}\right)^2,$ 但$\leqslant 2.3$		

注：(1) $\xi=\dfrac{tl_1}{b_1h}$，其中 l_1 为跨度或受压翼缘的计算（自由）长度，b_1 和 t 为受压翼缘的宽度和厚度。

(2) M_1，M_2 为梁的端弯矩，使梁产生同向曲率时 M_1 和 M_2 取同号，产生反向曲率时取异号，$|M_1|\geqslant |M_2|$。

(3) 表中项次 3、4 和 7 的集中载荷是指一个或少数几个集中载荷位于跨中附近的情况，对其他情况的集中载荷，应按表中项次 1、2、5、6 内的数值采用。

(4) 表中项次 8、9 的 β_b，当集中载荷作用在侧向支承点处时，取 $\beta_b=1.20$。

(5) 载荷作用在上翼缘系指作用点在上翼缘表面，方向指向截面形心；载荷作用在下翼缘，系指作用在下翼缘表面，方向背向截面形心。

(6) I_1 和 I_2 分别为工字形截面受压翼缘和受拉翼缘对 y 轴的惯性矩，对 $m=\dfrac{I_1}{I_1+I_2}>0.8$ 的加强受压翼缘工字形截面，下列项次算出的 β_b 值应乘以相应的系数：项次 1，当 $\xi\leqslant 1.0$ 时，乘以 0.95；项次 3，当 $\xi\leqslant 0.5$ 时，乘以 0.90；当 $0.5<\xi\leqslant 1.0$ 时，乘以 0.95。

梁的临界应力求解公式是建立在弹性基础上，弹性模量 E 为常数。可见只有当临界应力 σ_0 小于比例极限 σ_p 时，式(11.38)才是适用的。但实际上临界应力 σ_0 可能较大，当超过比例极限 σ_p 时，钢材处在弹塑性状态，这时考虑稳定问题，临界应力 σ_0 在逐渐接近屈服点 σ_s 过程中，E 是不断下降的，从而将引起临界压力的降低。因此规范中规定，当 $\varphi_w=\dfrac{\sigma_0}{\sigma_s}>0.8$ 时，应以 φ_w' 来代替式(11.38)中的 φ_w。φ_w 与 φ_w' 的换算关系见表 11.2。从表中数据可知，当 $\varphi_w\geqslant 2.5$（或 $\varphi_w'\geqslant 1$），说明梁在丧失强度承载能力之前，是不会丧失整体稳定的，所以也就不必验算梁的整体稳定。

例 11.1 如图 11.10 所示简支梁，在受压翼缘的中点和两端均有侧向支承，材料为 Q235 钢，截面惯性矩 $I_x=93\,435\ \text{cm}^4$，$I_y=2\,333\ \text{cm}^4$。设梁自重为 1.1 kN/m，在集中载荷 $P=13$ kN 作用下，梁能否保证其整体稳定性？

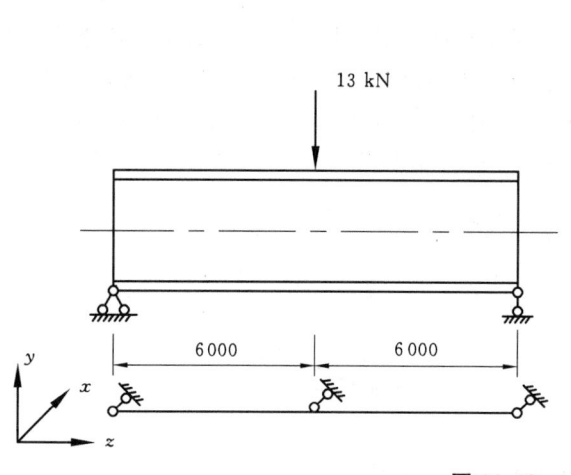
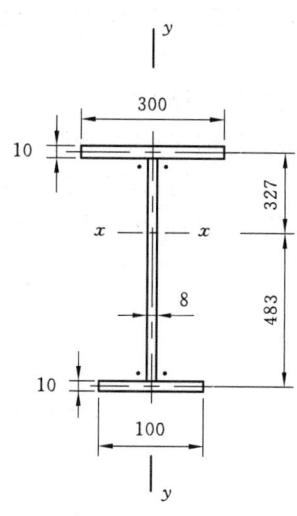

图 11.10

解:梁的跨内虽有支承,但因 $l/b = \dfrac{6\,000}{300} = 20 > 16$,则需验算整体稳定性。

$$\varphi_w = \beta_b \dfrac{4\,320}{\lambda_y^2} \dfrac{Ah}{W_x} \left[k(2m-1) + \sqrt{1+\left(\dfrac{\lambda_y t}{4.4h}\right)^2} \right] \dfrac{235}{\sigma_s}$$

查表 11.4 得 $\beta_b = 1.75$, $A = 104 \text{ cm}^2$, $h = 82 \text{ cm}$, $k = 0.8$, $r_y = \sqrt{\dfrac{I_y}{A}} = \sqrt{\dfrac{2\,333}{104}} = 4.74$, $\lambda_y = \dfrac{l_{cy}}{r_y} = \dfrac{600}{4.74} = 126.6$, $t = 1 \text{ cm}$, $\sigma_s = 235 \text{ MPa}$,受压翼缘的惯性矩 $I_{1y} = \dfrac{1}{12} \times 1 \times 30^3 = 2\,250 \text{ cm}^4$,受拉翼缘的惯性矩 $I_{2y} = \dfrac{1}{12} \times 1 \times 10^3 = 83 \text{ cm}^4$。则

$$m = \dfrac{I_{1y}}{I_{1y} + I_{2y}} = \dfrac{2\,250}{2\,250 + 83} = 0.964$$

代入得整体稳定系数 φ_w:

$$\varphi_w = 1.75 \dfrac{4\,320}{126.6^2} \times \dfrac{104 \times 82}{93\,435/33.2} \left[0.8(2 \times 0.964 - 1) + \sqrt{1 + \left(\dfrac{126.6 \times 1}{4.4 \times 82}\right)^2} \right] \times \dfrac{235}{235}$$
$$= 2.57 \geqslant 2.5$$

说明梁在丧失强度承载能力之前,是不会丧失整体稳定的,则该梁的整体稳定性满足。

11.6 组合梁的局部稳定

1. 组合梁局部稳定的概念

常用的工字形截面焊接组合梁,在截面面积一定的条件下,腹板设计得高而薄,对梁的强度、刚性都有利;翼缘设计得宽而薄,也能增加梁的整体稳定性。但是过分薄的腹板和翼缘有可能在梁达到强度破坏和整体失稳之前,薄板的某些局部区域出现偏离原来平面位置的侧向波状翘曲(图 11.11),这种薄板的局部区域由原来的平面状态变成翘曲状态的现象称为梁的局部失稳。

翼缘和腹板出现了局部失稳,虽然不会像梁整体失稳那样使梁马上丧失承载能力,但是当局部失稳的这部分截面退出工作后,截面的有效承载部分就减小了,梁截面就有可能形成受力不对称而产生扭转,同时还将引起强度减少、刚性降低,从而促使梁提前丧失整体稳定性。因此,梁的局部稳定必须得到保证,它也属于构件承载能力之一。

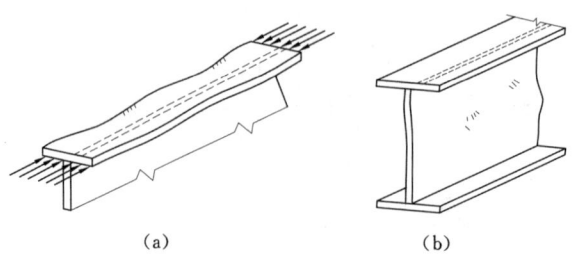

图 11.11 梁翼缘和腹板失稳变形情况

板由平面转变为翘曲的过渡状态称为临界状态。此状态下板承受的最大弯曲应力、剪切应力和局部挤压应力称为临界应力,分别以 σ_0,τ_0 和 σ_{j0} 表示。

2. 板局部稳定的临界应力

弹性薄板局部失稳时的临界应力与所受应力状态有关。图 11.12 显示了板在受到各种应力时产生的几种典型屈曲变形情况。

在单独受均匀压应力 σ_N 作用下,三边简支、一边自由的板失稳时屈曲成一系列的曲面波,波峰位于对称线上,见图 11.12(a),半波长度取决于板的边长比 $\alpha=\dfrac{a}{b}$,约为 $1.0b$ 长;在单独受弯曲应力 σ 作用下,板失稳时屈曲成一系列半波,波峰偏于压应力区域,见图 8.12(b),曲面波长度也取决于边长比 α,约为 $0.7b\sim1.0b$;在单独受均匀剪应力 τ 作用下,长板($a\gg b$)屈服后形成一系列斜菱形曲面波,斜波倾角约为 $55°$,半波长约为 $1.2b$,见图 11.12(c);在单独受局部挤压应力 σ_j 作用下,板的受压区域在失稳时屈曲成一个扁平的半波曲面,波峰偏于上方,见图 11.12(d)。

板在各种应力单独作用下的弹性临界应力,常用能量法求解,由通式表示:

$$\sigma_0 = \chi K_\sigma \sigma_E \tag{11.40}$$

$$\tau_0 = \chi K_\tau \sigma_E \tag{11.41}$$

$$\sigma_{j0} = \chi K_j \sigma_E \tag{11.42}$$

式中 σ_0——临界压缩应力;

τ_0——临界剪切应力;

σ_{j0}——临界局部挤压应力;

χ——反映板边约束情况的弹性嵌固系数;弯曲应力作用时,对受压翼缘扭转无约束的单腹板工字梁的腹板,可取 $\chi=1.38$;对受压翼缘扭转有约束的工字梁和箱型截面梁的腹板,可取 $\chi=1.64$;剪切应力作用时,对上述梁的腹板均可取 $\chi=1.23$;对其他板和板区格,应参考专门文献加以确定,一般取 $\chi=1$;

K_σ,K_τ,K_j——四边简支板的屈曲系数,取决于板的边长比 $\alpha=\dfrac{a}{b}$ 和板边应力情况;

σ_E——欧拉应力。

欧拉应力 σ_E 按式(11.43)计算:

$$\sigma_E = \dfrac{\pi^2 E}{12(1-\mu^2)}\left(\dfrac{\delta}{b}\right) \approx 18.62\left(\dfrac{100\delta}{b}\right)^2 \tag{11.43}$$

式中 δ——板厚;

b——板宽(当板上有加劲肋时为区格宽);

E——钢材弹性模量,$E=2.06\times10^5$ MPa;

μ——钢材泊松比,$\mu=0.3$。

板在弯曲应力 σ、剪切应力 τ 和局部挤压应力 σ_j 的共同作用下。受力情况较为复杂。无法用单一的临界应力表达。通常以相关方程的形式来表示其临界条件:

$$\left(\frac{\sigma}{\sigma_0}+\frac{\sigma_j}{\sigma_{j0}}\right)^2+\left(\frac{\tau}{\tau_0}\right)^2=1 \tag{11.44}$$

式中，σ_0，σ_{j0}，τ_0 分别为四边简支板在 σ，σ_j，τ 单独作用时的临界应力。

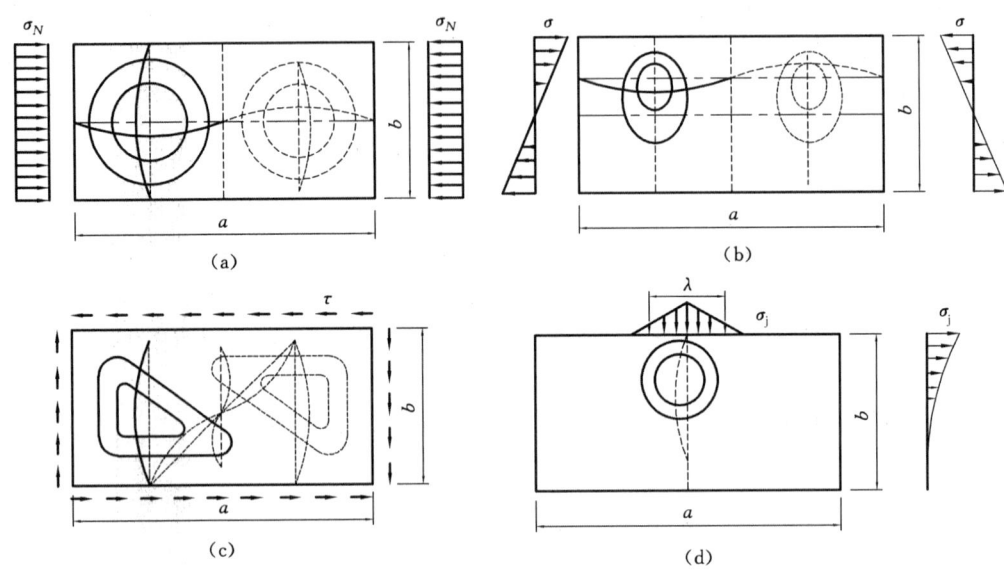

图 11.12 受各种应力作用的板

3. 翼缘宽厚比和腹板的高厚比

下面讨论翼缘和腹板在不同应力作用下临界应力的求解，然后根据各临界应力确定梁的翼缘极限宽厚比和腹板极限高厚比。

1) 翼缘的宽厚比

翼缘远离梁截面的形心，强度一般能够得到比较充分的利用。但是如出现局部翘曲，将很快导致梁丧失承载能力。因此，常通过限制翼缘宽厚比的方法来防止其局部失稳。

(1) 工字形截面梁的翼缘宽厚比。

工字形梁的翼缘可视为三边简支、一边自由、受均匀压缩应力作用的薄板，见图 11.12(a)，其临界应力按式(11.40)和式(11.43)计算，式中 $\delta=t$（翼缘厚度），$b=b_e$，屈曲系数为：

$$K_\sigma=0.425+\left(\frac{b_e}{a}\right)^2 \tag{11.45}$$

式中　b_e——受压翼缘的外伸宽度；
　　　a——当无构造设施时，为翼缘长度。

由于翼缘外伸部分长度 $a \gg b_e$，故屈曲系数 $K_\sigma \approx 0.425$。又由于翼缘板边无嵌固，嵌固系数无须考虑，$\chi=1$，代入公式得：

$$\sigma_0=\chi K_\sigma \sigma_E=1\times 0.425\times 19\left(\frac{100t}{b_e}\right)^2 \tag{11.46}$$

此式仅适用于弹性阶段。当临界应力超过材料的比例极限 σ_p 时，应采用恩格塞切线模量理论来确定弹塑性阶段的临界应力。据研究,可用乘上比例$\sqrt{\dfrac{E_t}{E}}=0.69$的方法来修正,其中 E_t 为切线模量。为了使翼缘板的局部稳定承载能力不低于强度承载能力,必须使$\sqrt{\dfrac{E_t}{E}}\sigma_0 \geqslant \sigma_s$。但根据恩格塞切线模量理论,弹塑性阶段的临界应力要达到屈服点是不可能的,因此只能适当降低局部稳定性的安全度,即取 $0.9\sigma_s$,这样就得到满足局部稳定条件的翼缘板高厚比为:

$$\sqrt{\dfrac{E_t}{E}}\sigma_0 = 0.69 \times 1 \times 0.425 \times 19 \left(\dfrac{100t}{b_e}\right)^2 \geqslant 0.9\sigma_s \tag{11.47}$$

或

$$\dfrac{b_e}{t} \leqslant 16\sqrt{\dfrac{235}{\sigma_s}} \tag{11.48}$$

(2) 箱形截面梁的翼缘宽厚比。

箱形截面组合梁在两腹板之间的受压翼缘板,可视为四边简支的均匀受压板。对于一块长度为 a、宽度为 b 的板,其宽度 b 方向屈曲时有一个半波出现,在长度 a 方向可能有 m 个半波,其屈曲系数为:

$$K_b = \left(\dfrac{mb}{a} + \dfrac{a}{mb}\right)^2 \tag{11.49}$$

按照半波数 $m=1,2,3$ 和 4 等可画成一组,如图 11.13 所示的 K 与 $\dfrac{a}{b}$ 的关系曲线。从图可见,各条曲线都在 $a/b=m$ 为整数值处出现最低点;几条曲线的较低部分组成图中的实线,表示在 $a/b \gg 1$ 后,屈曲系数变化很小,趋于常数,最小值 $K_{\min}=4$。由于箱形截面在两腹板之间的受压翼缘的长度远大于宽度,故屈曲系数 $K=4$。再令 $\delta=t$,$b=b_0$,嵌固系数 $\chi=1$,代入式(11.30)和式(11.33)后,则由条件:

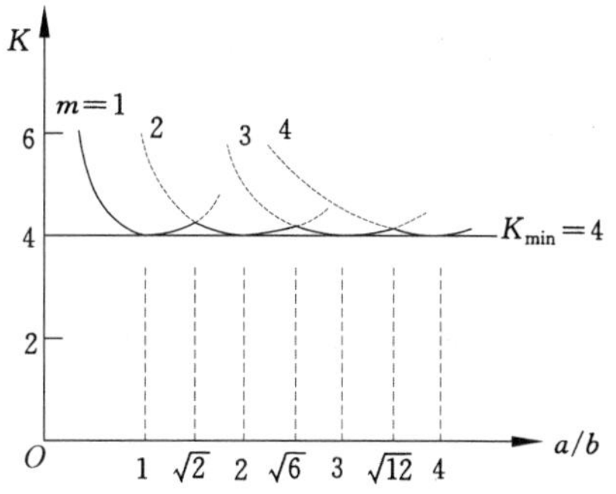

$$\sqrt{\dfrac{E_t}{E}}\sigma_0 = 0.69 \times 1 \times 4 \times 19 \times \left(\dfrac{100t}{b_0}\right)^2 \geqslant 0.9\sigma$$

图 11.13 四边简支均匀受压板的屈曲系数

得:

$$\dfrac{b_0}{t} \leqslant 49\sqrt{\dfrac{235}{\sigma_s}} \tag{11.50}$$

式中,b_0 为箱形截面两腹板之间的受压翼缘板的宽度。

2) 腹板的高厚比

无论是工字形截面梁,还是箱形截面梁,其腹板可视为两边受翼缘板嵌固的四边简支薄板,在纯弯曲应力 σ、剪应力 τ 和局部挤压应力 σ_j 作用下,都可能发生局部失稳。为此必须求出腹板在各种应力状态下的临界应力,从而确定出腹板的极限高厚比。

(1) 在弯曲应力 σ 作用下。

腹板在弯曲应力 σ 单独作用下,其临界应力仍可用式(11.30)和式(11.33)表示,式中板宽 b

以腹板高度 h_0 代替,屈曲系数 K_σ 的曲线如图 11.14 所示。可见 $K_{\min}=23.9$。考虑到翼缘对腹板有弹性嵌固作用,其临界应力比四边简支板提高,故引入弹性嵌固系数 $\chi=1.26$,则由条件:

$$\sqrt{\frac{E_t}{E}}\sigma_0 = 0.69 \times 1.26 \times 23.9 \times 19 \times \left(\frac{100\delta}{h_0}\right)^2 \geqslant 0.9\sigma_s \tag{11.51}$$

得:

$$\frac{h_0}{\delta} \leqslant 135\sqrt{\frac{235}{\sigma_s}} \tag{11.52}$$

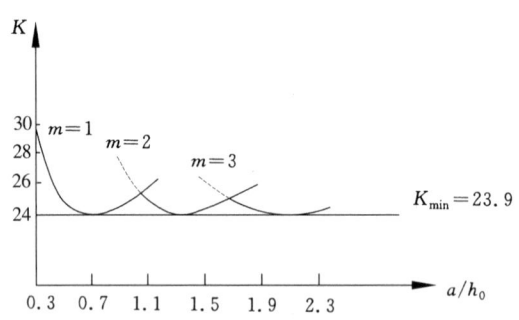

图 11.14 四边简支受纯弯曲板的屈曲系数

(2) 在剪切应力 τ 作用下。

腹板在剪切应力 τ 单独作用下,其临界应力可用式(11.40)和式(11.42)表示,屈曲系数为:

$$K_\tau = 5.34 + 4\left(\frac{b}{a}\right)^2 \tag{11.53}$$

由于腹板的长度 $a \gg b(h_0)$,则 $K_\tau \approx 5.34$。嵌固系数 $\chi=1.23$,则由条件:

$$\sqrt{\frac{E_t}{E}}\tau_0 = 0.69 \times 1.23 \times 5.34 \times 19 \times \left(\frac{100\sigma}{h_0}\right)^2$$

$$\geqslant 0.9\frac{\sigma_s}{\sqrt{3}} \tag{11.54}$$

得:

$$\frac{h_0}{\delta} \leqslant 84.1\sqrt{\frac{235}{\sigma_s}} \tag{11.55}$$

(3) 在局部挤压应力作用下。

腹板在局部挤压应力 σ_j 单独作用下,其临界应力可用式(11.40)和式(11.41)表示,屈曲系数为:

$$K_j = \left(2 + \frac{0.7}{\alpha^2}\right)\left(\frac{1+\beta}{\alpha\beta}\right) \tag{11.56}$$

式中,$\alpha=\dfrac{a}{b}$,$\beta=\dfrac{c}{a}$(c 为局部挤压应力 σ_j 的作用宽度)。通常取 $\alpha=3$,$\beta=0.1$,则 $K_j \approx 7.62$。

同样，考虑嵌固系数 $\chi=1.26$ 后，则由条件：

$$\sqrt{\frac{E_t}{E}\sigma_{j0}}=0.69\times1.26\times7.62\times19\times\left(\frac{100\delta}{h_0}\right)^2\geqslant0.9\sigma_s$$

得：

$$\frac{h_0}{\delta}\leqslant76.3\sqrt{\frac{235}{\sigma_s}} \tag{11.57}$$

4. 保证梁局部稳定的措施和验算

1) 保证梁局部稳定的措施

从梁局部稳定临界条件公式可知，为加强梁的局部稳定性，提高翼缘板和腹板的临界应力，可采取以下一些措施：

(1) 增加板的厚度 t 或 δ，控制板的宽厚比或高厚比。这是因为临界应力与板的宽厚比或高厚比的平方成反比的关系，控制其比值显然能有效地提高临界应力。但对于梁的腹板来说，过分提高腹板厚度是不经济的，因此这种措施主要用于梁的翼缘板。

(2) 配置加劲肋，减少板的边长或宽度。加劲肋分横向加劲肋和纵向加劲肋(图 11.15)。

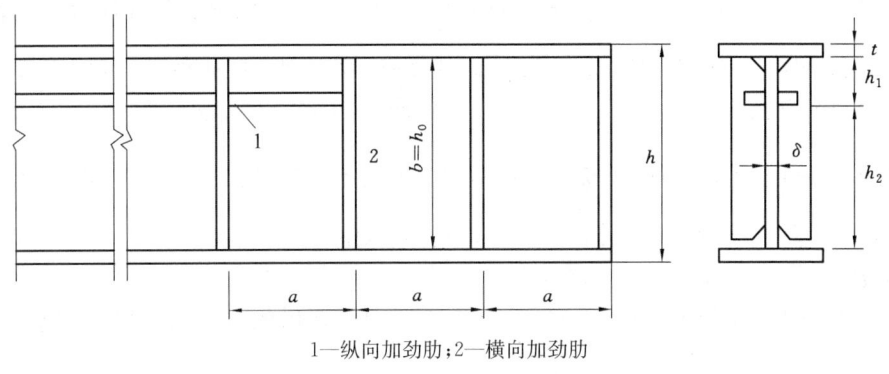

1—纵向加劲肋；2—横向加劲肋
图 11.15　梁腹板的加劲肋

采用横向加劲肋，控制板边长比 $\frac{a}{b}$。这项措施对于屈曲系数 K 是边长比的单调降函数或是在相当大的 α 范围内呈单调下降特性的板，能显著提高其临界应力，所以横向加劲肋主要用于防止梁腹板的剪切失稳和局部压缩失稳。

采取纵向加劲肋，控制板的高厚比 $\frac{b}{\delta}$。由于横向加劲肋不能有效解决梁腹板在弯曲正应力作用下的失稳，所以补充纵向加劲肋来防止梁腹板的平面弯曲失稳。

(3) 将截面中有可能失去局部稳定的部分视为无效部分，按剩余的有效截面，来验证梁的强度和整体稳定性，以保证所设计的梁安全可靠。

由此可见，翼缘板的局部稳定常采用限制宽厚比的方法来保证，即工字形截面受压翼缘板的外伸部分应满足式(11.48)条件，箱形截面在两腹板之间的受压翼缘应满足式(11.50)条件；而腹板的局部稳定条件常采用配置加劲肋的方法来解决。

2) 腹板的局部稳定验算和加劲肋布置

腹板的局部稳定验算可先根据腹板的受力状态预先布置加劲肋,把腹板分成区格,然后按该区格所受应力验算其稳定性。我国《起重机设计规范》(GB/T 3811—2008)中的验算公式为:

$$\sigma_r = \sqrt{\sigma^2 + \sigma_j^2 - \sigma\sigma_j + 3\tau^2} \leqslant [\sigma_0] \tag{11.58}$$

式中 σ_r——复合应力;

σ——所验算板区格上的最大计算压应力;

τ——所验算板区格上的平均计算剪切应力, $\tau = \dfrac{Q}{h_0 \delta}$;

σ_j——所验算板区格上的计算局部挤压应力;

$[\sigma_0]$——板的局部稳定许用应力。$[\sigma_0] = \dfrac{\sigma_0}{n}$,其中 σ_0 为复合临界应力,n 为安全系数,取与强度安全系数一致。

按式(11.58)验算后,如果不满足,则必须调整加劲肋的间距重新计算。因此,这就需要配置加劲肋有一定经验,否则会造成较多的返工,可见这种验算方法比较麻烦。

我国《钢结构设计标准》(GB 50017—2017)则采用根据实际应力计算确定加劲肋位置的方法,即根据腹板不同的高厚比 $\left(\dfrac{h_0}{\delta}\right)$ 来布置腹板加劲肋。在规范中还对有移动集中载荷作用的梁和没有移动集中载荷作用的梁分别给出不同的计算加劲肋间距的公式,使用较方便。必须指出的是,该规范在求解临界应力时,所采用的弹性嵌固系数 χ 是不同的($\chi = 1.39$,而不是 $\chi = 1.23$ 或 1.26)。此外,局限于腹板在弹性范围内工作,即不考虑 $\sqrt{\dfrac{E_t}{E}}$,并取强度为比例极限 σ_p,而不是 $0.9\sigma_s$。因此,推导出的腹板高厚比条件稍有不同。式中系数 $135 \to 160$,$84.1 \to 95$,$76.3 \to 80$。

这里推荐采用《钢结构设计标准》(GB 50017—2017)提供的腹板局部稳定的验算方法,具体如下:

(1) 腹板高厚比符合式(11.59):

$$\frac{h_0}{\delta} \leqslant 80\sqrt{\frac{235}{\sigma_s}} \tag{11.59}$$

由以上分析可知,腹板无论承受何种应力,也无论有否移动集中载荷作用,局部稳定都是有保证的。此时,腹板可不设加劲肋。但在梁的支承处和上翼缘受有较大固定集中载荷处,应设置横向加劲肋,以传递和支承固定集中载荷,称为支承加劲肋。若构造上需要,或为了提高梁的抗扭刚性和整体稳定性,也可布置横向加劲肋,此时,取加劲肋间距 $a = 2h_0$。

(2) 当腹板高厚比符合式(11.60):

$$80\sqrt{\frac{235}{\sigma_s}} < \frac{h_0}{\delta} \leqslant 160\sqrt{\frac{235}{\sigma_s}} \tag{11.60}$$

梁腹板在纯弯曲应力 σ 单独作用下不会丧失局部稳定,但在剪应力 τ 和局部挤压应力 σ_j 的单独作用下,都可能失稳。故必须布置横向加劲肋,以提高临界剪应力 τ_0 和局部挤压应力 σ_{j0}。横向加强肋的间距是根据梁上有否移动载荷作用,分为两种情况予以确定:

① 当腹板的受压边缘上有移动集中载荷直接作用时,横向加劲肋间距 a 应同时满足下列两式:

$$a \leqslant \frac{\beta_1 h_0}{\frac{h_0}{\delta}\sqrt{10\tau}-\beta_2} \tag{11.61}$$

$$a \leqslant \frac{\beta_3 h_0}{\frac{h_0}{\delta}\sqrt{10\sigma_j}-\beta_4} \tag{11.62}$$

式中 τ——最大平均剪应力(MPa),$\tau=\dfrac{Q_{max}}{h_0\delta}$,其中 Q_{max} 是加劲肋范围内的最大剪力;

σ_j——局部挤压应力(MPa),按式(11.7)计算;

β_1,β_2——系数,按 σ_j/τ 的值由表 11.5 查出;

β_3,β_4——系数,按 σ_j/σ 的值由表 11.6 查出,其中 σ 为梁最大弯矩处腹板计算高度边缘的弯曲压应力,按 $\sigma=\dfrac{M_{max}}{W}\cdot\dfrac{h_0}{h}$ 计算。

② 当腹板的受压边缘无移动集中载荷直接作用,横向加劲间距 a 应满足式(11.63):

$$a \leqslant \frac{2\,000 h_0}{\frac{h_0}{\delta}\sqrt{10\eta\tau}-2\,500} \tag{11.63}$$

式中 τ——最大平均剪应力(MPa),按 $\tau=\dfrac{Q_{max}}{h_0\delta}$ 计算,其中 Q_{max} 是加强肋范围内的最大剪力;

η——考虑纯弯曲应力 σ 影响的增大系数,按 $10\sigma\left(\dfrac{h_0}{100\delta}\right)^2$ 由表 11.7 查出。

表 11.5 β_1 和 β_2 值

σ_j/τ	β_1	β_2	σ_j/τ	β_1	β_2	σ_j/τ	β_1	β_2	σ_j/τ	β_1	β_2
≤0.2	2 000	2 000	1.4	1 750	1 590	2.6	1 530	1 220	3.8	1 390	990
0.4	1 980	1 970	1.6	1 710	1 520	2.8	1 500	1 170	4.0	1 370	960
0.6	1 940	1 900	1.8	1 670	1 450	3.0	1 470	1 120	4.5	1 330	890
0.8	1 890	1 820	2.0	1 630	1 390	3.2	1 450	1 080	5.0	1 290	820
1.0	1 840	1 730	2.2	1 590	1 330	3.4	1 430	1 050			
1.2	1 790	1 660	2.4	1 560	1 270	3.6	1 410	1 020			

(3) 腹板高厚比符合式(11.64)。

$$\frac{h_0}{\delta} > 160\sqrt{\frac{235}{\sigma_s}} \tag{11.64}$$

腹板不仅在剪应力 τ 或局部挤压应力 σ_j 的单独作用下有可能失去局部稳定,而且在纯弯曲应力 σ 单独作用下也会造成局部失稳。此时,若只设横向加劲肋还不能有效地保证局部稳

定,还需增设纵向加劲肋。加劲肋的配置也分两种情况:

① 当腹板的受压边缘有移动集中载荷直接作用时,为了保证设置了纵向加劲肋后上板段在弯曲应力 σ 和局部挤压应力 σ_j 共同作用下的局部稳定,纵向加筋肋至腹板受压边缘的距离 h_1(图 11.14)必须同时满足:

$$h_1 \leqslant \frac{3\,800 h_0}{\frac{h_0}{\delta}\sqrt{10(\sigma+3\sigma_j)}} \quad (11.65)$$

$$h_1 \leqslant 0.25 h_0 \quad (11.66)$$

式中, σ, σ_j 的确定方法与式(11.62)相同。

确定了 h_1 后,横向加劲肋间距 a 应保证下区格的局部稳定,须满足:

$$a \leqslant \frac{\beta_1 h_2}{\frac{h_2}{\delta}\sqrt{10\tau} - \beta_2} \quad (11.67)$$

式中, $h_2 = h_0 - h_1$; τ 的确定方法与式(11.61)相同。考虑到局部挤压应力 σ_j 传递到加劲肋轴线时逐渐减小了,因此在查系数 β_1 和 β_2 时, σ_j 应以 $0.3\sigma_j$ 代替。

对改变腹板高度的变截面梁,在验算其局部稳定时,应取横向加劲肋之间腹板的平均高度代替 h_0, τ 仍取横向加劲肋范围内的最大平均剪应力。对翼缘截面变化的变截面梁,确定 a 值时, τ 取梁端腹板的平均剪应力。

表 11.6 β_3 和 β_4 值

$\dfrac{\sigma_j}{\sigma}$	β_3	β_4	$\dfrac{\sigma_j}{\sigma}$	β_3	β_4	$\dfrac{\sigma_j}{\sigma}$	β_3	β_4
0.15		1 250	0.50		740	1.20		1 300
0.10	200	1 800	0.60		870	1.40		1 370
0.15		2 100	0.70		1 000	1.60		1 430
0.20		2 400	0.80		1 080	1.80	2 700	1 490
0.30	300	2 700	0.90	2 700	1 150	2.00		1 550
0.40	540		1.00		1 200			

注:(1) 若式(11.61)或式(11.62)右端算得的值大于 $2h_0$,或分母为负值时,取 $a=2h_0$。
(2) 腹板高度变化的吊车梁,端部变截面区段内的 a 值应按式(11.61)确定,式中的 h_0 取该区段的平均腹板计算高度, τ 取梁端腹板最大平均剪应力;不变截面区段内的 a 值应同时满足式(11.61)、式(11.62)的要求,但 τ 取两区段交界处的腹板平均剪应力。
(3) 翼缘截面变化的吊车梁,端部至变截面处的 a 值应同时满足式(11.61)、式(11.62)的要求,但 σ 为变截面处腹板计算高度边缘的弯曲压应力,同时 β_1, β_2, β_3, β_4 的值均应乘以系数 0.95;变截面处至跨中的 a 值应同时满足式(11.61)、式(11.62)的要求。 τ 取变截面处的腹板平均剪应力。

表 11.7 η 值

$10\sigma\left(\dfrac{h_0}{100\sigma}\right)^2$	≤1 000	1 200	1 400	1 600	1 300	2 000	2 200	2 400	2 600
η	1.00	1.01	1.03	1.05	1.07	1.09	1.11	1.14	1.17

续表

$10\sigma\left(\dfrac{h_0}{100\sigma}\right)^2$	2 800	3 000	3 200	3 400	3 600	3 800	4 000	4 200	4 400
η	1.21	1.25	1.30	1.36	1.44	1.54	1.67	1.82	2.09

注：(1) σ 是与腹板平均剪应力 τ 同一截面的腹板计算高度边缘的弯曲压应力(MPa)。

(2) 若式(11.63)右端算得的值大于 $2h_0$ 或分母为负值时，取 $a=2h_0$。

(3) 当梁上翼缘受有固定集中荷载时，宜在该处设置支承加劲肋。

(4) 对腹板的受压边缘无移动集中载荷直接作用的梁，h_1 应取：

$$0.2h_0 \leqslant h_1 \leqslant 0.25h \tag{11.68}$$

在 h_1 确定后，横向加劲肋的间距 a 应满足：

$$a \leqslant \dfrac{2\,000h_2}{\dfrac{h_2}{\delta}\sqrt{10\tau}-2\,500}(\text{cm}) \tag{11.69}$$

式中，τ 的确定方法与式(11.63)相同。

当按式(11.67)和式(11.69)算出的 a 值大于 $2h_2$，或为负值时，仍取 $a=2h_2$。

例 11.2 图 11.16 所示跨度为 12 m 的简支梁，在受压翼缘的中点和两端均有侧向支承，材料为 Q235 钢。梁自重为 2.76 kN/m，在移动载荷 $P=180$ kN 作用下，试求梁的局部稳定能否满足？如不满足，腹板的加劲肋如何布置？并画出加劲肋布置简图。

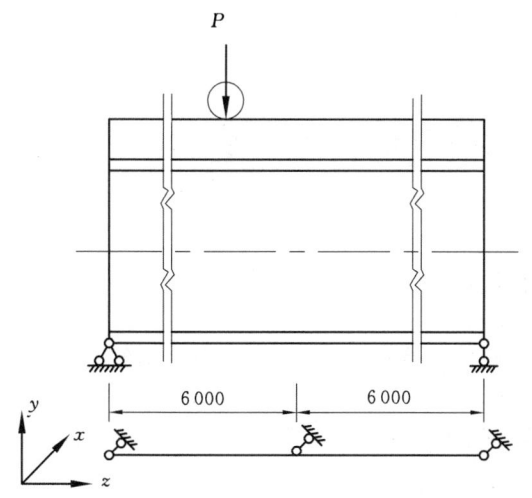 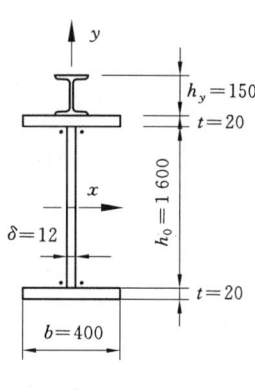

图 11.16　例 11.2 图

解：

受压翼缘：$\dfrac{b_e}{t}=\dfrac{200}{20}=10<16\sqrt{\dfrac{235}{\sigma_s}}=16$

腹板：$\dfrac{h_0}{\delta}=\dfrac{1\,600}{12}=133>80\sqrt{\dfrac{235}{\sigma_s}}$，且 $<160\sqrt{\dfrac{235}{\sigma_s}}$，

故要布置横向加劲肋。

惯性矩：$I_x = \dfrac{\delta h_0^3}{12} + 2tb\left(\dfrac{t}{2} + \dfrac{h_0}{2}\right)^2$

$\qquad\qquad = \dfrac{1.2 \times 160^3}{12} + 2 \times 2 \times 40 \times (1 \times 80)^2 = 1\ 459\ 360\ \text{cm}^4$

抗弯模量：$W_x = \dfrac{I_x}{t + h_0/2} = \dfrac{1\ 459\ 360}{2 + 80} = 17\ 797.07\ \text{cm}^3$

剪应力：$\tau = \dfrac{Q_{\max}}{h_0 \delta} = \dfrac{P + \dfrac{ql}{2}}{h_0 \delta} = \dfrac{180\ 000 + \dfrac{27.6 \times 1\ 200}{2}}{160 \times 1.2}$

$\qquad\qquad = 1\ 023.8\ \text{N/cm}^2 = 10.238\ \text{MPa}$

局部挤压应力：$\sigma_j = \dfrac{P}{\delta z} = \dfrac{P}{\delta(a + 2h_y)}$

$\qquad\qquad = \dfrac{180 \times 10^3}{1.2[5 + 2(15 + 2)]}$

$\qquad\qquad = 3\ 846.2\ \text{N/cm}^2 = 38.462\ \text{MPa}$

正应力：$\sigma = \dfrac{M_{\max}}{W_x} \cdot \dfrac{h_0}{h}$

$\qquad\qquad = \dfrac{\dfrac{P}{2} \times \dfrac{l}{2} + \dfrac{ql^2}{8}}{W_x} \cdot \dfrac{h_0}{h}$

$\qquad\qquad = \dfrac{\dfrac{180 \times 10^3}{2} \times \dfrac{1\ 200}{2} + \dfrac{27.6 \times 1\ 200^2}{8}}{17\ 797.07} \times \dfrac{160}{160 + 4}$

$\qquad\qquad = 3\ 312.4 \times \dfrac{160}{164} = 3\ 232.6\ \text{N/cm}^2$

$\qquad\qquad = 32.326\ \text{MPa}$

由 $\dfrac{\sigma_j}{\tau} = \dfrac{38.462}{10.238} = 3.76$，查表 11.5 插值得系数 β_1 和 β_2：

$$\beta_1 = 1\ 394,\ \beta_2 = 996$$

由 $\dfrac{\sigma_j}{\sigma} = \dfrac{38.462}{32.326} = 1.19$，查表 11.6 插值得系数 β_3 和 β_4：

$$\beta_3 = 1\ 295,\ \beta_4 = 2\ 700$$

将各式代入式(11.43)和式(11.44)，并计算：

$$a \leqslant \dfrac{\beta_1 h_0}{\dfrac{h_0}{\delta}\sqrt{10\tau} - \beta_2} = \dfrac{1\ 394 \times 160}{\dfrac{160}{1.2}\sqrt{10 \times 10.238} - 996}$$

$\qquad\qquad = 631.65 \geqslant 2h_0 = 2 \times 160 = 320\ \text{cm}$

故间距 a 可取 $2h_0 = 2 \times 160 = 320\ \text{cm}$。

$$a \leqslant \frac{\beta_3 h_0}{\frac{h_0}{\delta}\sqrt{10\sigma_j} - \beta_4}$$

$$= \frac{1\,295 \times 160}{\frac{160}{1.2}\sqrt{10 \times 38.462} - 2\,700}$$

$$= \frac{1\,295 \times 160}{-85.1} = -2\,437.71 \text{ cm}$$

由于 a 为负值,可取 $a = 2h_0 = 320$ cm。因此,根据实际结构尺寸,横加肋需要 5 根,a 取 300 cm 为宜。加劲肋布置简图如图 11.17 所示。

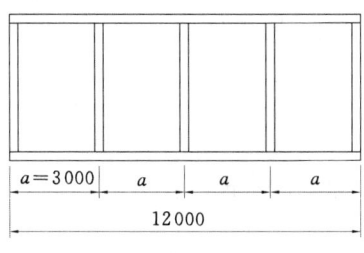

图 11.17

11.7 组合梁的构造设计

组合梁在设计和验算后,还需进行构造设计,然后才能绘制结构施工图。组合梁的构造设计包括翼缘与腹板的连接设计、加劲肋的构造设计、梁的拼接设计、梁与梁的连接设计等。

1. 翼缘腹板的连接设计

为了使焊接组合梁的翼缘和腹板形成一个整体,翼缘和腹板必须用焊缝相连,常采用连续贴角焊缝。梁受力弯曲时,由于翼缘与腹板有相互错动的趋势,焊缝将受到水平方向的剪力(图 11.18)。翼缘和腹板之间的每一单位长度上的剪力为:

$$T = \tau \cdot 1 \cdot \delta = \frac{QS_i}{I} \tag{11.70}$$

式中 Q——梁计算截面内的剪力;
S_i——翼缘板对中和轴的面积矩;
I——梁的毛截面惯性矩。

剪力 T 由焊缝承受,而同一长度的焊缝强度应大于剪力,即:

$$2 \times 0.7 h_f \times 1 \times [\tau_t^h] \geqslant T = \frac{QS_i}{I}$$

由此求得所需要的焊缝长度为:

$$h_f \geqslant \frac{QS_i}{1.4 I [\tau_t^h]} \tag{11.71}$$

一般梁的全长都采用同一的焊缝厚度,故式中 Q 应取梁中的最大剪力。

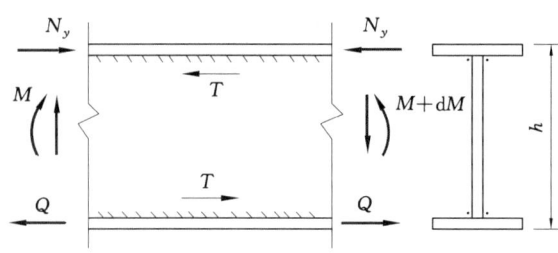

图 11.18 翼缘焊缝的剪力

对于直接受移动集中载荷作用的梁,连接焊缝除了承受剪力外,还要承受由移动集中载荷引起的局部压力,这时焊缝单位长度所受剪力为:

$$T=\sqrt{\left(\frac{QS_i}{I}\right)^2+\left(\frac{P}{z}\right)^2} \tag{11.72}$$

式中,P,z 的计算同式(11.7)。则焊缝高度按式(11.73)计算:

$$h_\mathrm{f}\geqslant\frac{1}{1.4[\tau_t^h]}\sqrt{\left(\frac{QS_i}{I}\right)^2+\left(\frac{P}{z}\right)^2} \tag{11.73}$$

由式(11.71)和式(11.73)所确定的贴角焊缝厚度应不超出规定的允许范围。

2. 加劲肋的构造设计

1) 间隔加劲肋

间隔加劲肋的作用是加强梁的腹板,在宽翼缘箱形梁中有时也用于加强翼缘板,提高板的局部稳定性。常采用横加肋和纵加肋两种。

间隔加劲肋一般由钢板或角钢制成,在保证其本身平面稳定的前提下,要求加劲肋具有较大的宽厚比,以提高抗屈曲能力。因此,对角钢制成的加劲肋应采用不等边角钢,并以长肢的肢尖与被加强板连接。工字形截面梁的加劲肋应成对布置在腹板的两侧(图 11.19)。箱形截面梁的加劲肋一般布置在箱体的内侧。横向肋的布置既不能过密,也不能过疏。过密会使构造复杂且不经济,过疏则不能有效提高腹板稳定性。一般横向肋的间距 a 满足条件:

$$0.5h_0\leqslant a\leqslant 2h_0 \tag{11.74}$$

为了减少焊接应力,避免焊缝的过分集中,横向肋的端部应切去宽约 $\frac{b_\mathrm{e}}{3}$(按照图中的标示,应为 $\frac{b_l}{3}$)(且 $\leqslant 40 \text{ mm}$)、高约 $\frac{b_\mathrm{e}}{2}$(按照图中的标示,应为 $\frac{b_l}{2}$)(且 $\leqslant 60 \text{ mm}$)的斜角(图 11.20),以便梁的翼缘焊缝连续通过。如果横向肋与上下翼缘焊住,可以提高截面的抗扭刚度,但会降低动力载荷下的强度。因此当梁承受动力载荷时,横向肋只需与受压翼缘板焊住,而不宜与受拉翼缘焊住,应留有一定的间隙,否则易产生疲劳裂缝。

加劲肋应具有足够的抗屈曲刚度,以阻止腹板屈曲。对此,腹板横向肋的截面尺寸应满足式(11.75)和式(11.76)的要求。

外伸宽度：
$$b_l \geqslant \frac{h_0}{30} + 40 (\text{mm}) \tag{11.75}$$

厚度：
$$\delta_l \geqslant \frac{b_1}{15}\sqrt{\frac{\sigma_s}{235}} \tag{11.76}$$

在同时布置横向肋和纵向肋时，纵向肋应在横向肋处断开。横向肋的尺寸除应符合上述规定外，其截面对于腹板中面内的水平轴线Ⅰ—Ⅰ（图 11.19）的惯性矩 I_1 应满足：

$$I_1 \geqslant 3h_0 \delta_l^3 \tag{11.77}$$

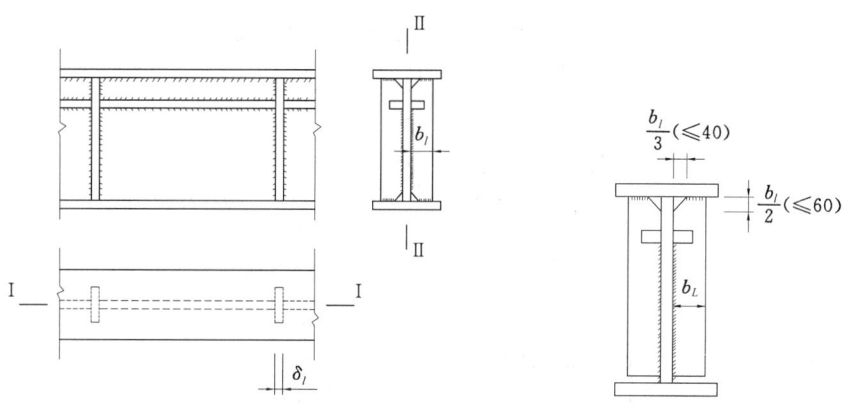

图 11.19　间隔加劲肋的构造　　　　图 11.20　横向加劲肋的构造

纵向加劲肋对腹板竖直轴线Ⅱ—Ⅱ（图 11.19）的惯性矩 I_2 应同时满足：

$$I_2 \geqslant \left(2.5 - 0.45 \frac{a}{h_0}\right) \frac{a^2}{h_0} \delta^3$$

$$I_2 \geqslant 1.5 h_0 \delta^3 \tag{11.78}$$

2）支承加劲肋

支承加劲肋设置在固定集中载荷作用处和梁的支座处，其主要作用在于承受该处的集中力，并把集中力有效地转化为梁腹板的剪力。为此，支承加劲肋端部应切角并铣平，端面应该紧密顶住受集中力作用的翼缘板，见图 11.21(a)和图 11.22。在梁的支座处的支承加劲肋也可采用端面肋板，其底表面也需铣平并与支座面板紧贴。

由于支承加劲肋受力较大，其截面一般比间隔加劲肋要大，故需要进行计算，包括端面承压强度、连接焊缝强度和稳定性计算。

(1) 承压强度。

$$\sigma = \frac{P}{A_{cd}} \leqslant [\sigma_{cd}] \tag{11.79}$$

式中　P——支反力或固定集中力；

　　　A_{cd}——加劲肋端面承压面积（图 11.21、图 11.22 剖面 1—1 的阴影部分）；

　　　$[\sigma_{cd}]$——钢材的端面承压许用应力。

(2) 连接焊缝强度。

支反力或固定集中力 P 全部由连接加劲肋和腹板的垂直焊缝承受。此外，焊缝还需考虑

由于 P 力的偏心作用(偏心距为加强肋承压端面的形心至垂直焊缝的水平距离)产生的偏心力矩的影响。计算方法可按第 12 章有关内容进行。

(3) 稳定性计算。

支承加劲肋和部分腹板(加劲肋每侧宽度不大于 15δ 的腹板部分,见图 11.21 和图 11.22 中 2—2 剖面的阴影部分)可视为一轴心受压构件,需验算在固定集中载荷或支座反力 P 的作用下,腹板平面外的稳定性。此受压构件的截面面积 A 包括加劲肋和加劲肋每侧 15δ 范围内的腹板面积,计算长度近似取为 h_0,验算公式见之后章节有关内容。

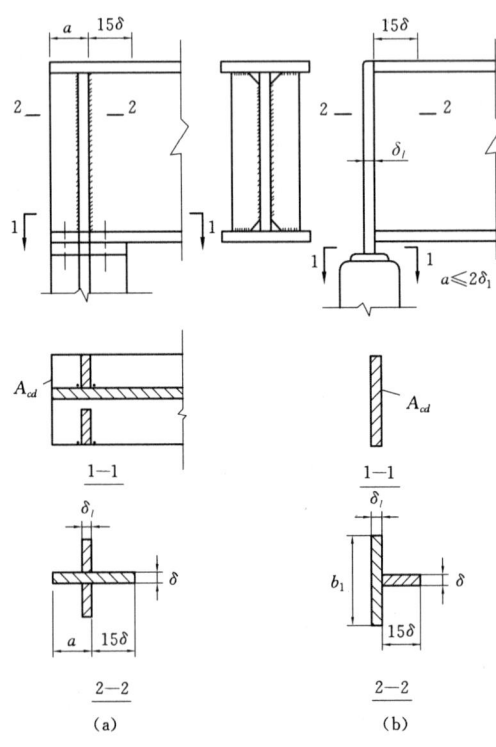

图 11.21 支承加劲肋

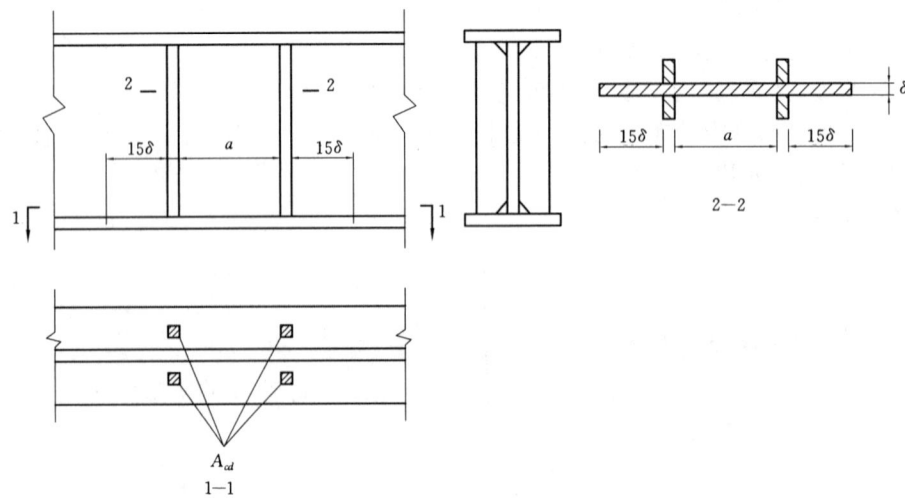

图 11.22 支承加劲肋

3. 梁的拼接设计

梁在制造、安装或运输时，往往会受到板材规格、吊装能力或运输条件等限制，因此在设计大型梁结构时，要考虑板的拼接、梁的分段和梁段的拼接等问题。由于板材规格不够所造成的在制造厂进行的拼接，成为工艺拼接；由于运输、安装条件限制所造成的梁端的拼接需要在安装现场进行，称为安装或设计拼接。

梁的拼接位置由钢材的尺寸确定，拼接原则为：

(1) 梁的翼缘和腹板的拼接位置最好错开 200 mm 以上，并避免与平行它的加劲肋位置重合，至少应相距 10δ（δ 为腹板厚度），以防止焊缝的交叉和过分集中。

(2) 腹板和翼缘拼接通常采用对接焊缝，见图 11.23(a)，腹板拼接处应设在剪力较小处，翼缘拼接处要避免在梁的弯矩较大的跨中 1/3 范围内。对接形式可采取正缝拼接，或斜缝拼接。正缝较省料，但由于焊缝的许用应力一般低于钢板的许用应力，故只能在应力小于焊缝许用应力 $\sigma \leqslant [\sigma_h']$ 处进行拼接。斜缝能做到与钢板等强度，但较费料。

(3) 当受到某些条件限制，无法采用对接焊缝时，可用拼接板拼接，见图 11.23(b)。拼接板的厚度通常与被拼接板的厚度相同或略薄。由于费料费工，易产生较大应力集中，故不适宜于受动载荷的梁。拼接的内力计算常采用如下假定：翼缘的拼接板以及焊缝根据翼缘板的内力进行，主要承受弯曲应力；腹板拼接板以及焊缝则根据腹板的内力进行，主要承受该截面上的全部剪力和腹板所承担的弯曲应力。

(4) 采用对接正缝连接时，不宜同时再用拼接板。

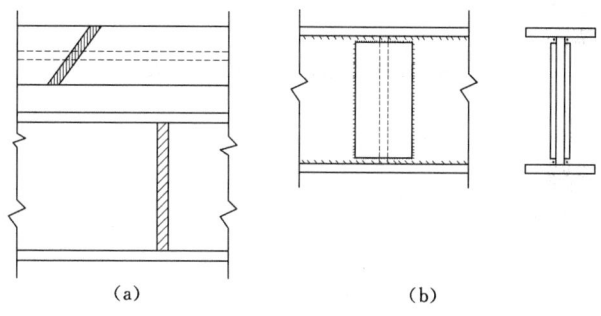

图 11.23 焊接梁的拼接

4. 梁与梁的连接设计

在机械结构中，有时采用梁与梁相连接的结构。梁与梁的连接有平接、叠接、低接等构造型式，其中平接在机械结构中用得较多。

图 11.24 所示的是常见的构造型式。图 11.24(a) 适用于受力不大的型钢梁连接。为提高连接的水平刚性，也可采用搭接板或角板，分别如图 11.24(b)，(c) 所示。图 11.24(d)，(e)，(f) 适用于焊接组合梁的连接，其特点是连接板嵌在梁的翼缘板中。梁的表面平整，对受力比较有利。

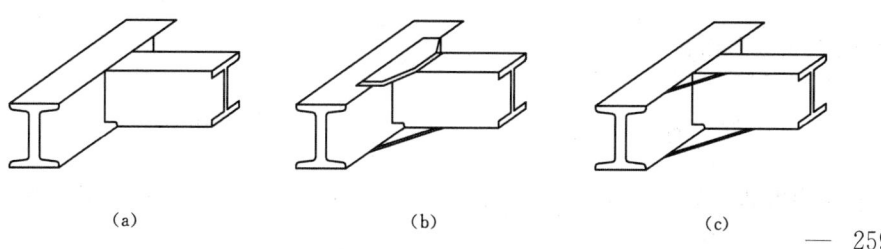

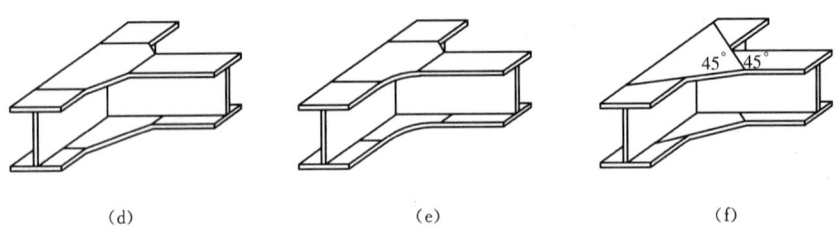

图 11.24 梁与梁拼接的构造形式

例 11.3 设计一焊接简支梁(图 11.25),梁跨度 $l=10$ m,承受均布载荷 $q=110$ kN/m。(不包括自重),梁的容许挠度 $[f]=\dfrac{l}{600}$,梁的最大可能高度 $h_{\max}=1.2$ m。材料采用 Q235 钢,手工焊。跨中可以布置两根和此梁垂直的横梁与此梁侧面连接。

解:

由第 2 章查得 Q235 钢的第一组许用应力为:钢材 $[\sigma]=170$ MPa,$[\tau]=100$ MPa,$[\sigma_{cd}]=255$ MPa;焊缝 $[\tau_t^h]=80$ MPa,$[\sigma_l^h]=145$ MPa。

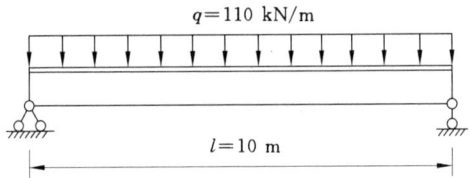

图 11.25 受均布载荷的简支梁

1. 截面选择

(1) 确定梁高度。

梁所受弯矩(暂不计自重):

$$M_{\max}=\frac{1}{8}ql^2=\frac{1}{8}\times 110\times 10^2 = 1\,375 \text{ kN}\cdot\text{m}$$

所需抗弯模量:

$$W_u=\frac{M}{[\sigma]}=\frac{1\,375\times 10^5}{17\,000}=8\,090 \text{ cm}^3$$

由经验公式(11.25)得:

$$h_j=7\sqrt[3]{W}-30=7\sqrt[3]{8\,090}-30=110.5 \text{ cm}$$

再由式(11.27)得:

$$\delta=6+\frac{2h_j}{1\,000}=6+\frac{2\times 1\,105}{1\,000}=8.21 \text{ mm}$$

将腹板厚度假定为 $\delta=1$ cm,并取系数 $\kappa=1.2$,由式(11.16)可确定经济高度:

$$h_j = K\sqrt{\frac{W_u}{\delta}} = 1.2\sqrt{\frac{8\,090}{1}} = 108 \text{ cm}$$

最小高度由式(11.15)求出：

$$h_{min} = \frac{5l^2[\sigma]}{24E[f]} = \frac{5 \times 1\,000 \times 17\,000 \times 600}{24 \times 2.1 \times 10^7}$$
$$= 101 \text{ cm}$$

最大高度由已知条件确定：$h_{max} = 120$ cm

考虑到实际梁高可略小于经济高度，取 $h = 106$ cm。

(2) 腹板尺寸。

$$\delta = 6 + \frac{2h}{1\,000} = 6 + \frac{2 \times 1\,060}{1\,000} = 8.12 \text{ mm}$$

取整数为 $\delta = 10$ mm(与原假定相同)

$$h_0 = 1\,020 \text{ mm}(比\ h\ 略小)$$

(3) 翼缘尺寸。

所需的翼缘惯性矩：

$$I_e = I_u - I_f = W \times \frac{h}{2} - \frac{1}{12}\delta_1 h_f^3$$
$$= 8\,090 \times 53 - \frac{1}{12} \times 1 \times 102^3$$
$$= 428\,800 - 88\,400$$
$$= 340\,400 \text{ cm}^4$$

所需的翼缘面积：

$$A_e \approx \frac{2I_e}{h_0^2} = \frac{2 \times 340\,400}{102^2} = 65.4 \text{ cm}^2$$

根据条件 $b = \left(\frac{1}{2.5} \sim \frac{1}{5}\right) = 42.40 \sim 21.20$ cm，定翼缘宽度 $b = 340$ mm，再由所需面积要求确定 $t = 20$ mm，即 $bt = 34 \times 2 = 68$ cm² > 65.4 cm²。

且满足局部稳定条件，即

$$\frac{b_e}{t} = \frac{\frac{34}{2}}{2} = 8.5 < 16\sqrt{\frac{235}{\sigma_s}} = 16$$

选定的截面尺寸如图 11.26 所示。

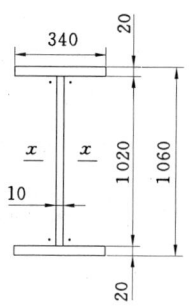

图 11.26 截面尺寸

2. 强度验算

(1) 内力计算。

截面积：

$$A_0 = h_0 \times \delta + 2 \times b \times t = 102 \times 1 + 2 \times 34 \times 2$$
$$= 238 \text{ cm}^2$$

每米重为：
$$0.0238 \times 78.5 = 1.87 \text{ kN/m}$$
$$\approx 2 \text{ kN/m}$$

该梁实际承受均布载荷为：
$$q = 110 + 2 = 112 \text{ kN/m}$$

跨中最大弯矩为：
$$M_{max} = \frac{1}{8}ql^2 = \frac{1}{8} \times 112 \times 10^2 = 1400 \text{ kN·m}$$

支座处最大剪力为：
$$Q_{max} = \frac{1}{2}ql = \frac{1}{2} \times 112 \times 10 = 560 \text{ kN}$$

(2) 截面特性。
$$I = \frac{1}{12}\delta h_0^3 + 2bt(51+1)^2$$
$$= \frac{1}{12} \times 1 \times 102^3 + 2 \times 34 \times 2 \times 52^2$$
$$= 88400 + 36800 = 456400 \text{ cm}^4$$
$$W = \frac{I}{\frac{h}{2}} = \frac{2 \times 456400}{106} = 8600 \text{ cm}^3$$

(3) 验算跨中截面强度。
$$\sigma = \frac{M_{max}}{W} = \frac{1400 \times 10^5}{8600} = 16300 \text{ N/cm}^2$$
$$= 163 \text{ MPa} < [\sigma] = 170 \text{ MPa}$$

跨中剪力为零，则 $\tau = 0$。

3. 变截面处验算

该梁跨度较长，为经济合理设计梁，节省材料，可采用改变翼缘宽度方法。对受均布载荷的简支梁，变截面点的位置（距支座）$x = \frac{l}{6} = \frac{10}{6} \approx 1.7$。

(1) 变更处内力。
$$M_1 = \frac{ql}{2} \cdot x - qx \cdot \frac{x}{2}$$

$$= \frac{1}{2}qx(l-x)$$
$$= \frac{1}{2} \times 112 \times 1.7(10-1.7) = 790 \text{ kN} \cdot \text{m}$$

$$Q_1 = \frac{1}{2}ql - qx$$
$$= \frac{1}{2} \times 112 \times 10 - 112 \times 1.7 = 370 \text{ kN}$$

(2) 变更处截面选择。

需要抗弯模量：

$$W_{1u} = \frac{M_1}{[\sigma]} = \frac{790 \times 10^5}{[\sigma]} = 4\ 650 \text{ cm}^3$$

需要的翼缘面积：

$$A_{1e} = \frac{2(I_{1u} - I_f)}{h_0^2}$$
$$= \frac{2(4\ 650 \times 53 - 88\ 400)}{102^2} = 30.3 \text{ cm}^2$$

取翼缘尺寸：

$b_1 = 160$ mm，$t = 20$ mm（即翼缘的厚度不变）

$b_1 t = 16 \times 2 = 32 \text{ cm}^2 > 30.3 \text{ cm}^2$

梁截面变更后的截面如图 11.27 所示。

(3) 截面变更处强度验算。

$$I_1 = \frac{1}{12} \times 1 \times 102^3 + 2 \times 16 \times 2 \times 52^2$$
$$= 88\ 434 + 173\ 056 = 261\ 490 \text{ cm}^4$$

$$W_1 = \frac{261\ 490}{53} = 4\ 934 \text{ cm}^3$$

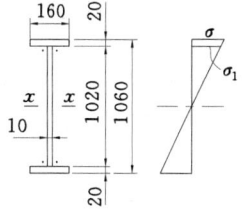

图 11.27 变更后截面尺寸

$$\sigma_1 = \frac{M_1}{W_1} = \frac{790 \times 10^3 \times 10^2}{4\ 934} = 16\ 011 \text{ N/cm}^2 = 160 \text{ MPa} < [\sigma] = 170 \text{ MPa}$$

$$\sigma_1' = \frac{M_1}{W_1} \cdot \frac{h_0}{h} = 160 \times \frac{102}{106} = 154 \text{ MPa}$$

$$S_e = A_e \times 52 = 2 \times 16 \times 52 = 1\ 664 \text{ cm}^3$$

$$\tau_1' = \frac{Q_1 S_e}{I_1 \delta} = \frac{370 \times 10^3 \times 1\ 664}{261\ 490 \times 1}$$
$$= 2\ 354.5 \text{ N/cm}^2 = 23.545 \text{ MPa}$$

$$\sigma_{zs} = \sqrt{(\sigma_1')^2 + 3(\tau_1')^2}$$
$$= \sqrt{154^2 + 3 \times 23.545^2}$$
$$= 159 \text{ MPa} < [\sigma] = 170 \text{ MPa}$$

(4) 支座处强度验算。

最大剪力作用处的截面静矩：

$$S = S_e + S_f = 1\,664 + 1 \times \frac{102}{2} \times \frac{102}{4} = 2\,964 \text{ cm}^3$$

$$\tau = \frac{Q_{max}S}{I_1 \delta} = \frac{560 \times 10^3 \times 2\,964}{261\,490 \times 1}$$
$$= 6\,347 \text{ N/cm}^2$$
$$= 63.47 \text{ MPa} < [\tau] = 100 \text{ MPa}$$

4. 整体稳定验算

与此梁相垂直的两根横梁布置在梁的侧面，可作为梁的侧向支承。因此梁验算整体稳定的计算长度为横梁的间距，如图 11.28 所示。

本例题所述梁 $\frac{l}{b} = \frac{500}{34} = 14.7 < 16$，故不需要验算整体稳定。

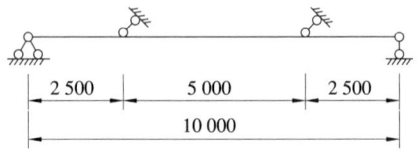

图 11.28 横梁的布置简图

5. 局部稳定验算

翼缘外伸部分验算公式为式(11.48)：

$$\frac{b_e}{t} = \frac{170}{20} = 8.5 < 16\sqrt{\frac{235}{\sigma_s}} = 16, \text{满足}$$

腹板的高厚比为：

$$\frac{h_0}{\delta} = \frac{1\,020}{10} = 102 > 80, \text{且小于 } 160$$

故只需布置横向加劲肋。此腹板的受压边缘无集中轮压直接作用，横向加劲肋间距 a 计算采用式(11.63)：

$$a \leqslant \frac{2\,000 h_0}{\frac{h_0}{\delta}\sqrt{10\eta\tau} - 2\,500}$$

式中：

$$\tau = \frac{Q_{max}}{h_0 \delta} = \frac{560 \times 10^3}{102 \times 1}$$
$$= 5\,500 \text{ N/cm}^2 = 55 \text{ MPa}$$

与 τ 同一截面的 $\sigma = 0$，由表 11.7，根据 $10\sigma\left(\frac{h_0}{100\delta}\right)^2 = 0$ 查得增大系数 $\eta = 1$，代入上式得：

$$a \leqslant \frac{2\,000 \times 102}{\frac{102}{1}\sqrt{10 \times 1 \times 55} - 2\,500} = 负值$$

故取 $a = 2h_0 = 2 \times 102 = 204$ cm 考虑实际结构长度。取

$$a = 200 \text{ cm}$$

加劲肋的布置简图如图 11.29 所示。

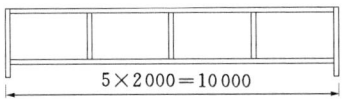

图 11.29 腹板加劲肋布置简图

6. 构造设计

(1) 翼缘和腹板的连接焊缝。

采用连续的贴角焊缝,焊缝厚度为:

$$h_f \geqslant \frac{QS_e}{1.4I[\tau_t^h]} = \frac{560 \times 10^3 \times 1\,664}{1.4 \times 261\,400 \times 8\,000} = 0.318 \text{ cm}$$

为满足焊缝最小厚度条件 $h_f \geqslant 0.3\delta + 1 = 0.3 \times 20 + 1 = 7$ mm,取焊缝厚度 $h_f = 7$ mm

(2) 加劲肋设计。

① 间隔加劲肋。

$$b_1 \geqslant \frac{h_0}{30} + 40 = \frac{1\,020}{30} + 40$$
$$= 34 + 40 = 74 \text{ mm}$$

取 $b_1 = 80$ mm。

$$\delta_1 \geqslant \frac{b_1}{15} = \frac{80}{15} = 5.33 \text{ mm}$$

取 $\delta_1 = 6$ mm。

② 支承加劲肋。

设支承加劲肋尺寸为 160 mm×14 mm(图 11.30)端面承压强度验算:

$$\sigma = \frac{R}{A_z} = \frac{560 \times 10^3}{16 \times 1.4}$$
$$= 25\,000 \text{ N/cm}^2 = 250 \text{ MPa}$$
$$< [\sigma_{cd}] = 255 \text{ MPa}$$

③ 加劲肋与腹板的连接焊缝。

支承加劲肋与腹板的连接焊缝厚度:

$$h_f \geqslant \frac{R}{0.7\sum l_f[\tau_t^h]}$$
$$= \frac{560 \times 10^3}{0.7 \times 2 \times (102-1) \times 8\,000} = 0.495 \text{ cm}$$

由焊缝厚度最小条件 $h_f \geqslant 0.3\delta+1=0.3\times14+1=5.2$ mm，取 $h_f=0.6$ cm。
间隔加劲肋与腹板的连接焊缝也可取 $h_f=0.6$ cm

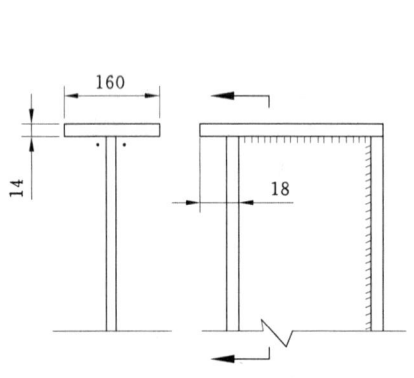

图 11.30 支承加劲肋

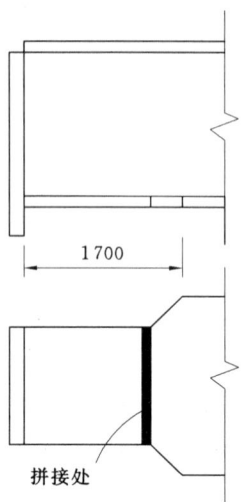

图 11.31 拼接焊缝

(3) 翼缘处拼接焊缝计算（图 11.31）。

拼接焊缝受力：

$$N_e = \frac{M}{W} \times \frac{h-t}{h} \times bt$$

$$= \frac{650\times 10^3}{4\,930} \times \frac{104}{106} \times 16 \times 2$$

$$= 13\,180 \times 32 = 421\,760 \text{ N}$$

$$\sigma_c = \frac{N_e}{A_e} = \frac{421\,760}{16\times 2} = 13\,180 \text{ N/cm}^2$$

$$= 131.8 \text{ MPa} < [\sigma_l^h] = 145 \text{ MPa}$$

7. 刚性验算

跨中最大挠度可采用式(11.35)计算：

$$f = \frac{5ql^4}{384E_I}(1+K\alpha)$$

式中，$\alpha = \dfrac{I-I'}{I'} = \dfrac{456\,400-261\,400}{261\,400} = 0.75$。

查表 11.3 得 K 值为 0.051 9，代入上式，得：

$$f = \frac{5\times 1\,120 \times 1\,000^3}{384\times 2.1\times 10^7 \times 456\,400}(1+0.051\,9\times 0.75) \times (1+0.051\,9\times 0.75) \times l$$

$$= \frac{1}{632}l < [f] = \frac{1}{600}，刚性满足。$$

11.8 本章小结

本章针对实腹式受弯构件,讨论了梁的类型以及型钢梁和组合梁的设计和验算。型钢梁通常是先按照所需强度和刚性条件确定截面形式、选择合适型钢,再进行验算。当型钢梁不能满足承载能力或使用条件时,应采用组合梁。设计组合梁首先要确定梁高,然后定出腹板和翼缘的尺寸再验算。强度和刚度校核方法与材料力学相同。型钢梁不必验算局部稳定性,而组合梁则是靠控制腹板高厚比与翼缘板宽厚比来保证的,不满足时可以设置加劲肋。整体稳定性是本章的重点,这主要通过系数 φ_w 来校核。最后一节还简要介绍了组合梁的构造设计,主要包括翼缘与腹板的连接设计、加劲肋的构造设计、梁的拼接设计、梁与梁的连接设计等。

思考题

11.1 组合梁高应如何确定?什么叫梁的经济高度?如何推导经济梁高?

11.2 简述受弯构件的设计步骤和需注意的问题。

11.3 什么叫梁的整体失稳?什么叫整体稳定性临界状态?什么叫梁的整体稳定性临界状态应力?梁的整体稳定性受哪些因素的影响?

11.4 在焊接组合梁设计中,通常可以采用哪些方法来实现梁的变截面?变截面梁设计应注意掌握哪些基本构造原则?

11.5 什么叫梁的局部失稳?什么叫局部稳定性临界状态?提高局部稳定性临界应力的措施有哪些?

习 题

11.1 一等截面焊接简支梁如图所示,跨中有一侧向支撑点,已知钢材为 Q235,试按整体稳定性要求,计算梁所能承受的最大均布载荷 q(设计值)。

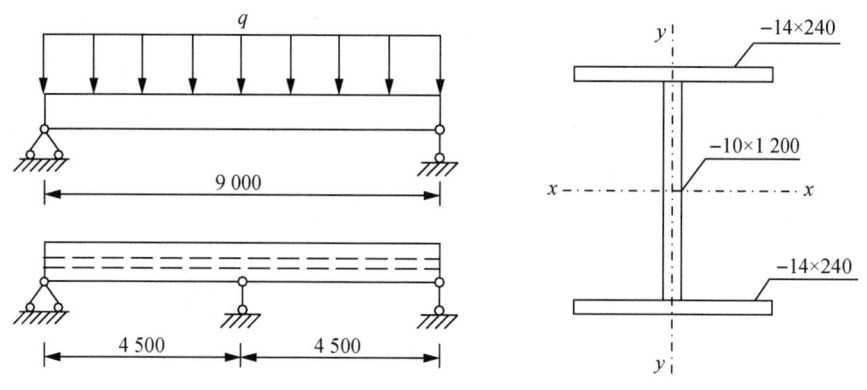

习题 11.1 焊接简支梁受力简图

11.2 图示一焊接工字梁,截面及支承如图所示,在上翼缘有均布荷载 $q=14$ kN/m 作用,Q345 钢,试验算其整体稳定性。

$$\varphi_b = \beta_b \frac{4\,320}{\lambda_y^2} \frac{Ah}{W_x} \left[\eta_b + \sqrt{1 + \left(\frac{\lambda_y t}{4.4h}\right)^2} \right] \frac{235}{[\sigma]}, \quad \eta_b = 0, \quad \beta_b = 1.2, \quad [\sigma] = 235 \text{ N/mm}^2$$

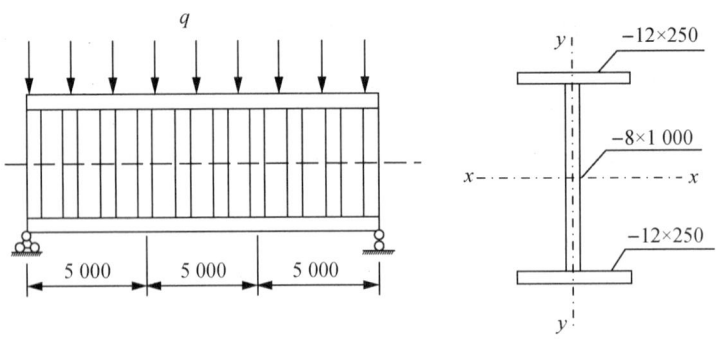

习题 11.2

11.3 等截面简支梁跨度为 6 m,跨中无侧向支承点,截面如图所示,上翼缘均布荷载设计值 $q = 320$ kN/m,Q235 钢。已知 $A = 172$ cm^2,$y_1 = 41$ cm,$y_2 = 62$ cm,$I_x = 284\,300$ cm^4,$I_y = 9\,467$ cm^4,$h = 103$ cm,试验算梁的整体稳定性。

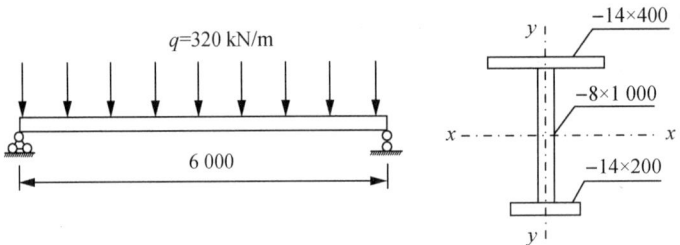

习题 11.3 简支梁受力简图

11.4 一简支梁,梁跨 7 m,焊接组合工字形对称截面 150 mm×450 mm×18 mm×12 mm,梁上作用有均布恒载(标准值,未含梁自重)17.1 kN·m,均布活载 6.8 kN·m,距梁端 2.5 m 处尚有集中恒载标准值 60 kN,支承长度 200 mm,载荷作用面距钢梁顶面为 120 mm。钢材抗拉强度设计值为 215 N/mm^2,抗剪强度设计值为 125 N/mm^2,载荷分项系数对恒载荷取 1.2,对活载荷取 1.4。试验算钢梁截面是否满足强度要求(不考虑疲劳)。

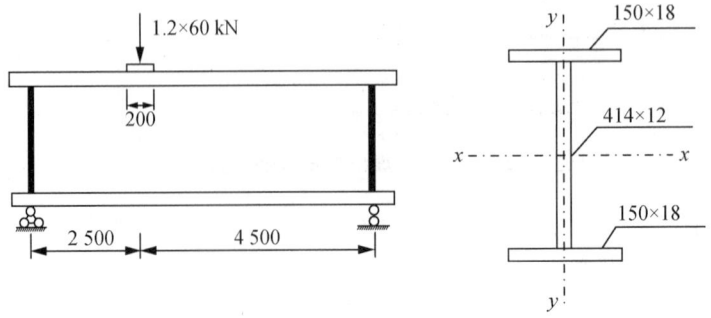

习题 11.4 简支梁受力简图

11.5 图示为一焊接工字梁,跨度 $l=4$ m。钢材 Q235,$\sigma=215$ N/mm²,$\sigma_s=235$ N/mm²。承受均布载荷设计值为 p(包括自重)。假定该梁局部稳定和强度以及刚度都能满足要求,试求该梁能承受的荷载 p。

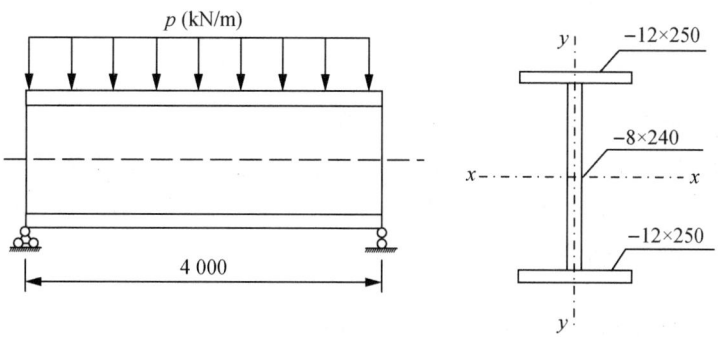

习题 11.5 焊接工字梁简图

第 12 章 轴心受力构件设计计算

轴心受力构件也是工程机械金属结构的基本构件之一,应用极为广泛,如压杆式塔式起重机臂架、平台支撑杆、轴心柱和桁架中的腹杆都属于此类构件。本章主要讨论轴心受力构件的种类和截面型式、构件稳定性计算、构件截面的选择和验算以及计算长度的确定等,其中轴心受压构件的稳定问题是本章学习的重点。

12.1 轴心受力构件的种类和截面型式

轴心受力构件的轴向内力通过截面形心且与构件轴线相重合,使截面上产生均匀拉应力或压应力。构件相应产生的变形为轴向拉伸或压缩变形,弯曲变形仅当构件在失稳时才会出现,但是这个随遇状态不稳定,无法保持。

轴心受力构件按其受力性质不同,可分为轴心受拉构件(或简称拉杆)和轴心受压构件(或简称压杆)。按其沿杆件的全长截面变化情况,可分为等截面构件和变截面构件。按其截面形式不同可分为实腹式构件和格构式构件。

实腹式构件的截面组成部分是连续的,一般由轧制型材制成,常采用角钢、工字钢、T 字型钢、圆钢管、方形钢管等,见图 12.1(a)。对受力较大的轴心受压构件,可用轧制型材或板材焊接成工字形、圆管形、箱形等组合截面,见图 12.1(b)。

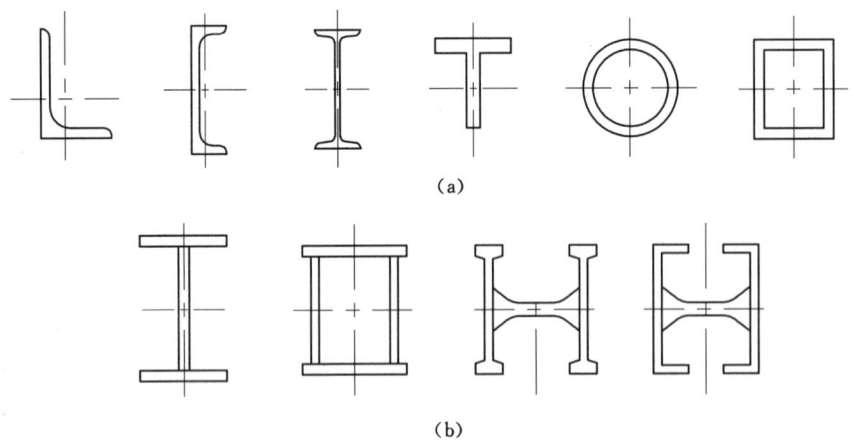

图 12.1 实腹式构件

格构式构件的截面组成部分是分离的,常以角钢、槽钢、工字钢作为肢件,肢件间由缀材相连(图 12.2)。通常把穿过肢件腹板的截面主轴称为实轴,穿过缀材的截面主轴称为虚轴。根据肢件数目,又可分为双肢式[图 12.2(a),(b)]、四肢式[图 12.2(c)]和三肢式[图 12.2(d)]。其中双肢式外观平整,易连接,多用于大型桁架的拉、压杆或受压柱;四肢式由于在两个主轴方向能达到等强度、等刚度和等稳定性,广泛用于塔机的塔身、轮胎起重机的臂架等。根据缀材形式不同,分为缀条式和缀板式。缀条采用角钢或钢管,在大型构件上用槽钢;缀板就采用钢板。

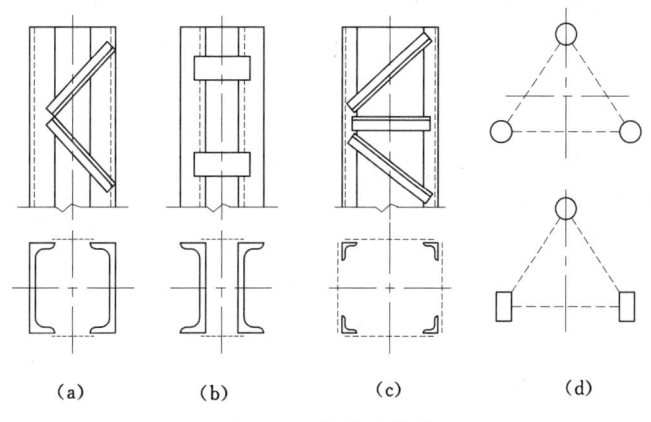

图 12.2　格构式构件

对于小型桁架的拉、压构件,有时采用由垫板连接的双角钢或双槽钢组合截面型式(图12.3)。这种构件的角钢或槽钢之间用钢垫板将型钢连接成一个整体,相当于间距很小的缀板式双肢构件,因此可视为缀板式格构式构件。为了使构件较好地整体工作,垫板的距离 l_1 不宜过大。规定受拉构件 $l_1 \leq 80 r_1$,受压构件 $l_1 \leq 40 r_1$。r_1 为单个肢件对自身轴的最小回转半径,可从型钢表中查取。此外压杆中垫板在构件的计算长度范围内应至少两块。

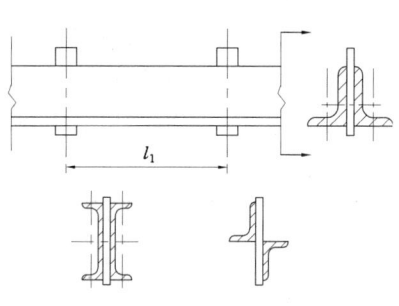

图 12.3　组合截面

12.2　轴心受拉构件的设计

设计轴心受拉构件,通常先根据载荷确定出构件的所需截面,然后对截面作强度和刚性验算。由轴心拉力 N 和钢材的许用应力 $[\sigma]$ 计算出构件所需的净截面面积:

$$A_j = \frac{N}{[\sigma]} \tag{12.1}$$

根据 A_j 从型钢表中选择合适的截面尺寸。当截面有削弱,如开有螺栓孔等,应将所需截面增大 15%～20%,再选定型钢型号。若无法选到合适的型钢,则可用钢板焊成组合截面的构件。

12.2.1　强度验算

强度验算条件:

$$\sigma = \frac{N}{A_j} \leq [\sigma]$$

$$l_1 \leq 80 r_1 \tag{12.2}$$

式中，A_j 为构件净截面面积。

对于单面连接的单角钢受拉构件，在拉力作用下为偏心受拉状态。为了简化计算，可仍按轴心受拉计算强度，但考虑到其构造偏心产生的不利影响，需将许用应力降低 15%，即乘以 0.85 的折减系数。

12.2.2 刚性验算

构件如果过于长而细，在运输和安装过程中会因刚性较差而弯曲变形，在动力载荷作用下也易产生较大幅度的振动。为此，必须控制构件的长细比不超过规定的许用长细比 $[\lambda]$，验算条件为：

$$\lambda = \frac{l_0}{r_{\min}} \tag{12.3}$$

式中 l_0——构件的计算长度；

$r_{\min}$——构件截面的最小回转半径，$r = \sqrt{\dfrac{I_{\min}}{A}}$；

$I_{\min}$——构件截面的惯性矩；

A——构件毛截面面积；

$[\lambda]$——许用长细比，由表 12.1 查取。

表 12.1　　　　　　　　　　构件许用长细比 $[\lambda]$

构件名称		受拉结构件	受压结构件
主要承载结构件	对桁架的弦杆	180	150
	对整个结构	200	180
次要承载结构件（如主桁架的其他杆件、辅助桁架的弦杆等）		250	200
其他构件		350	300

例 12.1　某构件采用双角钢截面型式（图 12.4），受拉力 $N = 410$ kN。计算长度 $l_{0x} = 3$ m，$l_{0y} = 8.85$ m。回转半径 $r_x = 2.37$ cm，$r_y = 4.74$ cm。材料为 Q235 钢。受力情况属主要承载构件。试验算其强度和刚性。

解：

1. 强度验算

由型钢表查得：

$\llcorner 100 \times 80 \times 8$ 的截面积 $A = 13.944 \text{ cm}^2$，净截面面积：

$$A_j = 2(13.944 - 2.15 \times 0.8)$$
$$= 24.448 \text{ cm}^2$$

则强度验算：

$$\sigma = \frac{N}{A_j} = \frac{410 \times 10^3}{24.448 \times 10^2} = 167.7 \text{ MPa} < [\sigma] = 170 \text{ MPa}$$

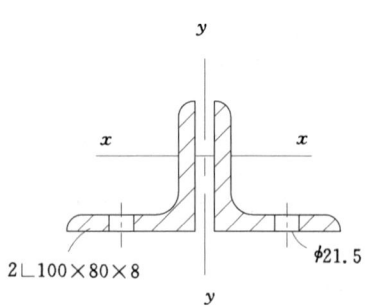

图 12.4　例 12.1 图

2. 刚性验算

由表 12.1 查得主要承载的受拉构件许用长细比 $[\lambda]=200$，则刚性验算：

$$\lambda = \frac{l_{0x}}{r_x} = \frac{3 \times 10^2}{2.37} = 127 < [\lambda] = 200$$

$$\lambda_y = \frac{l_{0y}}{r_y} = \frac{8.85 \times 10^2}{4.74} = 187 < [\lambda] = 200$$

该构件强度和刚性均满足。

12.3 实腹式轴心受压构件的设计

轴心受压构件的设计，除了与受拉构件一样需验算强度和刚性外，还需验算构件的稳定性，包括整体稳定性和局部稳定性。强度和刚性验算，可按轴心受拉构件计算式（12.2）和式（12.3）计算。本节主要介绍实腹式轴心受压构件整体和局部稳定计算方法以及构件的截面设计方法。

12.3.1 整体稳定性

设两端铰支的等截面细长直杆，在轴心压力 N 作用下，构件处于稳定的直线平衡状态，对应的载荷位移曲线为图 12.5 中的 OA 线段，此时构件只产生均匀的压缩变形。当构件受到某种因素的干扰，如横向干扰力、载荷偏心或杆本身的缺陷等，构件会发生弹性弯曲变形。干扰消除后，构件又恢复到直线平衡状态。当外力继续增大至某一数值 N_0 时（图中 A 点），构件的平衡状态曲线呈分支现象，既可能在直线（AB 线）状态下平衡，也可能在微曲（ACD 线）状态下平衡。前者是不稳定的，后者是随遇稳定。因此，把这时的轴心压力 N_0 定为临界载荷。当外力再稍微增加，构件的弯曲变形就急剧增加，最终导致构件丧失了稳定，或称为压杆屈曲。

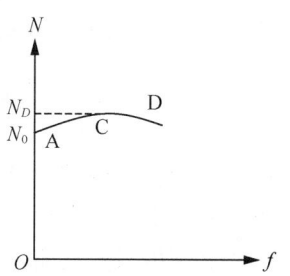

图 12.5 载荷-位移曲线示例

由于载荷 N_0 至 N_D 范围较小，而压杆屈曲导致的挠曲变形很大，因此设计时是按临界载荷 N_0 作为轴心受压构件稳定承载力的极限载荷，即认为当外力一旦大于临界载荷 N_0，构件就丧失了稳定性。此类具有平衡分支的稳定问题称为第一类问题。

对于理想的无初始内应力的等截面两端铰支的细长直杆，根据图 12.6 所示的计算简图，可以建立构件在微曲状态下的平衡微分方程：

$$EI y'' + Ny = 0 \quad (12.4)$$

令 $K^2 = \dfrac{N}{EI}$，可得：

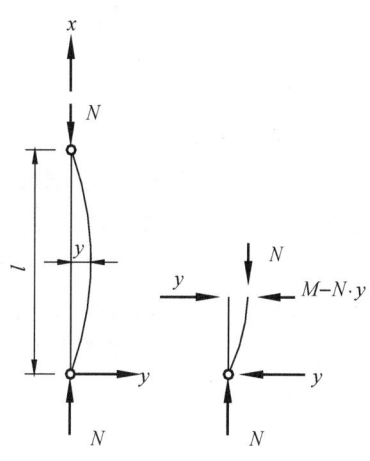

图 12.6 轴心受压构件计算简图

$$y'' + K^2 y = 0 \tag{12.5}$$

这是二阶齐次的常系数线性微分方程,其通解为:

$$y = A\cos kx + B\sin kx \tag{12.6}$$

对于两端简支的构件,利用边界条件 $x=0$,$y=0$;$x=l$,$y=0$,可解得 $A=0$ 和 x 为非零时的载荷值,即欧拉临界载荷。

解此方程,可得到临界载荷 N_0,又称欧拉临界载荷 N_E:

$$N_0 = N_E = \frac{\pi^2 EI}{l_0^2} \tag{12.7}$$

式中 l_0——压杆的计算长度,当两端铰支时为实际长度 l;

E——材料的弹性模量;

I——压杆的毛截面惯性矩。

由式(12.7)可得轴心受压构件的欧拉临界应力为:

$$\sigma_0 = \sigma_E = \frac{N_E}{A} = \frac{\pi^2 E A r^2}{A l_0^2} = \frac{\pi^2 E}{(l_0/r)^2} = \frac{\pi^2 E}{\lambda^2} \tag{12.8}$$

式中 λ——轴心受压构件的长细比,$\lambda = \frac{l_0}{r}$(其中 $r = \sqrt{\frac{I}{A}}$ 为构件毛截面对主轴的回转半径);

A——构件毛截面面积。

由式(12.8)可见,轴心压杆的临界应力 σ_0 与材料的弹性模量成正比,与长细比 λ 的平方成反比,而与材料强度是无关的。长细比 λ 综合了压杆截面面积、截面形状、压杆的几何长度以及杆端支承方式对压杆承载能力的影响。λ 越大,杆的临界应力越小,杆的承载能力越低。

必须指出的是,欧拉临界应力公式的推导,是以压杆材料为弹性且服从虎克定律为基础的。也就是说,只有当按式(12.8)算出的临界应力 σ_0 不超过压杆材料的比例极限 σ_p 时,公式才是适用的(图12.7中AB曲线)。为了确定欧拉临界应力公式的适用范围与受压构件长细比的关系,可令 $\sigma_0 \leqslant \sigma_p$,得 $\lambda \geqslant \sqrt{\frac{\pi^2 E}{\sigma_p}} = \lambda_p$。

对于常用的 Q235 钢:$\sigma_p = 200$ MPa,代入后得 $\lambda_p \approx 102$。对于 Q345 钢:$\sigma_p = 300$ MPa,则 $\lambda_p \approx 83$。

由此可见,只有当 $\lambda \geqslant \lambda_p$,即材料处于弹性阶段时,才可用式(12.8)计算临界应力 σ_0。当 $\lambda < \lambda_p$,临界应力超过了比例极限,材料处于弹塑性阶段,这时弹性模量 E 不再保持常数,而是应力的函数,称切线模量。此时,式(12.8)就不适用了(图12.7中虚曲线)。

材料处于弹塑性阶段的临界应力与长细比的关系,可按考虑材料非弹性性质的理论,或者根据试验结果得到的经验公式确定。目前,包括我国在内的许多国家都采用按试验结果得到的试验公式确定弹塑性阶段的临界应力。我国根据试验资料得到的轴心压杆材料在弹塑性阶段临界应力的经验公式为:

$$\sigma_0 = \sigma_s - 0.43\sigma_s \left(\frac{\lambda}{\lambda_c}\right)^2 \tag{12.9}$$

考虑到材质变异、截面误差及试件质量等方面的影响，试验结果与理论公式存在着差别，故试验曲线与欧拉曲线的交点不在图 12.7 中的理论点 B，而是在图 12.7 中的 C 点，对应的 $\sigma_c = 0.57\sigma_s$。于是轴心压杆的临界应力 σ_0 计算应以 λ_c 作为分界点。在弹性阶段采用欧拉双曲线，在弹塑性阶段采用试验得到的抛物线，则按式(12.10)计算：

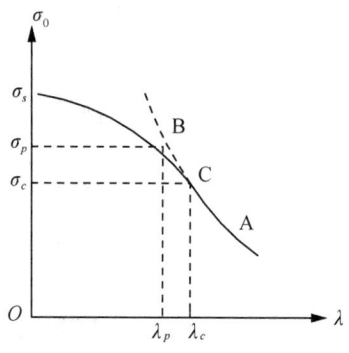

图 12.7 σ_0-λ 关系曲线

当 $\lambda \geqslant \lambda_c$ 时， $\sigma_0 = \dfrac{\pi^2 E}{\lambda^2}$

当 $\lambda < \lambda_c$ 时， $\sigma_0 = \sigma_s - 0.43\sigma_s \left(\dfrac{\lambda}{\lambda_c}\right)^2$ （12.10）

式中，λ_c 为与 C 点对应的长细比，$\lambda_c = \sqrt{\dfrac{\pi^2 E}{0.57\sigma_s}}$。Q235 钢的 $\lambda_c = 123$，Q345 钢的 $\lambda_c = 102$。无论是用欧拉公式还是用试验公式所求得的临界应力，都与实际压杆的临界应力有出入。这是因为临界应力受到两类因素的影响。一类是载荷和材料性能变异等存在的因素；另一类是压杆所特有的因素。如压杆的初弯曲、载荷作用的初偏心（单向偏心，双向偏心）、材料缺陷等造成的影响。因此，对于轴心受压构件，除要考虑基本安全系数 K 之外，还必须考虑由于第二类影响因素而采用的特殊安全系数 K_t。因此当用许用应力法验算轴心受压构件的整体稳定性时，应满足：

$$\sigma = \frac{N}{A} \leqslant \frac{\sigma_0}{KK_t} = \frac{\sigma_0}{K_t\sigma_s}\cdot\frac{\sigma_s}{K} = \frac{\sigma_0}{K_t\sigma_s}[\sigma] = \varphi[\sigma] \quad (12.11)$$

或写成一般形式：

$$\sigma = \frac{N}{\varphi A} \leqslant [\sigma] \quad (12.12)$$

式中 φ——轴心受压构件稳定系数，$\varphi = \dfrac{\sigma_0}{K_t\sigma_s}$；

K——强度安全系数；

K_t——特殊安全系数，当 $\lambda \leqslant \lambda_c$ 时，$K_t = 1 + 0.28\left(\dfrac{\lambda}{\lambda_c}\right)^2$，当 $\lambda_c < \lambda \leqslant 250$ 时，$K_t = 1.41 - 0.13\left(\dfrac{\lambda - \lambda_c}{250 - \lambda_c}\right)^2$。

在确定稳定系数 φ 时，对同一标号的钢材而言，屈服点 σ_s 为定值，σ_0 和 K_t 随构件的最大长细比 λ 而变化，计算公式为：

当 $\lambda \leqslant \lambda_c$ 时：

$$\varphi = \frac{1 - 0.43\left(\dfrac{\lambda}{\lambda_c}\right)^2}{1 + 0.28\left(\dfrac{\lambda}{\lambda_c}\right)^2} \quad (12.13)$$

当 $\lambda_c < \lambda \leqslant 250$ 时：

$$\varphi = \frac{\dfrac{\pi^2 E}{\lambda^2 \sigma_s}}{1.41 - 0.13\left(1 + \dfrac{\lambda - \lambda_c}{250 - \lambda_c}\right)} \tag{12.14}$$

在实际设计中可根据轴心受压构件的长细比 λ（如果 $\sigma_s > 235$ MPa，需用假想长细比 λ_F，对实腹式构件其值按 $\lambda_F = \lambda\sqrt{\dfrac{\sigma_s}{235}}$ 计算，对格构式构件其值按 $\lambda_{hF} = \lambda_h\sqrt{\dfrac{\sigma_s}{235}}$ 计算）和构件的截面类别（表 12.2）来确定轴心受压稳定系数，有对 x 轴的 φ_x 和对 y 轴的 φ_y 之分。φ 值按表 12.3—表 12.6 选取。

表 12.2　　　　　　　　　　　轴心受压构件的截面类别

截面分类	对 x 轴	对 y 轴
轧制（圆形截面）	a 类	a 类
轧制 $\dfrac{b}{h} \leqslant 0.8$	a 类	b 类
轧制 $\dfrac{b}{h} > 0.8$；焊接；翼缘为焰切边；焊接；轧制、焊接（板件宽厚比 > 20）（板厚 $t < 40$ mm）	b 类	b 类
轧制；轧制等边角钢	b 类	b 类
焊接	b 类	b 类
（组合截面）	b 类	b 类

续表

截面分类		对 x 轴	对 y 轴
焊接 翼缘为轧制或剪切边 轧制、焊接	板厚 $t<40$ mm	b 类	c 类
焊接　焊接 板件宽厚比≤20		c 类	c 类
轧制工字形或 H 形截面	40 mm≤t<80 mm	b 类	c 类
	t≥80 mm	c 类	d 类
焊接工字形截面,板厚 t≥40 mm	翼缘为焰切边	b 类	b 类
	翼缘为轧制或剪切边	c 类	d 类
焊接箱形截面,板厚 t≥40 mm	板件宽厚比>20	b 类	b 类
	板件宽厚比≤20	c 类	c 类

a 类、b 类、c 类、d 类截面轴心受压构件的稳定系数 φ 的选择见表 12.3—表 12.6。

表 12.3　　　　　　　　a 类截面轴心受压构件的稳定系数 φ

$\lambda\sqrt{\dfrac{\sigma_s}{235}}$	0	1	2	3	4	5	6	7	8	9
0	1.000	1.000	1.000	1.000	0.999	0.999	0.998	0.998	0.997	0.996
10	0.995	0.994	0.993	0.992	0.991	0.989	0.988	0.986	0.985	0.983
20	0.981	0.979	0.977	0.976	0.974	0.972	0.970	0.968	0.966	0.964
30	0.963	0.961	0.959	0.957	0.955	0.952	0.950	0.948	0.946	0.944
40	0.941	0.939	0.937	0.934	0.932	0.929	0.927	0.924	0.921	0.919
50	0.916	0.913	0.910	0.907	0.904	0.900	0.897	0.894	0.890	0.886
60	0.883	0.879	0.875	0.871	0.867	0.863	0.858	0.854	0.849	0.844
70	0.839	0.834	0.829	0.824	0.818	0.813	0.807	0.801	0.795	0.789

续表

$\lambda\sqrt{\dfrac{\sigma_s}{235}}$	0	1	2	3	4	5	6	7	8	9
80	0.783	0.776	0.770	0.763	0.757	0.750	0.743	0.736	0.728	0.721
90	0.714	0.706	0.699	0.691	0.684	0.676	0.668	0.661	0.653	0.645
100	0.638	0.630	0.622	0.615	0.607	0.600	0.592	0.585	0.577	0.570
110	0.563	0.555	0.548	0.541	0.534	0.527	0.520	0.514	0.507	0.500
120	0.494	0.488	0.481	0.475	0.469	0.463	0.457	0.451	0.445	0.440
130	0.434	0.429	0.423	0.418	0.412	0.407	0.402	0.397	0.392	0.387
140	0.383	0.378	0.373	0.369	0.364	0.360	0.356	0.351	0.347	0.343
150	0.339	0.335	0.331	0.327	0.323	0.320	0.316	0.312	0.309	0.305
160	0.302	0.298	0.295	0.292	0.289	0.285	0.282	0.279	0.276	0.273
170	0.270	0.267	0.264	0.262	0.259	0.256	0.253	0.251	0.248	0.246
180	0.243	0.241	0.238	0.236	0.233	0.231	0.229	0.226	0.224	0.222
190	0.220	0.218	0.215	0.213	0.211	0.209	0.207	0.205	0.203	0.201
200	0.199	0.198	0.196	0.194	0.192	0.190	0.189	0.187	0.185	0.183
210	0.182	0.180	0.179	0.177	0.175	0.174	0.172	0.171	0.169	0.168
220	0.166	0.165	0.164	0.162	0.161	0.159	0.158	0.157	0.155	0.154
230	0.153	0.152	0.150	0.149	0.148	0.147	0.146	0.144	0.143	0.142
240	0.141	0.140	0.139	0.138	0.136	0.135	0.134	0.133	0.132	0.131
250	0.130	—	—	—	—	—	—	—	—	—

注:见表 12.6 注。

表 12.4　　　　　　　　b 类截面轴心受压构件的稳定系数 φ

$\lambda\sqrt{\dfrac{\sigma_s}{235}}$	0	1	2	3	4	5	6	7	8	9
0	1.000	1.000	1.000	0.999	0.999	0.998	0.997	0.996	0.995	0.994
10	0.992	0.991	0.989	0.987	0.985	0.983	0.981	0.978	0.976	0.973
20	0.970	0.967	0.963	0.960	0.957	0.953	0.950	0.946	0.943	0.939
30	0.936	0.932	0.929	0.925	0.922	0.918	0.914	0.910	0.906	0.903
40	0.899	0.895	0.891	0.887	0.882	0.878	0.874	0.870	0.865	0.861
50	0.856	0.852	0.847	0.842	0.838	0.833	0.828	0.823	0.818	0.813
60	0.807	0.802	0.797	0.791	0.786	0.780	0.774	0.769	0.763	0.757
70	0.751	0.745	0.739	0.732	0.726	0.720	0.714	0.707	0.701	0.694
80	0.688	0.681	0.675	0.668	0.661	0.655	0.648	0.641	0.635	0.628
90	0.621	0.614	0.608	0.601	0.594	0.588	0.581	0.575	0.568	0.561

续表

$\lambda\sqrt{\dfrac{\sigma_s}{235}}$	0	1	2	3	4	5	6	7	8	9
100	0.555	0.549	0.542	0.536	0.529	0.523	0.517	0.511	0.505	0.499
110	0.493	0.487	0.481	0.475	0.470	0.464	0.458	0.453	0.447	0.442
120	0.437	0.432	0.426	0.421	0.416	0.411	0.406	0.402	0.397	0.392
130	0.387	0.383	0.378	0.374	0.370	0.365	0.361	0.357	0.353	0.349
140	0.345	0.341	0.337	0.333	0.329	0.326	0.322	0.318	0.315	0.311
150	0.308	0.304	0.301	0.298	0.295	0.291	0.288	0.285	0.282	0.279
160	0.276	0.273	0.270	0.267	0.265	0.262	0.259	0.256	0.254	0.251
170	0.249	0.246	0.244	0.241	0.239	0.236	0.234	0.232	0.229	0.227
180	0.225	0.223	0.220	0.218	0.216	0.214	0.212	0.210	0.208	0.206
190	0.204	0.202	0.200	0.198	0.197	0.195	0.193	0.191	0.190	0.188
200	0.186	0.184	0.183	0.181	0.180	0.178	0.176	0.175	0.173	0.172
210	0.170	0.169	0.167	0.166	0.165	0.163	0.162	0.160	0.159	0.158
220	0.156	0.155	0.154	0.153	0.151	0.150	0.149	0.148	0.146	0.145
230	0.144	0.143	0.142	0.141	0.140	0.138	0.137	0.136	0.135	0.134
240	0.133	0.132	0.131	0.130	0.129	0.128	0.127	0.126	0.125	0.124
250	0.123	—	—	—	—	—	—	—	—	—

注:见表12.6注。

表12.5　　c类截面轴心受压构件的稳定系数 φ

$\lambda\sqrt{\dfrac{\sigma_s}{235}}$	0	1	2	3	4	5	6	7	8	9
0	1.000	1.000	1.000	0.999	0.999	0.998	0.997	0.996	0.995	0.993
10	0.992	0.990	0.988	0.986	0.983	0.981	0.978	0.976	0.973	0.970
20	0.966	0.959	0.953	0.947	0.940	0.934	0.928	0.921	0.915	0.909
30	0.902	0.896	0.890	0.884	0.877	0.871	0.865	0.858	0.852	0.846
40	0.839	0.833	0.826	0.820	0.814	0.807	0.801	0.794	0.788	0.781
50	0.775	0.768	0.762	0.755	0.748	0.742	0.735	0.729	0.722	0.715
60	0.709	0.702	0.695	0.689	0.682	0.676	0.669	0.662	0.656	0.649
70	0.643	0.636	0.629	0.623	0.616	0.610	0.604	0.597	0.591	0.584
80	0.578	0.572	0.566	0.559	0.553	0.547	0.541	0.535	0.529	0.523
90	0.517	0.511	0.505	0.500	0.494	0.488	0.483	0.477	0.472	0.467
100	0.463	0.458	0.454	0.449	0.445	0.441	0.436	0.432	0.428	0.423
110	0.419	0.415	0.411	0.407	0.403	0.399	0.395	0.391	0.387	0.383

续表

$\lambda\sqrt{\dfrac{\sigma_s}{235}}$	0	1	2	3	4	5	6	7	8	9
120	0.379	0.375	0.371	0.367	0.364	0.360	0.356	0.353	0.349	0.346
130	0.342	0.339	0.335	0.332	0.328	0.325	0.322	0.319	0.315	0.312
140	0.309	0.306	0.303	0.300	0.297	0.294	0.291	0.288	0.285	0.282
150	0.280	0.277	0.274	0.271	0.269	0.266	0.264	0.261	0.258	0.256
160	0.254	0.251	0.249	0.246	0.244	0.242	0.239	0.237	0.235	0.233
170	0.230	0.228	0.226	0.224	0.222	0.220	0.218	0.216	0.214	0.212
180	0.210	0.208	0.206	0.205	0.203	0.201	0.199	0.197	0.196	0.194
190	0.192	0.190	0.189	0.187	0.186	0.184	0.182	0.181	0.179	0.178
200	0.176	0.175	0.173	0.172	0.170	0.169	0.168	0.166	0.165	0.163
210	0.162	0.161	0.159	0.158	0.157	0.156	0.154	0.153	0.152	0.151
220	0.150	0.148	0.147	0.146	0.145	0.144	0.143	0.142	0.140	0.139
230	0.138	0.137	0.136	0.135	0.134	0.133	0.132	0.131	0.130	0.129
240	0.128	0.127	0.126	0.125	0.124	0.124	0.123	0.122	0.121	0.120
250	0.119	—	—	—	—	—	—	—	—	—

注:见表12.6注。

表12.6　　　　　　　d类截面轴心受压构件的稳定系数 φ

$\lambda\sqrt{\dfrac{\sigma_s}{235}}$	0	1	2	3	4	5	6	7	8	9
0	1.000	1.000	0.999	0.999	0.998	0.996	0.994	0.992	0.990	0.987
10	0.984	0.981	0.978	0.974	0.969	0.965	0.960	0.955	0.949	0.944
20	0.937	0.927	0.918	0.909	0.900	0.891	0.883	0.874	0.865	0.857
30	0.848	0.840	0.831	0.823	0.815	0.807	0.799	0.790	0.782	0.774
40	0.766	0.759	0.751	0.743	0.735	0.728	0.720	0.712	0.705	0.697
50	0.690	0.683	0.675	0.668	0.661	0.654	0.646	0.639	0.632	0.625
60	0.618	0.612	0.605	0.598	0.591	0.585	0.578	0.572	0.565	0.559
70	0.552	0.546	0.540	0.534	0.528	0.522	0.516	0.510	0.504	0.498
80	0.493	0.487	0.481	0.476	0.470	0.465	0.460	0.454	0.449	0.444
90	0.439	0.434	0.429	0.424	0.419	0.414	0.410	0.405	0.401	0.397
100	0.394	0.390	0.387	0.383	0.380	0.376	0.373	0.370	0.366	0.363
110	0.359	0.356	0.353	0.350	0.346	0.343	0.340	0.337	0.334	0.331
120	0.328	0.325	0.322	0.319	0.316	0.313	0.310	0.307	0.304	0.301
130	0.299	0.296	0.293	0.290	0.288	0.285	0.282	0.280	0.277	0.275
140	0.272	0.270	0.267	0.265	0.262	0.260	0.258	0.255	0.253	0.251

续表

$\lambda\sqrt{\dfrac{\sigma_s}{235}}$	0	1	2	3	4	5	6	7	8	9
150	0.248	0.246	0.244	0.242	0.240	0.237	0.235	0.233	0.231	0.229
160	0.227	0.225	0.223	0.221	0.219	0.217	0.215	0.213	0.212	0.210
170	0.208	0.206	0.204	0.203	0.201	0.199	0.197	0.196	0.194	0.192
180	0.191	0.189	0.188	0.186	0.184	0.183	0.181	0.180	0.178	0.177
190	0.176	0.174	0.173	0.171	0.170	0.168	0.167	0.166	0.164	0.163
200	0.162	—	—	—	—	—	—	—	—	—

注：(1) 表12.3—表12.6 中指的 a,b,c,d 类截面，见表12.2。

(2) 表12.3—表12.6 中的 φ 值系按下列公式计算：

当 $\lambda_n = \dfrac{\lambda}{\pi}\sqrt{\dfrac{\sigma_s}{E}} \leqslant 0.215$ 时：$\varphi = 1 - \alpha_1 \lambda_n^2$

当 $\lambda_n > 0.215$ 时：$\varphi = \dfrac{1}{2\lambda_n^2}\left[(\alpha_2 + \alpha_3\lambda_n + \lambda_n^2) - \sqrt{(\alpha_2 + \alpha_3\lambda_n + \lambda_n^2)^2 - 4\lambda_n^2}\right]$

式中 $\alpha_1, \alpha_2, \alpha_3$——系数，根据表12.2 的截面分类，由表12.7 查用；

λ_n——正则长细比。

(3) 当构件的 $\lambda\sqrt{\dfrac{\sigma_s}{235}}$ 值超出表12.3—表12.7 的范围时，则 φ 值按注(2) 所列的公式计算。σ_s 为钢材的屈服点，单位为 N/mm²。

表12.7　　　　　　　　　　　　　系数 $\alpha_1, \alpha_2, \alpha_3$

截面类别		α_1	α_2	α_3
a类		0.41	0.986	0.152
b类		0.65	0.965	0.300
c类	$\lambda_n \leqslant 1.05$	0.73	0.906	0.595
	$\lambda_n > 1.05$		1.216	0.302
d类	$\lambda_n \leqslant 1.05$	1.35	0.868	0.915
	$\lambda_n > 1.05$		1.375	0.432

12.3.2 局部稳定性

轴心受压构件不仅有丧失整体稳定的可能性，而且也有丧失局部稳定的可能性。实腹式轴心受压构件是由腹板和翼缘板组成，在轴心压力作用下，腹板和翼缘板承受均匀的压应力。当压力到达某一数值量时，板件不能继续维持平面平衡状态就会产生屈曲现象，即丧失局部稳定。

1. 局部稳定性控制条件

工字形截面轴心受压构件的翼缘板，其悬伸部分[图12.8(a)]的受力情况支承条件与工字形截面梁翼缘的悬伸部分相同，其高厚比的控制条件为：

$$\dfrac{b_e}{t} = 16\sqrt{\dfrac{235}{\sigma_s}} \tag{12.15}$$

工字形、箱形截面轴心受压构件腹板的高厚比（图12.8），应按照受压构件局部稳定性与整体稳定性的等稳条件来加以控制。对于这种四边简支、均匀受压的板,由屈曲系数曲线(图 11.14)得 $K_\sigma=4$,则在弹塑性工作阶段时的临界应力为:

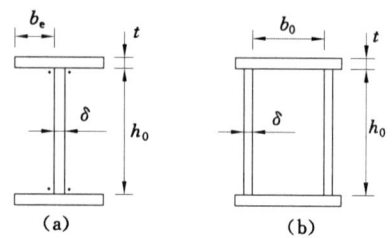

图 12.8　工字形截面和箱形截面

$$\sigma_0=\sqrt{\frac{E_t}{E}}K_\sigma\sigma_E=\sqrt{\frac{E_t}{E}}\times 4\times 19\times\left(\frac{100\delta}{h_0}\right)^2 \tag{12.16}$$

根据等稳条件 σ_0 应满足:

$$\sigma_0\geqslant\varphi\sigma_s \tag{12.17}$$

由式(12.16)和式(12.14)得:

$$76\times 10^4\left(\frac{\delta}{h_0}\right)^2\sqrt{\frac{E_t}{E}}\geqslant\frac{1-0.43\left(\frac{\lambda}{\lambda_c}\right)^2}{1+0.28\left(\frac{\lambda}{\lambda_c}\right)^2}\sigma_s \tag{12.18}$$

取 $E_t=0.5E$,$\lambda_c=123$(对 Q235 钢),$\sigma_s=\frac{235}{235}\sigma_s$ 和 $K_t=1+0.28\left(\frac{\lambda}{\lambda_c}\right)^2$ 平均取为 1.15,将这些数值代入式(12.18),得:

$$\frac{h_0}{\delta}\leqslant\left[50.7+7.2\left(\frac{\lambda}{100}\right)^2\right]\sqrt{\frac{235}{\sigma_s}} \tag{12.19}$$

在实际计算中取近似取直线方程:

$$\frac{h_0}{\delta}\leqslant 50\sqrt{\frac{235}{\sigma_s}}+0.1\lambda \tag{12.20}$$

此式也同样适用于作箱形截面两腹板之间的翼缘板宽厚比 $\frac{b_0}{t}$ 的控制条件,见图 12.8(b),式中 $\frac{h_0}{\delta}$ 改为 $\frac{b_0}{t}$。

2. 保证局部稳定性的措施

当轴心受压构件的翼缘宽厚比或腹板高厚比不满足相应的控制条件时,则必须采取措施予以保证。

(1) 增加板厚,以减小板的宽厚比或高厚比。但由于增加板厚会增大重量,故一般仅用于工字形受压构件的翼缘上。

(2) 加装纵向加劲肋,以减小翼缘或腹板的计算宽度,使板的宽厚比或高厚比减小。对工字形截面的腹板和箱形截面的腹板、翼缘均可采用此方法。纵向加劲肋对于工字形截面应成对地均匀布置在腹板两侧,对于箱形截面应布置在翼缘或腹板的内侧。为了保证纵向加劲肋自身稳定和增加抗扭刚度,受压构件每隔$(2.5\sim3)h_0$间距应布置横向加劲肋(图 12.9)。横向加劲肋的单边外伸宽度取$b_l \geqslant \dfrac{h_0}{30}+40$ mm,厚度取$\delta_l \geqslant \dfrac{b_l}{15}\sqrt{\dfrac{\sigma_s}{235}}$。

(3) 采用有效截面计算复核,腹板截面面积仅考虑两侧宽度各为$20\delta\sqrt{\dfrac{235}{\sigma_s}}$(从腹板计算高度边缘算起)的部分(图 12.10),其余腹板部分不计。

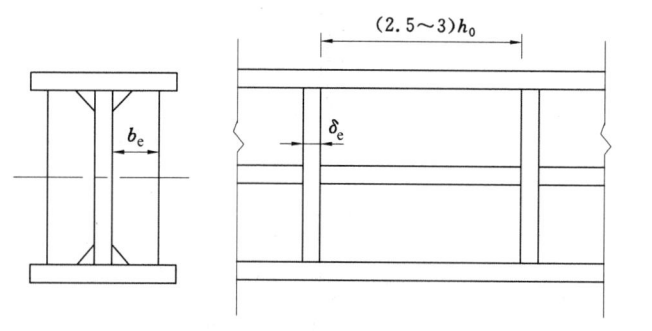

图 12.9 横向加强肋

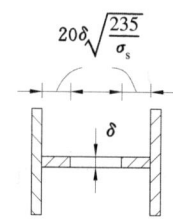

图 12.10 腹板截面面积核算

12.3.3 截面设计

在确定了轴心受压构件的钢材标号、轴心力、计算长度以及截面型式后,可根据对构件的整体稳定性、局部稳定性、强度和刚性等条件确定截面尺寸,进行截面设计。

1. 截面尺寸的选择

截面尺寸的选择按下列步骤进行:

(1) 构件的长细比λ。根据设计经验,对于计算长度为$5\sim6$ m的压杆,当$N\leqslant 1\,500$ kN时,取$\lambda=80\sim100$;$N=2\,000\sim2\,500$ kN时,$\lambda=70$;$N=3\,000\sim3\,500$ kN时,$\lambda=60\sim70$。

(2) 由λ值从表 12.2 和表 12.3—表 12.6 中查出相应的稳定系数φ,并算出对应于假定长细比的回转半径$r=\dfrac{l_0}{\lambda}$。

(3) 按照整体稳定的要求算出所需要的截面积$A_u=\dfrac{N}{\varphi[\sigma]}$。

(4) 根据回转半径与轮廓尺寸的近似关系(表 12.8),初定截面的高度$h=\dfrac{r_x}{\alpha_1}$、宽度$b=\dfrac{r_y}{\alpha_2}$。

表 12.8　　　　　　　　　回转半径与轮廓尺寸的近似关系

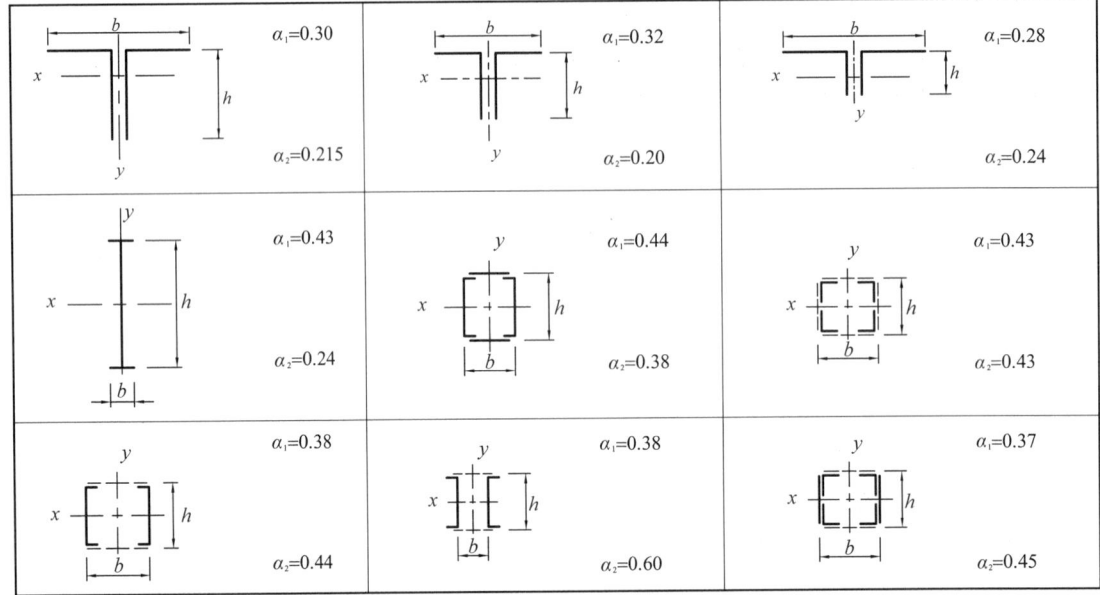

(5) 确定翼缘板和腹板厚度尺寸。一般以翼缘板和腹板的局部稳定性条件来确定其厚度,使宽厚比和高厚比分别满足式(12.15)和式(12.20),或在设置加筋板后满足要求。

由于上述长细比是假定的,初次设计常不易得到合理的截面。因此,当假定的长细比不合适时,需对截面作调整:若长细比过大,则算得的截面面积过大,而轮廓尺寸过小,造成构件重量大、不经济,对应调整方法应是适当降低 λ 值,重新选择截面;反之,若长细比设定得过小,则算得的截面面积过小,轮廓尺寸过大,使得构件无法满足局部稳定条件,此时应适当提高长细比,重新选择截面。对于受力较小的压杆,如果按照整体稳定的要求选择截面尺寸,会出现截面过小导致构件过于细长,刚性不足会使压杆弯曲。所以此类压杆应根据许用长细比来确定其截面的轮廓尺寸。

2. 截面验算

在选定了截面并算出截面几何特性后,可对构件进行强度、刚性和整体稳定性验算。强度和刚性验算公式与受拉构件相似,分别为式(12.2)和式(12.3)。但其中式(12.3)中的许用长细比应采用受压构件的许用长细比。此外,截面无削弱的轴心受压构件,若满足稳定性条件也就必定满足强度条件,故可不需按式(12.2)验算强度。

轴心受压构件的整体稳定性应满足式(12.12)要求,即:

$$\sigma = \frac{N}{\varphi A} \leqslant [\sigma] \tag{12.21}$$

式中　N——轴心受压构件的计算载荷;
　　　A——构件的毛截面面积;
　　　φ——轴心受压构件稳定系数,按截面类别和最大长细比查表 12.3—表 12.6 求得。

实腹式轴心压杆的翼缘板与腹板间的连接焊缝一般受力较小,可不计算。通常采用同一焊脚高度,按构造选取 $h_f = 4 \sim 8$ mm。

例 12.2 已知图 12.11 所示工字形截面轴心压杆,杆长 $l=4$ m,两端铰支,轴心压力 $N=600$ kN,材料为 Q235 钢,试设计其截面尺寸并验算。

解:
(1) 先假定长细比 $\lambda=100$,查表 12.4 得到 $\varphi=0.555$。
截面所需回转半径:

$$r_u = \frac{l_0}{\lambda} = \frac{400}{100} = 4 \text{ cm}$$

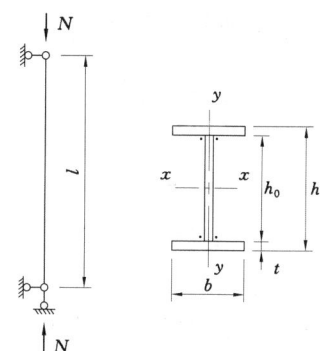

图 12.11 例 12.2 图

估算截面各部分尺寸:

$$A_u = \frac{N}{\varphi[\sigma]} = \frac{600 \times 10^3}{0.555 \times 170} = 6359.3 \text{ mm}^2 = 63.6 \text{ cm}^2$$

截面尺寸

$$b_u = \frac{r_u}{\alpha_2} = \frac{4}{0.24} = 16.6 \text{ cm}$$

$$h_u = \frac{r_u}{\alpha_1} = \frac{4}{0.43} = 9.3 \text{ cm}$$

截面高度 h 由构造确定,要求 $h > h_u$,常取 $h \approx b$。

(2) 试选截面。
翼缘:因 $b_u=16.6$ cm,采用 2—10 mm×170 mm,则截面面积 $A_1=2\times17\times1=34$ cm²。
腹板:需要面积为 $A_2=A_u-A_1=63.6-34=29.6$ cm²,现取 $h=b=17$ cm,则腹板厚度 $\delta=\frac{29.6}{17-2}=1.97$ cm。可见太厚,说明长细比假定偏大,应对截面作调整。

经试算后最终采用:
翼缘:2—10×100 $A_1=2\times20\times1=40$ cm²
腹板:1—6×180 $A_2=18\times0.6=10.8$ cm²
总面积 $A=A_1+A_2=40+10.8=50.8$ cm²

(3) 截面验算。
由于 $l_{0x}=l_{0y}$,而 $r_x > r_y$,故截面仅需对 y 轴作稳定控制。

$$I_y = 2 \times \frac{1}{12} \times 1 \times 20^3 = 1330 \text{ cm}^4$$

$$r_y = \sqrt{\frac{I_y}{A}} = \sqrt{\frac{1330}{50.8}} = 5.11 \text{ cm}$$

$$\lambda_y = \frac{l_{0y}}{r_y} = \frac{400}{5.11} = 78.5 < [\lambda] = 150$$

刚性满足。
由 λ_y 查表 12.4 得稳定系数 $\varphi_y=0.6975$,整体稳定验算:

$$\sigma = \frac{N}{\varphi_y A} = \frac{600 \times 10^3}{0.6975 \times 50.8 \times 10^2} = 169.3 \text{ MPa} < [\sigma] = 170 \text{ MPa}$$

局部稳定验算：

腹板：$\dfrac{h_0}{\delta} = \dfrac{18}{0.6} = 30 < 50\sqrt{\dfrac{235}{235}} + 0.1 \times 78.5 = 57.85$，

翼缘外伸部分：$\dfrac{b_e}{t} = \dfrac{0.5 \times 20}{1.0} = 10 < 16\sqrt{\dfrac{235}{235}} = 16$，

该构件截面安全。

12.4 格构式轴心受压构件的设计

前面讨论的实腹式轴心受压构件的抗剪刚性较大，在丧失整体稳定时构件中横向剪力很小，因此横向剪力对实腹式构件产生的剪切变形可忽略不计。格构式轴心受压构件绕实轴发生弯曲失稳时情景与实腹式压杆一样。但是当格构式轴心受压构件绕虚轴发生弯曲失稳时，由于剪力由刚性较差的缀材承受，剪切变形较大，将导致压杆产生较大的附加变形，故剪切变形对压杆整体稳定性的影响已不能忽略。由此可见，与实腹式压杆相比，在同样长细比条件下，格构式轴心压杆对虚轴的稳定性要差一些。但是，格构式压杆的自重一般比实腹式压杆要轻，这是因为格构式压杆的肢件可互相分离，获得较开阔的截面外形，从而增加抗弯刚性。此外，通过调整肢件间距，可达到两个主轴方向的等长细比、等稳定条件。当然就加工制造而言，格构式压杆相对要费工麻烦些。

12.4.1 剪切变形对轴心压杆临界应力的影响

以图 12.12 所示两端铰支、长度为 l 的等截面理想直杆为例，介绍剪切变形对构件临界应力的影响。当轴心压力 N 达到临界压力 N_0 时，压杆在干扰因素下由直线平衡状态转变为微弯平衡状态。在任意截面处除有轴心力 N 外，还存在弯矩 M 和剪力 Q：

$$M = N_0 y \tag{12.22}$$

$$Q = N_0 \sin\theta \approx N_0 \theta = N_0 \dfrac{\mathrm{d}y}{\mathrm{d}x} \tag{12.23}$$

由式(12.23)可见，剪力 Q 是角位移 θ 的函数，在杆件的两端处为最大，而在杆件中央截面处 Q 为 0。

压杆在弯矩 M 和剪力 Q 的共同作用下，任一截面处在 y 方向的位移包括两部分：由弯矩 M 产生的位移 y_M 和剪力 Q 产生的位移 y_Q，即：

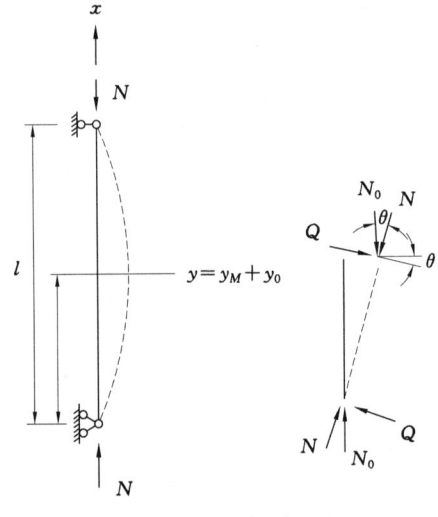

图 12.12 压杆的变形

$$y = y_M + y_Q \tag{12.24}$$

将式(12.24)对 x 取二阶导数，得

$$y'' = y_M'' + y_Q'' \tag{12.25}$$

其中

$$y_M'' = -\frac{M}{EI} = -\frac{N_0 y}{EI}$$

$$y' = \gamma = \frac{KQ}{GA} = \frac{K}{GA}\frac{\mathrm{d}M}{\mathrm{d}x} = \frac{KN_0}{GA}y'' \tag{12.26}$$

$$y_Q'' = \frac{KN_0}{GA}y''$$

式中 γ——剪力 Q 引起的剪切角位移；

　　K——截面形状系数；

　　G——钢材的剪切模量；

　　A,I——构件毛截面面积、毛截面惯性矩。

将式(12.17)、式(12.18)代入式(12.26)中得：

$$y'' = -\frac{N_0 y}{EI} + \frac{KN_0}{GA}y''$$

解此二阶微分方程，经化简整理后得临界压力 N_0 为：

$$N_0 = \frac{\pi^2 EI}{l^2}\frac{1}{1+\frac{\pi^2 EI}{l^2}\frac{K}{GA}} \tag{12.27}$$

令 $\gamma_1 = \frac{\gamma}{Q} = \frac{K}{GA}$（$\gamma$ 为 $Q=1$ 时的单位剪切角），则式(12.27)可改写为：

$$N_0 = \frac{\pi^2 EI}{l^2}\frac{1}{1+\frac{\pi^2 EI}{l^2}\gamma_1} \tag{12.28}$$

若以临界应力 σ_0 表示，则为：

$$\begin{aligned}\sigma_0 &= \frac{N_0}{A} = \frac{\pi^2 E}{\lambda^2}\frac{1}{1+\frac{\pi^2 EA}{\lambda^2}\gamma_1}\\ &= \frac{\pi^2 E}{\lambda^2 + \pi^2 EA\gamma_1}\\ &= \frac{\pi^2 E}{\lambda_{\mathrm{hy}}^2}\end{aligned} \tag{12.29}$$

式中，λ_{hy} 为换算长细比：

$$\lambda_{\mathrm{hy}} = \sqrt{\lambda^2 + \pi^2 EA\gamma_1} \tag{12.30}$$

可见，格构式压杆对虚轴的稳定性计算与实腹式压杆相同，只是以换算长细比 λ_{hy} 代替了实腹式压杆的 λ，然后查表 12.3—表 12.6 求得 φ 值。

由于换算长细比 λ_{hy} 与剪切角 γ_1 的大小有关，因此各种型式的格构式压杆的 λ_{hy} 数值是不同的。下面分别以双肢缀条式和缀板式压杆为例，介绍换算长细比 λ_{hy} 的计算方法。对于

其他形式构件的 λ_{hy},仅给出计算公式。

1. 缀条式双肢格构式压杆的换算长细比

图 12.13(a)所示为三角形缀条式双肢压杆,取节距为 a 的分离体作分析,见图 12.13(b)。该分离体在单位剪力 $Q=1$ 作用下(由前后两个缀条面共同承受),产生剪切变形 δ_1,对应的剪切角为 γ_1。考虑到剪切变形为小变形,故由图 12.13(b)所示的几何关系可得:

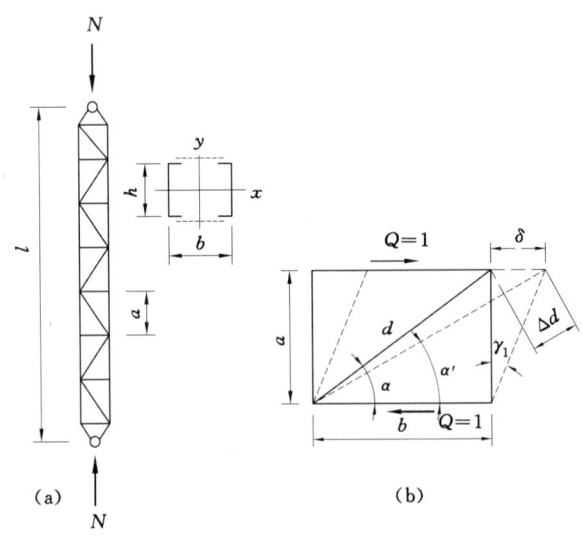

图 12.13　缀条式双肢压杆的剪切变形

$$\operatorname{tg}\gamma_1 \approx \gamma_1 = \frac{\delta_1}{a} = \frac{\Delta d}{a\cos\alpha'} \approx \frac{\Delta d}{a\cos\alpha} \tag{12.31}$$

式中,Δd 为长度 d 的斜缀条在轴向力 N_d 作用下的伸长量:

$$\Delta d = \frac{N_d \cdot d}{EA_1} \tag{12.32}$$

而轴向力 N_d 是由剪力 $Q=1$ 引起的,则 $N_d = \frac{1}{\cos\alpha}$,$d = \frac{a}{\sin\alpha}$,将各关系式代入 γ_1 得:

$$\gamma_1 = \frac{1}{EA_1 \cos^2\alpha \sin\alpha} \tag{12.33}$$

式中,A_1 为构件横截面所截各斜缀条(三角形为两根)的毛截面面积之和,若采用十字交叉形缀条,A_1 为四根斜缀条毛截面之和。

将 γ_1 代入式(12.22)中,得:

$$\lambda_{hy} = \sqrt{\lambda^2 + \pi^2 EA\gamma_1} = \sqrt{\lambda^2 + \frac{\pi^2 A}{\cos^2\alpha \sin\alpha A_1}} \tag{12.34}$$

斜缀条的倾角 α(斜缀条轴线与水平线夹角)从稳定性条件而言,最佳值约为 $35°$。但从习惯上以及从美观和减小缀条数目而言,通常取倾角 α 为 $45°$,则 $\pi^2/\cos^2\alpha \cdot \sin\alpha \approx 27$。由此,可得缀条式双肢格构式压杆对虚轴的换算长细比 λ_{hy} 为:

$$\lambda_{hy} = \sqrt{\lambda_y + 27\frac{A}{A_1}} \tag{12.35}$$

式中,A 为不包括缀条截面积的压杆全部肢件截面积之和。

2. 缀板式双肢格构式压杆的换算长细比

图 12.14(a)为缀板式双肢压杆,缀板在其本身平面内的刚性较大,与肢件连接可视为刚接,现用截面Ⅰ—Ⅰ和Ⅱ—Ⅱ截取出长度为 l_1 的区段来分析。该两截面分别位于相邻两节间的中点,即构件失稳时肢件的弯矩零点处(因为弯矩为零,可以简化视作铰接点)。在单位剪力 $Q=1$ 的作用下$\left(\text{由两个缀板面共同承受,每一肢段为}\dfrac{Q}{2}=\dfrac{1}{2}\right)$,剪切角 γ_1 为:

$$\gamma_1 = \delta_1 + \delta_2 \tag{12.36}$$

δ_1 为由肢件弯曲产生的剪切位移,可按端部有集中力 $\dfrac{Q}{2}=\dfrac{1}{2}$ 作用的悬臂梁计算,见图 12.14(c),则:

$$\delta_1 = \frac{l_1^3}{48EI_1} \tag{12.37}$$

式中,EI_1 为一个肢件的横向抗弯刚度。

δ_2 为由缀板弯曲产生的剪切位移,等于缀板端部的角位移 θ 与二分之一肢件节间长度 $\dfrac{l_1}{2}$ 之积,见图 12.14(d),则:

$$\delta_2 = \theta \cdot \frac{l_1}{2} = \frac{l_1^2 a}{24EI_a} \tag{12.38}$$

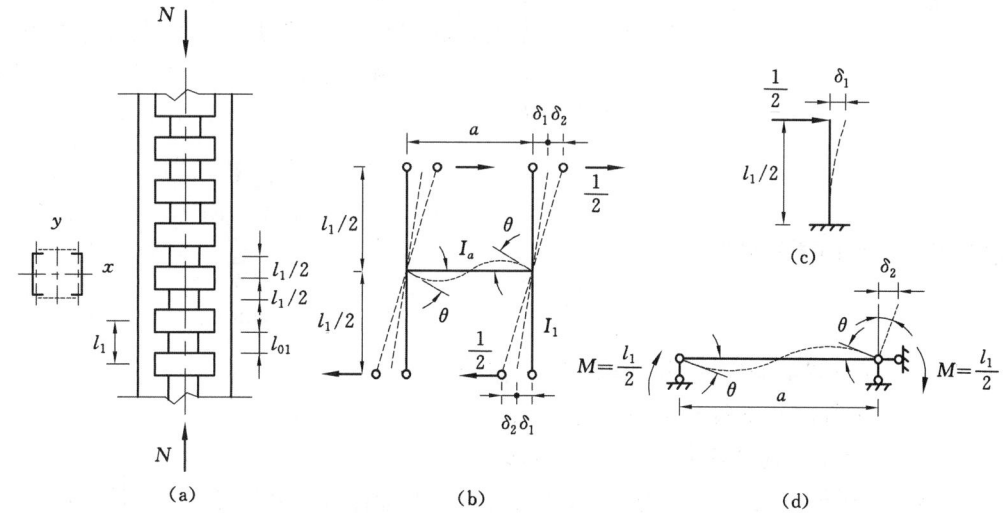

图 12.14 缀板式双肢轴心受压构件及其剪切变形

式中 θ——缀板端部的角位移,$\theta = \dfrac{Ma}{6EI_a} = \dfrac{l_1 a}{12EI_a}$;

EI_a——缀板的抗弯刚度；

a——双肢间距，等于缀板跨度。

因此，由单位剪力 $Q=1$ 产生的剪切角为：

$$\gamma_1 \approx \text{tg}\,\gamma_1 = \frac{\delta_1+\delta_2}{\frac{1}{2}l_1} = \frac{l_1^2}{24EI_1} + \frac{al_1}{12EI_a} \tag{12.39}$$

将式(12.39)代入式(12.30)可得缀板式双肢格构式压杆对虚轴的换算长细比 λ_{hy} 为：

$$\lambda_{hy} = \sqrt{\lambda^2 + \pi^2 EA\gamma_1} = \sqrt{\lambda^2 + \pi^2 EA\left(\frac{l_1^2}{24EI_1} + \frac{al_1}{12EI_a}\right)} \tag{12.40}$$

由于缀板的弯曲刚度 EI_a 很大，式中 $\frac{al_1}{12EI_a}$ 项可忽略不计，且取 $\frac{\pi^2}{12} \approx 1$，则式(12.40)可化简为：

$$\lambda_{hy} = \sqrt{\lambda_y^2 + \lambda_1^2} \tag{12.41}$$

式中 λ_1——单肢件对自身最小刚性轴 1—1 的长细比，考虑到缀板的刚性较大，其计算长度可取缀板间的净距 l_{01}，即 $\lambda_1 = \frac{l_{01}}{r_1}$；

r_1——单肢件对自身最小刚性轴 1—1 的回转半径，$r_1 = \sqrt{\frac{2I_1}{A}}$；

A——不包括缀板截面积的构件全部肢件截面积之和，$A/2$ 即单肢截面积。

3. 缀条式三肢（等腰）格构式压杆的换算长细比

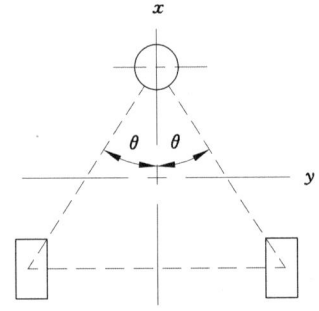

图 12.15 三肢件压杆的截面型式

三肢等腰格构式压杆，一般用缀条作为缀材。由于截面为几何不变体，可省去一片桁架，且不需设横膈。因此在塔式起重机臂架、升降机导轨等建筑工程机械结构上经常采用（图12.15）。此类构件的 x 轴和 y 轴都是虚轴，故需对两个主轴进行换算长细比计算：

$$\lambda_{hx} = \sqrt{\lambda_x^2 + \frac{42A}{A_1(1.5-\cos^2\theta)}} \tag{12.42}$$

$$\lambda_{hy} = \sqrt{\lambda_y^2 + \frac{42A}{A_1\cos^2\theta}} \tag{12.43}$$

式中 A_1——构件横截面所截到的斜缀条毛截面积之和；

θ——缀条所在平面和 x 轴的夹角。

4. 缀条式四肢格构式压杆的换算长细比

四肢格构式压杆对任一虚轴的换算长细比也可与双肢压杆一样推导。由于四肢压杆的空间刚性较差，四肢受力不均匀，都会影响稳定性。通常将这些不利因素合并在剪切变形对稳定性影响的修正项内一起考虑，故对缀条式四肢，将两肢压杆的换算长细比式(12.35)中的 $27\frac{A}{A_1}$ 项约增大 50%，改为：

$$\lambda_{hx}=\sqrt{\lambda_x^2+40\frac{A}{A_{1x}}}\tag{12.44}$$

$$\lambda_{hy}=\sqrt{\lambda_y^2+40\frac{A}{A_{1y}}}\tag{12.45}$$

对缀板式四肢压杆,将对应两肢压杆的换算长细比公式中的 λ_1 项改为按最小回转半径轴(图 12.16)算得的单肢长细比,即:

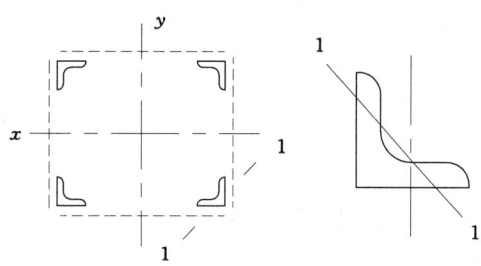

图 12.16 四肢压杆截面型式

$$\lambda_{hx}=\sqrt{\lambda_x^2+\lambda_1^2}\tag{12.46}$$

$$\lambda_{hy}=\sqrt{\lambda_y^2+\lambda_1^2}\tag{12.47}$$

为了便于使用,将上述各种形式的格构式压杆的换算长细比计算公式汇总于表 12.9。

表 12.9　　　　　　　　　格构式构件换算长细比 λ_h 计算公式

项次	构件截面形式	缀材类别	计算公式	符号意义
1	(a)	缀板	$\lambda_{hy}=\sqrt{\lambda_y^2+\lambda_1^2}$	λ_y——整个构件对虚轴的长细比 λ_1——单肢对 1—1 轴的长细比,其计算长度取缀板间的净距离(铆接构件取缀板边缘铆钉中心间的距离)
2		缀条	$\lambda_{hy}=\sqrt{\lambda_y^2+27\dfrac{A}{A_1}}$	A——构件横截面所截各弦杆(主肢)的毛截面面积之和 A_1——构件横截面所截各斜缀条的毛截面面积之和
3	(b)	缀板	$\lambda_{hx}=\sqrt{\lambda_x^2+\lambda_1^2}$ $\lambda_{hy}=\sqrt{\lambda_y^2+\lambda_1^2}$	λ_1——单肢对最小刚度轴 1—1 的长细比,其计算长度取缀板间的净距离(铆接构件取缀板边缘铆钉中心间的距离)
4		缀条	$\lambda_{hx}=\sqrt{\lambda_x^2+40\dfrac{A}{A_{1x}}}$ $\lambda_{hy}=\sqrt{\lambda_y^2+40\dfrac{A}{A_{1y}}}$	A_{1x}——构件横截面所截垂直于 x-x 轴的平面内各斜缀条的毛截面面积之和 A_{1y}——构件横截面所截垂直于 y-y 轴的平面内各斜缀条的毛截面面积之和

续表

项次	构件截面形式	缀材类别	计算公式	符号意义
5	(c)	缀条	$\lambda_{\mathrm{hx}}=\sqrt{\lambda_x^2+\dfrac{42A}{A_1(1.5-\cos^2\theta)}}$ $\lambda_{\mathrm{hy}}=\sqrt{\lambda_y^2+\dfrac{42A}{A_1\cos^2\theta}}$	A——构件横截面所截各弦杆的毛截面面积之和 A_1——构件横截面所截各斜缀条的毛截面面积之和 θ——缀条所在平面与 x 轴的夹角

注:(1) 缀板组合结构件的单肢长细比 λ_1 不应大于40。缀板尺寸应符合下列规定:缀板沿柱纵向的宽度不应小于肢件轴线间距离的 2/3,厚度不应小于该距离的 1/40,且不小于 6 mm。
(2) 斜缀条与结构件轴线间倾角应保持在 40°~70°范围内。

12.4.2 截面设计

格构式轴心受压构件的截面设计,主要确定肢件的型钢截面和肢件间距离。下面主要讨论双肢格构式压杆的截面设计步骤和方法,其他型式的格构式压杆截面设计原理相同。

双肢格构式压杆截面的设计步骤为:先按压杆对实轴 x 的整体稳定条件,选择肢件的型钢截面,然后按绕虚轴 y 和实轴 x 的等稳定条件来确定两单肢的间距,最后作压杆的强度、刚度和整体稳定性验算。由于单肢一般采用型钢,故无须做局部稳定性验算。

具体步骤如下:

(1) 按构件对实轴 x 的稳定性选择单肢截面。

根据轴心力 N 的大小初步设定构件的长细比。对于长 6~7 m 的压杆,当 $N=1\,000$~$2\,500$ kN 时,可取 $\lambda=70$~90;当 $N=2\,500$~$3\,000$ kN 时,可取 $\lambda=50$~60。由初定的 λ,从表 12.3—表 12.6 中查出轴心受压构件稳定系数 φ_x,再按稳定性条件计算所需肢件总截面积 $A_u=\dfrac{N}{\varphi_x[\sigma]}$,并根据设定的长细比算出回转半径 $r_x=\dfrac{l_{0x}}{\lambda_x}$。然后,根据 r_x、A_u,从型钢表中选取两项参数均相近的合适型钢。如选不到合适的型钢,则调整假设的长细比,直至满足稳定性条件为止。

(2) 按等稳定条件,确定两单肢的间距。

等稳定条件为 $\lambda_{\mathrm{hy}}=\lambda_x$,对双肢缀条式构件:令 $\lambda_{\mathrm{hy}}=\sqrt{\lambda_y^2+27\dfrac{A}{A_1}}=\lambda_x$,式中 A 和 λ_x 已确定,A_1 需预先按经验假定,则求得 $\lambda_y=\sqrt{\lambda_x^2-27\dfrac{A}{A_1}}$。

对双肢缀板式构件,令 $\lambda_{\mathrm{hy}}=\sqrt{\lambda_y^2+\lambda_1^2}=\lambda_x$,通常假定 $\lambda_1=30$~40,则求得 $\lambda_y=\sqrt{\lambda_{\mathrm{hy}}^2-\lambda_1^2}$。按求出的 λ_y,计算相应的截面回转半径:$r_y=\dfrac{l_{0y}}{\lambda_y}$。

根据表 12.8 中所列的回转半径与截面轮廓尺寸之间的近似关系可得到两个单肢的间距 $b=\dfrac{r_y}{\alpha_2}$。

或根据回转半径 r_y,确定两肢件轴线之间距离 c(图 12.17):

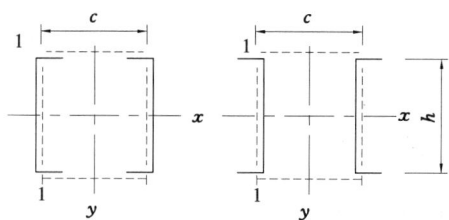

图 12.17 双肢压杆截面

$$Ar_y^2 = I_y = 2\left[I_1 + \left(\frac{c}{2}\right)^2 \frac{A}{2}\right]$$

$$c = 2\sqrt{r_y^2 - \frac{2I_1}{A}} \tag{12.48}$$

式中 I_1——单肢对 1—1 轴的惯性矩;

I_y——压杆截面对虚轴 y 的惯性;

A——压杆毛截面面积,即肢件截面积之和。

(3) 截面验算。

按上述步骤初步选定了构件的截面后,即可对构件作稳定性、刚度和强度验算。

① 稳定性验算。

格构式压杆的稳定性验算包括整体稳定性和单肢稳定性两个方面。整体稳定性验算公式:

$$\sigma = \frac{N}{\varphi A} \leqslant [\sigma]$$

式中 A——构件毛截面面积;

φ——轴心受压构件的稳定系数,在 λ_x 和 λ_y 中取大者,从表 12.3—表 12.6 中查取。

单肢稳定性验算,主要是保证各单肢在两个缀条或缀板节点之间的稳定性。为使单肢稳定性不低于构件的整体稳定性,通常应使单肢的长细比 $\lambda_x = \dfrac{l_{01}}{r_1}$ 小于格构式压杆的整体长细比 λ_x 和 λ_{hy}。对于缀条式构件,l_{01} 为计算长度,取单肢的节间长度 l_1,r_1 为单肢截面对 1—1 轴的回转半径;对于缀板式构件,由于其单肢有长细比控制在 $\lambda \leqslant 40$ 范围内,故单肢的稳定性是有保证的,不必验算。

② 刚度验算。

格构式轴心受压构件应分别验算其绕实轴和绕虚轴的长细比。

绕实轴:$\lambda_x = \dfrac{l_{0x}}{r_x} \leqslant [\lambda]$

绕虚轴,

缀条式:$\lambda_{hy} = \sqrt{\lambda_y^2 + 27\dfrac{A}{A_1}} \leqslant [\lambda]$;

缀板式:$\lambda_{hy} = \sqrt{\lambda_y^2 + \lambda_1^2} \leqslant [\lambda]$。

式中,$\lambda_y = \dfrac{l_{0y}}{r_y}$。

③ 强度验算。

与实腹式轴心压杆一样,仅当截面有削弱时才需作强度验算:$\sigma = \dfrac{N}{A_j} \leqslant [\sigma]$。

12.4.3 缀材和横膈的设计

缀材包括缀条和缀板两类,是联结肢件成为整体构件的联系元件。从理论上说,轴心压杆的缀材是不受力的,而实际上由于制造、安装和运输等原因,构件不免出现初弯曲,或由于压力并非轴心力作用,可能存在初偏心。这些因素都使得轴心压杆成为偏心压杆,因此在设计格构式压杆的缀材时,应该以偏心压杆来考虑。

1. 剪力计算

轴心压杆在临界状态时,构件发生挠曲,截面上产生沿杆轴向变化的弯矩和剪力。通常是根据压杆处于临界状态下,绕虚轴发生屈曲时所产生的横向剪力来作为计算缀条和缀板的内力。

根据理论分析,剪力的大小取决于构件的截面积、长细比以及材料等因素。为简化计算,实际计算中不计长细比的影响,取剪力 Q 为偏于安全的固定值。规范在考虑了安全系数后,对格构式压杆的剪力按下述规定计算:

$$Q = \dfrac{A[\sigma]}{85}\sqrt{\dfrac{\sigma_s}{235}} \text{ 或 } Q = \dfrac{N}{85\varphi}\sqrt{\dfrac{\sigma_s}{235}} \tag{12.49}$$

式中　Q——剪力(N);

　　　A——构件全部肢件的毛截面面积(mm^2);

　　　N——计算轴向力(N);

　　　φ——轴心受压稳定系数,有对 x 轴的 φ_x 和对 y 轴的 φ_y 之分。

剪力 Q 值可认为沿构件全长不变,并由有关缀材面承受。剪力在各缀材平面内的分配情况如图 12.18 所示。

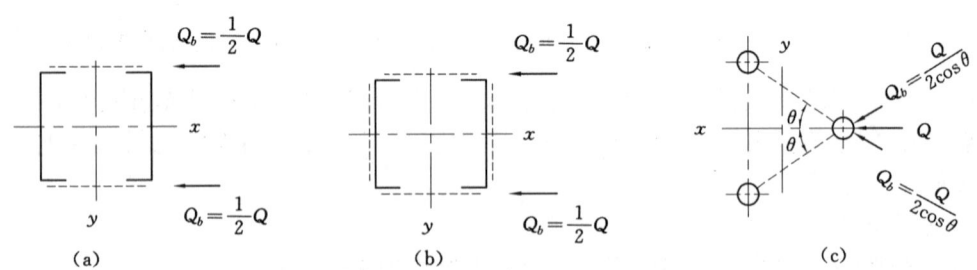

图 12.18　剪力 Q 在各缀材平面内的分配

2. 缀条和缀板的计算

1) 缀条计算

缀条的内力应按桁架体系中的腹杆计算,即无论横缀条或斜缀条均按轴心受力杆设计。对于单缀条式的三角形缀条体系,见图 12.19(a),其内力为:

$$D_d = \frac{Q_b}{\cos \alpha} \tag{12.50}$$

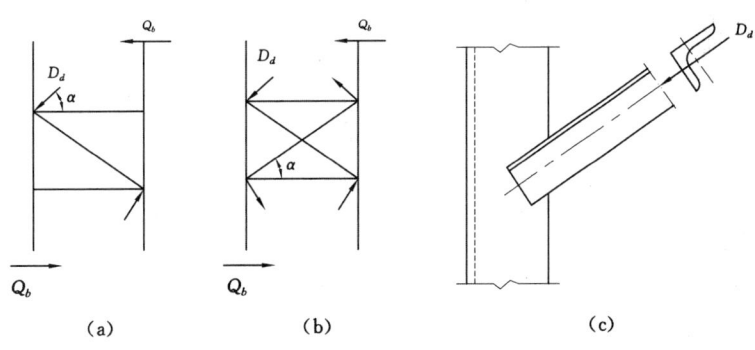

图 12.19 缀条计算简图

对于交叉缀条式的十字交叉形缀条体系,见图 12.19(b),其内力为:

$$D_d = \frac{Q_b}{2\cos \alpha} \tag{12.51}$$

式中 Q_b——分配在一个缀条面上的剪力;

α——斜缀条与水平线间的夹角,一般取 35°~45°。

缀条一般采用单角钢,在内力 D_d 作用下,可按轴心受压构件计算。但由于单角钢与肢件连接有偏心,见图 12.19(c),考虑到此不利影响,在验算压杆稳定性时,则其许用应力必须乘以下列折减系数予以降低:

(1) 等边角钢为:$0.6+0.0015\lambda$,但不大于 1.0。
(2) 短边相连的不等边角钢为:$0.5+0.0025\lambda$,但不大于 1.0。
(3) 长边相连的不等边角钢为 0.70。

对中间无联系的单角钢构件,单角钢构件长细比 λ 应按最小回转半径计算。当 $\lambda<20$ 时,取 $\lambda=20$;对中间有联系的单角钢构件,λ 应按平行于角钢联系边的形心轴计算。

缀条除应满足强度和稳定性要求外,还应符合刚性条件:单缀条,$\lambda \leqslant [\lambda]=150$;交叉缀条,$\lambda \leqslant [\lambda]=200$。

有时,为减少单肢件的计算长度,采用设置横缀条方法。横缀条的截面可与斜缀条取的相同或稍小些,按刚性条件来控制截面。

2) 缀板计算

缀板可视为多层刚架体系的一部分,见图 12.20(a),且认为肢杆弯曲变形的反弯点,处在各杆的中点,见图 12.20(b)。对三肢式压杆,假定在 $\frac{1}{3}c$ 处。若取出分离体如图 12.20(c)所示,则缀板所受内力如下:

对于双肢或四肢式压杆:

$$T = \frac{Q_b l_1}{c} \tag{12.52}$$

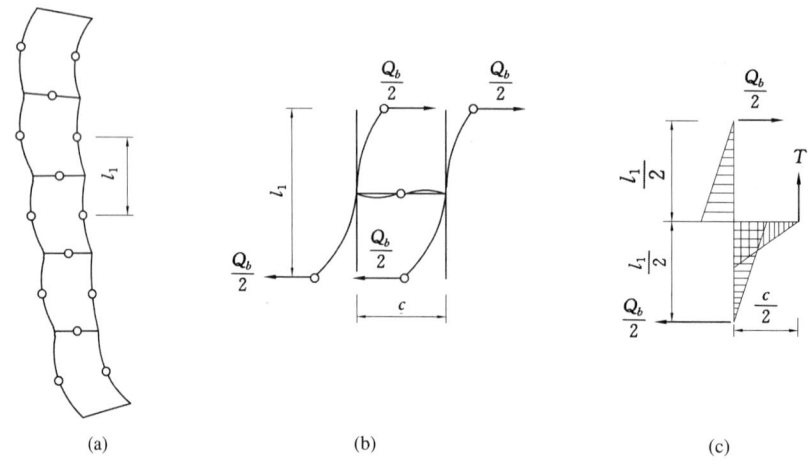

图 12.20 缀板的计算简图

$$M = T\frac{c}{2} = \frac{Q_b l_1}{2} \tag{12.53}$$

对于三肢式压杆：

$$T = \frac{Q_b l_1}{c} \tag{12.54}$$

$$M = T\frac{2e}{3} = \frac{2Q_b l_1}{3} \tag{12.55}$$

式中　Q_b——分配在一个缀板面上的剪力；

　　　c——肢件轴线间的距离；

　　　l_1——两缀板中心间距，即节间距离。

由于缀板的内力一般不大，故缀板截面尺寸常由构造要求直接确定。为保证缀板与肢件的连接具有一定刚性，要求缀板沿压杆纵向的宽度不应小于肢件轴线间距 c 的 $\frac{2}{3}$，厚度 δ 不小于 $\frac{1}{40}c$，且不小于 6 mm。

缀板与肢件采用贴角焊缝连接，焊缝强度按缀板的剪力 T 和弯矩 M 计算。由于焊缝的许用应力等于或小于钢材的许用应力，因此如果焊缝强度满足，则缀板的强度也不必计算。

3. 横膈设计

为保证格构式压杆的空心截面不致产生扭转失稳，应设置横膈，以增强压杆的抗扭刚性。横膈可制成钢板式或交叉杆式（图 12.21），钢板厚度不应小于 6 mm；交叉杆的刚性也不应低于缀条的刚性。

横膈的布置要求为沿构件长度方向每隔 4~6 m 设置一道，且每个运送单元不得少于两个横膈。

例 12.3　已知图 12.22 所示为两端铰支的轴心受压构件，杆长为 8 m，计算压力 $N = 1\,740$ kN，$[\lambda] = 150$，材料为 Q235 钢，试选择双肢缀条式构件。

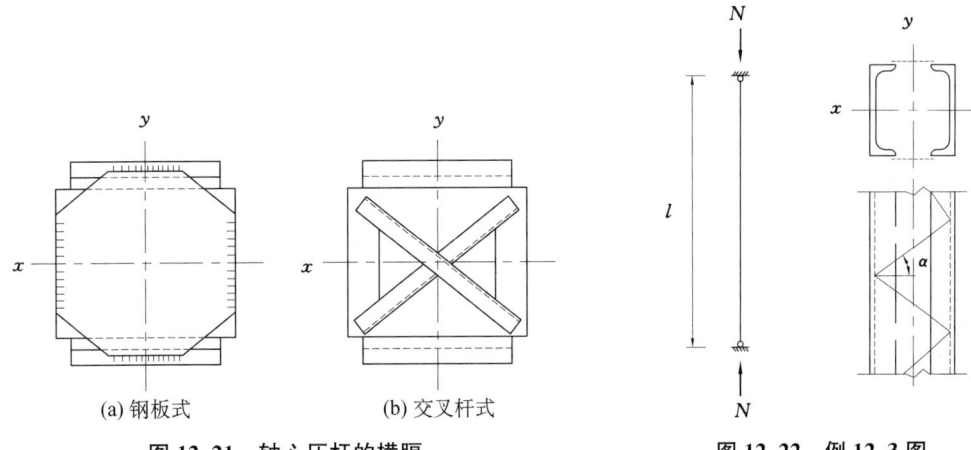

(a) 钢板式　　　(b) 交叉杆式

图 12.21　轴心压杆的横膈　　　图 12.22　例 12.3 图

解：

(1) 假定构件对实轴的长细比 $\lambda_x=80$，查表 12.4 得 $\varphi=0.688$，所需构件截面积和回转半径为：

$$A_n=\frac{N}{\varphi[\sigma]}=\frac{1\,740\times10^3}{0.688\times170}=14\,876.9\text{ mm}^2\approx149\text{ cm}^2$$

$$r_x=\frac{l_{0x}}{\lambda_x}=\frac{800}{80}=10\text{ cm}$$

由型钢表中选槽钢[36c，截面特性为：

$$A=75.31\text{ cm}^2,\ r_x=13.4\text{ cm},\ z_0=2.34\text{ cm}$$

$$r_{1-1}=2.67\text{ cm},\ I_{1-1}=536\text{ cm}^4$$

构件实际长细比：

$$\lambda_x=\frac{l_{0x}}{r_x}=\frac{800}{13.4}=59.7<[\lambda]=150$$

由 $\lambda_x=59.7$，查表 12.4 得 $\varphi=0.808\,8$

构件对实轴的整体稳定应力：

$$\sigma=\frac{N}{\varphi A}=\frac{1\,740\times10^3}{0.808\,8\times2\times75.31\times10^2}$$

$$=142.8\text{ MPa}<[\sigma]=170\text{ MPa}$$

(2) 稳定条件 $\lambda_{hy}=\lambda_x$，确定肢间距离 b：

$$\lambda_{hy}=\sqrt{\lambda_y^2+27\frac{A}{A_1}}=\lambda_x=59.7$$

试选 ∟50×4 为缀条，材料为 Q235 钢，单缀条式，倾角为 45°，查表得截面特性为 $A_1=3.897\text{ cm}^3$，$r_1=0.99\text{ cm}$，则：

$$\lambda_y = \sqrt{59.7^2 - 27 \times \frac{75.31 \times 2}{3.897 \times 2}} \approx 55.2$$

$$r_y = \frac{l_{0y}}{\lambda_y} = \frac{800}{55.2} = 14.5 \text{ cm}$$

由表 12.8 得：

$$\alpha_2 = 0.44, \quad b = \frac{r_y}{\alpha_2} = \frac{14.5}{0.44} \approx 33 \text{ cm}$$

取 $b = 35$ cm。

(3) 验算构件对虚轴的整体稳定性。

$$I_y = 2I_{1-1} + 2A\left(\frac{b}{2} - z_0\right)^2$$
$$= 2 \times 536 + 2 \times 75.31 \left(\frac{35}{2} - 2.34\right)^2$$
$$= 35\,688 \text{ cm}^4$$

$$r_y = \sqrt{\frac{I_y}{A}} = \sqrt{\frac{35\,688}{2 \times 75.31}} = 15.4 \text{ cm}$$

$$\lambda_y = \frac{l_{0y}}{r_y} = \frac{800}{15.4} = 51.95$$

$$\lambda_{hy} = \sqrt{\lambda_y^2 + 27\frac{A}{A_1}} = \sqrt{51.95^2 + 27 \times \frac{75.31}{3.897}}$$
$$= 56.75 < [\lambda] = 150$$

由于 $\lambda_{hy} < \lambda_x$，故只要按 λ_x 计算的稳定应力满足，按 λ_{hy} 计算的稳定应力也必满足。

(4) 单肢稳定验算。

单肢节间距离：

$$l_1 = 2b \operatorname{tg} \alpha = 2 \times 35 \operatorname{tg} 45° = 70 \text{ cm}$$

$$\lambda = \frac{l_1}{r_{1-1}} = \frac{70}{2.67} \approx 26.2 < \lambda_{hy} < \lambda_x = 59.7$$

满足要求。

(5) 缀条验算。

每侧缀条受到的剪力：

$$Q_b = \frac{1}{2}Q = \frac{1}{2} \times \frac{A[\sigma]}{85}\sqrt{\frac{\sigma_s}{235}}$$
$$= \frac{1}{2} \times \frac{2 \times 7\,531 \times 170}{85} = 15\,062 \text{ N}$$

缀条内力：

$$N_d = \frac{Q_b}{\cos \alpha} = \frac{15\,062}{\cos 45°} \approx 21\,300 \text{ N}$$

缀条长细比 $\lambda = \dfrac{l_{01}}{r_1} = \dfrac{35}{\cos 45° \times 0.99} = 50 < [\lambda] = 150$

由 $\lambda = 50$ 查表 12.4 得 $\varphi = 0.856$。单缀条单面连接时，许用应力应乘以折减系数 $0.6 + 0.0015\lambda = 0.675$。其稳定应力：

$$\sigma = \dfrac{N}{\varphi A} = \dfrac{21\,300}{0.856 \times 3.897 \times 10^2}$$
$$\approx 64 \text{ MPa} < 0.675[\sigma] = 0.675 \times 170 = 114.75 \text{ MPa}$$

构件截面无削弱，因此不需验算强度。

例 12.4 已知图 12.23 所示缀板式轴心受压构件，杆长 $l = 7$ m，两端铰支，轴心压力 $N = 1\,050$ kN，材料为 Q235 钢。试选择由两槽钢组成的截面尺寸并验算。

解：

(1) 对实轴 x 计算。

假定 $\lambda_x = 70$，查表 12.4 得相应 $\varphi_x = 0.751$，所需截面面积和回转半径分别为：

$$A_u = \dfrac{N}{\varphi_x [\sigma]} = \dfrac{1\,050 \times 10^3}{0.751 \times 170 \times 10^2} \approx 82.24 \text{ cm}^2$$

$$r_x = \dfrac{l_0}{\lambda_x} = \dfrac{700}{70} = 10 \text{ cm}$$

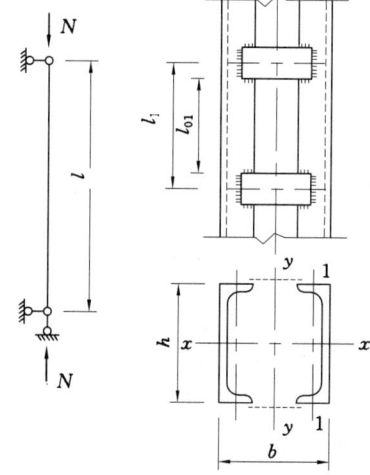

图 12.23　例 12.4 图

从型钢表中查得槽钢[28b 数据：

$h = 28$ cm，$b = 8.4$ cm，$r_x = 10.6$ cm，$r_y = 2.3$ cm，$I_y = 242 \text{ cm}^4$，$z_0 = 2.02$ cm，$A = 45.634 \text{ cm}^2$。

由 $\lambda_x = \dfrac{700}{10.6} \approx 66$，查表 12.4 得 $\varphi_x = 0.774$。

$$\sigma = \dfrac{N}{\varphi_x A} = \dfrac{1\,050 \times 10^3}{0.774 \times 2 \times 45.634 \times 10^2}$$
$$\approx 148.6 \text{ MPa} < [\sigma] = 170 \text{ MPa}$$

(2) 对虚轴 y 计算。

根据等稳定性要求 $\lambda_{hy} = \lambda_x$ 确定肢件间距 b。设 $\lambda_1 = 40$，得压杆对虚轴的长细比和回转半径为：

$$\lambda_y = \sqrt{\lambda_x^2 - \lambda_1^2} = \sqrt{66^2 - 40^2} = 52.5$$

$$r_y = \dfrac{l_0}{\lambda_y} = \dfrac{700}{52.5} = 13.3 \text{ cm}$$

由表 12.8，得截面轮廓尺寸：

$$b = \dfrac{r_y}{\alpha_2} = \dfrac{13.90}{0.38} = 35 \text{ cm}。$$

对虚轴 y 的稳定验算：

$$I_y = 2\left[I_{y1} + A\left(\frac{b}{2} - z_0\right)^2\right]$$
$$= 2[242 + 45.634(17.5 - 2.02)^2]$$
$$\approx 22\,355 \text{ cm}^4$$

$$r_y = \sqrt{\frac{I_y}{A}} = \sqrt{\frac{22\,355}{2 \times 45.634}} = 15.65 \text{ cm}$$

$$\lambda_y = \frac{l_0}{r_y} = \frac{700}{15.65} = 44.7$$

$$\lambda_{hy} = \sqrt{\lambda_y^2 + \lambda_1^2} = \sqrt{44.7^2 + 40^2} \approx 60$$

查表 12.4 得 $\varphi_y = 0.807$。

$$\sigma = \frac{N}{\varphi_y A} = \frac{1\,050 \times 10^3}{0.807 \times 2 \times 4\,563.4}$$
$$= 142.6 \text{ MPa} < [\sigma] = 170 \text{ MPa}$$

此构件为缀板式，故不须验算单肢稳定性。

(3) 缀板计算。

肢件计算长度 $l_{01} = r_y \lambda_1 = 2.3 \times 40 = 92 \text{ cm}$。

两肢件轴线间距 $c = b - 2z_0 = 35 - 2 \times 2.02 = 30.96 \text{ cm}$，可取缀板截面 200 mm × 100 mm。

缀板轴线距离为：

计算剪力 $Q = \dfrac{A[\sigma]}{85}\sqrt{\dfrac{\sigma_s}{235}} = \dfrac{2 \times 4\,563.4 \times 170}{85} \approx 18\,254 \text{ N}$

每侧缀板面承受 $Q_b = \dfrac{1}{2}Q = \dfrac{1}{2} \times 18\,254 = 9\,127 \text{ N}$

缀板内力计算：

剪力 $T = \dfrac{Q_b l_1}{c} = \dfrac{9\,127 \times 112}{30.96} = 33\,018 \text{ N}$

弯矩 $M = \dfrac{Q_b l_1}{2} = \dfrac{9\,127 \times 112}{2} = 511\,112 \text{ N} \cdot \text{cm}$

缀板与肢件的贴角焊缝连接计算：

设 $h_f = 9 \text{ mm}$，$l_f = 20 \text{ cm}$（三面焊缝，可近似只取竖焊缝，故不须减去焊口影响）。

$$A_f = 0.7 h_f l_f$$
$$= 0.7 \times 0.9 \times 20 = 12.6 \text{ cm}^2$$

$$W = \frac{0.7}{6} h_f l_f^2$$
$$= \frac{1}{6} \times 0.7 \times 0.9 \times 20^2 = 42 \text{ cm}^3$$

$$\tau_{\max} = \sqrt{\left(\frac{511\,112}{42\times 10^3}\right)^2 + \left(\frac{33\,018}{12.6\times 10^2}\right)^2}$$
$$= 28.9 \text{ MPa} < [\tau_t^h] = 120 \text{ MPa}$$

此构件满足要求。

12.5 构件的计算长度

前面讨论的轴心受压构件,基本上都是两端铰支的等截面构件。而实际构件的支承情况往往不仅仅是铰支,构件的截面也不只是等截面。此外,对起重机臂架等结构,其计算长度的确定也不完全相同。本节专题讨论构件计算长度的确定方法。

12.5.1 等截面构件的计算长度

压杆计算长度 l_0 通常是以两端铰支作为基本情况来讨论的,此时计算长度即为压杆的实际长度。当杆端为其他约束情况,可以用不同杆端约束情况下压杆的挠曲线近似方程和挠曲线的边界条件推导,也可以利用两端铰支压杆的临界载荷公式式(12.7)来得到。这时因为两端铰支压杆的临界载荷公式是与压杆的挠曲形状有联系的,若两压杆的挠曲线形状相同,则二者的临界载荷公式也相同。根据这个关系,就可利用式(12.7)得到其他杆端约束情况下压杆的临界载荷公式。统一表达为:

$$N_0 = \frac{\pi^2 EI}{(\mu l)^2} = \frac{\pi^2 EI}{l_0^2} \tag{12.56}$$

即计算长度:

$$l_0 = \mu l \tag{12.57}$$

式中 l——压杆的实际长度;

μ——计算长度系数。

对于图 12.24(a)所示两端铰支压杆,$\mu=1$,即 $l_0=l$。

对于一端固定另一端自由的压杆,见图 12.24(b),其挠曲线形状和长为 $2l$ 的两端铰支压杆挠曲线的上半段形状相同,即长为 l 的一端固定、另一端自由的压杆临界载荷和长为 $2l$ 的两端铰支压杆的临界载荷相同,故 $\mu=2$,或 $l_0=2l$。

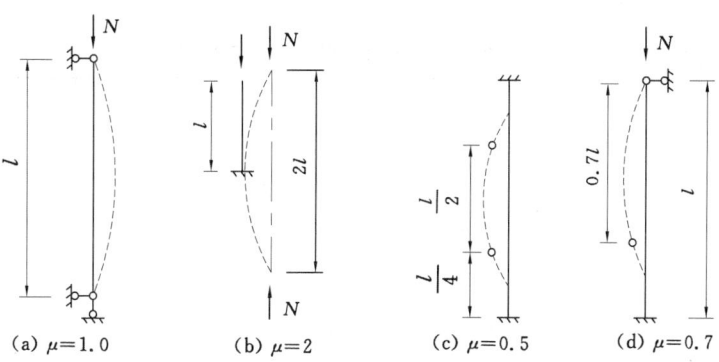

图 12.24 等截面压杆的计算长度

同样用这种变形相同的方法,可以得到两端固定的压杆[图 12.24(c)]的计算长度系数 $\mu=0.5$,即 $l_0=0.5l$。一端铰支另一端固定的压杆[图 12.24(d)]的计算长度系数 $\mu=0.7$,即 $l_0=0.7l$。

对于带中间支承的等截面受压构件(图 12.25),其计算长度系数 μ 列于表 12.10,按照中间支承点至下端距离 d 与压杆实际长度 l 的比值查取。

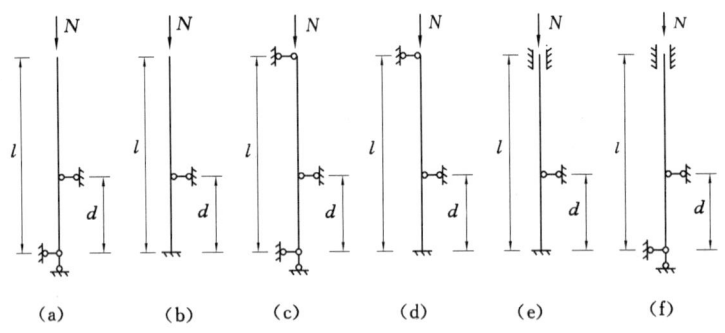

图 12.25 带中间支承的等截面压杆简图

表 12.10 带中间支承的等截面压杆的计算长度系数 μ

简序图号	d/l										
	0.0	0.1	0.2	0.3	0.4	0.5	0.6	0.7	0.8	0.9	1.0
图 a	2.00	1.87	1.73	1.60	1.47	1.35	1.23	1.13	1.06	1.01	1.00
图 b	2.00	1.85	1.70	1.55	1.40	1.26	1.11	0.98	0.85	0.76	0.70
图 c	0.70	0.65	0.60	0.56	0.52	0.50	0.52	0.56	0.60	0.65	0.70
图 d	0.70	0.65	0.59	0.54	0.49	0.44	0.41	0.41	0.44	0.47	0.50
图 e	0.50	0.46	0.43	0.39	0.36	0.35	0.36	0.39	0.43	0.46	0.50
图 f	0.50	0.47	0.44	0.41	0.41	0.44	0.49	0.54	0.59	0.65	0.70

对于格构式压杆中的缀条,其计算长度确定规则为:

(1) 单缀条,无论在缀条平面内或缀条平面外,均取几何长度。

(2) 交叉缀条,在缀条平面内,l_{0x} 为节点中心到交叉点的距离;在缀条平面外,l_{0y} 的确定与缀条的受力性质与交叉点的构造有关,可按表 12.11 查取。表中 l_0 指节点距离(交叉点不作为节点处理)。如果两杆都为压杆,则两杆都不宜中断。

表 12.11 交叉缀条在构件缀条平面外的计算长度 l_{0y}

杆件	交叉节点情况及示意图	另一杆件受力情况		
		受拉	受压	不受力
压杆	相交两杆均不中断	$0.5l_0$	l_0	$0.7l_0$

续表

杆件	交叉节点情况及示意图	另一杆件受力情况		
		受拉	受压	不受力
压杆	计算杆与另一相交杆用节点板连接,但另一杆中断	$0.7l_0$	l_0	l_0
拉杆			l_0	

12.5.2 起重机臂架的计算长度

起重机的臂架结构,在臂端轴向压力作用下,可能在起升平面内失稳,也可能在回转平面内失稳。当验算臂架结构整体稳定时,需先分别确定其计算长度。从支承构造看,在起升平面内的臂架两端均可视为铰支承,即 $l_0=l$;在回转平面内,则近似认为臂根固定,臂端自由,即 $l_0=2l$。而实际上,当臂架端部在回转平面内发生屈曲变形时,臂架内力的方向会由于变幅钢丝绳的位置变化而发生改变。这种方向变化的轴心压力称之为非保向力,从而使臂架端部不可能完全自由屈曲,因此取 $\mu=2$ 显然是不合理的。图 12.26 所示为某压杆式塔式起重机臂架结构简图,在吊重 Q 和变幅钢丝绳拉力 T 作用下,臂架端部受到压力 N:

$$N = Q\sin\alpha + T\cos\beta \tag{12.58}$$

式中 α——臂架轴线与水平线的夹角;

β——变幅钢丝绳与臂架轴线的夹角。

在臂架俯视图中,见图 12.26(b),由于压力 N 中的 $T\cos\beta$ 项为方向不定的压力,故属非保向力。设图中 A、B 两点为臂架尚未变形时的位置,若臂架端部变形后产生了位移 Δ,则 B 点移至 B' 点。此时钢丝绳拉力 T 的作用方向将处在 $B'C$ 连线的垂直平面内,其中非保向力 $T\cos\beta$ 可分为两个分力 T_1 和 T_2。T_1 为臂架轴向压力 N,使臂架屈曲。而 T_2 则具有使之恢复原状的趋势,所以有利于臂架稳定。

在了解臂架非保向力概念的基础上,下面进一步讨论一般结构的非保向力以及计算长度系数的确定。

设图 12.27 所示压杆承受的总压力为 N,其中 KN 为非保向力,$(1-K)N$ 为保向力,K 为小于 1 的系数。将非保向力 KN 分解为两个分力 $KN\cos\theta$ 和 $KN\sin\theta$。在压杆任意截面处,根据在弯曲平衡状态下力的平衡条件可得:

$$\begin{aligned}-EIy'' &= M \\ &= [(1-K)N + KN\cos\theta]y - KN\sin\theta \cdot x\end{aligned} \tag{12.59}$$

由于压杆屈曲时的变形 Δ 较小,近似取 $\cos\theta=1$,$\sin\theta=\mathrm{tg}\,\theta=\dfrac{\Delta}{l'}$,则式(12.59)为:

$$-EIy'' = Ny - KN\frac{\Delta}{l'}x \tag{12.60}$$

求解方程,并代入边界条件后得:

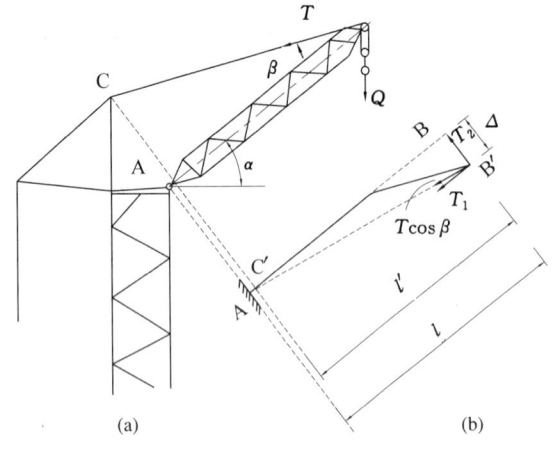
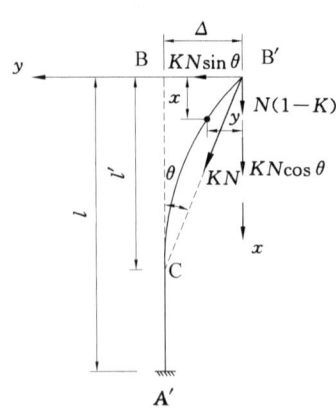

图 12.26 塔式起重机臂架结构简图   图 12.27 压杆受力简图

$$\frac{\sqrt{\frac{N}{EI}} \cdot l}{\text{tg}\sqrt{\frac{N}{EI}} \cdot l} = \frac{K\frac{l}{l'}}{1-K\frac{l}{l'}} \tag{12.61}$$

由于 $N = \frac{\pi^2 EI}{l_0^2} = \frac{\pi^2 EI}{\mu^2 l^2}$，或 $\sqrt{\frac{N}{EI}} l = \frac{\pi}{\mu}$，

代入式(12.61)得：

$$\frac{\frac{\pi}{\mu}}{\text{tg}\frac{\pi}{\mu}} = \frac{K\frac{l}{l'}}{1-K\frac{l}{l'}} \tag{12.62}$$

由式(12.62)可见，计算长度系数 μ 是 $K\frac{l}{l'}$ 的函数，二者的关系列于表 12.12。

表 12.12 有非保向力作用的压杆计算长度系数 μ

$K\frac{l}{l'}$	0	0.1	0.2	0.3	0.4	0.5	0.6	0.7
μ	2.00	1.92	1.83	1.76	1.65	1.55	1.44	1.34
$K\frac{l}{l'}$	0.8	0.9	1.0	1.1	1.2	1.5	2.0	∞
μ	1.21	1.11	1.00	0.90	0.85	0.77	0.745	0.70

表 12.12 中，当 $l' = \infty$，即 $K\frac{l}{l'} = 0$ 时，压力 N 的方向保持不变，相当于一端固定一端自由的支承情况，故 $\mu = 2$。当 $l' = 0$，即 $K\frac{l}{l'} = \infty$ 时，压杆的自由端将转变为铰支承，故 $\mu = 0.7$。

以上讨论的是理想构造情况，即把支承抽象成铰支承或固定端处理。但在实际结构中，总会存在着一些构造间隙、节点位移等现象。比如，臂架根部端，由于销轴与轴承之间存在间隙，则不能视为完全理想的固定端；变幅钢丝绳在撑杆上的连接点也会由于撑杆或塔身变形而产生横向位移,即不能作为理想的固定铰支承处理。因此在起重机臂架设计时,通常把表 12.12 中系数 μ 值适当增大 10%～20%,以补偿上述不利因素。

12.5.3 变截面构件的计算长度

轴心受压构件在发生屈曲失稳时,构件截面将承受弯矩和剪力。若是偏心受压,由于压力的偏心作用或有横向载荷时,也将承受弯矩和剪力。对于图 12.28(a)所示的两端铰支压杆,所受的弯矩是随着位移 y 值而变化的,中央截面弯矩最大,铰支端弯矩为零。显然压杆最合理截面应该与其受力状态相适应,故对这种两端铰支压杆,通常采用中间截面大、向两端对称缩小的对称变截面形式,见图 12.28(b)。图 12.29(a)为一端固定一端自由的压杆,其弯矩 M 是随位移变化的。y 值在自由端最小,在固定端为最大。因此为获得最合理的截面,可按弯矩变化情况,采用自由端小,且向根部逐渐增大的非对称变截面型式。

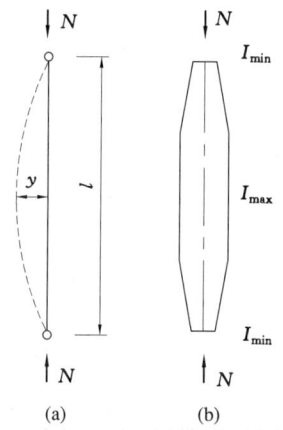
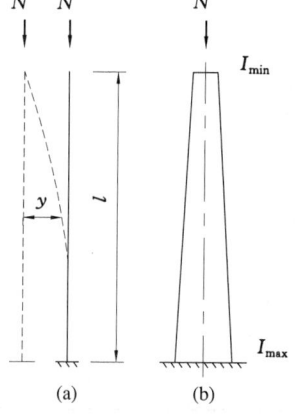

图 12.28　两端铰支的变截面压杆　　　图 12.29　悬臂的变截面压杆

显然,变截面构件能够减轻自重和合理使用材料,因此在轴心受压和偏心受压构件中被广泛采用,如轮式起重机的臂架、塔式起重机的臂架、龙门起重机的支腿等。

变截面压杆在弯矩作用下,就强度而言,是趋近等强度的。但从稳定性来看,要比全长均为最大截面的等截面压杆要差,其临界载荷比具有最大截面的等截面压杆要小,只有当全长均为最大截面的等截面压杆的长增加到某一数值(图 12.30)或者压杆长度不变而截面惯性矩介于变截面压杆的最大和最小惯性矩之间某一换算值时,这两种压杆才能与原来的变截面压杆具有相同的临界载荷。因此,通常对变截面压杆的临界载荷计算采用一个等效的等截面压杆来取代。等效的方法可以是惯性矩换算法,也可用长度换算法。此处介绍较常用的长度换算法。

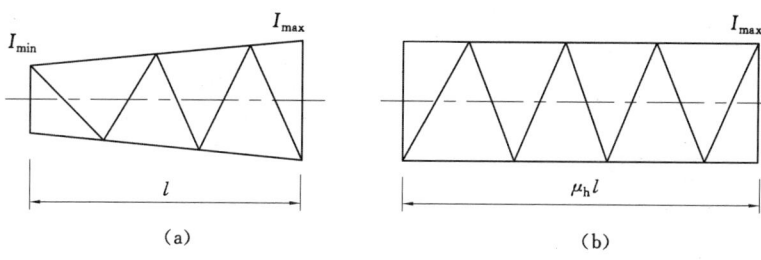

图 12.30　变截面压杆的长度换算

取两端支承的等效等截面构件计算长度为：

$$l_0 = \mu_h l \tag{12.63}$$

表 12.13　　两端铰支压杆长度换算系数 μ_h（对称变化）

变截面形式		$\dfrac{I_{\min}}{I_{\max}}$	n \ m	0	0.2	0.4	0.6	0.8
$\dfrac{I_x}{I_{\max}}=\left(\dfrac{x}{x_l}\right)^n$，$m=\dfrac{l_1}{l}$		0.1	1	1.24	1.14	1.07	1.02	1.00
			2	1.35	1.22	1.11	1.03	1.00
			3	1.40	1.25	1.12	1.04	1.01
			4	1.43	1.27	1.13	1.04	1.01
变截面段的形式	$n=1$	0.2	1	1.19	1.11	1.05	1.01	1.00
			2	1.25	1.15	1.07	1.02	1.00
			3	1.27	1.16	1.08	1.03	1.01
			4	1.28	1.17	1.08	1.03	1.01
	$n=2$	0.4	1	1.12	1.07	1.04	1.01	1.00
			2	1.14	1.08	1.04	1.01	1.00
			3	1.15	1.09	1.04	1.01	1.00
			4	1.15	1.09	1.04	1.02	1.00
	$n=3$	0.6	1	1.07	1.04	1.02	1.01	1.00
			2	1.08	1.05	1.02	1.01	1.00
			3	1.08	1.05	1.02	1.01	1.00
			4	1.08	1.05	1.02	1.01	1.00
	$n=4$	0.8	1	1.03	1.02	1.01	1.00	1.00
			2	1.03	1.02	1.01	1.00	1.00
			3	1.03	1.02	1.01	1.00	1.00
			4	1.03	1.02	1.01	1.00	1.00

表 12.14　　两端铰支压杆长度换算系数 μ_h（非对称变化）

变截面型式	$\dfrac{I_{\min}}{I_{\max}}$ \ n	1	2	3	4
$n=1$	0.1	1.45	1.66	1.75	1.78
$n=2$	0.2	1.35	1.45	1.48	1.50
$n=3$	0.4	1.21	1.24	1.25	1.26
	0.6	1.13	1.13	1.14	1.14
	0.8	1.05	1.05	1.06	1.06
$n=4$	1.0	1.00	1.00	1.00	1.00

式中 l——变截面压杆的实际长度;

μ_h——变截面压杆的长度换算系数,与压杆的截面惯性矩的变化规律和比值 $\frac{I_{min}}{I_{max}}$ 有关,可从表 12.13(对称变化)或表 12.14(非对称变化)中查取。

表 12.13 中的图表示为变截面压杆,截面最小和最大惯性矩分别以 I_{min} 和 I_{max} 表示,将该杆的渐变段延长,交于 O 点。令 x 轴通过杆截面几何中心,则距 O 点为 x 的截面惯性矩可表示为:

$$I_x \approx \frac{1}{8}\pi\delta D_x^2 \tag{12.64}$$

式中,n 值与截面的形状及其变化规律有关。在表 12.13 和表 12.13 的图是列出了 $n=1\sim 4$ 的变截面形式。

$n=1$,表示箱形变截面,其高度不变,宽度为 x 的线性函数。

$n=2$,表示具有四肢件的格构式压杆(图 12.31),肢件为角钢。角钢对自身的 x_0 轴的惯性矩为 I_0,角钢面积为 A_0,则截面对 x 轴的惯性矩为:

$$I_x = 4\left[I_0 + A_0\left(\frac{h_x}{2}\right)^2\right] \tag{12.65}$$

由于 I_0 较小,可忽略不计,则 I_x 与 h_x 的平方成正比,而 h_x 是 x 的线性函数,故 $n=2$。

$n=3$,表示宽度及高度均发生变化的箱形变截面构件(图 12.32),其截面惯性矩为:

$$I_x \approx 2\left[b_x\delta\left(\frac{h_x}{2}\right)^2 + \frac{1}{2}\delta h_x^3\right] \tag{12.66}$$

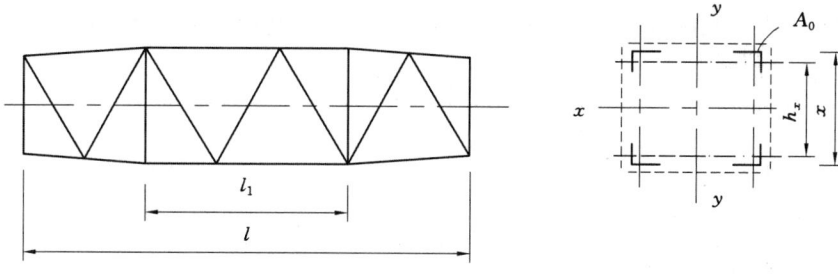

图 12.31 四肢件格构式变截面压杆

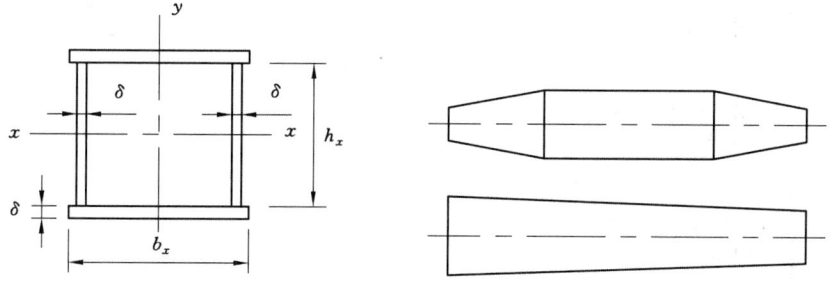

图 12.32 箱形变截面压杆

式中忽略了翼缘板对自身主轴的惯性矩。由于 b_x 的 h_x 均为 x 的线性函数,故 I_x 随 x^3 而变化。$n=3$ 也表示锥形管的截面变化规律,锥形管的截面惯性矩为:

$$I_x \approx \frac{1}{8}\pi\delta D_x^2 \tag{12.67}$$

管的直径 D_x 是 x 的线性函数,故 $n=3$。

$n=4$,表示实心的矩形或圆形截面随 x 的变化规律,矩形截面的宽度和高度分别为 x 的线性函数,因为 $I_x = \frac{1}{12}b_x \pi h^8 x_3$,故 I_x 随 x 而变化。

对于起重机箱形伸缩臂架的变截面长度系数 μ_h,可由《起重机设计规范》(GB/T 3811—2008)表 J4 查取。

一旦确定了变截面压杆的计算长度,其稳定性验算同等截面压杆的计算方法相同。若求两端铰支的变截面轴心受压构件的临界载荷和临界应力,表达式分别为:

$$N_0 = \frac{\pi^2 E I_{\max}}{(\mu_h l)^2} \tag{12.68}$$

$$\sigma_0 = \frac{\pi^2 E/(\mu_h l)^2}{I_{\max}/A}$$

$$= \frac{\pi^2 E}{\frac{(\mu_h l)^2}{r_{\max}^2}} \tag{12.69}$$

必须指出的是,表 12.13、表 12.14 仅给出了适用于两端铰支的变截面压杆的长度换算系数,对于其他支承情况的变截面压杆,可从有关结构稳定手册或文献中直接查取各自的临界载荷。

变截面压杆的强度计算,应注意验算内力最大的和削弱最多的截面,或者验算最小截面的强度。

至此,轴心受力构件的计算方法已全部作了介绍。下面将有关公式汇总于表 12.15。

表 12.15　　　　　　　　　　　　　轴心受力构件的计算公式

计算内容	计算公式
强度	轴心拉杆或压杆 $\sigma = \frac{N}{A_j} \leqslant [\sigma]$
刚度	轴心拉杆或压杆 $\lambda = \frac{l_0}{r_{\min}} \leqslant [\lambda]$
整体稳定	1. 实腹式轴心压杆 $\sigma = \frac{N}{\varphi A} \leqslant [\sigma]$ 2. 格构式轴心压杆 (1) 整体稳定性 $\sigma = \frac{N}{\varphi A} \leqslant [\sigma]$ 式中:φ 按换算长细比 λ_{hy} 查取 (2) 单肢稳定性 $\sigma = \frac{N}{\varphi A} \leqslant [\sigma]$ 式中:φ 按单肢长细比 λ_{hy} 查取

续表

计算内容	计算公式
局部稳定性	1. 工字形截面翼缘的悬伸部分 $\dfrac{b_0}{t} \leqslant 16\sqrt{\dfrac{240}{\sigma_s}}$ 2. 工字形或箱形截面的腹板 $\dfrac{h_0}{\delta} \leqslant 50\sqrt{\dfrac{240}{\sigma_s}} + 0.1\lambda$ 3. 箱形截面两腹板之间的翼缘 $\dfrac{b_0}{t} \leqslant 50\sqrt{\dfrac{240}{\sigma_s}} + 0.1\lambda$

12.6 本章小结

本章先简要介绍了轴心受力构件的种类及其截面形式和轴心受拉构件的设计、验算,然后分别讨论了实腹式和格构式轴心受压构件的设计,包括截面选择与验算。重点是轴心受压构件的稳定问题,在实际设计中可根据轴心受压构件的长细比和构件的截面类别来确定轴心受压稳定系数。对格构式轴心受压构件而言,剪切变形对整体稳定性的影响已不能忽略,由此导出换算长细比。另外缀材和横膈的设计也是实腹式构件所没有的。最后一节还专门讨论了构件计算长度的确定方法,包括等截面构件、变截面构件和起重机臂架。

思考题

12.1 轴心受力构件有何受力特点和构造形式?何谓构件截面的实轴和虚轴?

12.2 何谓轴心受压理想直杆的屈曲临界状态?欧拉临界应力公式是建立在哪些基本假设上的?有何使用条件?

12.3 实际轴心受压构件与理想轴心受压杆有何区别?

12.4 轴心受压构件的稳定承载能力与哪些因素有关?在轴心受压构件的稳定性计算中,为什么要引入一个特殊安全系数?

12.5 应该怎样保证实腹式轴心受压构件的局部稳定性?

12.6 简述格构式轴心受力截面设计步骤和需注意的问题。其与实腹式轴心受压构件的设计计算的主要差异是什么?

12.7 缀条式和缀板式双肢受压构件对虚轴的折算长细比公式的差异是什么?公式中的符号含义是什么?

12.8 格构式受压构件中的横隔有什么作用?设计中有什么构造要求?

12.9 变截面受压构件的工程实用稳定性计算方法有哪几种?如何正确使用?

习 题

习题 12.1 两端铰支轴心受压构件(习题图 12.1)杆长 $l = 2.6$ m。试求:
  (1) 采用 16 号工字钢,材料为 Q235 钢,构件的临界载荷和允许承受的最大载荷;
  (2) 同样采用 16 号工字钢,材料改用 Q345 钢,能否提高构件的临界载荷和允许

承受的最大载荷,且分析原因;

(3) 若该构件需承受 250 kN 载荷,该型号工字钢(材料 Q235 钢)能否满足稳定要求? 若不满足,能否从支承上采取措施使构件的稳定性满足?

习题 12.2 某轴心受压构件计算长度 $l_0=5.04$ m,受轴心压力 $N=3\,000$ kN,采用 Q345 钢,$[\lambda]=150$,试设计工字型的截面。

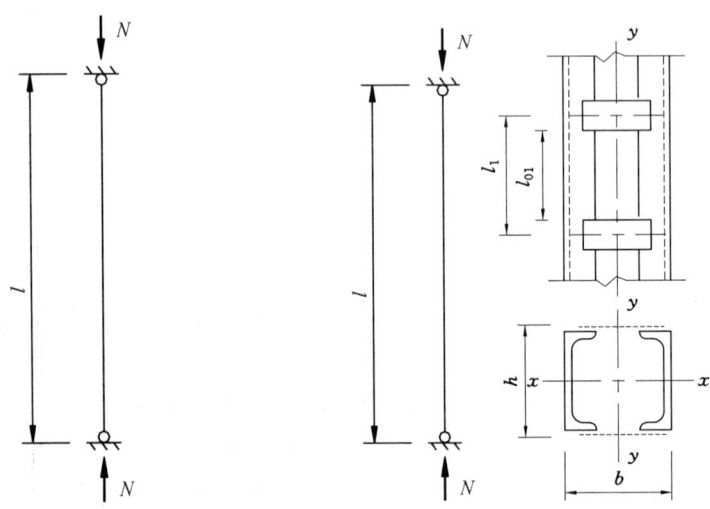

习题 12.1 轴心受压工字构件受力简图　　习题 12.2 两端铰支缀板压杆受力简图

习题 12.3 设计习题图 12.2 所示两端铰支的双肢缀条式轴心压杆。杆长 $l=6$ m,材料 Q235 钢,承受轴心压力 $N=450$ kN。

附录 A 结构电算分析与示例

【算例 1】

如附图 A.1 所示简支梁,在受压翼缘的中点和两端均有侧向支承,材料为 Q235 钢,截面惯性矩。设梁自重为 1.1 kN/m,在跨中集中载荷作用下,梁能否保证其整体稳定性?

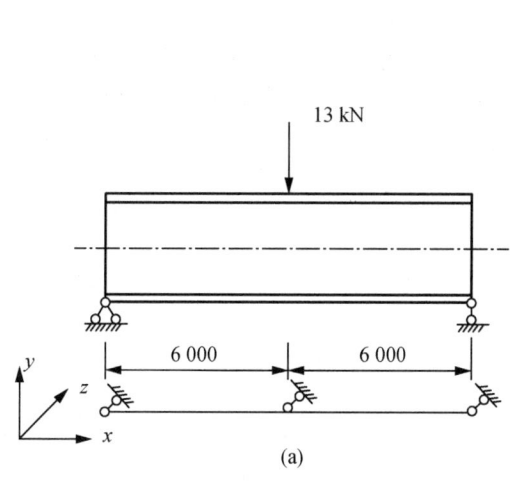

附图 A.1 结构图

1. 描述-采用 beam188 单元

1) 问题描述

工字梁结构的几何模型如附图 A.2 所示。

工字梁结构使用 beam188 单元进行建模,beam188 是三维线性(2 节点)或者二次梁单元,每个节点有六或七个自由度。当 KEYOPT(1)=0(缺省)时,每个节点有六个自由度:x、y、z 方向的平动和绕 x、y、z 轴的转动。当 KEYOPT(1)=1 时,每个节点有七个自由度:x、y、z 方向的平动和绕 x、y、z 轴的转动,以及横截面的翘曲。

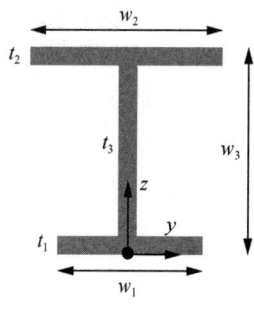

附图 A.2

2) 建模

(1) 定义。

材料:弹性模量 $E=2.1\text{E}11$ Pa。

几何:杆的截面尺寸:$w_1=0.1$ m,$w_2=0.3$ m,$w_3=0.81$ m,$t_1=0.01$ m,$t_2=0.01$ m,$t_3=0.008$ m。

载荷:$P=13$ kN。

单元类型:beam188。

(2) 创建几何模型。

在前处理模块中,设置结构钢材料,定义弹性模量和工字梁横截尺寸。

考虑到需要在工字梁中间施加约束和载荷,故建立3个关键点并连线,以表示梁结构。

(3) 边界条件和载荷施加(附图 A.3)。

在坐标系原点建立关键点 1,沿 X 轴方向建立关键点 2 和关键点 3,在关键点 1 施加 X 轴、Y 轴和 Z 轴方向的位移约束,在关键点 2 施加 Y 轴方向的位移约束,在关键点 3 施加 Y 轴方向和 Z 轴方向的位移约束。

在关键点 2 施加 Z 轴方向的载荷为 13 kN。

将梁自重转化为均布载荷施加在梁上。

3) 求解

(1) 求解有限元模型。

首先使用 SOLU 命令进入求解模块,先进行静力学分析,计算应力刚度矩阵。

其次进行屈曲分析,选择求解方式为 Block Lanczos,并且选择提取 5 阶屈曲模态,并且在载荷步选项卡中设定对 5 阶屈曲模态进行扩展。

(2) 后处理提取结果(附图 A.4)。

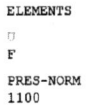

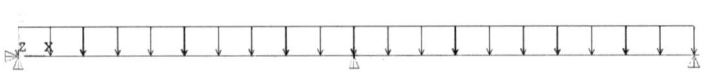

附图 A.3 约束及载荷施加图

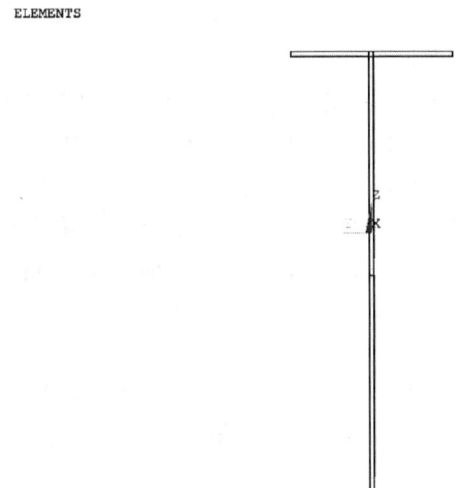

附图 A.4 截面形状图

2. 命令流-采用 beam188 单元

FINISH	！结束任何当前的操作
/CLEAR	！清除当前数据库中的所有数据
/PREP7	！进入前处理模块
MP,EX,1,2.1E11	！设置第1号材料杨氏模量
MP,PRXY,1,0.3	！设置第1号材料泊松比
MP,DENS,1,7850	！设置第1号材料密度
ET,1,BEAM188	！设置第1号单元为beam188
SECTYPE,1,BEAM,I	！设置第1号单元的截面
SECOFFSET,CENT	！定义截面的偏移量
SECDATA,0.1,0.3,0.81,0.01,0.01,0.008	！设置截面尺寸
K,1,0,0,0	
K,2,6,0,0	
K,3,12,0,0	！生成3个关键点
L,1,2	
L,2,3	！由关键点生成2条线段
LESIZE,ALL,,,10	！每条线段划分10个网格
LMESH,ALL	！进行网格划分
DK,1,UX,0	！在关键点1处施加位移约束 UX=0
DK,1,UY,0	！在关键点1处施加位移约束 UY=0
DK,1,UZ,0	！在关键点1处施加位移约束 UZ=0
DK,2,UY,0	！在关键点2处施加位移约束 UY=0
DK,3,UY,0	！在关键点3处施加位移约束 UY=0
DK,3,UZ,0	！在关键点3处施加位移约束 UZ=0
/SOLU	！进入求解模块
ANTYPE,STATIC	！先做一次静力学分析,计算应力刚度矩阵
PSTRES,ON	！需打开预应力选项
FK,2,FZ,−13000	！在关键点2处施加载荷 FX=−13 000 N
SFBEAM,ALL,2,PRES,1100	！将自重转化为均布载荷施加在梁上
SOLVE	！求解

续表

FINISH	！结束前处理模块
/SOLU	！进入求解模块
ANTYPE,BUCKLE	！进入特征值屈曲求解模块
BUCOPY,LANB,5	！选择 block lanczos 方法,提取前 5 阶特征值
MXPAND,5	！设置扩展项为 5
SOLVE	！求解
FINISH	！结束前处理模块

注:命令流采用国际单位。

3. 模型图与结果-采用 beam188 单元

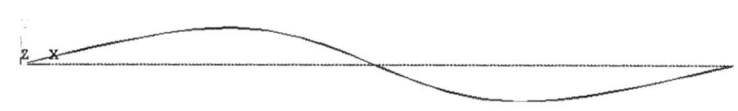

附图 A.5 计算结果图

为体现屈曲效果,将变形效果放大显示。前五阶屈曲模态较为近似,故选取相对薄弱一阶屈曲模态。第一阶屈曲模态如附图 A.5 所示,有限元分析结果表明,工字梁第一阶屈曲模态的屈曲乘子为 -7.30,由于施加的载荷为 13 kN,故临界载荷为 -94.9 kN,即在题目条件下工字梁稳定。

4. 描述-采用 shell181 单元

1) 问题描述

（1）工字梁结构的几何模型如附图 A.6 所示。

（2）工字梁结构使用 shell181 单元进行建模,Shell181 单元有四个节点,每个节点有六个自由度:x、y、z 方向的平动和绕 x、y、z 轴的转动。

（3）适用于线性、大角度转动和/并非线性大应变问题。

2) 建模

（1）定义。

材料:弹性模量 $E=2.1\text{E}11$ Pa。

几何:杆的截面尺寸:$w_1=0.1$ m,$w_2=0.3$ m,$w_3=0.81$ m,$t_1=0.01$ m,$t_2=0.01$ m,$t_3=0.008$ m。

载荷:$P=13$ kN。

单元类型:shell181。

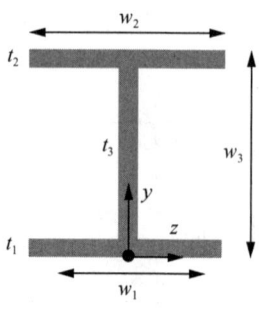

附图 A.6

（2）创建几何模型。

在使用板壳单元绘制工字梁时,采用三个矩形合并的方式进行建模。考虑到矩形只能在工作平面 XOY 内进行绘制,故需对坐标系进行旋转和移动。

（3）边界条件和载荷施加。

在使用板壳单元绘制工字梁时,采用三个矩形合并的方式进行建模。考虑到矩形只能在工作平面 XOY 内进行绘制,故需对坐标系进行旋转和移动。

通过显示节点编号,找出需要施加约束和载荷的节点的编号。

关键点位置如附图 A.7 所示,在关键点 13 施加所有位移约束,在关键点 17 施加 Z 轴方向的位移约束,在关键点 14 施加 Y 轴方向和 Z 轴方向的位移约束。

在关键点 18 施加 Y 轴方向的载荷为 13 kN。

将梁自重转化为均布载荷施加在面上。

3) 求解

（1）求解有限元模型。

首先使用 SOLU 命令进入求解模块,先进行静力学分析,计算应力刚度矩阵。

其次进行屈曲分析,选择求解方式为 Block Lanczos,并且选择提取 5 阶屈曲模态,并且在载荷步选项卡中设定对 5 阶屈曲模态进行扩展。

（2）后处理提取结果（附图 A.8）。

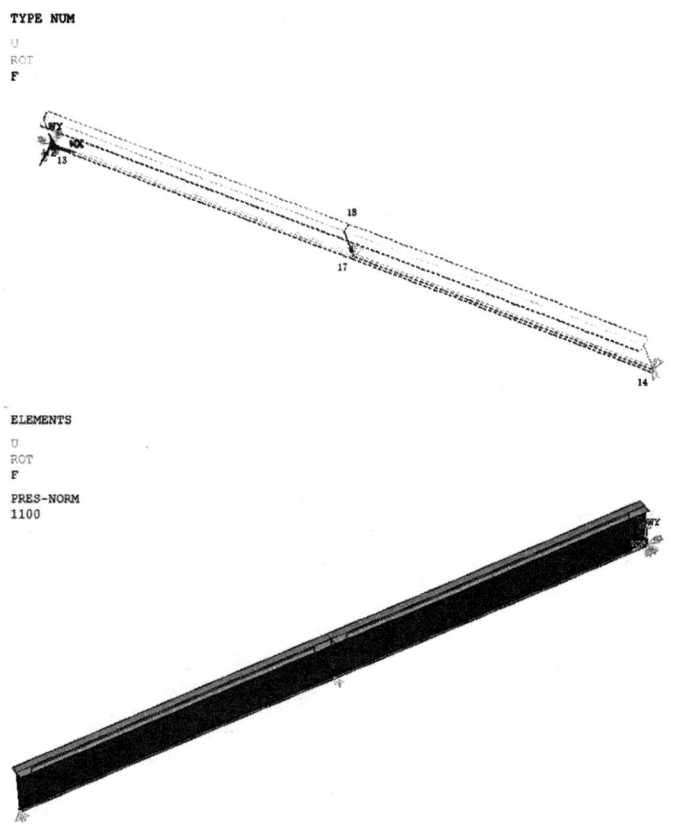

附图 A.7　约束及载荷施加图

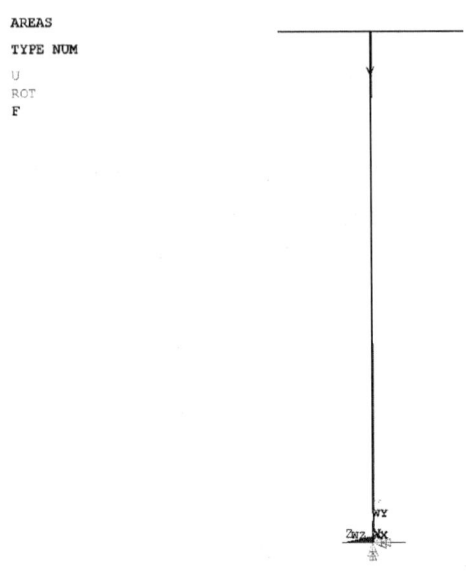

附图 A.8 截面形状图

5. 命令流-采用 shell181 单元

FINISH	！结束任何当前的操作
/CLEAR	！清除当前数据库中的所有数据
/PREP7	！进入前处理模块
MP,EX,1,2.1E11	！设置第 1 号材料杨氏模量
MP,PRXY,1,0.3	！设置第 1 号材料泊松比
MP,DENS,1,7850	！设置第 1 号材料密度
R,1,0.01	！设置第 1 号实常数,厚度为 10 mm
R,2,0.008	！设置第 2 号实常数,厚度为 8 mm
ET,1,SHELL181	！定义单元类型为 shell181
WPROTA,0,−90,0	！由于形状绘制在 xoy 平面进行,故先旋转坐标系
BLC4,0,−0.05,12,0.1	！在工作平面绘制矩形
WPOFF,0,0,0.81	！工作平面偏移
BLC4,0,−0.15,12,0.3	！在工作平面绘制矩形
WPCSYS,−1	！将工作平面设置回初始状态
ASBW,ALL	！合并所有当前图形窗口上的图形
BLC4,0,0,12,0.81,0	！在工作平面绘制矩形
WPROTA,0,0,90	！工作平面偏移
WPOFF,0,0,6	！移动坐标系

续表

ASBW,ALL	! 合并所有当前图形窗口上的图形
WPCSYS,-1	! 将工作平面设置回初始状态
APTN,ALL	! 面分割
CSWPLA,11,1	! 创建边界条件加载面
ASEL,A,LOC,Y,0	! 选择 y 坐标为 0 的所有面
ASEL,A,LOC,Y,0.81	! 选择 y 坐标为 0.81 的所有面
CM,AREA1,AREA	! 计算所选面的截面积
AATT,1,1,1	! 将选定的面分配给 1 号单元、1 号材料和 1 号截面
ESIZE,6	! 设置每条线段划分为 6 段
MSHAPE,0,3D	! 切换到三维网格划分模式
MSHKEY,2	! 设置尽可能使用映射网格划分
AMESH,ALL	! 对所有区域进行网格划分
ALLSEL	! 取消所有当前的选择
ASEL,A,LOC,Z,0	! 选择 z 坐标为 0 的所有面
AATT,1,2,1	! 将选定的面分配给 1 号单元、1 号材料和 2 号截面
ESIZE,6	! 设置每条线段划分为 6 段
MSHAPE,0,3D	! 切换到三维网格划分模式
MSHKEY,2	! 设置尽可能使用映射网格划分
AMESH,ALL	! 对所有区域进行网格划分
ALLSEL	! 取消所有当前的选择
DK,13,ALL,0	! 查看节点编号,在节点 13 处施加所有位移约束
DK,17,UZ,0	! 在关键点 17 处施加位移约束 UZ=0
DK,14,UY,0	! 在关键点 14 处施加位移约束 UY=0
DK,14,UZ,0	! 在关键点 14 处施加位移约束 UZ=0
/SOLU	! 进入求解模块
ANTYPE,STATIC	! 先做一次静力学分析,计算应力刚度矩阵
PSTRES,ON	! 需打开预应力选项
FK,18,FX,-13000	! 在关键点 18 处施加载荷 FX=-13 000 N
ASEL,A,LOC,Y,0.81	! 选择 y 坐标为 0.81 的所有面
SF,ALL,PRES,1100	! 在所选的面上施加均布载荷
ALLSEL	! 取消所有当前的选择
SOLVE	! 求解
FINISH	! 结束前处理模块

续表

/SOLU	！进入求解模块
ANTYPE,BUCKLE	！进入特征值屈曲求解模块
BUCOPY,LANB,5	！选择 block lanczos 方法，提取前 5 阶特征值
MXPAND,5	！设置扩展项为 5
SOLVE	！求解
FINISH	！结束前处理模块

注：命令流采用国际单位。

6. 模型图与结果-采用 shell181 单元

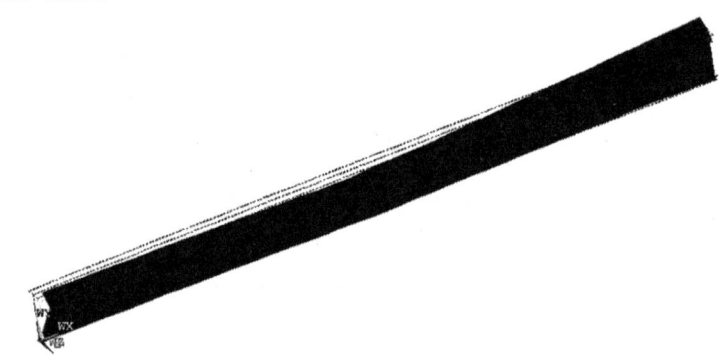

附图 A.9 计算结果图

为体现屈曲效果，将变形效果放大显示。前五阶屈曲模态较为近似，故选取相对薄弱一阶屈曲模态。第一阶屈曲模态如附图 A.9 所示，有限元分析结果表明，工字梁第一阶屈曲模态的屈曲因子为 -18.44，由于施加的载荷为 13 kN，故临界载荷为 -239.72 kN，即在题目条件下工字梁稳定。

7. 理论计算结果

解：梁的跨内虽有支承，但因 $l/b = \dfrac{6\,000}{300} = 20 > 16$，则需验算整体稳定性。

$$\varphi_w = \beta_b \frac{4\,320}{\lambda_y^2} \frac{Ah}{W_x}\left[k(2m-1) + \sqrt{1+\left(\frac{\lambda_y t}{4.4h}\right)^2}\right]\frac{235}{\sigma_s}$$

查附表 A.1，得 $\beta_b = 1.75$，$A = 104 \text{ cm}^2$，$h = 82 \text{ cm}$，$k = 0.8$，$r_y = \sqrt{\dfrac{I_y}{A}} = \sqrt{\dfrac{2\,333}{104}} = 4.74$，$\lambda_y = \dfrac{l_{cy}}{r_y} = \dfrac{600}{4.74} = 126.6$，$t = 1$ cm，$\sigma_s = 235$ MPa，受压翼缘的惯性矩 $I_{1y} = \dfrac{1}{12} \times 1 \times 30^3 = 2\,250 \text{ cm}^4$，

受拉翼缘的惯性矩 $I_{2y} = \frac{1}{12} \times 1 \times 10^3 = 83 \text{ cm}^4$。则

$$m = \frac{I_{1y}}{I_{1y} + I_{2y}} = \frac{2\,250}{2\,250 + 83} = 0.964$$

代入得整体稳定系数 φ_w：

$$\varphi_w = 1.75 \times \frac{4\,320}{126.6^2} \times \frac{104 \times 82}{93\,435/33.2} \times \left[0.8 \times (2 \times 0.964 - 1) + \sqrt{1 + \left(\frac{126.6 \times 1}{4.4 \times 82}\right)^2}\right] \times \frac{235}{235}$$
$$= 2.57 \geqslant 2.5$$

说明梁在丧失强度承载能力之前，是不会丧失整体稳定的，则该梁的整体稳定性满足。

附表 A.1　　H 型钢和等截面工字形简支梁的整体稳定等效临界弯矩系数 β_b

项次	侧向支承	载荷		$\xi \leqslant 2.0$	$\xi > 2.0$	适用范围
1	跨中无侧向支承	均布载荷作用在	上翼缘	$0.69 + 0.13\xi$	0.95	双轴对称焊接工字形截面、加强受压翼缘的单轴对称焊接工字形截面、轧制 H 型钢截面
2			下翼缘	$1.73 - 0.20\xi$	1.33	
3		集中载荷作用在	上翼缘	$0.73 + 0.18\xi$	1.09	
4			下翼缘	$2.23 - 0.28\xi$	1.67	
5	跨度中点有一个侧向支承点	均布载荷作用在	上翼缘	1.15		双轴对称焊接工字形截面、加强受压翼缘的单轴对称焊接工字形截面、加强受拉翼缘的单轴对称焊接工字形截面、轧制 H 型钢截面
6			下翼缘	1.40		
7		集中载荷作用在截面高度上任意位置		1.75		
8	跨中有不少于两个等距离侧向支承点	任意载荷作用在	上翼缘	1.20		
9			下翼缘	1.40		
10	梁端有弯矩，但跨中无载荷作用			$1.75 - 1.05\left(\frac{M_2}{M_1}\right) + 0.3\left(\frac{M_2}{M_1}\right)^2$，但 $\leqslant 2.3$		

注：(1) $\xi = \frac{tl_1}{b_1 h}$，其中 l_1 为跨度或受压翼缘的计算（自由）长度，b_1 和 t 为受压翼缘的宽度和厚度。

(2) M_1、M_2 为梁的端弯矩，使梁产生同向曲率时 M_1 和 M_2 取同号，产生反向曲率时取异号，$|M_1| \geqslant |M_2|$。

(3) 表中项次 3、4 和 7 的集中载荷是指一个或少数几个集中载荷位于跨中附近的情况，对其他情况的集中载荷，应按表中项次 1、2、5、6 内的数值采用。

(4) 表中项次 8、9 的 β_b，当集中载荷作用在侧向支承点处时，取 $\beta_b = 1.20$。

(5) 载荷作用在上翼缘系指作用点在上翼缘表面，方向指向截面形心；载荷作用在下翼缘，系指作用在下翼缘表面，方向背向截面形心。

(6) I_1 和 I_2 分别为工字形截面受压翼缘和受拉翼缘对 y 轴的惯性矩，对 $m = \frac{I_1}{I_1 + I_2} > 0.8$ 的加强受压翼缘工字形截面，下列项次算出的 β_b 值应乘以相应的系数：

项次 1：当 $\xi \leqslant 1.0$ 时，乘以 0.95。

项次 3：当 $\xi \leqslant 0.5$ 时，乘以 0.90；当 $0.5 < \xi \leqslant 1.0$ 时，乘以 0.95。

【算例 2】

已知附图 A.10 所示工字形截面轴心压杆，杆长 $l = 4$ m，两端铰支，轴心压力 $N = 120$ kN，材料为 Q235 钢，试设计其截面尺寸并验算。约束采用附图 A.10 的 4 种方式。

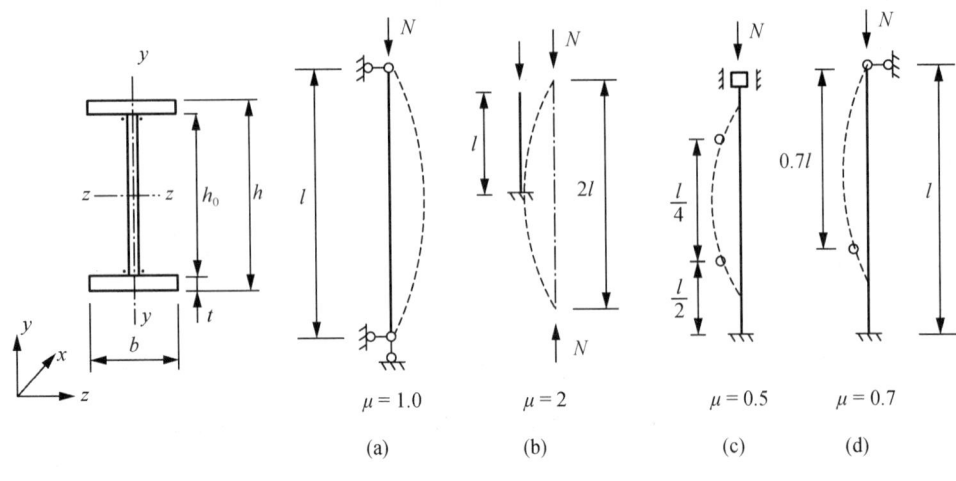

附图 A.10　结构图

1. 描述

1) 问题描述

(1) 工字梁结构的几何模型如附图 A.11 所示。

(2) 工字梁结构使用 beam188 单元进行建模，beam188 是三维线性（2 节点）或者二次梁单元，每个节点有 6 或 7 个自由度。当 KEYOPT(1)=0（缺省）时，每个节点有 6 个自由度：x，y，z 方向的平动和绕 x，y，z 轴的转动。当 KEYOPT(1)=1 时，每个节点有 7 个自由度：x，y，z 方向的平动和绕 x，y，z 轴的转动，以及横截面的翘曲。

2) 建模

(1) 定义。

材料：弹性模量 $E=2.1\mathrm{E}11$ Pa。

几何：杆的截面尺寸：$w_1=0.2$ m，$w_2=0.2$ m，$w_3=0.18$ m，$t_1=0.01$ m，$t_2=0.01$ m，$t_3=0.006$ m。

载荷：$P=600$ kN。

单元类型：beam188。

(2) 创建几何模型。

在前处理模块中，设置结构钢材料，定义弹性模量和工字梁横截尺寸。

在坐标原点建立关键点 1，沿 X 轴方向建立关键点 2，连接两个关键点，以表示梁结构。

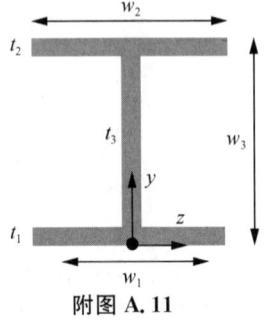

附图 A.11

(3) 边界条件和载荷施加。

边界条件设置：

模型(a)：在关键点 1 约束 X，Y，Z 轴方向的平动和 X，Y 轴方向的转动；在关键点 2 约束 Z 轴方向的平动和 X，Y 轴方向的转动。

模型(b)：在关键点 1 约束 X，Y，Z 轴方向的平动和 X，Y，Z 轴方向的转动。

模型(c)：在关键点 1 约束 X，Y，Z 轴方向的平动和 X，Y，Z 轴方向的转动；在关键点 2 约

束 Y,Z 轴方向的平动和 X,Y,Z 轴方向的转动。

模型(d)：在关键点 1 约束 X,Y,Z 轴方向的平动和 X,Y,Z 轴方向的转动；在关键点 2 约束 Z 轴方向的平动和 X,Y 轴方向的转动。

载荷施加：

在关键点 2 施加 X 轴方向的载荷为 -600 kN。

3）求解

(1) 求解有限元模型。

首先使用 SOLU 命令进入求解模块，先进行静力学分析，计算应力刚度矩阵。

其次进行屈曲分析，选择求解方式为 Block Lanczos，并且选择提取 5 阶屈曲模态，并且在载荷步选项卡中设定对 5 阶屈曲模态进行扩展。

(2) 后处理提取结果(附 A.12)。

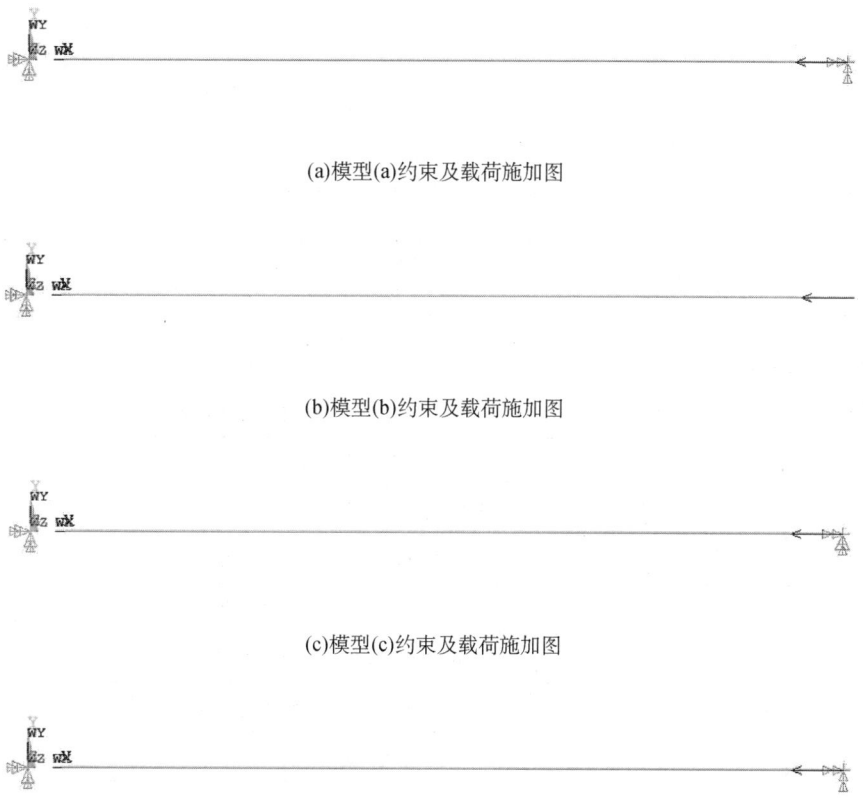

(a)模型(a)约束及载荷施加图

(b)模型(b)约束及载荷施加图

(c)模型(c)约束及载荷施加图

(d)模型(c)约束及载荷施加图

附图 A.12　四种情况约束及载荷施加图

2. 命令流

FINISH	！结束任何当前的操作
/CLEAR	！清除当前数据库中的所有数据

续表

/PREP7	！进入前处理模块
MP,EX,1,2.1E11	！设置第1号材料杨氏模量
MP,PRXY,1,0.3	！设置第1号材料泊松比
MP,DENS,1,7850	！设置第1号材料密度
ET,1,BEAM188	！设置第1号单元为 beam188
SECTYPE,1,BEAM,I	！设置第1号单元的截面
SECOFFSET,CENT	！定义截面的偏移量
SECDATA,0.2,0.2,0.18,0.01,0.01,0.006	！设置截面尺寸
K,1,0,0,0	
K,2,4,0,0	！生成2个关键点
L,1,2	！由关键点生成1条线段
LESIZE,ALL,,,5	！每条线段划分5个网格
LMESH,ALL	！进行网格划分
！模型(a)约束与载荷设置	
DK,1,UX,0	！在关键点1处施加位移约束 UX=0
DK,1,UY,0	！在关键点1处施加位移约束 UY=0
DK,1,UZ,0	！在关键点1处施加位移约束 UZ=0
DK,1,ROTX	！在关键点1处施加转动约束 ROTX=0
DK,1,ROTY	！在关键点1处施加转动约束 ROTY=0
DK,2,UZ,0	！在关键点2处施加位移约束 UZ=0
DK,2,ROTX	！在关键点2处施加转动约束 ROTX=0
DK,2,ROTY	！在关键点2处施加转动约束 ROTY=0
！模型(b)约束与载荷设置,此外修改关键点2坐标为(2,0,0)	
DK,1,ALL,0	！在关键点1处施加所有位移约束
！模型(c)约束与载荷设置	
DK,1,ALL,0	！在关键点1处施加所有位移约束

续表

DK,2,UY,0	！在关键点2处施加位移约束 UY=0
DK,2,UZ,0	！在关键点2处施加位移约束 UZ=0
DK,2,ROTX	！在关键点2处施加转动约束 ROTX=0
DK,2,ROTY	！在关键点2处施加转动约束 ROTY=0
DK,2,ROTZ	！在关键点2处施加转动约束 ROTZ=0
！模型(d)约束与载荷设置	
DK,1,ALL,0	！在关键点1处施加所有位移约束
DK,2,UZ,0	！在关键点2处施加位移约束 UZ=0
DK,2,ROTX	！在关键点2处施加转动约束 ROTX=0
DK,2,ROTY	！在关键点2处施加转动约束 ROTY=0
/SOLU	！进入求解模块
ANTYPE,STATIC	！先做一次静力学分析,计算应力刚度矩阵
PSTRES,ON	！需打开预应力选项
FK,2,FX,−600000	！在关键点2处施加载荷 FX=−600 000 N
SOLVE	！求解
FINISH	！结束前处理模块
/SOLU	！进入求解模块
ANTYPE,BUCKLE	！进入特征值屈曲求解模块
BUCOPY,LANB,5	！选择 block lanczos 方法,提取前5阶特征值
MXPAND,5	！设置扩展项为5
SOLVE	！求解
FINISH	！结束前处理模块

注：命令流采用国际单位。

3. 模型图与结果

为体现屈曲效果,将变形效果放大显示。前五阶屈曲模态较为近似,故选取相对薄弱一阶屈曲模态。有限元分析结果表明,四种约束条件下,工字梁一阶模态屈曲乘子分别为 2.23、2.23、2.23 和 0.73,由于四种模型施加的约束均为 600 kN,故临界载荷分别为 1 338 kN、1 338 kN、1 338 kN 和 438 kN(附图 A.13)。即在约束(a)、(b)和(c)条件下工字梁稳定,在约束(d)条件下工字梁失稳。

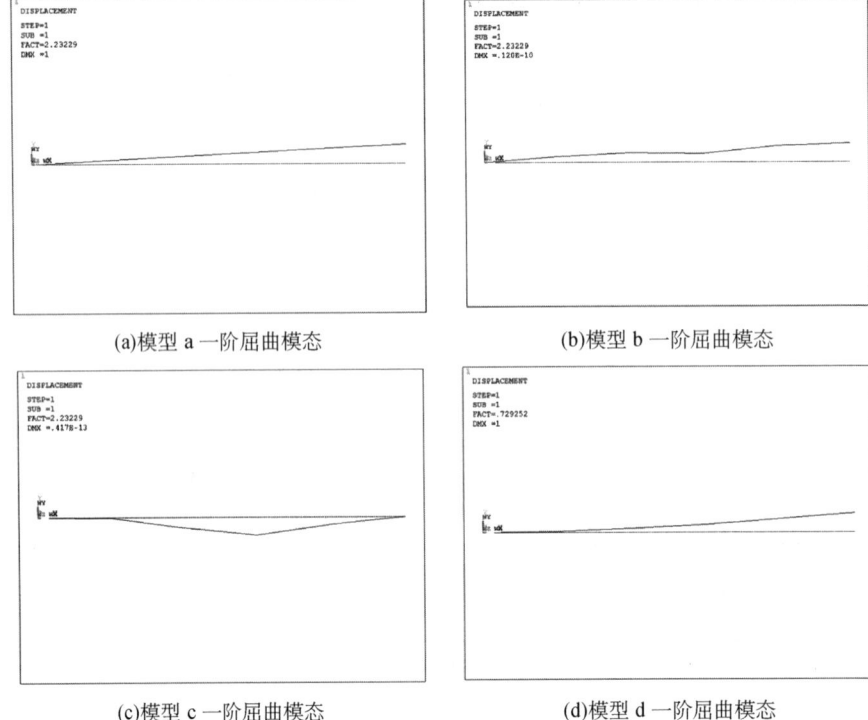

(a)模型 a 一阶屈曲模态 (b)模型 b 一阶屈曲模态

(c)模型 c 一阶屈曲模态 (d)模型 d 一阶屈曲模态

附图 A.13　四种约束下的计算结果图

4. 理论计算结果

(1) 先假定长细比 $\lambda=100$，得到 $\varphi=0.555$。

截面所需回转半径

$$r_u = \frac{l_0}{\lambda} = \frac{400}{100} = 4 \text{ cm}$$

估算截面各部分尺寸

$$A_u = \frac{N}{\varphi[\sigma]} = \frac{600 \times 10^3}{0.555 \times 170} = 6\,359.3 \text{ mm}^2 = 63.6 \text{ cm}^2$$

截面尺寸　　$b_u = \dfrac{r_u}{\alpha_2} = \dfrac{4}{0.24} = 16.6 \text{ cm}$

$$h_u = \frac{r_u}{\alpha_1} = \frac{4}{0.43} = 9.3 \text{ cm}$$

截面高度 h 由构造确定，要求 $h > h_u$，常取 $h \approx b$。

(2) 试选截面。

翼缘：因 $b_u = 16.6$ cm，采用 $2-1$ cm$\times 17$ cm，则截面积 $A_1 = 2 \times 17 \times 1 = 34$ cm^2。

腹板：需要面积为 $A_2 = A_u - A_1 = 63.6 - 34 = 29.6$ cm^2，现取 $h = b = 17$ cm，则腹板厚度 $\delta = \dfrac{29.6}{17-2} = 1.97$ cm。可见太厚，说明长细比假定偏大，应对截面作调整。

经试算后最终采用：
翼缘：2－1×10 $A_1 = 2 \times 20 \times 1 = 40 \text{ cm}^2$
腹板：1－0.6×18 $A_2 = 18 \times 0.6 = 10.8 \text{ cm}^2$
总面积 $A = A_1 + A_2 = 40 + 10.8 = 50.8 \text{ cm}^2$

（3）截面验算。

由于 $l_{0x} = l_{0y}$，而 $r_x > r_y$，故截面仅需对 y 轴作稳定控制。

$$I_y = 2 \times \frac{1}{12} \times 1 \times 20^3 = 1\,330 \text{ cm}^4$$

$$r_y = \sqrt{\frac{I_y}{A}} = \sqrt{\frac{1\,330}{50.8}} = 5.11 \text{ cm}$$

$$\lambda_y = \frac{l_{0y}}{r_y} = \frac{400}{5.11} = 78.5 < [\lambda] = 150$$

刚性满足。

由 λ_y 查表 12.4 得稳定系数 $\phi_y = 0.697\,5$，整体稳定验算：

$$\sigma = \frac{N}{\phi_y A} = \frac{600 \times 10^3}{0.697\,5 \times 50.8 \times 10^2} = 169.3 \text{ MPa} < [\sigma] = 170 \text{ MPa}$$

局部稳定验算：

腹板 $\dfrac{h_0}{\delta} = \dfrac{18}{0.6} = 30 < 50\sqrt{\dfrac{235}{235}} + 0.1 \times 78.5 = 57.85$

翼缘外伸部分： $\dfrac{b_e}{t} = \dfrac{0.5 \times 20}{1.0} = 10 < 16\sqrt{\dfrac{235}{235}} = 16$

该构件截面安全。

【算例 3】 钢桁架位移计算

附图 A.14 所示的钢桁架，其上弦两个节点上各有一个竖向载荷 $P = 160$ kN，各杆采用两个 0.08 m×0.005 m 等边角钢，截面积 $A = 2 \times 7.912 \text{ cm}^2$，弹性模量 $E = 2.1 \times 10^4$ kN/cm^2，试求下弦中间节点 C 的竖向位移 Δ_{cv}。

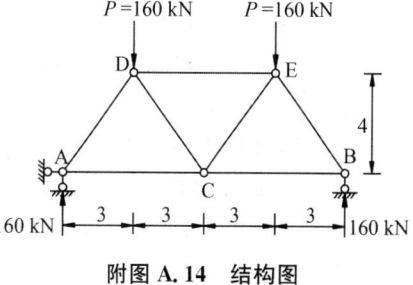

附图 A.14 结构图

1. 描述

1) 问题描述

（1）桁架结构的几何模型如附图 A.15 所示。

（2）桁架使用 LINK1 二维杆单元进行建模，该单元适用于桁架、连杆、弹簧等结构。

（3）该二维杆单元是杆轴方向的拉压单元，每个节点有 2 个自由度：沿节点坐标系 x、y 方向的平动。本单元不承受弯矩。

2) 建模

（1）定义。

材料：弹性模量 $E = 2.1$E11 Pa。

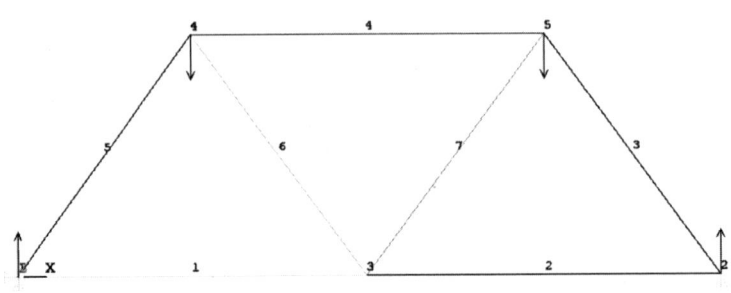

附图 A.15　节点编号图

几何:杆的截面积为 10^{-4} m^2。

载荷:$P=160$ kN。

单元类型:LINK1。

(2) 创建几何模型。

在前处理模块中,设置结构钢材料,定义弹性模量和横截面积。

在坐标原点建立节点 1,并在 XOY 平面建立其他节点。

生成 5 个节点并定义它们的坐标,由 5 个节点连线生成 7 个单元,表示桁架的杆件。

(3) 边界条件和载荷施加。

在节点 1 施加所有位移约束,在节点 2 施加 Y 轴方向的位移约束。

在节点 1 和节点 2 施加 Y 轴方向载荷为 160 kN,在节点 4 和 5 施加 Y 轴方向载荷为 -160 kN。

3) 求解

(1) 求解有限元模型。

使用 SOLU 命令进入求解模块。

使用 SOLVE 命令求解有限元模型。

(2) 后处理提取结果。

进入后处理模块,使用 ETABLE 命令设置轴力,以便后续绘制轴力。

使用 DISPLACEMENT 命令提取节点 C 的竖向位移。

2. 命令流

/PREP7	! 进入前处理模块
ET,1,LINK1	! 设置第 1 号单元
MP,EX,1,2.1E11	! 设置第 1 号材料
F1=16000	
F2=−16000	! 设置载荷参数

续表

R,1,1E−4	！设置第1号实常数
N,1,0,0,0	
N,2,12,0,0	
N,3,6,0,0	
N,4,3,4,0	
N,5,9,4,0	！生成5个节点
TYPE,1	！激活第1号单元
MAT,1	！激活第1号材料
REAL,1	！激活第1号实常数
E,1,3	
E,3,2	
E,2,5	
E,5,4	
E,4,1	
E,3,4	
E,3,5	！由节点直接生成7个单元
D,1,ALL	！在节点1处施加所有位移约束
D,2,UY,0	！在节点2处施加位移约束UY=0
FINISH	！结束前处理模块
/SOLU	！进入求解模块
F,1,FY,F1	！在节点1处施加载荷FY=F1
F,2,FY,F1	！在节点2处施加载荷FY=F1
F,4,FY,F2	！在节点4处施加载荷FY=F2
F,5,FY,F2	！在节点5处施加载荷FY=F2
SOLVE	！求解
FINISH	！结束求解模块
/POST1	！进入后处理
/ESHAPE,2	！将线性单元显示为实体
ETABLE,FX_I,SMISC,1	
ETABLE,FX_J,SMISC,1	！轴力设置

续表

PLLS, FX_I, FX_J, 0.5, 1	! 图形显示轴力
FINISH	! 结束

注：命令流采用国际单位。

3. 模型图（附图 A.16）与结果（附表 A.2）

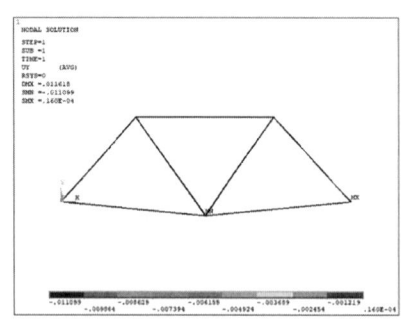

(a) y 轴方向形变图   (b) 各杆轴力图

附图 A.16 计算结果图

附表 A.2 计算结果表

有限元分析结果表明，单元 1 和单元 2 受到的轴力大小为 12 kN，单元 3 和单元 5 受到的轴力大小为 −20 kN，单元 4 受到的轴力大小为 −12 kN，单元 6 和单元 7 受到的轴力大小约为 0 N。点 C 在 y 轴方向位移为 −1.1E2 m，与解析计算（解析计算为 −1.1E2 m）结果一致。

4. 理论计算结果

解：计算节点 C 竖向位移的虚拟状态。在载荷的作用下，桁架的位移按式(3-29)进行计算。为此，首先必须分别计算出两个状态的杆件内力 N_p 和 $\overline{N}_i$，然后才能按公式计算位移。为清楚起见，将计算过程列成表格的形式（附表 A.3）。根据计算结果，得到中间节点 C 的竖向位移为：

$$\Delta_{CV}=\Delta_{ip}=\sum \frac{N_i N_p l}{EA}=\frac{147.264}{2.1\times 10^4}=0.007\,012\ \text{m}=7.012\ \text{mm}(\downarrow)$$

最后，求得的位移是正的，表明该节点位移的实际方向与虚单位力 $P_i=1$ 的假设方向一致，即位移向下。

附表 A.3　　　　　　　　　　　　　　　计算过程

杆件名称	杆长 l/m	截面积 A/cm^2	轴力 N_p/kN	轴力 $\overline{N}_i$	$\dfrac{\overline{N}_i N_p l}{A}$/(kN·m·cm^{-2})
A—C	6	15.824	+120	+3/8	+17.063
B—C	6	15.824	+120	+3/8	+17.063
D—E	6	15.824	−120	−3/4	+34.126
A—D	5	15.824	−200	−5/8	+39.497
C—D	5	15.824	0	+5/8	0
C—E	5	15.824	0	+5/8	0
B—E	5	15.824	−200	−5/8	+39.497
$\sum \dfrac{\overline{N}_i N_p l}{A} =$					+147.24

【算例 4】附图 A.17 所示为某门座起重机象鼻架结构计算简图,试求在外载荷作用下 C 点的垂直位移。已知:$A_1=64\text{ cm}^2$,$A_2=132\text{ cm}^2$,$E=210\text{ GPa}$。

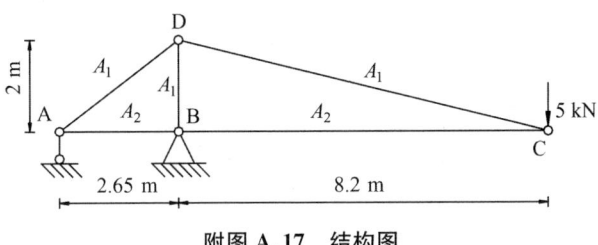

附图 A.17　结构图

1. 描述

1) 问题描述

(1) 桁架结构的几何模型如附图 A.18 所示。

(2) 采用 LINK180 三维杆单元进行建模,该单元可以被看作桁架单元、索单元、链杆单元或弹簧单元等,具有轴向拉伸-压缩性质。

(3) 每个节点有三个自由度:节点坐标系的 x,y,z 方向的平动。

2) 建模

(1) 定义。

材料:弹性模量 $E=2.1E11\text{ Pa}$。

几何:杆的截面积 $A_1=6.4E3\text{ m}^2$,$A_2=1.32E2\text{ m}^2$。

载荷:$P=5\text{ kN}$。

单元类型:LINK180。

(2) 创建几何模型。

在前处理模块,设置材料为结构钢,由于不同单元的横截面积不同,故定义 1 号和 2 号,横截面积分别为 $6.4E3\text{ m}^2$ 和 $1.32E2\text{ m}^2$。

在坐标原点建立节点 1,并在 XOY 平面建立其他节点。

生成4个节点,根据题目要求,先激活1号实常数生成单元1,2和3,再激活2号实常数生成单元4和5。

(3) 边界条件和载荷施加。

在节点1施加Y轴方向的位移约束,固定该节点在Y方向上的位移。

在节点2施加所有位移约束,固定该节点的所有位移。

在节点3施加Y轴方向载荷为5 kN。

3) 求解

(1) 求解有限元模型。

使用SOLU命令进入求解模块。

使用SOLVE命令求解有限元模型。

(2) 后处理结果提取。

进入后处理模块,采用PLDISP命令显示变形图。

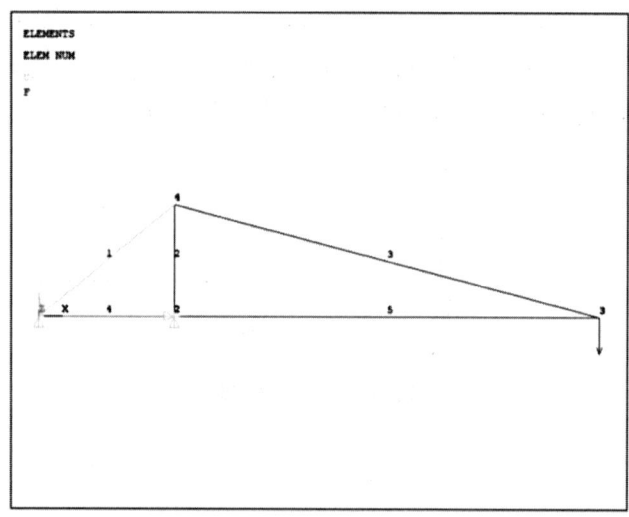

附图 A.18 模型编号图

2. 命令流

/PREP7	！进入前处理模块
ET,1,LINK180	！设置第1号单元
MP,EX,1,2.1E11	！设置第1号材料
F1=−5000	！设置载荷的参数
R,1,6.4E−3	！设置1号实常数
R,2,1.32E−2	！设置2号实常数
N,1,0,0,0	
N,2,2.65,0,0	
N,3,10.85,0,0	
N,4,2.65,2,0	！生成节点

续表

TYPE,1	！激活第1号单元
MAT,1	！激活第1号材料
REAL,1	！激活第1号实常数
E,1,4	
E,2,4	
E,3,4	！由节点直接生成单元
REAL,2	！激活第2号实常数
E,1,2	
E,2,3	！由节点直接生成单元
D,1,UY,0	！在节点1处施加位移约束 UY=0
D,2,ALL	！在节点2处施加所有位移约束
FINISH	！结束前处理模块
/SOLU	！进入求解模块
F,3,FY,F1	！在节点3处施加载荷 FY=F1
SOLVE	！求解
FINISH	！结束求解模块
/POST1	！进入后处理
SET,1	！调出结果的数据集
*GET,C1_P3_UY,NODE,3,U,Y	！获取节点3处的位移 UY,赋给参数 C1_P3_UY
PLDISP,1	！显示形变图
FINISH	！结束

注：命令流采用国际单位。

3. 模型图与结果（附图 A.19）

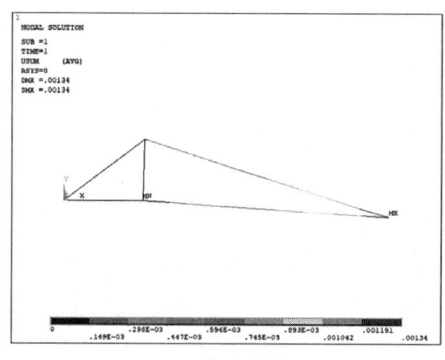

(a) 总形变图　　　　　　　　(b) y 轴方向形变图

附图 A.19　计算结果图

各节点Y轴方向位移

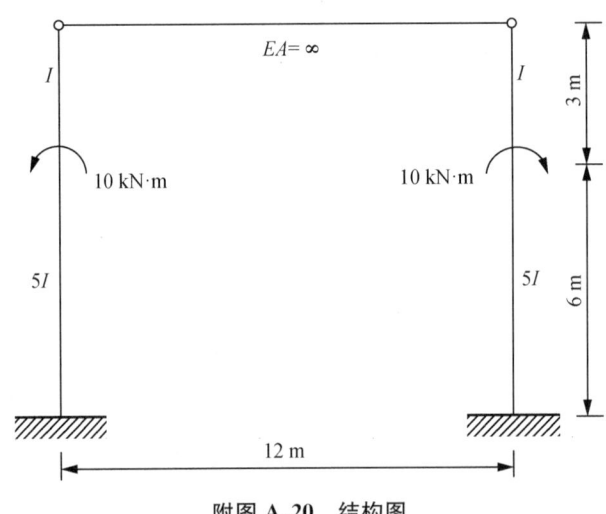

```
NODE    UY
  1    0.0000
  2    0.0000
  3   -0.13388E-002
  4   -0.30464E-004
```

有限元结果表明,外载荷作用下C点的垂直位移为 $1.34E-3$ m,与解析计算(解析计算为 $1.34E3$ m)结果一致。

4. 理论计算结果

3.11 $\Delta_{CV} = 1.34 \times 10^{-3}$ m($\downarrow$)

【算例5】 用力法分析附图 A.20 所示结构,并绘制弯矩图(提示:根据对称性可取左半部分进行计算)。

附图 A.20 结构图

1. 描述

1) 问题描述

桁架结构的几何模型如附图 A.21 所示。

选择单元类型为 BEAM3 二维梁单元和 LINK1 二维杆单元,建立杆梁混合结构。

BEAM3 单元是一种可承受拉、压、弯作用的单轴单元,每个节点有 3 个自由度:沿节点坐标系的 x,y 方向的平动和绕 z 轴的转动。考虑到梁的各个构件连接节点为刚节点,梁单元不仅可以承受轴向力产生的轴向变形,还可以承受剪力弯矩产生的横向位移和弯曲变形。而杆单元只能承受沿着杆件方向的拉力或者压力,不能承受弯矩,故在本算例中选用组合结构。

考虑到杆和梁比较刚,由于题目要求桁架不同位置惯性矩

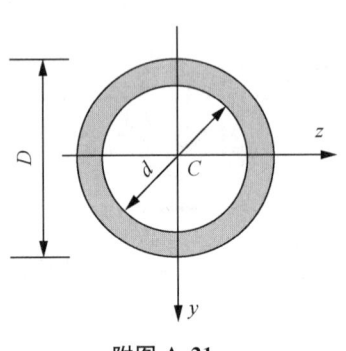

附图 A.21

不同,大小分别为 I 和 $5I$,假设惯性矩 $5I$ 的梁单元为直径 0.6 m,壁厚 0.03 m,则由惯性矩计算公式(1)计算得 $5I=2.2\mathrm{E}3\ \mathrm{m}^4$。

$$I=\frac{\pi}{64}(D^4-d^4) \tag{1}$$

2) 建模

(1) 定义。

材料:弹性模量 $E=2.1\mathrm{E}11\ \mathrm{Pa}$ 和 $E=2.5\mathrm{E}11\ \mathrm{Pa}$。

几何:将题中结构分为三部分,1 号线和 2 号线为梁单元,定义其直径为 0.6 m,壁厚为 0.03 m,即截面积为 $5.37\mathrm{E}2\ \mathrm{m}^2$,惯性矩 $5I=2.2\mathrm{E}3\ \mathrm{m}^4$;3 号线和 4 号线为梁单元,定义其直径为 0.4 m,壁厚为 0.02 m,即截面积为 $2.39\mathrm{E}2\ \mathrm{m}^2$,惯性矩 $I=4.4\mathrm{E}4\ \mathrm{m}^4$;5 号线为杆单元,定义其截面积为 $5.37\mathrm{E}2\ \mathrm{m}^2$。

载荷:$MZ_1=-10^4\ \mathrm{N\cdot m}$,$MZ_2=10^4\ \mathrm{N\cdot m}$。

单元类型:BEAM3 和 LINK1 组合。

(2) 创建几何模型(附图 A.22)。

在前处理模块,设置材料的力学特征参数,由于不同单元的惯性矩和弹性模量不同,故定义 3 个实常数,定义梁单元 1 号实常数截面积为 $5.37\mathrm{E}2\ \mathrm{m}^2$,惯性矩为 $2.2\mathrm{E}3\ \mathrm{m}^4$;定义梁单元 2 号实常数截面积为 $2.39\mathrm{E}2\ \mathrm{m}^2$,惯性矩为 $4.4\mathrm{E}4\ \mathrm{m}^4$;定义杆单元 3 号实常数截面积为 $5.37\mathrm{E}2\ \mathrm{m}^2$。

定义 1 号和 2 号材料,弹性模量分别为 $2.1\mathrm{E}11\ \mathrm{Pa}$ 和 $2.5\mathrm{E}11\ \mathrm{Pa}$。

在坐标原点建立关键点 1,并在 XOY 平面建立其他关键点。

生成 6 个关键点,建立 5 条线,根据题目要求,对 1 和 2 号线赋予第 1 号单元类型,1 号实常数,1 号材料;对 3 和 4 号线赋予第 1 号单元类型,2 号实常数,1 号材料;对 4 和 5 号线赋予第 2 号单元类型,3 号实常数,2 号材料。

(3) 边界条件和载荷施加。

进行网格划分,使用 LESIZE 命令设置所有各线上划分单元的个数,本例中 1、2、3、4 号线上划分的单元个数为 4 个,5 号线上划分的单元个数为 1 个。

对关键点 1 和 2 施加固定边界条件,限制节点的位移。

对关键点 5 和 6 分别施加 MZ 方向的转矩为 $-10^4\ \mathrm{N\cdot m}$ 和 $10^4\ \mathrm{N\cdot m}$。

3) 求解

(1) 求解有限元模型。

使用 SOLU 命令进入求解模块。

使用 SOLVE 命令求解有限元模型。

(2) 后处理结果提取。

进入后处理模块,采用 ETABLE 命令显示弯矩图。

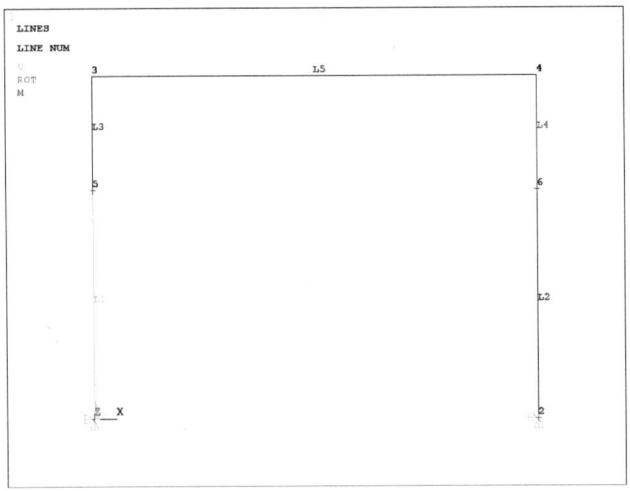

附图 A.22　模型编号图

2. 命令流

/PREP7	！进入前处理模块
/PLOPTS,DATE,OFF	
/REPLOT	！不显示日期和时间
ET,1,BEAM3	！设置1号单元类型为BEAM3
R,1,0.0537,2.2E−3,0.6	！设置1号实常数
R,2,0.0239,4.4E−4,0.4	！设置2号实常数
ET,2,LINK1	！设置2号单元类型为LINK1
R,3,0.0537	！设置3号实常数
MP,EX,1,2.1E11	！设置第1号弹性模量
MP,EX,2,2.5E11	！设置第2号弹性模量
MP,PRXY,1,0.3	！设置泊松比
K,1,0,0,0	
K,2,12,0,0	
K,3,0,9,0	
K,4,12,9,0	
K,5,0,6,0	
K,6,12,6,0	！建立1—6号关键点
L,1,5	
L,2,6	
L,3,5	
L,4,6	
L,3,4	！建立1—5号线

续表

LSEL,S,,,1,2	！选择线1和线2
LATT,1,1,1	！对其赋予第1号单元类型,1号实常数,1号材料
LESIZE,ALL,,,4,,,,1	！每条线划分为4个单元
LMESH,ALL	！对所选择的线进行单元划分
LSEL,S,,,3,4	！选择线3和线4
LATT,1,2,1	！对其赋予第1号单元类型,2号实常数,1号材料
LESIZE,ALL,,,4,,,,1	！每条线划分为4个单元
LMESH,ALL	！对所选择的线进行单元划分
LSEL,S,,,5	！选择线5
LATT,2,3,2	！对其赋予第2号单元类型,3号实常数,2号材料
LESIZE,ALL,,,1,,,,1	！每条线划分为1个单元
LMESH,ALL	！对所选择的线进行单元划分
DK,1,ALL	！对关键点1施加固定边界条件
DK,2,ALL	！对关键点2施加固定边界条件
FK,5,MZ,−10000	！对关键点5施加MZ方向的−10 000 Nm的转矩
FK,6,MZ,10000	！对关键点6施加MZ方向的10 000 Nm的转矩
/SOLU	
SOLVE	
FINISH	！进入求解模块并求解
/POST1	！进入后处理
ETABLE,SFY_I,SMISC,6	
ETABLE,SFY_J,SMISC,12	！设置弯矩
PLLS,SFY_I,SFY_J	！生成弯矩图

注：命令流采用国际单位。

3. 模型图与结果（附图 A.23）

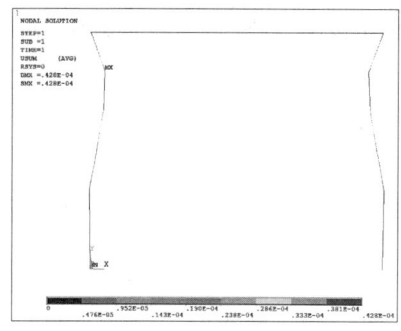
(a) 变形图

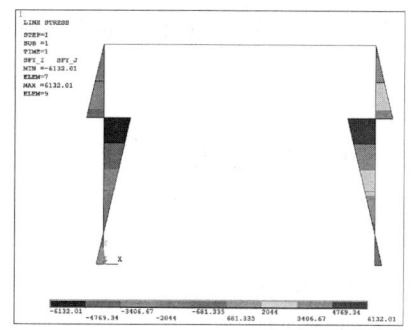
(b) 力矩图

附图 A.23　计算分析图

有限元结果表明,最大弯矩为 6 132.01 N,弯矩图与解析计算结果一致。

4. 理论计算结果(附图 A.24)

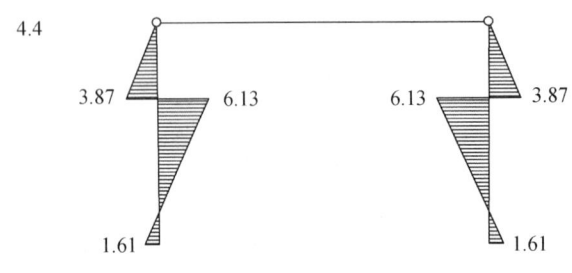

附图 A.24

【算例 6】

求附图 A.25 所示桁架各杆轴力。

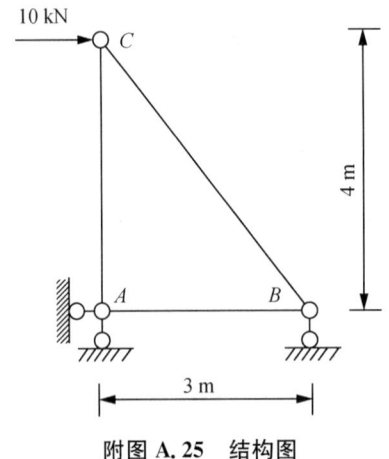

附图 A.25　结构图

1. 描述

1) 问题描述

(1) 桁架结构的几何模型如附图 A.26 所示。

(2) 选择单元类型 LINK180 三维杆单元。

(3) 需要求解桁架各杆的轴力,即在给定加载条件下,计算每个杆的受力情况。

2) 建模

(1) 定义。

材料:弹性模量 $E=2.1\mathrm{E}11$ Pa。

几何:杆的截面积为 $4\mathrm{E}4$ m^2。

载荷:$F=10$ kN。

单元类型:LINK180。

(2) 创建几何模型。

在前处理模块,设置材料为结构钢,弹性模量为 2.1E11 Pa。

定义 1 号实常数,截面积为 $4\mathrm{E}4$ m^2。

在坐标原点建立节点 1,并在 XOY 平面建立其他节点。

生成 3 个节点表示桁架的连接点;由节点生成三个单元,表示桁架的杆件。

(3) 边界条件和载荷施加。

在节点 1 处施加位移约束 $UX=0, UY=0$。

在节点 2 处施加位移约束 $UY=0$。

在节点 3 施加载荷 $FY=F1=10\ kN$。

3) 求解

(1) 求解有限元模型。

使用 SOLU 命令进入求解模块。

使用 SOLVE 命令求解有限元模型。

(2) 后处理提取结果。

进入后处理模块,采用 ETABLE 命令对轴力进行设置,并采用 PLLS 显示轴力图。

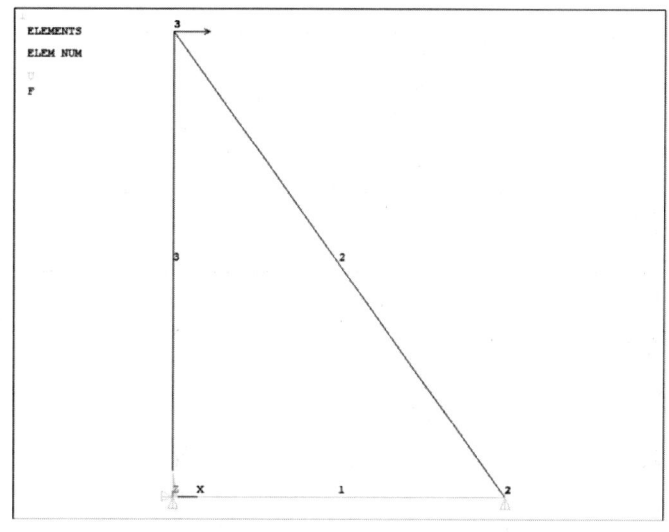

附图 A.26 模型编号图

2. 命令流

/PREP7	！进入前处理模块
ET,1,LINK180	！设置第 1 号单元
MP,EX,1,2.1E11	！设置第 1 号材料
F1=10000	！设置载荷的参数
R,1,1E−4	！设置实常数
N,1,0,0,0	
N,2,3,0,0	
N,3,0,4,0	！生成节点
TYPE,1	！激活第 1 号单元
MAT,1	！激活第 1 号材料
REAL,1	！激活第 1 号实常数

续表

E,1,2	
E,2,3	
E,3,1	！由节点直接生成单元
D,1,UX,0	！在节点 1 处施加位移约束 UX=0
D,1,UY,0	！在节点 1 处施加位移约束 UY=0
D,2,UY,0	！在节点 2 处施加位移约束 UY=0
FINISH	！结束前处理模块
/SOLU	！进入求解模块
F,3,FX,F1	！在节点 3 施加载荷 FY=F1
SOLVE	！求解
FINISH	！结束求解模块
/POST1	！进入后处理
/ESHAPE,2	！将线性单元显示为实体
ETABLE,FX_I,SMISC,1	
ETABLE,FX_J,SMISC,7	！轴力设置
PLLS, FX_I, FX_J,0.5,1	！图形显示轴力
FINISH	！结束

注：命令流采用国际单位。

3. 模型图与结果

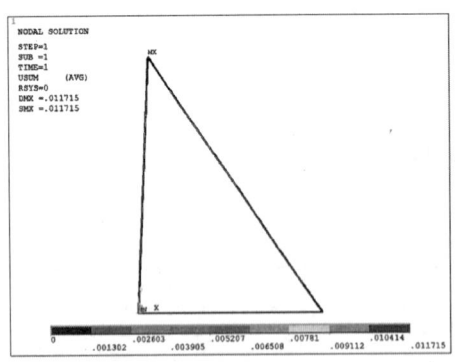
(a) 总体形变图

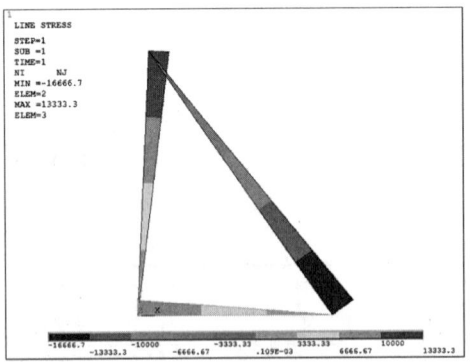
(b) 各杆轴力图

附图 A.27 计算分析图

各单元轴力大小

STAT ELEM	CURRENT NI	CURRENT NJ
1	10000.	0.0000
2	-16667.	0.0000
3	13333.	0.0000

有限元结果表明，单元 1 轴力为 10 kN，单元 2 轴力为 −16.667 kN，单元 3 轴力为 13.333 kN，与解析计算结果一致。

4. 理论计算结果

$N_{AB}=10$ kN；$N_{AC}=\dfrac{40}{3}$ kN；$N_{BC}=-\dfrac{50}{3}$ kN

【算例 7】

如附图 A.28 所示的梁结构，假定 $E=210$ GPa，$I=5\times10^{-5}$ m^4，$F=15$ kN，$L=3$ m。求：

(1) 节点 2 的垂直位移；

(2) 节点 1 和节点 3 的支反力；

(3) 剪力和弯矩。

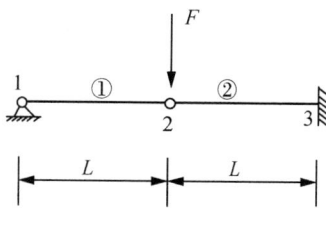

附图 A.28　结构图

1. 描述

1) 问题描述

(1) 梁结构的几何模型如附图 A.29 所示。

(2) 选择单元类型为 beam188 三维线性梁单元（2 节点），每个节点有六个或者七个自由度，自由度的个数取决于 KEYOPT(1) 的值。当 KEYOPT(1)=0（缺省）时，每个节点有六个自由度；节点坐标系的 X,Y,Z 方向的平动和绕 X,Y,Z 轴的转动。当 KEYOPT(1)=1 时，每个节点有七个自由度，这时引入了第七个自由度（横截面的翘曲）。

(3) 该单元非常适合线性、大角度转动和/并非线性大应变问题。适合于分析从细长到中等粗短的梁结构，该单元基于铁木辛哥梁结构理论，并考虑了剪切变形的影响。

2) 建模

(1) 定义。

材料：弹性模量 $E=2.1E11$ Pa。

几何：杆的截尺寸为实心正方形，边长为 0.156 5 m。

载荷：$P=15$ kN。

单元类型：beam188。

(2) 创建几何模型。

在前处理模块，设置材料为结构钢。

根据惯性矩确定截面尺寸，在坐标原点建立关键点 1，并沿 X 轴方向建立关键点 2 和关键点 3。并由 3 个关键点连接形成两条线。

(3) 边界条件和载荷施加。

在关键点 1 施加 Y 轴和 Z 轴方向的位移约束以及 X 轴和 Y 轴方向的转动约束。

在关键点 3 施加全约束。

在关键点 2 施加 Y 轴方向载荷为 −15 kN。

进行网格划分，每条线段划分 8 段，共生成 16 个单元，17 个节点。

3) 求解

(1) 求解有限元模型。

使用 SOLU 命令进入求解模块。

使用 SOLVE 命令求解有限元模型。

（2）后处理提取结果。

进入后处理模块。

剪力图绘制：使用 ETABLE 命令填充单元表值，计算每个单元的剪力。使用 PLLS 命令绘制剪力图，展示梁结构中各处的剪力分布情况。

弯矩图绘制：使用 ETABLE 命令填充单元表值，计算每个单元的弯矩。使用 PLLS 命令绘制弯矩图，展示梁结构中各处的弯矩分布情况。

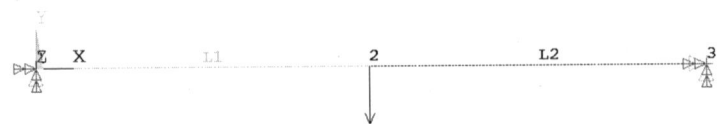

附图 A.29　关键点和线段编号图

2. 命令流

FINISH	
/CLEAR	
/PREP7	！进入前处理模块
MP,EX,1,2.1E11	！设置 1 号材料杨氏模量
MP,PRXY,1,0.3	！设置 1 号材料泊松比
MP,DENS,1,7850	！设置 1 号材料密度
ET,1,BEAM188	！设置 1 号单元为 beam188
SECTYPE,1,BEAM,RECT,,0	！设置梁截面为矩形
SECOFFSET,CENT	
SECDATA,0.1565,0.1565,0.1565,0.1565	！设置截面矩形边长为 0.156 5 m
K,1,0,0,0	
K,2,3,0,0	
K,3,6,0,0	！建立三个关键点
L,1,2	
L,2,3	！连接关键点建立线

续表

FK,2,FY,−15000	！在关键点 3 施加 Y 轴方向载荷,为−15 000 N
DK,1,UY,,,,UZ,,,,ROTX,ROTY	！对关键点 1 施加 Y、Z 轴的位移约束和 X、Y 轴的转动约束
DK,3,ALL	！对关键点 3 施加全约束
LATT,1,,1,,,,1	！对模型赋予 1 号单元,1 号材料和 1 号截面
LESIZE,ALL,,,8,,,,1	！将每条线段划分为 8 个单元
LMESH,ALL	！进行网格划分
FINISH	
/SOLU	
SOLVE	！求解
/POST1	
ETABLE,SFY_I,SMISC,6	
ETABLE,SFY_J,SMISC,19	！ETABLE 填充单元表值,6,19 表示剪力
PLLS,SFY_I,SFY_J,1,0	！绘制剪力图
/POST1	
ETABLE,MZ_I,SMISC,3	
ETABLE,MZ_J,SMISC,16	！ETABLE 填充单元表值,3,16 表示弯矩
/VIEW,1,,,1	
PLLS,MZ_I,MZ_J	！绘制弯矩图

注:命令流采用国际单位。

3. 模型图与结果(附图 A.30—附图 A.33)

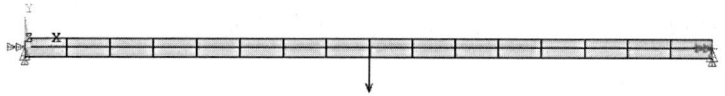

附图 A.30 单元划分图

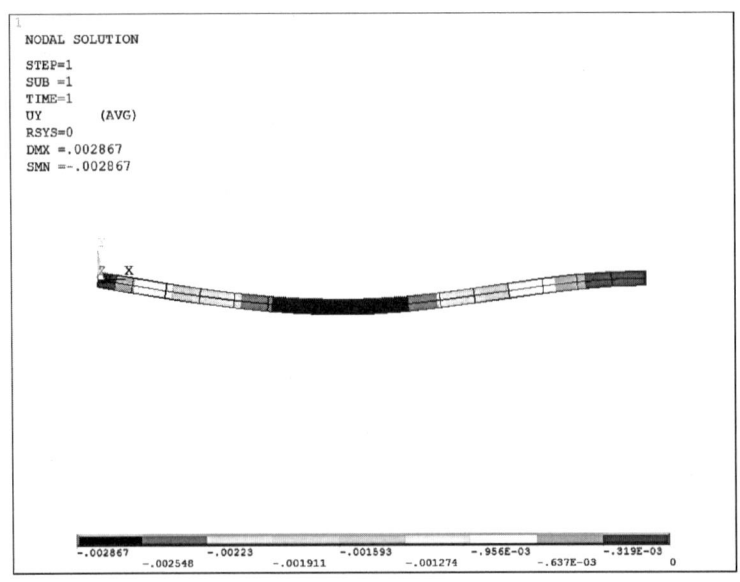

附图 A.31　Y 轴方向位移

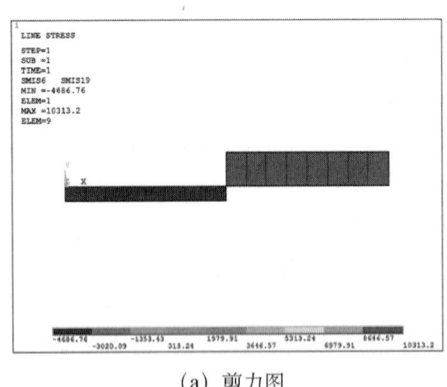

附图 A.32　关键点 1 和关键点 3 的支反力

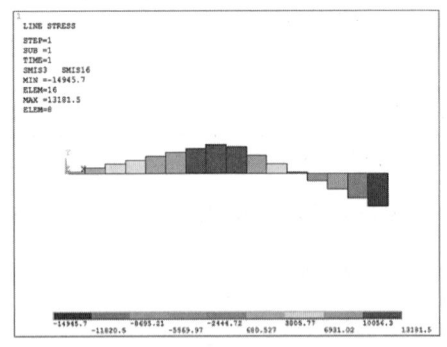

(a) 剪力图　　　　　　　　　　　　(b) 弯矩图

附图 A.33　剪力和弯矩图

　　有限元结果表明,在该载荷和约束情况下,横梁在 Y 轴方向的最大位移为 2.87E3 m,关键点 1 在 Y 轴方向的支反力为 4 687 N,关键点 3 在 Y 轴方向的支反力为 10 313 N,与理论计算结果一致。

4. 理论计算结果

解:按照有限元方法,本例仍然分为六步完成。需要注意的是,由于本例为纯弯梁模型,因此采用式(8-38)进行计算。

(1) 离散化。按照图中所示,将该结构离散化为 3 个节点,2 个单元,它们之间的连通性见附表 A.4。

附表 A.4 各单元节点的连通性

单元编号	节点 i	节点 j
1	1	2
2	2	3

(2) 求单元刚度矩阵。按照式(8-25),可得单元 1 和单元 2 的单元刚度矩阵分别为:

$$[K]_{12} = 10^6 \times \begin{bmatrix} 4.6667 & 7.0000 & -4.6667 & 7.0000 \\ 7.0000 & 14.0000 & -7.0000 & 7.0000 \\ -4.6667 & -7.0000 & 4.6667 & -7.0000 \\ 7.0000 & 7.0000 & -7.0000 & 14.0000 \end{bmatrix}$$

$$[K]_{23} = 10^6 \times \begin{bmatrix} 4.6667 & 7.0000 & -4.6667 & 7.0000 \\ 7.0000 & 14.0000 & -7.0000 & 7.0000 \\ -4.6667 & -7.0000 & 4.6667 & -7.0000 \\ 7.0000 & 7.0000 & -7.0000 & 14.0000 \end{bmatrix}$$

(3) 组装总刚矩阵。由于该结构有 3 个节点,所以其总刚矩阵为 6×6 矩阵:

$$[K] = 10^6 \times \begin{bmatrix} 4.6667 & 7.0000 & -4.6667 & 7.0000 & 0 & 0 \\ 7.0000 & 14.0000 & -7.0000 & 7.0000 & 0 & 0 \\ -4.6667 & -7.0000 & 9.3333 & 0 & -4.6667 & 7.0000 \\ 7.0000 & 7.0000 & 0 & 28.0000 & -7.0000 & 7.0000 \\ 0 & 0 & -4.6667 & -7.0000 & 4.6667 & -7.0000 \\ 0 & 0 & 7.0000 & 7.0000 & -7.0000 & 14.0000 \end{bmatrix}$$

(4) 施加边界条件,得到总刚矩阵之后,即可进一步得到该结构的方程组:

$$10^6 \times \begin{bmatrix} 4.6667 & 7.0000 & -4.6667 & 7.0000 & 0 & 0 \\ 7.0000 & 14.0000 & -7.0000 & 7.0000 & 0 & 0 \\ -4.6667 & -7.0000 & 9.3333 & 0 & -4.6667 & 7.0000 \\ 7.0000 & 7.0000 & 0 & 28.0000 & -7.0000 & 7.0000 \\ 0 & 0 & -4.6667 & -7.0000 & 4.6667 & -7.0000 \\ 0 & 0 & 7.0000 & 7.0000 & -7.0000 & 14.0000 \end{bmatrix} \begin{bmatrix} v_1 \\ \theta_1 \\ v_2 \\ \theta_2 \\ v_3 \\ \theta_3 \end{bmatrix} = \begin{bmatrix} P_{v1} \\ M_1 \\ P_{v2} \\ M_2 \\ P_{v3} \\ M_3 \end{bmatrix}$$

由题意可得,本题的边界条件为:

$$v_1 = v_3 = \theta_3 = 0, \quad M_1 = M_2 = 0, \quad F_{v2} = -15 \text{ kN}$$

将边界条件代入方程组中,得:

$$10^6 \times \begin{bmatrix} 4.6667 & 7.0000 & -4.6667 & 7.0000 & 0 & 0 \\ 7.0000 & 14.0000 & -7.0000 & 7.0000 & 0 & 0 \\ -4.6667 & -7.0000 & 9.3333 & 0 & -4.6667 & 7.0000 \\ 7.0000 & 7.0000 & 0 & 28.0000 & -7.0000 & 7.0000 \\ 0 & 0 & -4.6667 & -7.0000 & 4.6667 & -7.000 \\ 0 & 0 & 7.0000 & 7.0000 & -7.0000 & 14.0000 \end{bmatrix} \begin{bmatrix} 0 \\ \theta_1 \\ v_2 \\ \theta_2 \\ 0 \\ 0 \end{bmatrix} = \begin{bmatrix} P_{v1} \\ 0 \\ -15\,000 \\ 0 \\ P_{v2} \\ M_3 \end{bmatrix}$$

(5) 解方程,手动分解上述方程可得:

$$10^6 \times \begin{bmatrix} 14 & -7 & 7 \\ -7 & 9.3333 & 0 \\ 7 & 0 & 28 \end{bmatrix} \begin{bmatrix} \theta_1 \\ v_2 \\ \theta_2 \end{bmatrix} = \begin{bmatrix} 0 \\ -15\,000 \\ 0 \end{bmatrix}$$

解得:

$$[\theta_1 \quad v_2 \quad \theta_2]^T = [-0.0016 \quad -0.0028 \quad 0.0004]^T$$

(6) 后处理,由方程结果可知:

$$[\Delta] = [0 \quad -0.0016 \quad -0.0028 \quad 0.0004 \quad 0 \quad 0]^T$$

力向量为:

$$[F] = [K][\Delta] = 10^3 \times [4.6875 \quad 0 \quad -15 \quad 0 \quad 10.3125 \quad -16.8750]^T$$

对于单元1,按照式(8-27)有:

$$[\Delta^{(1)}] = [0 \quad -0.0016 \quad -0.0028 \quad 0.0004]^T;$$
$$[F^{(1)}] = [K]_{12}[\Delta^{(1)}] = 10^3 \times [4.6875 \quad 0 \quad -4.6875 \quad 14.0625]^T$$

即对于单元1而言,节点1受力竖直向上,大小为4.6875 kN,弯矩为零;节点2受力竖直向下,大小为4.6875 kN,弯矩为逆时针方向,大小为14.0625 kN·m。

同理,对于单元2,

$$[\Delta^{(2)}] = [-0.0028 \quad -0.0004 \quad 0 \quad 0]^T;$$
$$[F^{(2)}] = [K]_{23}[\Delta^{(2)}] = 10^3 \times [-10.3125 \quad -14.0625 \quad 10.3125 \quad -16.8750]^T$$

即对于单元2而言,节点2受力方向竖直向下,大小为10.3125 kN,弯矩为顺时针方向,大小为14.0625 kN·m;节点3受力方向竖直向上,大小为10.3125 kN,弯矩为顺时针方向,大小为16.875 kN·m。

【算例8】

如附图A.34所示的悬臂梁,已知在右端面作用着均匀分布的拉力,其合力为 $P = 1$ kN,设厚度 $t = 0.05$ m,$E = 210$ GPa,试求节点位移。

1. 描述

1) 问题描述

(1) 板壳结构的几何模型如附图A.35所示。

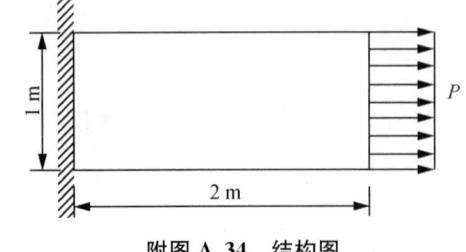

附图 A.34 结构图

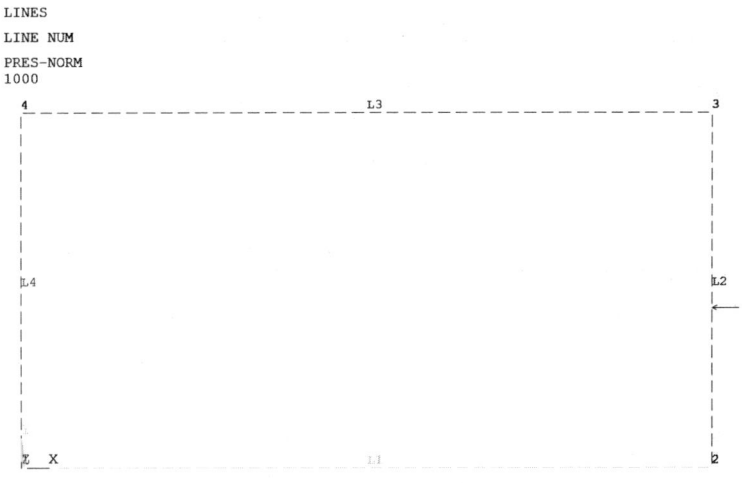

附图 A.35　关键点和线段编号图

(2) 选择单元类型为 plane42。它是一个 4 节点四边形单元,每个节点具有 2 个自由度:分别为 X,Y 轴方向的位移自由度。

2) 建模

(1) 定义。

材料:弹性模量 $E=2.1E11$ Pa。

几何:板壳单元厚度为 0.05 m。

载荷:均布载荷 $P=1$ kN。

单元类型:plane42。

(2) 创建几何模型。

在前处理模块,设置材料为结构钢,设置厚度为 t。

使用矩形建立板壳结构,并生成 4 个关键点。

(3) 边界条件和载荷施加。

对线 4 上的所有节点施加全约束,固定所有自由度。

在线 2 上施加均布载荷。

使用 ESIZE 命令设置了网格大小为 0.05 m,对板壳结构进行了网格划分,共生成 800 个单元,861 个节点(附图 A.36)。

3) 求解

(1) 求解有限元模型。

使用 SOLU 命令进入求解模型。

使用 SOLVE 命令求解有限元模型。

(2) 后处理提取结果。

进入后处理模块。

2. 命令流

FINISH	
/CLEAR	
/PREP7	！进入前处理模块
MP,EX,1,2.1E11	！设置1号材料杨氏模量
MP,PRXY,1,0.3	！设置1号材料泊松比
MP,DENS,1,7850	！设置1号材料密度
R,1,0.05	！设置1号厚度
ET,1,PLANE42	！设置1号单位为plane42
BLC4,0,0,2,1	！绘制矩形
AATT,1,1,1	！对模型赋予1号单元,1号材料和1号厚度
ESIZE,0.05	！按0.05 m划分网格
MSHAPE,0,3D	！划分三维体积网格
MSHKEY,2	！尽可能使用映射网格划分
AMESH,ALL	！进行网格划分
/PSF,PRES,NORM,2	
SFL,2,PRES,−1000	！指定直线2上施加大小为−1 000 N均布载荷
SFTRAN	！将实体模型的表面载荷转移到有限元模型中
EPLOT	！显示单元
NSEL,S,LOC,X,0	
D,ALL,ALL	
ALLSEL	！对坐标x=0的所有节点施加全约束
FINISH	
/SOLU	
SOLVE	！求解

注：命令流采用国际单位。

3. 模型图与结果(附图 A.37)

有限元结果表明,在该载荷和约束情况下,该悬臂梁在 X 轴方向的最大位移为 9.5E9 m,位移悬臂梁右端,Y 轴方向最大位移为 7.2E7 m,位于 Y 轴下侧,与理论计算结果基本一致。

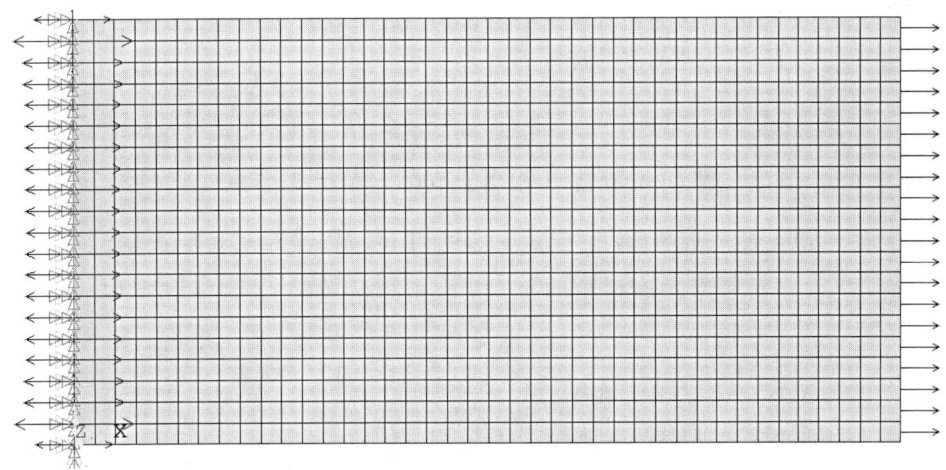

附图 A.36 单元划分图

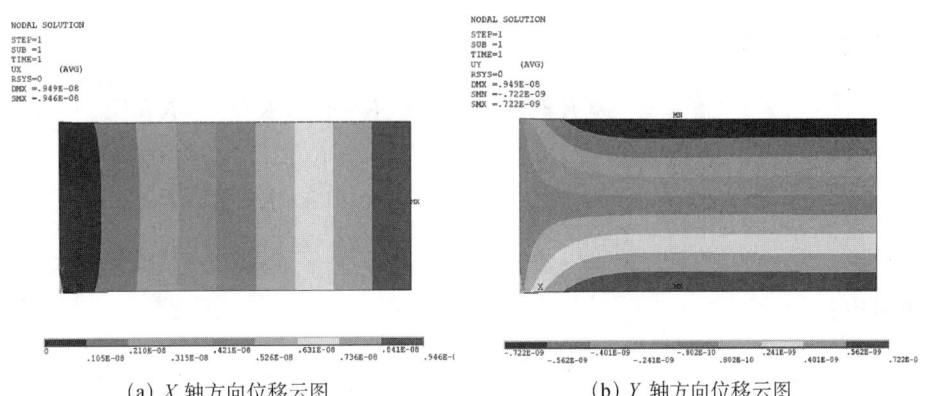

(a) X 轴方向位移云图   (b) Y 轴方向位移云图

附图 A.37 位移云图

4. 理论计算结果

解：对于单元①，节点 i、节点 j、节点 m 相当于节点 1、节点 2、节点 3。

$$b_i = y_j - y_m = -1 \text{ m},\ b_j = y_m - y_i = 1 \text{ m},\ b_m = y_i - y_j = 0$$
$$c_i = x_m - x_j = 0,\ c_j = x_i - x_m = -2 \text{ m},\ b_m = x_j - x_i = 2 \text{ m}$$
$$A = 1 \text{ m}^2$$

本题属于平面应力问题，$[K]^e$ 的系数为：

$$\frac{Et}{4(1-\mu^2)A} = \frac{9Et}{32}$$

则：

$$[K^{①}]^e = \begin{bmatrix} [K^{①}_{11}] & [K^{①}_{12}] & [K^{①}_{13}] \\ [K^{①}_{21}] & [K^{①}_{22}] & [K^{①}_{23}] \\ [K^{①}_{31}] & [K^{①}_{32}] & [K^{①}_{33}] \end{bmatrix} = \frac{3Et}{32}\begin{bmatrix} 3 & 0 & -3 & 2 & 0 & -2 \\ 0 & 1 & 2 & -1 & -2 & 0 \\ -3 & 2 & 7 & -4 & -4 & 2 \\ 2 & -1 & -4 & 13 & 2 & -12 \\ 0 & -2 & -4 & 2 & 4 & 0 \\ -2 & 0 & 2 & -12 & 0 & 12 \end{bmatrix}$$

对于单元②，节点 i、节点 j、节点 m 相当于节点1、节点3、节点4。

$$b_i = y_j - y_m = 0,\ b_j = y_m - y_i = 1\,\text{m},\ b_m = y_i - y_j = -1\,\text{m}$$
$$c_i = x_m - x_j = -2\,\text{m},\ c_j = x_i - x_m = 0,\ b_m = x_j - x_i = 2\,\text{m}$$

$$[K^{②}]^e = \begin{bmatrix} [K^{②}_{11}] & [K^{②}_{12}] & [K^{②}_{13}] \\ [K^{②}_{21}] & [K^{②}_{22}] & [K^{②}_{23}] \\ [K^{②}_{31}] & [K^{②}_{32}] & [K^{②}_{33}] \end{bmatrix} = \frac{3Et}{32}\begin{bmatrix} 4 & 0 & 0 & -2 & 0 & 2 \\ 0 & 12 & -2 & 0 & 2 & -12 \\ -3 & -2 & 3 & 0 & -3 & 2 \\ -2 & 0 & 0 & 1 & 2 & -1 \\ -4 & 2 & -3 & 2 & 7 & -4 \\ 2 & -12 & 2 & -1 & -4 & 13 \end{bmatrix}$$

集成总刚度矩阵为：

$$[K^{②}]^e = \begin{bmatrix} [K^{①}_{11}]+[K^{②}_{11}] & [K^{②}_{12}] & [K^{①}_{13}]+[K^{②}_{13}] & [K^{②}_{14}] \\ & [K^{①}_{22}] & [K^{①}_{23}] & 0 \\ & & [K^{①}_{33}]+[K^{②}_{33}] & [K^{①}_{34}] \\ \text{对称} & & & [K^{②}_{44}] \end{bmatrix}$$

由此可得：

$$\frac{3Et}{32}\begin{bmatrix} 7 & 0 & -3 & 2 & 0 & -4 & -4 & 2 \\ 0 & 13 & 2 & -1 & -4 & 0 & 2 & -12 \\ -3 & 2 & 7 & -4 & -4 & 2 & 0 & 0 \\ 2 & -1 & -4 & 13 & 2 & -12 & 0 & 0 \\ 0 & -4 & -4 & 2 & 7 & 0 & -3 & 2 \\ -4 & 0 & 2 & -12 & 0 & 13 & 2 & -1 \\ -4 & 2 & 0 & 0 & -3 & 2 & 7 & -4 \\ 2 & -12 & 0 & 0 & 2 & -1 & -4 & 13 \end{bmatrix} \cdot \begin{bmatrix} u_1 \\ v_1 \\ u_2 \\ v_2 \\ u_3 \\ v_3 \\ u_4 \\ v_4 \end{bmatrix} = \begin{bmatrix} U_1 \\ V_1 \\ U_2 \\ V_2 \\ U_3 \\ V_3 \\ U_4 \\ V_4 \end{bmatrix}$$

根据约束条件得到：$u_1 = v_1 = u_4 = v_4 = 0$，则非零位移只剩下 4 个，划去以上相应的行与列后，代入节点载荷得到：

$$\frac{3Et}{32}\begin{bmatrix} 7 & -4 & -4 & 2 \\ -4 & 13 & 2 & -12 \\ -4 & 2 & 7 & 0 \\ 2 & -12 & 0 & 13 \end{bmatrix}\begin{bmatrix} u_2 \\ v_2 \\ u_3 \\ v_3 \end{bmatrix} = \begin{bmatrix} \frac{P}{2} \\ 0 \\ \frac{P}{2} \\ 0 \end{bmatrix}$$

所以：

$$7u_2 - 4v_2 - 4u_3 + 2v_3 = 5.33\frac{P}{Et},$$

$$-4u_2 + 13v_2 + 2u_3 - 12v_3 = 0,$$

$$-4u_2 - 2v_2 + 7u_3 = 5.33\frac{P}{Et},$$

$$2u_2 - 12v_2 + 13v_3 = 0$$

解以上联立方程得到：

$$\begin{bmatrix} u_2 \\ v_2 \\ u_3 \\ v_3 \end{bmatrix} = \begin{bmatrix} 1.98 \\ 0.333 \\ 1.80 \\ 0 \end{bmatrix}\frac{P}{Et}$$

针对此题目，采用 plane42 单元做。

附录 B 机械结构课程设计指导书

B.1 门座起重机

B.1.1 门座起重机特点及分类

门座起重机是港口码头常用的、结构复杂、用途广泛、具代表性的旋转类型起重机，门形座架的 4 条腿构成 4 个"门洞"，可供铁路车辆和其他车辆通过，门座起重机因此而得名。

门座起重机的工作机构具有较高的运转速度，起升速度可达 70 m/min，变幅速度可达 55 m/min，台时效率一般可达 100 t/h。它的结构是立体的，不多占用码头的面积，具有高大的门架和较长距离的伸臂，因而具有较大的起升高度和工作幅度，能满足港口、码头、船舶和车辆的机械化装卸、转载，充分利用港口、码头场地空间，适应船舶的空载-满载作业，以及地面车辆的通行要求。但门座起重机也有它的缺点，如造价高，用钢铁材料多，需较大的电力供给，一般轮压较大，需要坚固的地基，附属设备也较多，如变电所、电缆、地道、坑道、电源等。门座起重机与组合臂架系统三维模型及受力如附图 B.1 所示。

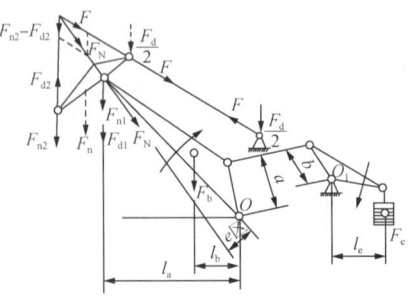

附图 B.1 门座起重机与组合臂架系统三维模型及受力

以起重臂的结构类型为主要标志,门座起重机可分为四连杆组合臂架式门座起重机和单臂架式门座起重机两种。前者的最大优点是臂架下面的净空高度较大,因而在一定的起升高度要求下,起重机的总高度较低,但结构复杂,重量较大,而单臂则与上述相反。起重机在装卸过程中通常都要变幅来调整吊重位置,而在这一过程中,吊重会随着变幅过程产生垂直方向上的位移从而导致其重力势能的变化,这会增加变幅所需的功率。而组合臂架式起重机在设计时可以通过优化计算出相应的臂架系统参数值,使象鼻梁头部端点在变幅过程中基本沿着水平线轨迹运动,即吊重不会在起重机变幅过程中产生额外的重力势能变化,提高了工作效率,降低了能量损耗,因此相比于单臂架式门座起重机,组合臂架式门座起重机应用更为广泛。

另外,以上部旋转部分相对下部运行部分旋转的支承装置的结构类型为主要标志,门座起重机还可分为转柱式门座起重机、定柱式门座起重机、转盘式门座起重机和大轴承式门座起重机。转盘式门座起重机结构复杂,加工制造困难,目前较少采用;转柱式和定柱式整体稳定性好,是目前常用的形式,其中转柱式应用最多;大轴承式结构新颖、构件少,重量轻,已经成为市场的主流。

本课程设计的对象是采用大轴承的四连杆组合臂架式门座起重机,对其主要构件进行计算与分析。

B.1.2 设计对象参数

B.1.2.1 门座起重机主要技术参数

门座起重机 MQ25-33 起重机技术参数如附表 B.1 所示。

附表 B.1　　门座起重机 MQ25-33 起重机技术参数示意

起重量		25 t 抓斗		35 t 吊钩	
工作幅度	最大	33 m		24 m	
	最小	9 m			
起升高度	抓斗	轨上　19 m		轨下　18 m	
	吊钩	轨上　28 m		轨下　18 m	
轨距		10.5 m			
基距		10.5 m			
起重机尾径		小于　8 m			
起升机构			变幅机构		
起升速度	50/35 m/min		平均速度		50 m/min
旋转机构			行走机构		
旋转速度	1.2 r/min		行走速度		25 m/min

起重机使用等级:U5,中等频繁使用;

载荷状态级别:Q3(有时吊运额定载荷,较多吊运较重载荷);

整机工作级别:A6。

B.1.2.2 本设计起升机构基本参数

机构使用等级:T5,中等频繁使用。

机构载荷谱系数:　　　　　　　$K_m = 0.4$

机构载荷状态级别：L3（机构有时承受最大载荷，一般承受最大载荷）。
机构工作级别：M6。

B1.2.3 MQ25-33 臂架四连杆尺寸

组合臂架不同幅度时的姿态如附图 B.2 所示，计算所用主要尺寸如附图 B.3 所示。

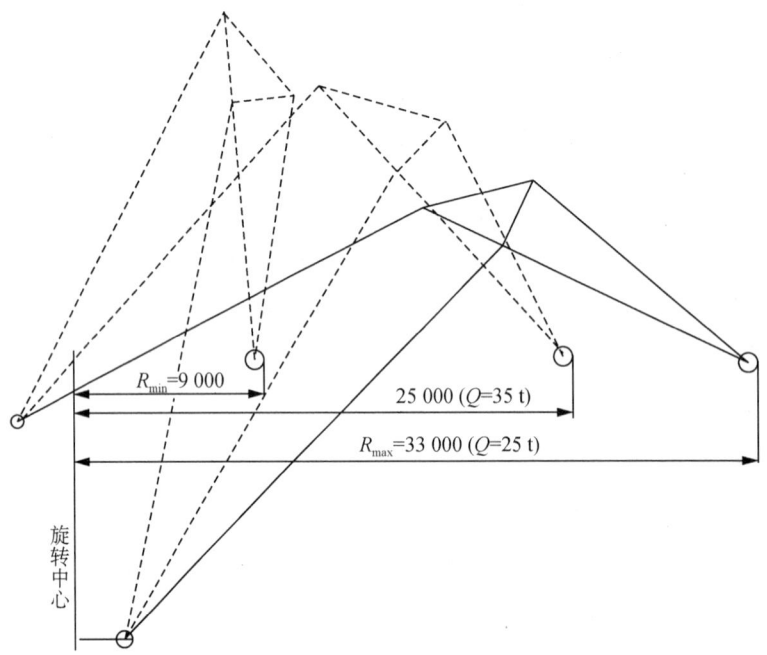

附图 B.2　组合臂架位于最小、中间和最大幅度位置示意（单位：mm）

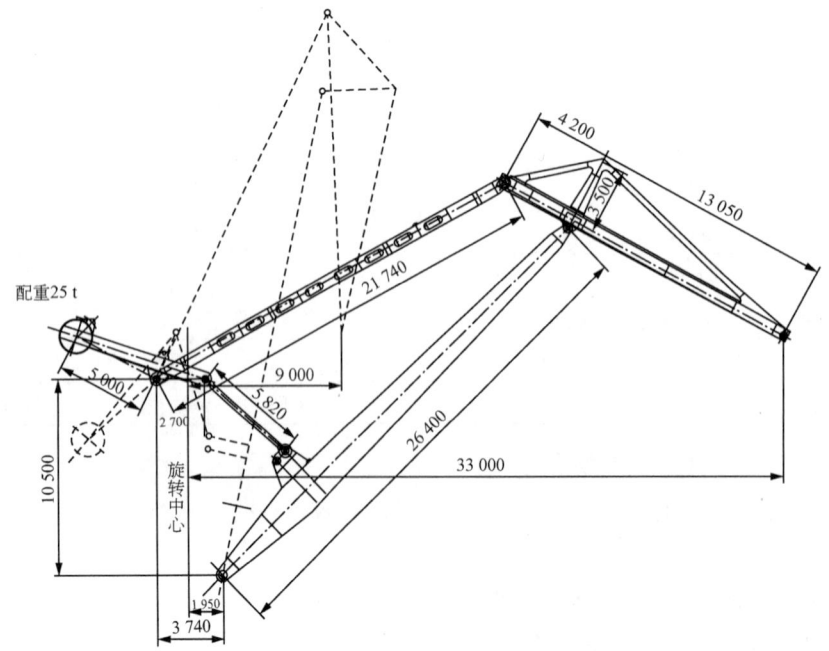

附图 B.3　MQ25-33 臂架四连杆最大幅度时位置及尺寸（虚线为最小幅度，单位：mm）

B.2 计算载荷及载荷组合

为保证起重机安全正常工作,起重机本身应具备三个基本条件:①整机具有必要的抗倾覆稳定性;②金属结构和机械零部件应具有足够的强度、刚度、抗屈曲能力;③原动机具有满足作业性能要求的功率,制动装置提供必需的制动转矩。在设计起重机时,需要通过计算来建立或检验这三个基本条件。计算时,首先需要确定载荷,载荷计算是起重机机械设计计算的基础。

根据 ISO 8686—1:1989 对载荷的定义:载荷是以力,位移或温度形式出现的外部或内部作用,它在起重机金属结构或机械零部件内产生应力。起重机工作特点决定了载荷的随机性。对于变化复杂的实际载荷,只能用简化的理论并与实验相结合的方法来进行设计计算,由此得到的载荷只是真实载荷的近似,通常称之为计算载荷。起重机在不同状态下可能出现的载荷,主要有自重载荷、起升载荷、冲击载荷、水平惯性载荷、风载荷等等。

本部分将依据《起重机设计规范》(GB/T 3811—2008)(以下称《规范》),对本次设计需要用到的各载荷进行说明和计算。

B.2.1 总体计算载荷

常用计算载荷解释及计算方法如附表 B.2 所示。

附表 B.2 　　　　　　　常用计算载荷解释及计算方法

序号	载荷类型	解释	计算方法
(1)	自重载荷 P_G	由结构本身自重引起的载荷	$P_G = G \cdot g$ 式中,G 为结构质量
(2)	额定起升载荷 P_Q	起重机起吊额定起重量时的总起升质量的重力,包括起重机允许起升的最大有效物品质量、取物装置质量和悬挂长度大于 50 m 时的起升钢丝绳的重力	$P_Q = Q \cdot g$ 式中,Q 为总起升质量
(3)	自重振动载荷 $\phi_1 P_G$	当物品起升离地时,或将悬吊在空中的部分物品突然卸除时,或悬吊在空中的物品下降制动时,金属结构的自重将因出现振动而产生脉冲式增大或减小的动力响应。使用起升冲击系数加以考虑	$\phi_1 P_G$ 其中,ϕ_1 为起升冲击系数, $\phi_1 = 1 \pm \alpha, 0 \leqslant \alpha \leqslant 0.1$
(4)	起升动载荷 $\phi_2 P_Q$	当物品无约束地起升离开地面时,物品的惯性力将会使起升载荷出现动载增大的作用。使用起升动载荷系数加以考虑	$\phi_2 P_Q$ 其中,ϕ_2 为起升动载系数; $\phi_2 = \phi_{2\min} + \beta_2 v_q$ 式中,$\phi_{2\min}$ 为与起升状态级别相对应的起升动载系数的最小值;β_2 为按起升状态级别设定的系数;v_q 为稳定起升速度,m/s
(5)	突然卸载时的动力效应 $\phi_3 P_Q$	有的起重机正常工作时会在空中从总起升质量 m 中突然卸除部分起升质量 Δm(例如使用抓斗或起重电磁吸盘进行空中卸载),这将对起重机结构产生减载振动作用。使用突然卸载冲击系数加以考虑	$\phi_3 P_Q$ 其中,ϕ_3 为突然卸载冲击系数: $\phi_3 = 1 - \dfrac{\Delta m}{m}(1 + \beta_3)$ 式中,β_3 为系数,对用抓斗或类似的慢速卸载装置的起重机,$\beta_3 = 0.5$;对用电磁盘或类似的快速卸载装置的起重机,$\beta_3 = 1.0$

续表

序号	载荷类型	解释	计算方法
(6)	运行冲击载荷 $\phi_4(P_Q+P_G)$	起重机在不平的道路或轨道上运行时所发生的垂直冲击动力效应,即运行冲击载荷,用运行冲击系数表示	$\phi_4(P_Q+P_G)$ 其中,ϕ_4 为运行冲击系数,其值取决于运行速度和路面或轨道接头的情况: $\phi_4=1.1+0.058v_y\sqrt{h}$ 式中,v_y 为起重机运行速度,m/s;h 为轨道接头处两轨面的高度差,mm
(7)	水平惯性力 F_T	臂架起重机回转和变幅机构起(制)动时的总起升质量产生的综合水平力(包括风力、变幅和回转起制动产生的惯性力和回转运动的离心力),也可以用起重钢丝绳相对于铅垂线的偏摆角引起的水平分力来计算	$F_T=P_Q\tan\alpha_{II}$ 式中,α_{II} 为起重机钢丝绳最大偏摆角
(8)	风载荷 $P_W=CqA$	对于露天工作的起重机应考虑风载荷的作用。假定风载荷是沿起重机最不利的水平方向作用的静力载荷,计算风压值按不同类型起重机及其工作地区选取	$P_W=CpA$ 式中,P_W 为作用在迎风物体上的风载荷,N;C 为风力系数;p 为计算风压,N/m²: $p=0.625v_s^2$ 式中:v_s 为计算风速,m/s;A 为迎风物体垂直与风向的有效迎风面积,m²

对于本门座起重机,各载荷数值计算结果如附表 B.3 所示(根据附表 B.1,仅供参考)。

附表 B.3   门座起重机 MQ25-33 载荷计算结果汇总表

序号	载荷名称	系数取值	载荷大小
(1)	自重载荷 P_G		拉杆:35.87 kN 臂架:301.25 kN 象鼻梁:123.58 kN
(2)	额定起升载荷 P_Q		$P_{Qd}=371.52$ kN $P_{Qz}=273.52$ kN
(3)	自重振动载荷	$\phi_1=1.1$	4 182.64 kN (整个起重机)
(4)	起升动载荷	$\phi_{2d}=1.45$ $\phi_{2z}=1.57$	$\phi_{2d}P_{Qd}=536.06$ kN $\phi_{2z}P_{Qz}=429.44$ kN
(5)	突然卸载时的动力效应	$\phi_3=-0.38$	-103.88 kN
(6)	运行冲击载荷	$\phi_4=1.13$	940.41 kN
(7)	水平惯性力 F_T	臂架变幅平面内: $\alpha_{II}=10°$ 垂直于臂架变幅平面内:$\alpha_{II}=12°$	臂架变幅平面内:33.61 kN 垂直于臂架变幅平面内:40.38 kN
(8)	工作状态最大风载荷 P_{WII}	$p_{II}=250$ N/m² 拉杆:$C=1.99$ 臂架:$C=1.67$ 象鼻梁:$C=1.30$	拉杆:7.24 kN 臂架:25.87 kN 象鼻梁:9.15 kN

B.2.2 计算载荷的组合类别

在进行起重机及其金属结构计算时,应考虑三类不同的基本载荷情况:

(1) A——无风工作情况。
(2) B——有风工作情况。
(3) C——受到特殊载荷作用的工作情况或非工作情况。

在每种载荷情况中，与可能出现的实际使用情况相对应，又有若干个可能的具体载荷组合。其中 A 类组合是正常工作时遇到的载荷，多用于功率和电机选型、零部件和结构疲劳计算，B 类工况多用于结构和零部件的强度计算，C 类也可以用于整机抗倾覆以及特殊工况所涉及的构件、零部件强度计算。

B.2.2.1　起重机无风工作情况下的载荷组合

起重机无风工作情况下的载荷组合有以下四种：

(1) A1——起重机在正常工作状态下，无约束地起升地面的物品，无工作状态风载荷及其他气候影响产生的载荷，此时只应与正常操作控制下的其他驱动机构（不包括起升机构）引起的驱动加速力相组合。

(2) A2——起重机在正常工作状态下，突然卸除部分起升质量，无工作状态风载荷及其他气候影响产生的载荷，此时应按 A1 的驱动加速力组合。

(3) A3——起重机在正常工作状态下，（空中）悬吊着物品，无工作状态风载荷及其他气候影响产生的载荷，此时应考虑悬吊物品及吊具的重力与正常操作控制的任何驱动机构（包括起升机构）在一连串运动状态中引起的加速力或减速力进行任何的组合。

(4) A4——在正常工作状态下，起重机在不平道路或轨道上运行，无工作状态风载荷及其他气候影响产生的载荷，此时应按 A1 的驱动加速力组合。

B.2.2.2　起重机有风工作情况下的载荷组合

起重机有风工作情况下的载荷组合有以下五种：

(1) B1～B4——其载荷组合与 A1～A4 的组合相同，但应考虑加上工作状态风载荷及其他气候影响产生的载荷。

(2) B5——在正常工作状态下，起重机在带坡度的不平的轨道上以恒速偏斜运行，有工作状态风载荷及其他气候影响产生的载荷（其他机构不运动）。

注意：当起重机的具体使用情况认为应该考虑坡道载荷及工艺性载荷时，可以将坡道载荷视作偶然载荷在起重机的无风工作情况下或有风工作情况下的载荷组合中予以考虑，将工艺性载荷视作偶然载荷或特殊载荷予以考虑。

B.2.2.3　起重机受到特殊载荷作用的工作情况或非工作情况下的载荷组合

起重机受到特殊载荷情况下的载荷组合有以下 11 种：

(1) C1——起重机在工作状态下，用最大起升速度无约束地提升地面载荷，例如相当于电动机或发动机无约束地起升地面上松弛的钢丝绳，当载荷离地时起升速度达到最大值（使用导出的 $\phi_{2\max}$，其他机构不运动）。

(2) C2——起重机在非工作状态下，有非工作状态风载荷及其他气候影响产生的载荷。

(3) C3——起重机在动载试验状态下，提升动载试验载荷，并有试验状态风载荷，与载荷组合 A1 的驱动加速力相组合。

(4) C4——起重机带有额定起升载荷，与缓冲碰撞力产生的载荷相组合。

(5) C5——起重机带有额定起升载荷，与倾翻水平力产生的载荷相组合。

(6) C6——起重机带有额定起升载荷，与意外停机引起的载荷相组合。

(7) C7——起重机带有额定起升载荷,与机构失效引起的载荷相组合。

(8) C8——起重机带有额定起升载荷,与起重机基础外部激励产生的载荷相组合。

(9) C9——起重机带有额定起升载荷,与出现的激活过载保护引起的载荷相组合。

(10) C10——起重机在带有额定起升载荷的状态下,与出现的有效载荷丧失引起的载荷相组合。

(11) C11——起重机在安装、拆卸或运输期间产生的载荷组合。

B.2.3 材料和许用应力

建议本机金属结构选择材料 Q235B,其力学性能如附表 B.4 所示。

附表 B.4　门座起重机 MQ25-33 金属结构材料信息

牌号	等级	屈服强度 R_{eH}/MPa 不小于						抗拉强度 /MPa	杨氏模量 /GPa	泊松比	密度 /(g·cm^{-1})
		厚度(或直径)/mm									
		≤16	>16~40	>40~60	>60~100	>100~150	>150~200				
Q235	B	235	225	215	215	195	185	370~500	210	0.29~0.33	7.85
当屈服不明显时,可用规定塑性延伸强度 $R_{p0.2}$ 代替上屈服强度 R_{eH}。											

取板厚为 6 mm,屈服强度取 $\sigma_s = 235$ MPa,抗拉强度取 $\sigma_b = 435$ MPa,$\sigma_s/\sigma_b \approx 0.54$。

(1) 拉伸、压缩、弯曲许用应力

$$[\sigma] = \sigma_s/1.34 \approx 175.37 \text{ MPa}$$

(2) 剪切许用应力

$$[\tau] = \frac{[\sigma]}{\sqrt{3}} \approx 101.25 \text{ MPa}$$

(3) 端面承压许用应力

$$[\sigma_{cd}] = 1.4[\sigma] \approx 245.52 \text{ MPa}$$

B.3 象鼻梁

象鼻梁是直接承受货物载荷的构件,通过臂架上铰轴和刚性拉杆上铰轴将外载荷传递到臂架和人字架,因而它是一个悬臂的以受弯为主的构件。

B.3.1 载荷及其组合

B.3.1.1 作用在象鼻梁上的外载荷

在对象鼻梁受力分析时,可以将象鼻梁与拉杆铰接处设置为坐标原点,以象鼻梁主梁为 x 轴,垂直方向为 y 轴建立坐标系。象鼻梁所受载荷计算结果汇总如附表 B.5 所示。

附表 B.5　　　　　　　　　　　象鼻梁所受载荷计算结果汇总表

序号	载荷名称	注释或系数取值	载荷大小
①	自重载荷 P_G	为简化计算起见,取自重以均布载荷 q_x 作用与主梁上	$q_x = 7.52$ kN/m
②	额定起升载荷 P_Q		$P_{Qd} = 371.52$ kN $P_{Qz} = 273.52$ kN
③	起升动载荷	$\phi_{2d} = 1.45$ $\phi_{2z} = 1.57$	$\phi_{2d} P_{Qd} = 538.71$ kN $\phi_{2z} P_{Qz} = 429.42$ kN
④	起升绳拉力 S	$S = \dfrac{Q+G_2}{i\eta}$ 式中:Q 为起吊物品重量;i 为起升机构滑轮组倍率;η 为滑轮组效率	$S_d = 131.03$ kN $S_z = 102.02$ kN
⑤	刚性拉杆自重	取刚性拉杆自重的一半作用在象鼻梁的尾部	$\dfrac{G_t}{2} = 18.13$ kN
⑥	水平惯性力 F_T	臂架变幅平面内:$\alpha = 7°$ 垂直于臂架变幅平面内:$\alpha = 8.4°$	臂架变幅平面内:33.58 kN 垂直于臂架变幅平面内:40.39 kN
⑦	工作状态最大风力 P_W	$p_{II} = 250$ N/m² $C = 1.30$	$P_W = 9.15$ kN
⑧	旋转制动时自重引起的水平惯性力 P_m	$P_m = \dfrac{G_x}{g} \cdot \dfrac{\pi n}{30t} \cdot l_x$ 式中:G_x 为象鼻梁自重;n 为旋转速度;t 为旋转机构制动时间,$t=1$ s;l_x 为象鼻梁重心离旋转中心线的水平距离	$P_{md} = 0.48$ kN $P_{mz} = 0.64$ kN

B.3.1.2　载荷组合

根据计算载荷情况,可以选择对结构最不利的 B1 工况进行内力计算,即:起重机在正常工作状态下,无约束地起升地面的物品,考虑工作状态风载荷及其他气候影响产生的载荷,此时只应与正常操作控制下的其他驱动机构(不包括起升机构)引起的驱动加速力相组合。

其余载荷组合可根据实际要求继续计算。象鼻梁 B1 工况的安全系统如附表 B.6 所示。

附表 B.6　　　　　　　　　象鼻梁 B1 工况的安全系数归纳表

载荷	分项安全系数 γ_{pB}	B1
起重机质量引起的	1.16	ϕ_1
总起升质量或突然卸除部分起升质量引起的载荷	1.28	ϕ_2
位移或变形引起的载荷	1.05	1
工作状态风载荷	1.16	1
强度系数 γ_{fi}	1.34	

说明:安全系数 n = 强度系数 γ_{fi} × 高危险度系数 γ_n,
若采用许用应力法,当不考虑高危险度系数($\gamma_n = 1$)时,安全系数 n = 强度系数 γ_{fi}

在有风正常工作的 B1 工况里,确定各项载荷之后,进行组合时再乘以一个增大系数 γ'_m 来考虑由于计算方法不完善和无法预料的偶然因素会导致出现的应力超出计算应力的某种可能性,对于本设计中的 M6 的机构工作级别,选择 $\gamma'_m = 1.20$。则此工况下所有的载荷如附表 B.7 所示。

附表 B.7　　B1 工况下的起重机载荷

序号	载荷名称	载荷大小→考虑增大系数 $\gamma'_m = 1.20$
①	自重载荷 P_G	7.52 kN/m → 9.02 kN/m
②	额定起升载荷 P_Q	$P_{Qd} = 371.52$ kN → 445.82 kN $P_{Qz} = 273.52$ kN → 328.22 kN
③	起升动载荷	$\phi_{2d} P_{Qd} = 538.71$ kN → 646.45 kN $\phi_{2z} P_{Qz} = 429.42$ kN → 515.30 kN
④	起升绳压缩力 S	$S_d = 131.03$ kN → 157.24 kN $S_z = 102.02$ kN → 122.42 kN
⑤	刚性拉杆自重	$\dfrac{G_t}{2} = 18.13$ kN → 21.76 kN
⑥	水平惯性力 F_T	臂架变幅平面内:33.58 kN 垂直于臂架变幅平面内:40.39 kN
⑦	工作状态最大风载荷 P_W	$P_W = 9.15$ kN → 10.98 kN
⑧	旋转制动时象鼻梁自重引起的水平惯性力 P_m	$P_{md} = 0.48$ kN → 0.58 kN $P_{mz} = 0.64$ kN → 0.77 kN

B.3.2　象鼻梁的内力计算

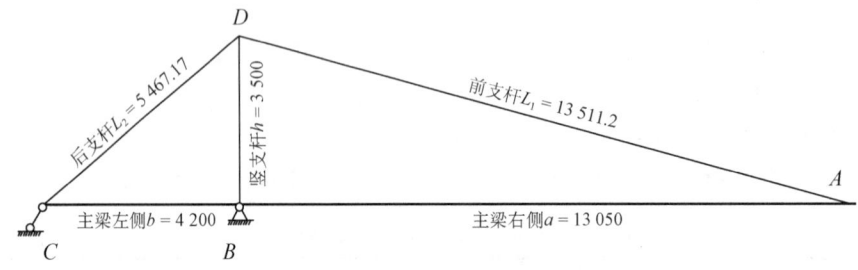

附图 B.4　象鼻梁结构及相关尺寸(单位:mm)

象鼻梁是直接承受物品载荷的构件,通过臂架上铰轴将外载荷传递到臂架和人字架,因而它是应该悬臂的压弯构件。桁构式臂架由一根箱形主梁和其上面的两片撑杆结构组成,象鼻梁与臂架铰接中心向下偏离主梁轴线一定距离,以便能把整个铰轴结构布置在主梁下方,保证受弯矩最大的主梁截面不被削弱,同时又不会使臂架头部加宽导致结构复杂,因而这种结构型式被广泛采用。本工况拟采用象鼻梁在最大幅度、中间幅度及最小幅度位置进行内力计算,找出最不利的位置并进行强度、刚度及稳定性计算,其中最大幅度时起重量为 25 t,中间和最小幅度起重量为 35 t,其结构及相关尺寸如附图 B.4 所示。

B.3.2.1　最大工作幅度

从象鼻梁的构造分析可以看出,在臂架变幅平面内,象鼻梁有两个支点:臂架端部的固定铰支座和刚性拉杆的活动铰支座(沿拉杆轴线方向的定向铰)。其受力简图如附图 B.5 所示。

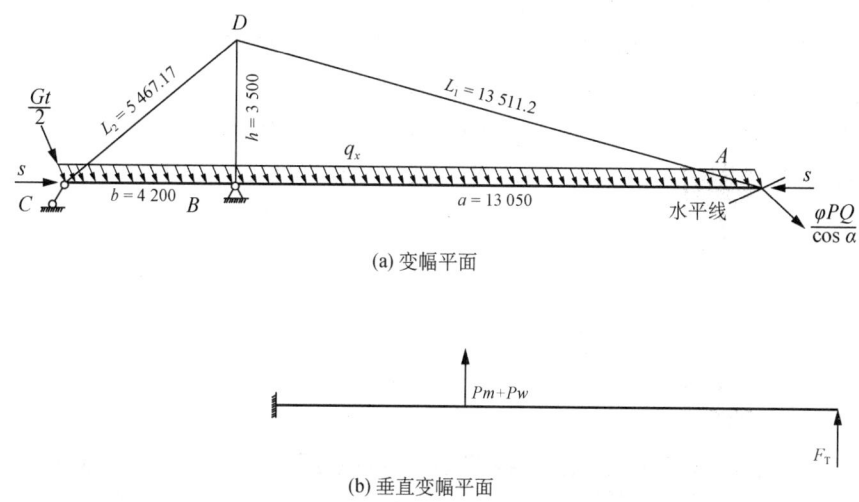

附图 B.5　最大工作幅度时象鼻梁受力简图

象鼻梁的内力计算一般按下列步骤进行：首先，根据象鼻梁的不同构造型式和支座假定，求出在各种载荷作用下的所有杆件内力。对于桁构式结构和大杆架式结构，在臂架变幅平面内，按一次超静定计算，在垂直臂架摆动平面内，前者按悬臂梁计算，后者按无斜杆框架计算，对板梁式结构，在臂架摆动平面可拆成两片板梁分别计算，垂直臂架摆动平面按框架计算。为利用力法计算一次超静定结构，除了利用静力平衡方程，还需要将位移协调方程作为附加方程，需要计算各个支杆的截面面积及主梁的惯性矩。本次计算对象鼻梁的截面参考尺寸如附图 B.6 所示。

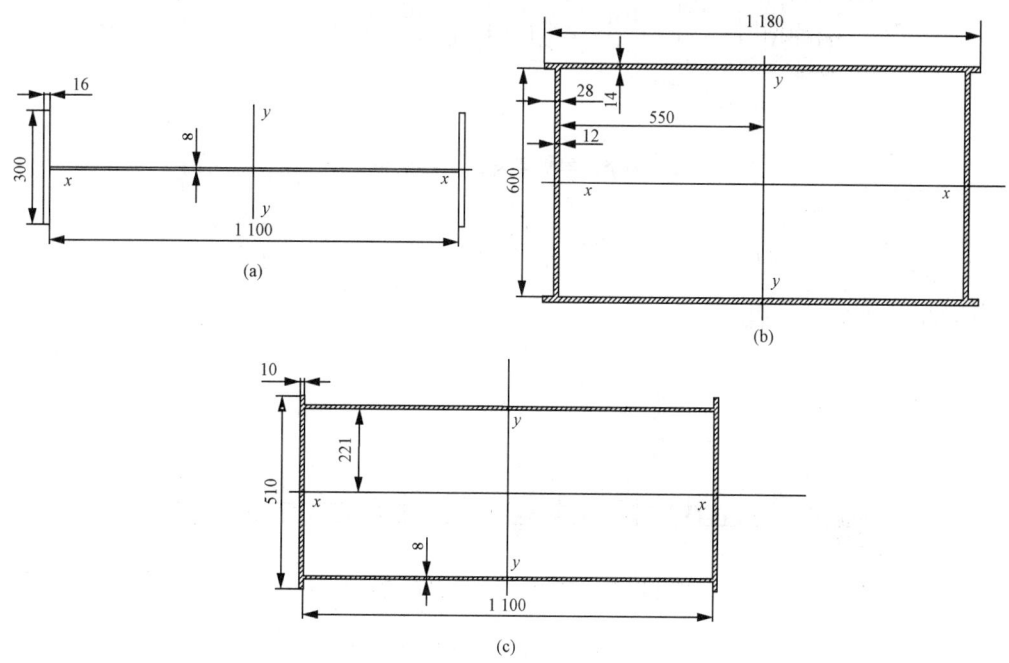

附图 B.6　象鼻梁各截面形状及尺寸[各截面分别为(a)前后支杆截面；(b)主梁截面；(c)竖支杆截面]

根据叠加法,单独计算各外载荷作用下,象鼻梁主梁及支杆的内力,最后进行叠加。具体计算步骤以"自重载荷单独作用"时为例:

用力法计算桁构式象鼻梁在臂架摆动平面内力。对于静不定梁,确定其静不定次数为1去掉该梁的多余约束,以多余未知力替代其作用(以前支杆L_1为多余约束未知力F_1),得到一受力、变形和原结构等效的静定梁。单位未知力引起的内力弯矩图,如附图B.8所示,自重载荷引起的内力弯矩图如附图B.9所示。根据切口处相对位移为零可得力法方程:

$$\delta_{11}F_1 + \Delta_{1P} = 0$$

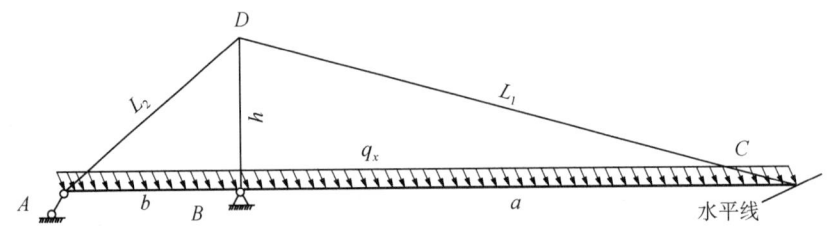

附图 B.7　自重载荷单独作用时受力图

(1) 单位未知力引起弯矩。

当且仅当$F_1=1$时,由于图示L_1,L_2,H支杆之间的关系可知,可得$F_2=-(a+b)h/bl_1$,$F_3=al_2/bl_1$,计算此时梁所受弯矩及由单位力产生的位移,弯矩图见附图B.8。

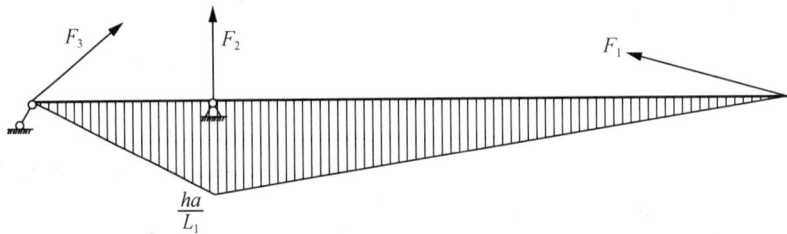

附图 B.8　单位未知力引起的弯矩图

$$\delta_{11} = \frac{l_1}{EA_1} + \frac{a^2 l_2^3}{b^2 l_1^2 EA_2} + \frac{(a+b)^2 h^3}{b^2 l_1^2 EA_3} + \frac{1}{3}\frac{a^2(a+b)h^2}{l_1^2 EI}$$

(2) 自重载荷引起弯矩。

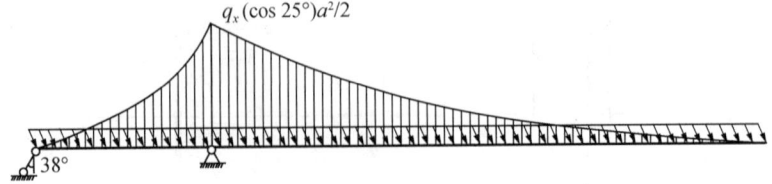

附图 B.9　自重载荷载荷引起的弯矩图

$$\Delta_{1p} = -\frac{1}{8} \times \frac{ha^3(a+b)q_x\cos 25°}{l_1 EI}$$

(3) 求解铰支座的约束力。

由力法计算一次超静定梁得，支杆内力如下：

$$F_1 = -\frac{\Delta_{1p}}{\delta_{11}} = 143.91 \text{ kN}$$

$$F_2 = -\frac{(a+b)h}{bl_1}F_1 = -153.11 \text{ kN}, F_3 = \frac{al_2}{bl_1}F_1 = 180.94 \text{ kN}$$

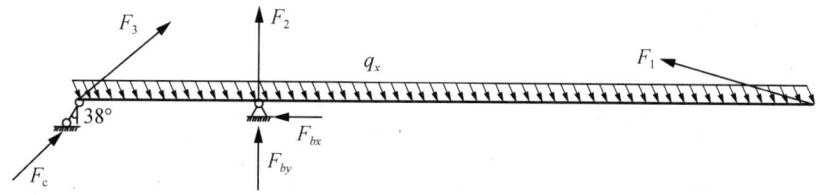

附图 B.10 自重载荷作用下主梁的受力简图

$$M_c(F) = 0, (F_{by} + F_2)b + \frac{F_1 h}{l_1}(a+b) - \frac{1}{2}q_x \cos 25°(a+b)^2 = 0$$

$$\sum F_y = 0, \frac{F_3 h}{l_2} + F_c \cos 38° + F_2 + F_{by} + \frac{F_1 h}{l_1} - q_x(a+b)\cos 25° = 0$$

$$\sum F_x = 0, \frac{F_3 b}{l_2} + F_c \sin 38° - F_{bx} - \frac{F_1 a}{l_1} + q_x(a+b)\sin 25° = 0$$

综上得： $F_{by} = 289.59 \text{ kN}, F_c = -188.54 \text{ kN}, F_{bx} = -53.40 \text{ kN}$

根据上述步骤分别计算其他外载荷单独作用时，支座的支反力以及各支杆内力，最后进行叠加即可得到象鼻梁主梁及支杆的内力以及总的支反力。各载荷作用时的弯矩图及对应计算结果如附表 B.8 所示。

附表 B.8 象鼻梁变幅平面内各载荷单独作用下的内力

外载荷	单独作用主梁弯矩图	各处最大轴力/kN					各支座反力/kN		
		主梁B左	主梁B右	前支杆	竖支杆	后支杆	F_c	F_{bx}	F_{by}
		变幅平面内							
q_x		−35.85（右端）	−89.25（右端）	143.91	−153.11	180.94	−188.54	−53.40	289.59
$\dfrac{\phi_{2z}P_{Qz}}{\cos 10°}$		−516.94	−1 555.1	1 776.2	−1 889.7	2 233.1	−1 946.9	−1 038.2	2 027.9
S_z	—	−122.42	−122.42	—	—	—	—	—	—

续表

外载荷	单独作用主梁弯矩图	各处最大轴力/kN					各支座反力/kN		
		主梁B左	主梁B右	前支杆	竖支杆	后支杆	F_c	F_{bx}	F_{by}
$\dfrac{G_t}{2}$	—	—	—	—	—	—	25.03	24.60	0
回转平面内										
$P_m + P_W$	$(P_m+P_w)*(a-b)/2$ 图,P_m+P_w	—	—	—	—	—	—	—	−11.75
$\phi_{2s}P_{Qe}*\tan 10°$	$F_T \cdot a$ 图,F_T	—	—	—	—	—	—	—	−48.47

B.3.2.2 其他工作幅度

同上节可得其他幅度时,象鼻梁内力归纳表见附表 B.9。

附表 B.9　　象鼻梁支杆、主梁内力及支座反力归纳表

截面	符号 (kN、kN·m)	25 吨 最大幅度	35 吨 中间幅度	35 吨 最小幅度
前支杆截面	F_1	1 920.1	1 888.8	500.95
竖直杆截面	F_2	−2 042.8	2 009.5	−532.98
后支杆截面	F_3	2 414.0	2 374.8	736.44
主梁 B 左截面	F	−675.21	−1 849.9	−1 818.49
	M_V	662.92	607.43	142.28
	M_H	—	—	—
主梁 B 右截面	F	−1 766.8	−15.06	272.99
	M_V	662.92	607.43	142.28
	M_H	577.91	859.12	859.12
支座反力	F_c	−1 758.4	−1 312.76	−798.76
	F_{bx}	−1 091.6	537.13	2 091.5
	F_{by}	2 317.5	2 249.97	584.01
	M_b	577.91	859.12	859.12

比较不同幅度下的内力及支座反力,找出最大值,将结果统计如附表 B.10 所示。

附表 B.10　　象鼻梁支杆、主梁最大内力归纳表(单位 kN 及 kN·m)

前支杆	竖直杆	后支杆	主梁 B 左截面			主梁 B 右截面		
轴力	轴力	轴力	轴力	弯矩 (摆动)	弯矩 (回转)	轴力	弯矩 (摆动)	弯矩 (回转)
1 920.1	−2 042.8	2 414.0	−1 849.9	662.92	0	−1 766.8	662.92	859.12

B.3.3 象鼻梁截面选择及截面计算

B.3.3.1 截面几何特性

1. 象鼻梁前后支杆截面几何特性（附图 B.11）

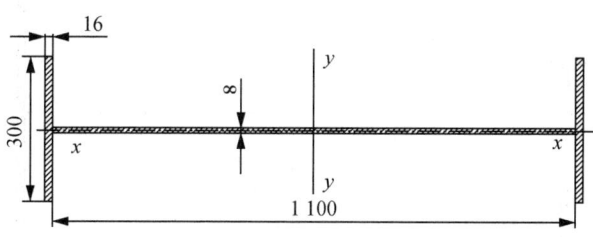

附图 B.11　象鼻梁前后支杆截面几何形状图

(1) 面积。

$$A = 300 \times 16 \times 2 + 1\,100 \times 8 = 0.018 \text{ m}^2$$

(2) 惯性矩。

$$I_y = \frac{1}{12}(1.132^3 \times 0.3 - 1.1^3 \times 0.292) = 0.003\,9 \text{ m}^4$$

$$I_x = \frac{1}{12}(1.132 \times 0.3^3 - 1.1 \times 0.292^3) = 2.65 \times 10^{-4} \text{ m}^4$$

2. 象鼻梁竖支杆截面几何特性（附图 B.12）

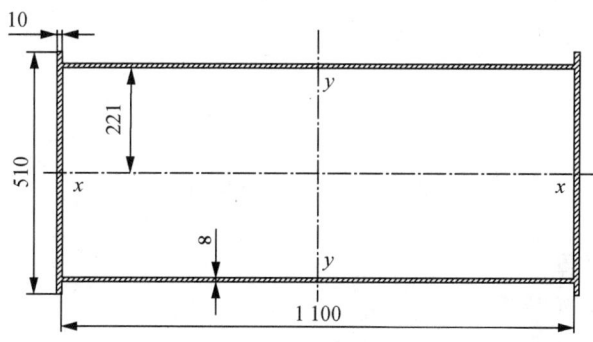

附图 B.12　象鼻梁竖支杆截面几何形状图

(1) 面积。

$$A = 510 \times 10 \times 2 + 1\,100 \times 8 \times 2 = 0.028 \text{ m}^2$$

(2) 惯性矩。

$$I_y = \frac{1}{12}(0.51 \times 1.12^3 - 0.494 \times 1.1^3) = 0.004\,9 \text{ m}^4$$

$$I_x = \frac{1}{12}(0.51^3 \times 1.12 - 0.494^3 \times 1.1) = 0.001\,3 \text{ m}^4$$

3. 象鼻梁主梁截面几何特性(附图 B.13)

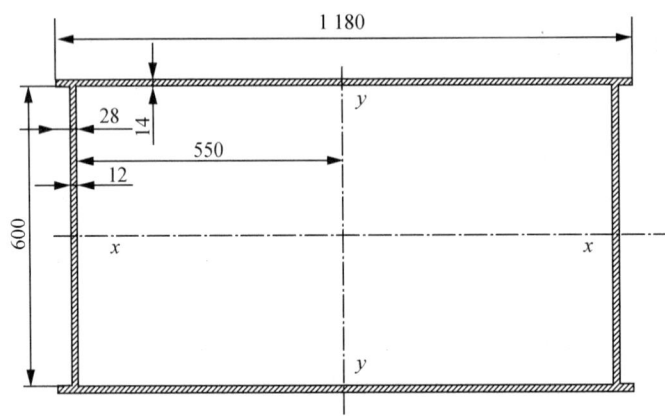

附图 B.13　象鼻梁主梁截面几何形状图

(1) 面积。

$$A = 1180 \times 14 \times 2 + 600 \times 12 \times 2 = 47440 \text{ mm}^2$$

(2) 惯性矩。

$$I_y = \frac{1}{12}(0.628 \times 1.18^3 - 0.6 \times 1.156^3) = 0.00875 \text{ m}^4$$

$$I_x = \frac{1}{12}(0.628^3 \times 1.18 - 0.6^3 \times 1.156) = 0.00355 \text{ m}^4$$

(3) 抗弯截面模量。

$$W_y = \frac{I_y}{x_{\max}} = 0.0159 \text{ m}^3$$

$$W_x = \frac{I_x}{y_{\max}} = 0.0118 \text{ m}^3$$

B.3.3.2　截面计算

1. 象鼻梁支杆截面计算

(1) 前支杆——拉杆,校核其强度、刚度。

① 强度。

$$\sigma_1 = \frac{N}{A} = 106.67 \text{ MPa} < [\sigma] = 175.37 \text{ MPa}$$

式中　N——拉杆轴力;
　　　A——截面面积。

② 刚度。

$$\lambda_1 = \frac{l_1}{\sqrt{I_{\min}/A}} = 112.6 < 180$$

式中 λ_1——长细比;
l_1——前支杆长度;
$I_{\min}$——最小截面惯性矩。

(2) 后支杆——拉杆,校核其强度、刚度。

① 强度。
$$\sigma_3 = \frac{N}{A} = 134.11 \text{ MPa} < [\sigma] = 175.37 \text{ MPa}$$

② 刚度。
$$\lambda_3 = \frac{l_2}{r_{\min}} = 45.55 < 180$$

(3) 竖直杆——压杆,校核其强度、刚度、整体稳定性、局部稳定性。

① 强度。
$$\sigma_2 = \frac{F_{2\max}}{A} = 72.96 \text{ MPa} < [\sigma] = 175.37 \text{ MPa}$$

② 刚度。
$$\lambda_2 = \frac{h}{r_{\min}} = 16.19 < 150$$

③ 整体稳定性。
$$\sigma'_2 = \frac{N}{\varphi_y A} = \frac{2\,042.8 \times 10^3}{0.985 \times 0.027\,8} = 74.07 \text{ MPa} < [\sigma] = 175.37 \text{ MPa}$$

式中,φ_y 为稳定性系数,由长细比和截面类别查《规范》表 K.2 得。

④ 局部稳定性。
$$\frac{h_0}{\delta} = \frac{442}{10} = 44.2 < 50\sqrt{\frac{235}{\sigma_s}} = 50$$

$$\frac{b_0}{\delta_0} = \frac{1\,100}{8} = 137.5 > 120\sqrt{\frac{235}{\sigma_s}} = 120$$

高厚比满足条件,但宽厚比过大,可以通过局部加筋增强局部稳定性。根据计算结果,应按等间距设置 3 条纵向加劲肋和若干横向加劲肋。具体为:对于纵向加劲肋尺寸,其外伸宽度不得小于 $10\delta = 100$ mm,厚度不小于 $\frac{3}{4}\delta = 7.5$ mm;对于横向加劲肋,其间距 c 取为 $2.5h = 2\,750$,则整个竖支杆应设置 2 条横向加劲肋,尺寸取为:外伸宽度 $b_s = h_0/30 + 40 \approx 80$ mm,厚度 $\delta = (b_s/15)\sqrt{\sigma_s/235} = 5.3$ mm。

2. 象鼻梁主梁截面计算

(1) 主梁左截面——单向压弯构件,校核其强度、刚度、稳定性。

① 强度。
$$\sigma_1 = \frac{N}{A} + \frac{M_x}{W_x} = 75.82 \text{ MPa} < [\sigma] = 170 \text{ MPa}$$

式中　M_x ——危险截面弯矩；
　　　W_x ——该弯矩作用下的抗弯截面模量。

② 刚度。

$$\lambda_1 = \frac{a+b}{r_{\min}} = 61.83 < 150$$

③ 整体稳定性,对于主要受弯的压弯构件：

$$\frac{N}{A\varphi} + \frac{M_x}{\left(1-\dfrac{N}{N_{Er}}\right)\varphi_b W_x} \leqslant [\sigma]$$

式中　φ_b ——受弯构件侧向屈曲稳定系数；
　　　N_{Er} ——构件对 x 轴的名义欧拉临界载荷，$N_{Er} = \pi^2 EI/l_0^2 = \pi^2 EA/\lambda^2$。

经计算，$N_{Er} = 51.44 \times 10^6$ N,远大于轴力,即 $(1-N/N_{Er}) \approx 1$,故计算稳定性时不再增大基本弯矩。通过查表可知：$\varphi = 0.755$;$\varphi_b = 1$。整体稳定性计算如下：

$$\frac{1\,849.9 \times 10^{-3}}{0.047\,44 \times 0.755} + \frac{662.92 \times 10^{-3}}{0.011\,8 \times 1} = 88.48 \text{ MPa} \leqslant [\sigma]$$

④ 局部稳定性。

$$\frac{h_0}{\delta} = \frac{600}{12} = 50 \leqslant 50\sqrt{\frac{235}{\sigma_s}} = 50$$

$$\frac{b_0}{\delta_0} = \frac{1\,100}{14} = 78.57 \approx 80\sqrt{\frac{235}{\sigma_s}} = 80$$

由于宽厚比过大,应沿板的中线设置两条纵向加劲肋与若干横向加劲肋,纵向加劲肋的外伸宽度取为 100 mm,厚度取为 10 mm;横向加劲肋的外伸宽度取为 60 mm,厚度取为 8 mm,间隔 1 880 mm 放置一块横向加劲肋。

(2) 主梁右截面—双向压弯构件,校核其强度、刚度、稳定性。

① 强度。

$$\sigma_1 = \frac{N}{A} + \frac{M_x}{W_x} + \frac{M_y}{W_y} = 147.46 \text{ MPa} < [\sigma]$$

② 刚度校核与左截面一致。

③ 整体稳定性。

$$\frac{N}{A\varphi} + \left(\frac{1}{1-\dfrac{N}{N_{Ey}}}\right)\frac{M_y}{W_y} + \left(\frac{1}{1-\dfrac{N}{N_{Er}}}\right)\frac{M_x}{W_x} \leqslant [\sigma]$$

经计算，N/N_{Ey},N/N_{Er} 均小于 0.1,故不再对基本弯矩增大。
整体稳定性计算如下：

$$\frac{1\,766.8 \times 10^3}{0.047\,44 \times 0.755} + \frac{662.92 \times 10^{-3}}{0.015\,9} + \frac{859.12 \times 10^{-3}}{0.011\,8} = 159.54 \text{ MPa} \leqslant [\sigma]$$

④ 局部稳定性的校核与左截面一致。

B.4 臂架及拉杆

臂架是支承象鼻梁的主要构件,其下端用铰轴与回转平台前方的支座相连接,中部与变幅传动装置、臂架平衡系统相铰接,因此臂架是一根有悬臂的压弯构件。

拉杆上端与象鼻梁尾部铰接、下端与人字架顶部相铰接的刚性受拉杆件。由于臂架一般采用抗扭刚度较强的箱形结构,当象鼻梁在回转平面内受有水平力作用时,并要求拉杆作为象鼻梁的支承,所以拉杆大多采用横向(水平)尺寸与长度之比很小的细长杆。

B.4.1 臂架及拉杆所受外载荷

同样考虑由于计算方法不完善和无法预料的偶然因素会导致出现的应力超出计算应力的某种可能性,对于本设计中的 M6 的机构工作级别,选择 $\gamma'_m = 1.20$ 对各载荷增大。臂架在最大幅度时所受载荷计算结果如附表 B.11 所示。

附表 B.11　　臂架在最大幅度时所受载荷计算结果

序号	载荷名称	注释或系数取值	载荷大小
①	自重载荷 P_{Gb}	为简化计算起见,取自重以均布载荷 F_{qb} 作用与主梁上	$F_{qb} = 13.69 \text{ kN/m}$
②	作用在臂架头部铰轴上的力	以象鼻梁为分离体,以支座反力计算出臂架头部作用力,分为变幅平面内的合力 F_B 和回转平面内的水平力 P_H 以及其附加力矩 M_0 与附加转矩 T_n	见附表 B.8
③	作用在臂架侧向的风载荷 F'_W	$p_{II} = 250 \text{ N/m}^2$ $C = 1.67$	$F_W = 25.87 \text{ kN}$
④	活动平衡对重拉杆的拉力 F_d	取均衡梁为分离体计算活动平衡对重的重力与均衡梁重力所引起的拉杆拉力	$F_d = 728.43 \text{ kN}$
⑤	变幅齿条的拉力 F_{ct}	以臂架为分离体,根据条件求解变幅齿条的拉力	$F_{ct} = -242.68 \text{ kN}$
⑥	切向惯性力 F_q	回转机构起、制动时,由臂架自重引起的切向惯性力,沿臂架呈线性分布: $$q_m^{I\text{-}I} = \frac{\pi F_q}{30 g \cos\beta} \cdot \frac{n}{t} \cdot \rho$$ 式中,$q_m^{I\text{-}I}$ 为截面 I-I 处单位长度内的切向惯性力,N/m;n 为起重机每分钟转数,r/min;t 为旋转机构制动时间;ρ 为计算断面离旋转中心线的水平距离;β 为臂架倾角	垂直于臂架变幅平面内:2.783 kN

刚性拉杆在臂架变幅平面的载荷作用下主要承受轴向拉力,同时承受自身重力引起的弯矩,并常出现明显的下挠变形,为此可以采用增设小桁架或加大拉杆截面高度的办法来减少自身重力引起的下挠变形。拉杆在最大幅度时所受载荷如附表 B.12 所示。

附表 B.12　　拉杆在最大幅度时所受载荷计算结果

序号	载荷名称	注释或系数取值	载荷大小
①	自重载荷 P_{Gl}	为简化计算起见,取自重以均布载荷 F_{ql} 作用与主梁上	$F_{ql} = 1.94 \text{ kN/m}$
②	由象鼻梁尾部传来的作用力	以象鼻梁为分离体,以支座反力计算出刚性拉杆作用力 F_c	见附表 B.8
③	起升钢丝绳拉力对拉杆的作用力	钢丝绳缠绕对拉杆的合力表现为一对相反的压力	$S_z = -122.42 \text{ kN}$ $S_d = -157.24 \text{ kN}$

续表

序号	载荷名称	注释或系数取值	载荷大小
④	拉杆自重引起的惯性力及风力	在回转平面内,旋转制动时拉杆自重会产生水平惯性力,以及侧向风载荷,但由于其自重较小及迎风面积较小,此载荷一般略去不计	—

根据上述载荷情况,绘制最大工作幅度时臂架和拉杆的受力简图如附图 B.14 所示。

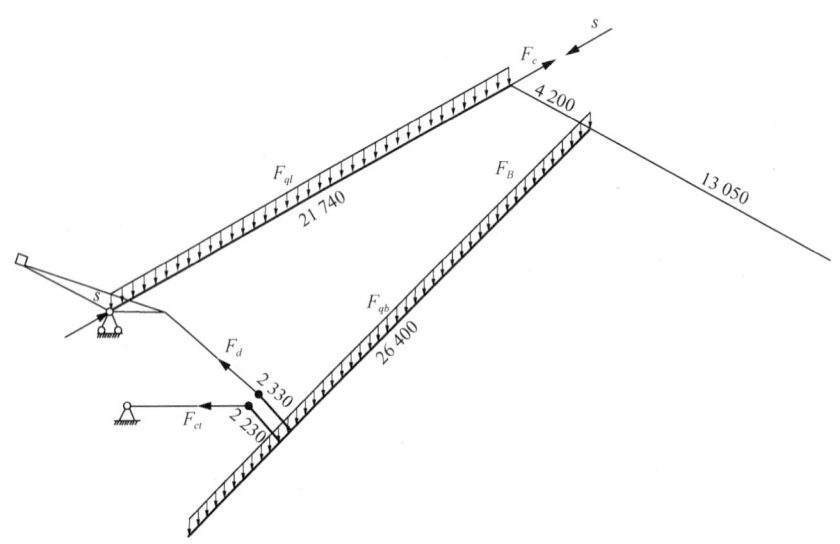

附图 B.14　臂架和拉杆受力分析

B.4.2　臂架内力计算及校核

B.4.2.1　臂架内力计算

根据上述载荷情况,臂架的在最大工作幅度时受力简图如附图 B.15 所示。其他幅度时受力分析相对类似,仅是各力的方向和大小发生变化。

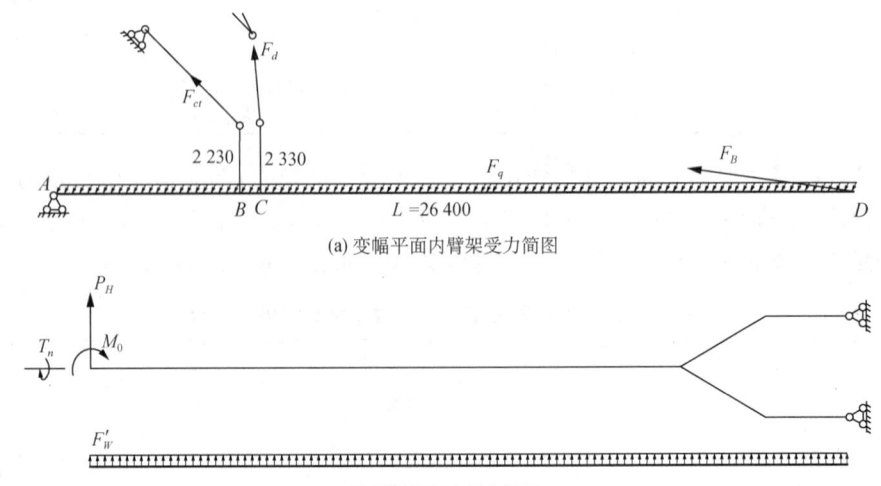

(a) 变幅平面内臂架受力简图

(b) 回转平面内受力简图

附图 B.15　臂架受力简图

与象鼻梁的内力计算类似,考虑各外载荷单独作用下臂架所受弯矩、轴力、剪力等内力,最后进行叠加即可得到臂架在各平面的内力。

经过计算,各幅度下最危险截面及其弯矩和轴力如附表 B.13 和附表 B.14 所示。

附表 B.13　　　　　　　　　　臂架变幅平面内内力

工作幅度	危险截面	弯矩/(kN·m)	轴力/kN	剪力/kN
25 吨最大幅度	B 右截面	3 044.1	−2 414.4	633.87
35 吨中间幅度	C 右截面	2 591.5	−2 332.0	139.54
35 吨最小幅度	B 右截面	1 152.3	−2 198.8	210.14

附表 B.14　　　　　　　　　　臂架回转平面内内力

工作幅度	危险截面	弯矩/(kN·m)	轴力/kN	剪力/kN
25 吨最大幅度	B 截面	2 410.7	—	119.36
35 吨中间幅度	B 截面	1 998.6	—	142.10
35 吨最小幅度	B 截面	1 086.8	—	142.10

B.4.2.2　臂架校核

1. 截面属性(附图 B.16)

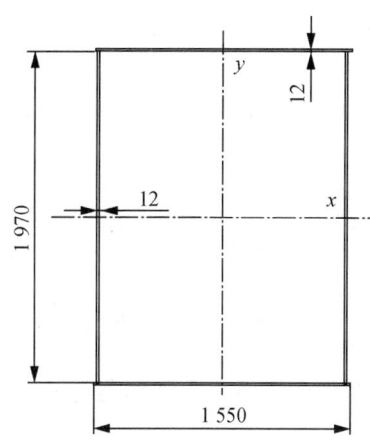

附图 B.16　臂架 B 截面尺寸

臂架一般采用的是变截面箱型梁结构,是为了减小自重及风载荷的影响,此处选择的截面是危险截面也是整体尺寸最大的截面进行校核。其余截面计算类似,对于载荷小的截面,可以采用更薄的钢板,以减轻重量。

附表 B.15　　　　　　　　　　截面属性

参数	计算结果
面积	$A = 0.084\ 48\ \text{m}^2$
惯性矩	$I_x = 0.051\ 8\ \text{m}^4$ $I_y = 0.035\ 4\ \text{m}^4$

续表

参数	计算结果
抗弯截面模量	$W_x = 0.0526 \text{ m}^3$ $W_y = 0.0457 \text{ m}^3$

2. 截面计算

臂架属于双向压弯构件，应校核其强度、刚度及稳定性。

(1) 强度。

$$\sigma_1 = \frac{N}{A} + \frac{M_x}{W_x} + \frac{M_y}{W_y} = 139.20 \text{ MPa} < [\sigma]$$

(2) 刚度。

$$\lambda_1 = \frac{l}{r_{\min}} = 40.77 < 150$$

(3) 整体稳定性。

$$\frac{N}{\varphi A} + \frac{M_x}{\left(1 - \dfrac{N}{N_{Ex}}\right) W_x} + \frac{M_y}{\left(1 - \dfrac{N}{N_{Ey}}\right) W_y} < [\sigma]$$

经过计算，由于 $N/N_{Ex} < 0.1$，故可不对基本弯矩增大。则整体稳定性可以近似为：

$$\frac{N}{\varphi A} + \frac{M_x}{W_x} + \frac{M_y}{W_y} = 156.01 \text{ MPa} < [\sigma]$$

(4) 局部稳定性。

$$\frac{h_0}{\delta} = \frac{1\,970}{10.55} = 186.73 > 120\sqrt{\frac{235}{\sigma_s}} = 120$$

$$\frac{b_0}{\delta_0} = \frac{1\,500}{10.55} = 142.18 > 120\sqrt{\frac{235}{\sigma_s}} = 120$$

由于宽厚比过大，应按等间距设置三条纵向加劲肋与若干横向加劲肋，加劲肋的尺寸可以参考 B.3 节所述。

B.4.3 拉杆内力计算及校核

B.4.3.1 拉杆内力计算

拉杆的计算位置一般取为最大幅度和最小幅度两个位置。当臂架系统处于最大幅度位置时，拉杆受到最大拉力，这时拉杆自身重力的影响也较大，因此这个位置往往是拉杆设计时的控制位置。拉杆的受力简图如附图 B.17 所示。

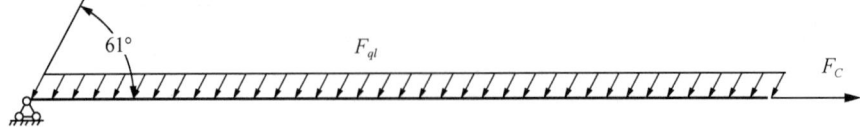

附图 B.17　拉杆最大工作幅度受力简图

另外，在最小幅度由于载荷等因素作用，有可能导致拉杆受压，计算中如果拉杆上出现了压力，则还需要计算受压整体稳定性。

应该指出，在回转平面内，象鼻梁上的侧向水平力将使象鼻梁发生扭转，若刚性拉杆的横向刚度较差，则扭矩主要由刚度较强的臂架承担，实际上刚性拉杆还有一定的支承作用，会有一部分水平力传递至拉杆上，使它产生横向弯曲，刚性拉杆受力的大小取决于臂架的抗扭刚度和拉杆的横向抗弯刚度。对于本设计中的细长拉杆，为了简化计算可暂时不考虑承受水平力作用，扭矩全部由臂架承受。

经过计算，拉杆所受内力如附表 B.16 所示。

附表 B.16　　　　　　　　　　　　拉杆内力

工作幅度	危险截面	弯矩/(kN·m)	轴力/kN
25 吨最大幅度	跨中截面	100.24	1 738.0
35 吨最小幅度	跨中截面	46.62	649.72

B.4.3.2　拉杆校核

1. 截面属性

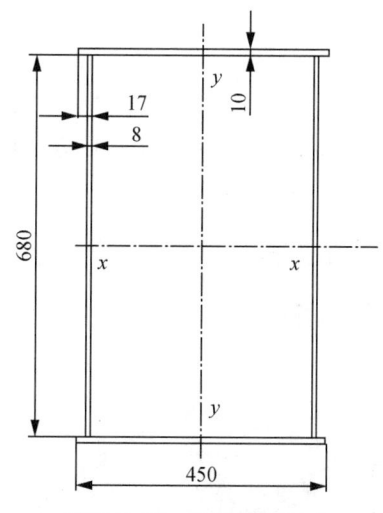

附图 B.18　拉杆截面尺寸

根据截面尺寸，对截面各个参数进行计算，得到相关的截面参数如附表 B.17 所示。

附表 B.17　　　　　　　　　　　　拉杆截面参数

参数	计算结果
面积	$A = 0.019\,88 \text{ m}^2$
惯性矩	$I_x = 0.001\,5 \text{ m}^4$ $I_y = 0.000\,7 \text{ m}^4$
抗弯截面模量	$W_x = 0.004\,3 \text{ m}^3$ $W_y = 0.003\,0 \text{ m}^3$

2. 截面校核

拉杆属于单向偏心受拉构件，需对强度和刚度进行验算

（1）强度。

$$\sigma_1 = \frac{N}{A} + \frac{M_x}{W_x} = 110.74 \text{ MPa} < [\sigma]$$

（2）刚度。

$$\lambda = \frac{l_0}{r_{\min}} = 115.86 < [\lambda] = 200$$

（3）局部稳定性。

由于箱型截面的两腹板之间受压翼缘宽厚比，

$$\frac{b_0}{\delta_0} = \frac{400}{10} = 40 < 60\sqrt{\frac{235}{\sigma_s}} = 60$$

因此不用验算其局部稳定性。

B.5 有限元仿真结果

以 25 t 最大工作幅度下 B1 工况使用 Ansys 有限元仿真软件进行仿真计算，施加载荷及计算结果分别如 B.5.1 节和 B.5.2 节所示。

B.5.1 几何模型及其载荷施加方式

几何模型及其载荷施加方式如附图 B.19—附图 B.21 所示。

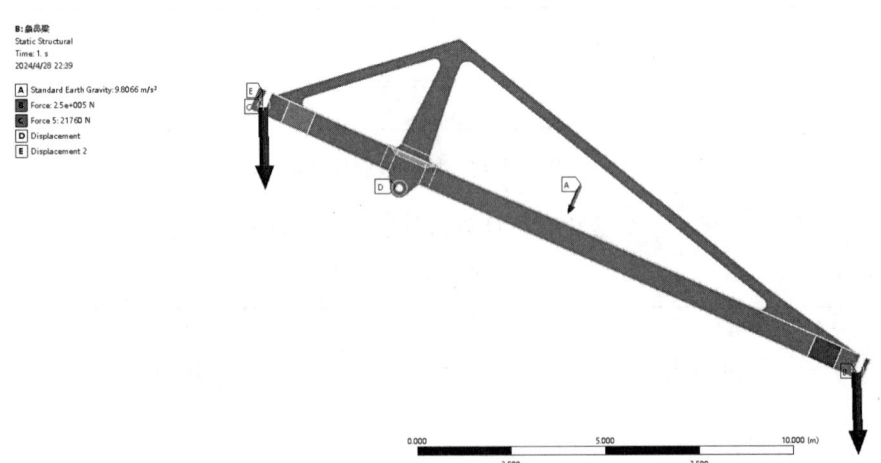

附图 B.19 象鼻梁所施加载荷大小及位置

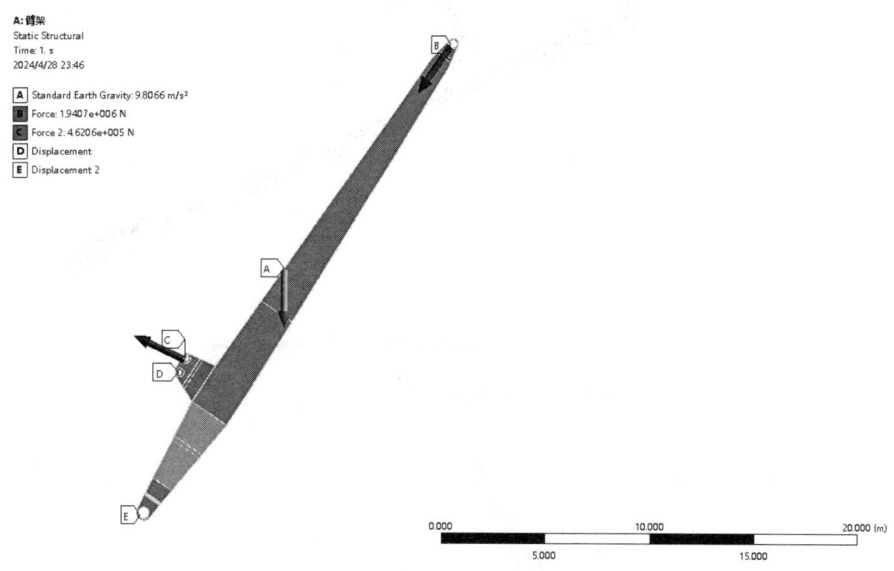

附图 B.20　臂架所施加载荷大小及位置

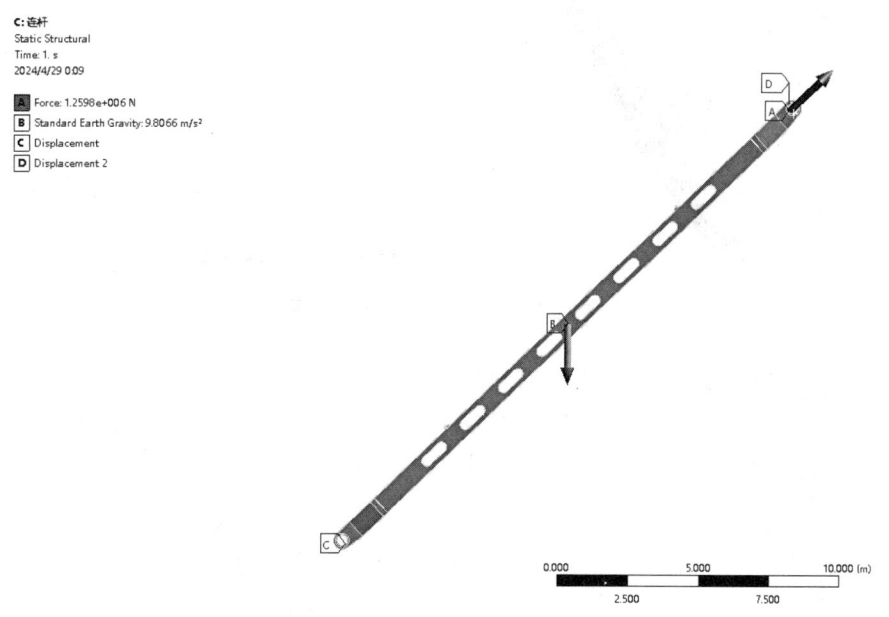

附图 B.21　拉杆所施加载荷大小及位置

B.5.2　有限元软件计算结果

仿真结果显示(附图 B.22—附图 B.24),总体应力水平与上述计算结果一致,由于单元类型差别以及简化程度的关系,简化计算结果与有限元仿真结果有所偏差,但都处于许用应力范围内,所表现的应力变化趋势可以用于局部加强的参考。

附图 B.22　象鼻梁等效应力云图

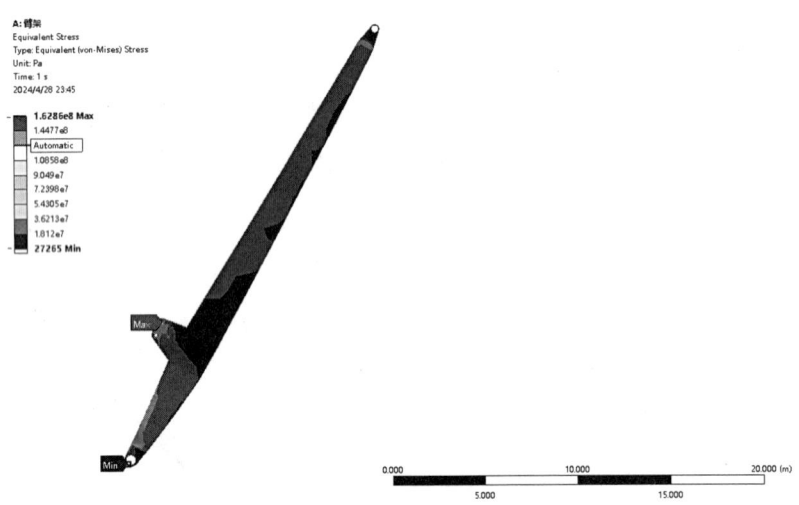

附图 B.23　臂架等效应力云图

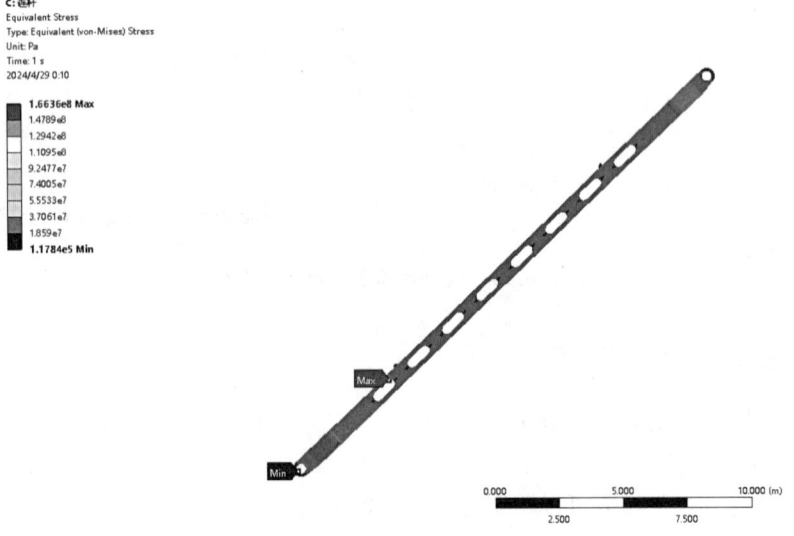

附图 B.24　拉杆等效应力云图